ZOLTÁN CSÉFALVAY

AUFHOLEN DURCH REGIONALE DIFFERENZIERUNG?

ERDKUNDLICHES WISSEN

SCHRIFTENREIHE FÜR FORSCHUNG UND PRAXIS
BEGRÜNDET VON EMIL MEYNEN
HERAUSGEGEBEN VON GERD KOHLHEPP,
ADOLF LEIDLMAIR UND FRED SCHOLZ

HEFT 122

FRANZ STEINER VERLAG STUTTGART
1997

ZOLTÁN CSÉFALVAY

AUFHOLEN DURCH REGIONALE DIFFERENZIERUNG?

VON DER PLAN- ZUR MARKTWIRTSCHAFT – OSTDEUTSCHLAND UND UNGARN IM VERGLEICH

MIT 9 ABBILDUNGEN, 15 TABELLEN UND 21 KARTEN

FRANZ STEINER VERLAG STUTTGART
1997

GEDRUCKT MIT UNTERSTÜTZUNG
DER ALEXANDER VON HUMBOLDT-STIFTUNG

Die Deutsche Bibliothek - CIP Einheitsaufnahme
Cséfalvay, Zoltán:
Aufholen durch regionale Differenzierung? : von der Plan- zur Marktwirtschaft - Ostdeutschland und Ungarn im Vergleich ; mit 15 Tabellen / Zoltán Cséfalvay. - Stuttgart : Steiner, 1997
(Erdkundliches Wissen ; H. 122)
ISBN 3-515-07125-3

ISO 9706

Druck: Druckerei Peter Proff, Eurasburg.
Printed in Germany

Vorwort

„Im Westen nichts Neues" - diesen Titel gab Eric Maria Remarque seinem berühmten Roman. Für lange Zeit war dies auch die Grundhaltung im Westen Europas bezüglich der unerwarteten Veränderungen in Ostmitteleuropa. Elementare Veränderungen, wie das Ende der kommunistischen Diktaturen, die Demontage des „Eisernen Vorhanges" und der Zusammenbruch der sozialistischen Planwirtschaft gab es nur im Osten, Westeuropa hingegen ging, freilich nicht ohne Konflikte und Probleme, dem „Masterplan" von Maastricht entsprechend den Weg einer immer tieferen ökonomischen und sozialen Integration. In ähnlicher Weise wurde auch der konkrete Handlungsbedarf nur randlich wahrgenommen. Die Reaktionen des europäischen Westens auf die östliche Herausforderung waren vor allem durch einen wohlwollenden Transfer an Erfahrungen bezüglich des „Aufbaus" der Marktwirtschaft beherrscht. Die Auswirkungen dieses Transfers in den Ländern Ostmitteleuropas sind zwar als äußerst bescheiden einzustufen, sie wirkten sich aber in Westeuropa wohl beruhigend aus: „Im Westen nichts Neues".

Während sich die Politik und die öffentliche Problemwahrnehmung mit dieser trügerischen Illusion begnügte, drängten kurz nach der politischen Wende Scharen von Glücksrittern und Propheten der Marktwirtschaft - als eigenwillige Nutznießer eines östlichen „Basarkapitalismus" - in das neue Eldorado Ostmitteleuropas. Rasch griffen aber auch die multinationalen Großunternehmen die Möglichkeiten der Privatisierung, dieses besonderen „Schlußverkaufs im Osten" auf, so daß sich Ostmitteleuropa bereits Mitte der 90er Jahre im Bereich der industriellen Massenproduktion zu einer verlängerten Werkbank Westeuropas wandelte. Damit öffnete sich aber fast unbemerkt eine neue Episode in der „Story" der Transformation. Als Konsequenz der rasch zunehmenden Verlagerung der Produktion vom Westen in den Osten Europas wurden nämlich auch die Rückwirkungen dieser Verlagerung in Westeuropa immer mehr spürbar. Die durchaus bequeme Einstellung „im Westen nichts Neues" war Mitte der 1990er Jahre plötzlich vorbei: Westeuropa bekam einen „Neuen Osten", mit dem er sich nun stärker auseinandersetzen mußte. Der „Störenfried" Ostmitteleuropa machte damit klar: Europa wurde nach vierzig Jahren Trennung wieder zu einem Ganzen, in dem sich die ökonomischen, sozialen und regionalen Prozesse des Westens und des Ostens Europas in einem sehr komplexen Muster von Rückkoppelungen bereits auf beide Hälften des Kontinents auswirken.

Nicht nur die Politik und die öffentliche Problemwahrnehmung waren durch langsames Reagieren gekennzeichnet, sondern auch die Regionalwissenschaften weisen - trotz einer rasch zunehmenden Zahl der Untersuchungen - immer noch ein erhebliches Forschungsdefizit bezüglich der folgenden Fragen auf: Wie verändert sich die Regionalstruktur in Ostmitteleuropa während der Transformation von der Planwirtschaft in eine Marktwirtschaft? Welche regionalen Unterschiede sind auf den Wandel selbst, und welche auf die Auswirkungen früherer Disparitäten zurückzuführen? Wie akkumulieren sich die räumlichen Auswirkungen des politischen und ökonomischen Systemwandels mit den früheren regionalen Disparitäten Mitte der 1990er Jahre? Gibt es im Transformationsprozeß allgemeine regionale Begleiterscheinungen, die in allen Ländern Ostmitteleuropas auftreten, und welche sind als länderspezifische Phänomene einzustufen?

Zur Antwort fehlt es immer noch an Theorien, die die regionalen Umstrukturierungsprozesse im Rahmen eines kohärenten Bezugssystems erklären, und auch an theoretisch begründeten Untersuchungen, die den Strukturwandel auf einer regionalen Mesoebene darstellen können. Den Forschungshorizont beherrschen entweder Studien mit einem altbewährten makroökonomisch ausgerichteten Forschungsdesign oder Feldforschungen mit recht detaillierten Einzelerhebungen. Mit deren Hilfe lassen sich zwar zwischen den einzelnen Ländern gewisse Unterschiede erfassen oder die Probleme ausgewählter Kleinregionen darstellen, sie sind aber für das Verständnis der inneren Logik der regionalen Umstrukturierung auf dem Weg vom Plan zum Markt nur wenig hilfreich.

Die Ursachen dieses Defizits in der regionalwissenschaftlich orientierten Transformationsforschung sind längst wohl bekannt. Nach 1989 erfolgte in den Ländern Ostmitteleuropas eine atemberaubend rasche ökonomische und politische Veränderung, mit deren Tempo die Forschung nicht Schritt halten konnte. Darüber hinaus traf der plötzliche Zusammenbruch des sozialistischen Systems sogar die ewigen Optimisten fast völlig unvorbereitet sowohl im Hinblick auf das theoretische Instrumentarium als auch bezüglich der konkreten Forschungsaufgaben. In ähnlicher Weise gab und gibt es auch heute noch ein ziemlich hoffnungsloses „Handicap" hinsichtlich der regional relevanten Statistik, die die Erfassung der Umstrukturierungsprozesse ermöglichen würde. Deswegen waren die Wirtschafts- und Sozialwissenschaftler, unter anderen auch die Geographen, verständlicherweise damit beschäftigt, im Wettlauf mit den Ereignissen und dem Datenmangel möglichst rasch wenigstens die Konturen der neuen Regionalstrukturen zu erfassen. Auch die Nachteile dieses Wettlaufs sind wohl bekannt, wie der Überschuß an Fehlinterpretationen, der Überfluß der groben Analysen und das Überangebot an illusorischen Prognosen. Deswegen soll bereits an dieser Stelle klar gemacht werden: diese Studie wird auf diesen Wettlauf mit den rasch veralteten Daten bewußt nicht eingehen. Nach der Flut der regionalen Schnellberichte soll es nämlich auch einen Zeitpunkt geben, an dem die Zeitlupe gestoppt wird, um dadurch die regionalen Prozesse und Phänomene der Transformation in ihrer Komplexität erfassen zu können. So wird der Datenset dieser Studie nicht immer bis zum gegenwärtigen Zeitpunkt der Ereignisse hinreichen, als Gegenleistung erhebt sie den Anspruch, den Transformationsprozeß und seine regionalen Auswirkungen in einem historischen Rahmen komplex zu erklären.

Im Mittelpunkt dieser Studie stehen die regionalen Umstrukturierungsprozesse in zwei „Neuen Osten", im „Neuen Osten" der Bundesrepublik Deutschland, d.h. in der ehemaligen DDR, und in einem „Neuen Osten" Europas, nämlich in Ungarn. Die Studie will aber nicht Äpfel mit Birnen vergleichen, die offensichtlich fundamentalen Unterschiede zwischen Ostdeutschland und Ungarn bezüglich der Bewältigung der Transformation sind wohl bewußt. Die Ursache für die Wahl einer vergleichenden Vorgangsweise liegt vor allem darin begründet, daß die allgemeinen Begleiterscheinungen sowie die länderspezifischen Phänomene der regionalen Umstrukturierung während der Transformation vom Plan zum Markt mittels dieser Methode klarer hervortreten, als in den Untersuchungen auf der Ebene Ostmitteleuropas oder auf der Ebene von Länderstudien. So wird dabei - trotz der Herkunft des Verfassers - auch versucht, die unausweichlich in den Vordergrund drängende ostmitteleuropazentrische Sichtweise zugleich mit der westeuropazentrischen Betrachtungsweise möglichst in Einklang zu bringen.

In ähnlicher Weise liegt der Schwerpunkt dieser Studie primär nicht in einer neuen Bestandsaufnahme der regionalen Prozesse und Phänomene im Vollzug der Transformation von der Planwirtschaft in eine Marktwirtschaft. Das Ziel der Studie besteht eindeutig darin, einen Beitrag zum *Verstehen* der regionalen Umstrukturierungsprozesse in den Ländern Ostmitteleuropas zu liefern. Um diese Zielsetzung erfüllen zu können, ist die konkrete Analyse auf den Strukturwandel des Arbeitsmarktes beschränkt. Desgleichen wurde in dieser Studie auf komplizierte statistische und mathematische Instrumente bewußt verzichtet, und die regionalen Umstrukturierungsprozesse sind anhand einer Vielzahl von thematischen Karten dokumentiert. Schließlich wurde auch die historische Perspektive, die im Mittelpunkt der Erklärungen steht, nicht wegen des Anspruchs einer historisch geographischen Untersuchung, sondern nur im Interesse eines besseren Verständnisses der regionalen Konsequenzen des Transformationsprozesses in die Analyse einbezogen. Die Problematik der Transformation vom Plan zum Markt und deren regionale Konsequenzen sind aber viel zu komplex, um sie sowohl theoretisch als auch empirisch anhand eines einzigen, zeitlich und finanziell beschränkten Forschungsprojektes darlegen zu können. So wird in diesem Buch eine Vielzahl von Themen und Fragestellungen aufgegriffen, deren empirischer Beweis noch von künftigen Forschungen zu erbringen ist.

Im Gegensatz zum gängigen Aufbau von Forschungsberichten, gliedert sich dieses Buch weder nach chronologischen Gesichtspunkten noch nach den induktiven Forschungsschritten. Die ersten zwei Kapitel stellen die Transformation vom Plan zum Markt in einen breiten theoretischen Rahmen. Im dritten und vierten Kapitel folgen eine analytische Beschreibung des Strukturwandels auf dem Arbeitsmarkt sowie eine empirische Analyse der regionalen Konsequenzen dieses Strukturwandels. Aufgrund dieser theoretischen Aussagen und analytischen Untersuchungen sind die letzten zwei Kapitel - anhand einer historischen Darstellung der Regionalentwicklung vor der Wende - der Erklärung der regionalen Umstrukturierung gewidmet. Die Ursache für diese Reihenfolge der Kapitel, nach der die historische Darstellung nicht nach vorne sondern nach hinten gestellt wurde, liegt darin begründet, - und dies ist gleichzeitig die wichtigste These der Studie, - daß die Art und Weise der regionalen Ausprägung des Transformationsprozesses größtenteils auf die Entwicklung der Regionalstruktur in den vorsozialistischen und sozialistischen Epochen zurückzuführen ist. Die historische Entwicklung der Regionalstruktur ist also mehr als ein notwendiger Rückblick in frühere Epochen.

Sie stellt den Kern der Erklärungen für die regionalen Konsequenzen der Transformation dar, und sie muß deswegen nach der Analyse der regionalen Ausprägung der Transformation in den letzten Teil gestellt werden.

Mein besonderer Dank gilt der Alexander von Humboldt-Stiftung, die durch einen zweijährigen Forschungsaufenthalt am Geographischen Institut der Universität Heidelberg diese Untersuchung ermöglichte. Eine einmalige Gelegenheit war es, diese Arbeit unter der Betreuung von Herrn Prof. Dr. Peter Meusburger durchführen zu können. Ihm bin ich für seine wertvollen Kommentare und Ratschläge sowie für die recht freundliche Unterstützung während des ganzen Forschungsaufenthaltes sehr dankbar. Für die kritische Durchsicht der letzten Fassung des Manuskriptes gilt mein Dank Herrn Prof. Dr. Heinz Fassmann. Bei der Bearbeitung der statistischen Daten und der Erstellung der thematischen Karten waren die Herren Uwe Berger, Martin Oesterer, Thomas Homrighausen und Robert Famulok eine große Hilfe, wofür ich mich bei ihnen herzlich bedanke. „Last not least" danke ich meiner Frau und meinem Sohn für ihre Geduld und ihre Unterstützung bei der Erstellung dieses Manuskriptes.

Heidelberg, März 1997

Zoltán Cséfalvay

Inhaltsverzeichnis

Abbildungen

Tabellen

Karten

1. DER TRANSFORMATIONSPROZEß VOM PLAN ZUM MARKT

„The evidence suggests that there is something terribly wrong with existing theories of spatial development, none of which provides a ready explanation for rapid growth at the periphery.“

Michael STORPER, Richard WALKER[1]

„Martin Lipset hat einen alten Reader aus dem Jahre 1969 durchgeblättert und festgestellt: „Vier von sechs Autoren, die die Möglichkeit eines Zusammenbruchs des Kommunismus vorhersahen, waren Nichtakademiker. Sechs von acht Autoren, deren Blick in der Systemkontinuität befangen blieb, waren Wissenschaftler.“

Warnfried DETTLING[2]

Die Transformationsforschung ist sieben Jahre nach der Wende immer noch durch Fehlinterpretationen und die Verwendung ungenauer Begriffe gekennzeichnet. Dabei sind mehrere Hindernisse zu nennen, die im Theoriengebäude der Wirtschafts- und Sozialwissenschaften und auch der Geographie sogar fast dogmenhaft integriert sind, die aber gleichzeitig einer Erfassung der regionalen Umstrukturierungsprozesse im Wege stehen, wie: die ungenaue Definition des Begriffes der Transformation vom Plan zum Markt, die stillschweigende Dominanz der neoklassischen Betrachtungsweise in der Transformationsforschung sowie die Dominanz von Metaphern bezüglich der Erforschung der regionalen Umstrukturierung in den Ländern Ostmitteleuropas. Dadurch ergibt sich auch die Gliederung dieses Kapitels. Im *Unterkapitel 1.1.* wird auf einer breiten theoretischen Basis ein Versuch zur Definition des Begriffes Transformation vom Plan zum Markt vorgenommen. Im Mittelpunkt des *Unterkapitels 1.2.* steht die Analyse der wichtigsten Argumentationsmuster in der Transformationsforschung, nämlich die Analyse des neoklassischen und des regionalwissenschaftlichen Erklärungsmusters. Im *Unterkapitel 1.3.* wird sowohl in Ostdeutschland als auch in Ungarn auf die wichtigsten Metapher bezüglich der regionalen Umstrukturierung während der Transformation vom Plan zum Markt eingegangen. Aufgrund dieser Überlegungen werden im *Unterkapitel 1.4.* die theoretischen und analytischen Standpunkte dieser Studie vorgestellt.

---

1 STORPER, M. - WALKER, R. 1989, 18.

2 DETTLING, W. 1996, 23.

1.1. ZUR DEFINITION DES BEGRIFFES TRANSFORMATION VOM PLAN ZUM MARKT

Obwohl die Transformation mittlerweile fast zum Modebegriff geworden ist, ist eine exakte und operationalisierbare Definition des Begriffes auch heute noch nicht einmal entfernt zu sehen. Es kursieren zwar verschiedene Begriffe in der Transformationsforschung, wie Modernisierung, Transition, Aufholprozeß und Transformation, sie werden aber nur selten definiert und die Unterschiede zwischen diesen Begriffen werden noch seltener erläutert[3]. Es ist also erforderlich, zuerst eine Klärung der wichtigsten Begriffe vorzunehmen. Dies scheint aber nicht nur wegen der herrschenden Sprachverwirrung notwendig zu sein, sondern ein solcher Versuch hat auch praktische Gründe. Mit Hilfe einer Differenzierung zwischen diesen Begriffen lassen sich nämlich auch wichtige Aussagen über die Natur der Transformation in den ehemaligen sozialistischen Ländern ableiten.

Die grundlegende Problematik, die zur herrschenden Sprachverwirrung führt, liegt vor allem darin begründet, daß sich im Transformationsprozeß die Züge verschiedener ökonomischer und sozialer Umstrukturierungsprozesse vermischen, die sich in recht unterschiedlichen Epochen und Regionen unter recht unterschiedlichen sozioökonomischen Rahmenbedingungen vollziehen. Deswegen scheint es für eine Begriffsklärung sinnvoll, drei erklärende Dimensionen, nämlich eine systembedingte, eine zeitliche und eine regionale Dimension auszuwählen. Die *systembedingte Dimension* umfaßt dabei die Art und Weise der Umstrukturierung des sozialen und ökonomischen Systems. Die *zeitliche Dimension* stellt den Wandel der sozioökonomischen Strukturen in einen historischen Rahmen und bezieht sich sowohl auf die Zeitdauer als auch auf die Periodizität dieser Prozesse. Schließlich erfaßt die *regionale Dimension* die räumliche Ausprägung und die regionale Konzentration der erwähnten Prozesse. So können die Differenzen zwischen den Begriffen Modernisierung, Transition, Aufholprozeß und Transformation mittels der unterschiedlichen Ausprägung dieser Dimensionen bestimmt werden.

Theoretische Grundlagen

Als theoretische Grundlagen zu einer Erfassung dieser erklärenden Dimensionen bieten sich als taugliche Instrumentarien zwei ökonomisch orientierte Theorien, nämlich die Theorie der Weltsysteme (BRAUDEL, F. 1990, WALLERSTEIN, I. 1986) und die Zyklustheorien des ökonomischen Wachstums (KONDRATIEFF, N. D. 1984, SCHUMPETER, J. 1950, 1964) sowie eine Metatheorie, nämlich die Regulati-

3 Die babylonische Sprachverwirrung herrschte besonders in den ersten Jahren unmittelbar nach der Wende. Aus dieser Epoche sind eine Vielzahl von Studien und Büchern aufzulisten, in denen die gegenwärtige Transition der entwickelten Industrieländer mit der Transformation der Länder Ostmitteleuropas gemeinsam behandelt oder sogar gleichgesetzt waren (HÄUßERMAN, H. 1992, VASKO, T. 1992).

onstheorie an (LEBORGNE, D. - LIPIETZ, A. 1990, LIPIETZ, A. 1986, MATZNETTER, W. 1995, MOULAERT, F. - SWYNGEDOUW, E. 1990, STORPER, M. - SCOTT, A. J. 1989, 1990, KRÄTKE, S. 1996). Der Grund dafür liegt darin, daß diese Theorien die Erklärung der sozioökonomischen Umstrukturierungsprozesse auf eine möglichst geringe Anzahl der allgemeinen Faktoren zurückführen, und sie diese Faktoren durch die Betonung der räumlichen Differenzierung gleichzeitig in einen regionalen Bezugsrahmen einbetten.

Die *Theorie der Weltsysteme* von F. BRAUDEL und I. WALLERSTEIN beschreibt die Geschichte der Neuzeit als die Herausbildung eines dominanten kapitalistischen Weltwirtschaftssystems, welches seit dem 15.-16. Jahrhundert Schritt für Schritt, aber unaufhaltsam auf die ganze Erde expandierte[4]. Allerdings lassen sich im Prozeß dieser Expansion bedeutende regionale Unterschiede erkennen. So gliedert sich das kapitalistische Weltwirtschaftssystem - dem Entwicklungsgefälle und den ökonomischen Kräfteverhältnissen entsprechend - in mehreren Regionen, und es „zeichnen sich *mindestens* drei „Bereiche", drei Arten von Zonen ab: ein kleines Zentrum, daran angrenzend Regionen von ziemlich hohem Entwicklungsgrad und schließlich ungeheuer weiträumige Randgebiete" (BRAUDEL, F. 1990, 36). Das Herz dieses Weltwirtschaftssystems und gleichzeitig der Motor der kapitalistischen Entwicklung ist räumlich eher sehr beschränkt. Dazu gehören bei I. WALLERSTEIN die sogenannten *„Zentralstaaten"*, bei F. BRAUDEL sogar nur wenige *„dominierende Städte"*, die als Hauptstädte der Weltwirtschaft funktionieren. In diesen Ländern und Städten werden die wichtigsten Triebkräfte des Systems, wie Kapital und Wissen produziert und akkumuliert. Diese sichern aber für die „Zentralstaaten" und die „dominierenden Städte" nicht nur eine Vorrangstellung in der Weltwirtschaft, sondern sie ermöglichen auch die rasche räumliche Expansion des Systems. Die sogenannte *„Semi-Peripherie"*, bzw. die „an die zentrale Zone angrenzenden Nachbarregionen" bilden eine Übergangszone zwischen den „Zentralstaaten" und den „Peripherie-Gebieten", und sie stellen gleichzeitig das unmittelbare Hinterland für die Zentrumsregionen dar. Daß trotz der geographischen Nähe zwischen den „Zentralstaaten" und der „Semi-Peripherie" „mehr oder weniger deutlich zu Tage tretende Unterschiede bestehen, beweist das Kriterium der Preise, der Löhne, des Lebensstandards, des Sozialprodukts, des Pro-Kopf-

4 Die Theorie von F. BRAUDEL und I. WALLERSTEIN liefert einen prägnanten Beweis dafür, daß ein hochpointierter Prozeß der Gegenwart, nämlich die Globalisierung auf keinen Fall als ein radikal neues Phänomen in der Wirtschaftsgeschichte einzustufen ist. Allerdings gibt es einen wesentlichen Unterschied zwischen dem kapitalistischen Weltwirtschaftssystem im Sinne von F. BRAUDEL und I. WALLERSTEIN und der gegenwärtigen Globalisierung. Während in den letzten drei bis vier Jahrhunderten die Entwicklung der weltumspannenden Netzwerke der Ökonomie überwiegend auf den Handelsströmen basierte, kommt in der gegenwärtigen Globalisierung den Kapital- und Informationsströmen die maßgebende Rolle zu. Im Hintergrund steht ein markanter ökonomischer Wandel, nämlich die Entwertung der industriellen Produktion und der Handelstätigkeit auf der einen Seite, und - infolge der größeren Profitmarge - die Aufwertung des Finanzwesens und der Informationsverarbeitung auf der anderen Seite. Der Strom des Kapitals und der Informationen erfolgt aber viel schneller als der Strom der Waren im Handel, und diese hohe Geschwindigkeit der Ströme vermittelt die Illusion, daß die gegenwärtige Globalisierung der Ökonomie ein Phänomen mit völlig neuer Qualität darstellt.

Einkommens und der Handelsbilanz in all den Fällen, in denen uns Zahlen zur Verfügung stehen" (BRAUDEL, F. 1990, 38). Die *Peripherie* bzw. die *„Randgebiete"* liegen, wie ihre Namen sagen, sowohl ökonomisch als auch geographisch hingegen am Rande des Weltwirtschaftssystems. Deswegen läßt sich ihre ökonomische und soziale Entwicklung durch die wohl bekannten Nachteile einer Randlage beschreiben. Schließlich ist laut I. WALLERSTEIN noch die sogenannte *„Außenarena"* zu nennen, die jene Regionen umfaßt, die von den Auswirkungen des herrschenden Weltwirtschaftssystems bereits fast vollkommen abgeschnitten sind.

Trotz dieser regionalen Aufgliederung stellt das kapitalistische Weltwirtschaftssystem kein starres, statisches System dar. Eher im Gegenteil, es ist ein höchst komplexes dynamisches System. Seine Existenz und seine seit mehreren Jahrhunderten andauernde Funktionsfähigkeit ist gerade in dieser Dynamik verankert. Zum einen kommen im kapitalistischen Weltwirtschaftssystem, wie im allgemeinen in jeder Art von Systemen, den Bestandteilen, also hier den Regionen spezielle Rollen zu. Es bestehen bestimmte Wechselwirkungen zwischen den zentralen, semi-peripheren und peripheren Regionen, und das kapitalistische Weltwirtschaftssystem bildet gerade dadurch ein funktions- und lebensfähiges Ganzes. Zum anderen ergibt sich eine Dynamik des kapitalistischen Weltwirtschaftssystems auch dadurch, daß die Stellung der einzelnen Regionen nicht fest für alle Ewigkeit vorgeschrieben ist. Im Verlauf der Zeit können die „Zentralstaaten" ebenso in eine semi-periphere oder gar periphere Lage zurückfallen, wie die Länder der Peripherie in die Semi-Peripherie aufsteigen.

Im Hinblick auf die regionale Dimension der sozioökonomischen Umstrukturierungsprozesse ergibt sich aufgrund der Theorien der Weltsysteme eine klare räumliche Gliederung der Großregionen, wie: die „Zentralstaaten", die den Motor der Entwicklung darstellen, die angrenzenden Länder der „Semi-Peripherie", die weit entfernten peripheren Randgebiete und die sogenannte „Außenarena", welche bereits außerhalb des kapitalistischen Weltwirtschaftssystems existiert. Lassen sich nun die Prozesse Modernisierung, Transition, Aufholprozeß und Transformation vom Plan zum Markt in Anlehnung an diese Aufgliederung nach dem Merkmal einordnen, in welcher Großregion sie einsetzen? Darüber hinaus besitzt im Theoriegebäude von F. BRAUDEL und I. WALLERSTEIN die These, daß sich die Stellung der einzelnen Ländern innerhalb des kapitalistischen Weltwirtschaftssystems im Verlauf der Expansion des Systems erheblich verändern kann, eine zentrale Rolle. So läßt sich aufgrund dieser These bezüglich der systembedingten Dimension eine weitere Differenzierung zwischen dem Wandel *innerhalb* des kapitalistischen Weltwirtschaftssystems auf der einen Seite und dem Wandel *in Richtung* des kapitalistischen Weltwirtschaftssystems auf der anderen Seite vornehmen.

Während die Theorie des Weltwirtschaftssystems den ökonomischen Wandel in eine auf die ganze Erde erweiterte Zentrum-Peripherie-Struktur einbettet, rükken die *Zyklustheorien* die technischen und ökonomischen Innovationen und damit weitere und tiefere regionale Disparitäten in den Mittelpunkt der Erklärungen.

Diese Theorien betonen ausdrücklich, daß die Entwicklung der Produktion in der kapitalistischen Wirtschaft durch zyklisch wiederholende Krisen begleitet ist, die aber gleichzeitig den Geburtsort eines neuen Produktionsmodus darstellen. Durch diese sich zyklisch wiederholenden Krisen wird das Weltwirtschaftssystem grundlegend erneuert, durch ihre Mitwirkung werden neue Ressourcen und neue Standorte erschlossen, neue technische und organisatorische Muster der Produktion eröffnet, und auch neue soziale Verhältnisse ins Leben gerufen. Laut dieser Theorien sind also die Umstrukturierungskrisen in der kapitalistischen Wirtschaft, obwohl von diesen Prozessen einige Sozialgruppen oft sehr hart betroffen sind, nicht als ein Betriebsfehler des Systems einzustufen. Ganz im Gegenteil, sie stellen einen „normalen" Betriebsmodus des kapitalistischen Weltwirtschaftssystems dar. Wie der französische Ökonom, C. JUGLAR diesen Widerspruch prägnant formulierte: „the only cause of depression is prosperity" (zit. nach HALL, P. - PRESTON, P. 1988, 15). Gerade die sich zyklisch wiederholenden Umstrukturierungskrisen machen es nämlich möglich, daß das kapitalistische Produktionssystem, obwohl in veränderter Form, immer noch funktionsfähig existiert.

Im Hinblick auf die sich zyklisch wiederholenden Umstrukturierungskrisen kam N. D. KONDRATIEFF anhand einer statistischen Längschnittsanalyse der Preisentwicklung bereits in den 20er Jahren zur Feststellung, daß in der Entwicklung der kapitalistischen Wirtschaft ca. 50-jährige Zyklen, die sogenannten *„langen Wellen"* auftreten. Im Verlauf eines Zyklus nimmt die Produktion enorm zu, die neue Produktionsweise verbreitet sich regional ganz schnell, gegen Ende des Zyklus gerät aber diese Produktionsweise in eine tiefe Umstellungskrise. N. D. KONDRATIEFF selbst konnte mittels seiner Analyse sogar die Weltwirtschaftskrise in den Jahren 1929-1932 vorhersagen[5]. Fast zum gleichen Zeitpunkt schrieb auch der österreichisch-amerikanische Ökonom, J. SCHUMPETER seine ersten Thesen über den zyklischen Wandel des ökonomischen Wachstums in der kapitalistischen Wirtschaft. J. SCHUMPETER begnügte sich aber nicht mit einer Erfassung der Existenz der Zyklen, sondern er fragte auch nach den Ursachen und Hintergründen des zyklischen Wandels. So betont er die Rolle der technischen Innovationen, und noch wichtiger auch die Rolle des Innovators selbst, also des Unternehmers in diesem durch Krisen geprägten Umstrukturierungsprozeß[6]. Damit stellte er den

---

5 Diese Theorie, nach der sich die kapitalistische Wirtschaft nicht in die endgültige Krise hin entwickelt, sondern den ökonomischen Zyklen entsprechend erneuern kann, war selbstverständlich gegen die herrschende kommunistische Ideologie in der Stalin-Ära. Dadurch wurde auch das traurige persönliche Schicksal von N. D. KONDRATIEFF bestimmt, der wegen seiner Theorie als Klassenfeind stigmatisiert und nach Sibirien in den Gulag deportiert wurde, wo er im Jahre 1936 starb.

6 Allerdings verherrlicht J. SCHUMPETER dadurch den Helden und den Idealtypus der amerikanischen Unternehmerkultur. Deswegen gelten seine Bemerkungen nur mit Einschränkungen für die Verhältnisse in anderen Regionen, wie z.B. Europa. Während in der amerikanischen Kultur der Idealtypus der dynamischen, expansiven und innovativen Unternehmer a` la Henry FORD oder Bill GATES dominiert, spielt in der Unternehmerkultur von Europa eher jener Typ der Unternehmer eine größere Rolle, der a` la BUDDENBROOK Reichtum akkumuliert. Diese Verherrlichung des Helden der amerikanischen Unternehmerkultur läßt sich letztendlich auf die „Frontier-Romantik" zurückführen (TURNER, F. 1920), die die rasche Entwicklung Nord-

technologischen Imperativ der kapitalistischen Wirtschaft - wie Ch. FREEMAN treffend formulierte: „not to innovate is to die" (FREEMAN, Ch. 1982, 169) - in den Mittelpunkt der Erklärung der Existenz der „langen Wellen".

Aufgrund der Thesen von J. SCHUMPETER lassen sich jeder der „langen Wellen" typische *Basisinnovationen* zuordnen, die die Produktionsweise während des Verlaufs eines Zyklus bestimmen (HALL, P. - PRESTON, P. 1988). So war der erste Kondratieff-Zyklus von 1787 bis 1845 durch Innovationen und Industriezweige, wie die Dampfmaschine sowie die Textil- und Eisenindustrie beherrscht[7]. In dem „mechanical age", d.h. während der zweiten „langen Welle" (1846-1895), basierte die ökonomische Entwicklung auf Basisinnovationen wie der Eisenbahn und dem Dampfschiff und Industriezweigen, wie der Eisen- und Stahlindustrie. Im dritten Zyklus, im „electrical age" (1896-1947) fand die Erfindung des Automobils und der Elektrizität statt, und die chemische Industrie wuchs zu einem der wichtigen Industriezweige. Schließlich der vierte Zyklus, das „electronic age" (1948 - ?) ist durch Basisinnovationen, wie den Transistor, den Mikroprozessor und den Computer, sowie durch Industriezweige, wie Mikroelektronik, Biotechnologie und Space-Industrie gekennzeichnet. Wird die Länge eines Zyklus mit ca. 50 Jahren festgelegt, so befinden wir uns gegenwärtig in einer Übergangsphase zum fünften Zyklus, zum „information age".

Ein Zyklus umspannt mehrere Phasen, wie die Anfangsphase, in der die Basisinnovationen, die neuen Technologien und die neuen Produkte zuerst erscheinen, die Hauptphase, in der sich die Produktion der neuen Produkte zur Massenproduktion wandelt, sowie die Schrumpfungsphase, in der der Markt stufenweise zu einer Sättigung gelangt, der Profit der Produktion rasch abnimmt, das Wirtschaftswachstum sich verlangsamt und schließlich der Zyklus in eine Depressionsphase gerät. Deswegen stellt der Übergang zwischen den Zyklen eine höchst kritische und empfindliche Phase einer „langen Welle" dar. Dabei handelt es sich - in den berühmt gewordenen Worten von J. SCHUMPETER - um eine *„kreative Zerstörung"* der alten Strukturen, um dadurch die neuen Strukturen vorzubereiten und in Gang zu setzen. Als Konsequenz dieser „kreativen Zerstörung" entsteht eine neue Kombination der neuen Produkte, der neuen Organisationsformen, der neuen Märkte, der neuen Ressourcen und der neuen Technologien. Sie bündeln sich - mit Worten von Ch. FREEMAN - zu einem neuen „techno-economic paradigm" und dadurch wird die neue Produktionsweise für einen längeren Zeitraum stabilisiert.

---

amerikas in den letzten zwei Jahrhunderten den Auswirkungen der innovativen, frontier-Personen zuschreibt. Der Unterschied bezüglich der Unternehmerkulturen kommt aber auch in der Umgangssprache deutlich zum Ausdruck: in Europa „earn money", in Amerika aber „make money".

7 Die genaue Abgrenzung der Zyklen und die exakte Berechnung des Zeitraums der „langen Wellen" stellen nach wie vor ein breites Diskussionsfeld dar (DUIJN, van J. J. 1983). J. SCHUMPETER selbst legte die Länge eines Zyklus mit 684 Monaten fest. Aus unserer Sicht ist aber eine exakte Abgrenzung und Berechnung des Zeitraums der „langen Wellen" eher nebenrangig, deswegen wurden hier die Daten für die Zeiträume der Zyklen von P. HALL und P. PRESTON (1988, 21) übernommen.

Die „langen Wellen“ unterscheiden sich aber nicht nur bezüglich der Basisinnovationen und der sozioökonomischen Organisation der Produktion, sondern auch im Hinblick auf die regionalen Schwerpunkte der Kernregionen. Dadurch läßt sich sogar eine gangbare Brücke zwischen den stark ökonomisch ausgerichteten Zyklustheorien und den Raumwissenschaften schlagen. Diese Zyklen sind nämlich - in den Worten von P. HALL und P. PRESTON - auch die *„carrier waves“*, die die Regionalentwicklung in der Weltwirtschaft und in den Großregionen entscheidend gestalten. Zum einen löst der Wandel der Zyklen durch die neuen Basisinnovationen und die neuen sozioökonomischen Organisationsmuster der Produktion erhebliche regionale *Schwerpunktverlagerungen innerhalb des Weltwirtschaftssystems* aus. Diese können zum relativen Abstieg einiger „Zentralstaaten“, bzw. zum relativen Aufstieg einiger semi-peripherer Länder führen. Andererseits sind durch den Wandel der „langen Wellen“ auch *innerhalb der Großregionen des Weltwirtschaftssystems*, also innerhalb der „Zentralstaaten“, der "Semi-Peripherie“ und der „Peripherie-Gebiete“ auch weitere regionale Schwerpunktverlagerungen zu beobachten.

Nach P. HALL und P. PRESTON (1988) lassen sich jeder der „langen Wellen“ gleichzeitig bestimmte „Zentralstaaten“ zuordnen, in denen die Basisinnovationen entwickelt und die neue Produktionsweise *zuerst* durchgesetzt wurden. Im Verlauf der ersten „langen Welle“ setzte sich die Kernregion der „Zentralstaaten“ aus England und teilweise aus Frankreich und Belgien zusammen. Im zweiten Zyklus, im „mechanical age“, wurden Deutschland, USA und England, im dritten Zyklus, im „electrical age“ die USA und Deutschland, und im vierten Zyklus, im „electronic age“, USA, Japan und Deutschland zur Kernregion der „Zentralstaaten“. Wie diese Liste prägnant belegt, blieb während der letzten zwei Jahrhunderte die Vorrangstellung der „Zentralstaaten“ im kapitalistischen Weltwirtschaftssystem - trotz mehrerer Umstellungskrisen - relativ unverändert. Demgegenüber erfolgte innerhalb der „Zentralstaaten“ eine deutlich stärkere regionale Schwerpunktverlagerung der innovativen Regionen. Beispielsweise fand in den USA im Verlauf der ersten vier „langen Wellen“ eine drastische Verschiebung der innovativen Wachtsumsregionen von der Ostküste an die Westküste statt, bzw. vom nördlichen altindustrialisierten „snow-belt“ in den südlichen, später industrialisierten „sun-belt“ (PERRY, D. - WATKINS, A. 1977). In ähnlicher Weise gab es in Westeuropa während des Verlaufs der „langen Wellen“ eine markante Verschiebung der innovativen Kernregionen. Während in der ersten Hälfte des 19en Jahrhunderts England fast die einzige innovative Kernregion darstellte, verschob sich die technische und ökonomische Dynamik gegen Ende des letzten Jahrhunderts in das Ruhrgebiet, und gegenwärtig ist eine weitere Verlagerung dieser innovativen Zone nach Süden, in Richtung des Dreiecks Barcelona-München-Milano zu beobachten (DAWSON, A. H. 1993, DUFFY, H. 1995, HALL, P. 1988, HARDING, A. et al. 1994, HARDY, S. et al. 1995, KEEBLE, D. 1991, LÄPPLE, D. 1987). Die Konsequenzen dieser Verschiebungen innerhalb der „Zentralstaaten“ sind eindeutig und wohl bekannt: der Absturz und die schwere Umstellungskrise der altindustrialisierten Regionen, wie die Region von Birmingham in England, von Pittsburgh in den USA und das Ruhrgebiet in Deutschland.

Aus den kurz dargestellten Zyklustheorien sind wiederum mehrere wichtige Elemente hervorzuheben, die für eine Definition des Begriffes der Transformation vom Plan zum Markt relevant sein könnten. Im Hinblick auf die systembedingte Dimension der sozioökonomischen Umstrukturierungsprozesse ist festzustellen, daß die Zyklustheorien ausdrücklich betonen: die Umstrukturierungskrise der Ökonomie ist als ein „normaler Vorgang" in der Entwicklung der kapitalistischen Wirtschaft einzustufen, und die Umstrukturierung selbst ist in den technischen und organisatorischen Innovationen verankert. Bezüglich der zeitlichen Dimension weisen diese Theorien auf den zyklischen Charakter der sozioökonomischen Umstrukturierungsprozesse hin. Schließlich heben sie hinsichtlich der regionalen Dimension hervor, daß die sozioökonomischen Umstrukturierungsprozesse in der Regel zuerst in den Zentralstaaten einsetzen, wo sie gleichzeitig bedeutende regionale Schwerpunktverlagerungen verursachen.

Die dritte theoretische Grundlage, die *Regulationstheorie* nimmt die sozioökonomischen Umstrukturierungsprozesse - im Gegensatz zu den Theorien der Weltsysteme und der Zyklustheorien des ökonomischen Wachstums - nicht mehr als einen linearen Prozeß wahr. Während die Theorie der Weltsysteme und die Zyklustheorien implizit ein allgemeingültiges Entwicklungsmuster vorschreiben, betont die Regulationstheorie kategorisch, daß es in der regionalen Wirtschaftsentwicklung keinen allgemeingültigen Pfad gibt. In ähnlicher Weise werden in dieser Theorie die zu allgemeinen Etiketten zur Regionalentwicklung, wie die „Zentralstaaten" und die Peripherie, oder die entwickelten bzw. unterentwickelten Länder, durch eine regional differenzierte Betrachtungsweise ersetzt.

Laut der Regulationstheorie stellt die sozioökonomische Umstrukturierung einen zweiteiligen Prozeß dar. Zum einen erfolgt eine sozioökonomische Umstrukturierung durch die Entfaltung eines neuen *Akkumulationsregimes* („regime of accumulation"). Das Akkumulationsregime ist ein makroökonomisches Entwicklungsmuster, welches ein bestimmtes Verhältnis zwischen der Produktion (Kapitalakkumulation, Technologien, Investitionsmuster etc.) und der Verteilung der Produktion (Profitmarge, Lohnverhältnisse, Konsummuster etc.) für eine längere Periode festlegt. Zum anderen erfolgt durch die Entfaltung einer neuen *Regulationsweise* („mode of regulation") auch eine sozioökonomische Umstrukturierung. Diese ist die Materialisation des Akkumulationsregimes und umfaßt eine Vielzahl von Institutionen, Normen und Regeln, die die Wirtschaftsprozesse in der Praxis steuern.

Im Rahmen eines sozioökonomischen Umstrukturierungsprozesses setzt sich - infolge der geringeren Flexibilität der sozialen und politischen Akteure im Vergleich zu den Akteuren der Ökonomie sowie infolge des bereits erwähnten technologischen Imperatives der kapitalistischen Wirtschaft - das neue Akkumulationsregime zuerst durch. Hingegen kristallisiert sich die neue Regulationsweise - „learning by doing" - erst später heraus. Laut dieser Auffassung herrschte beispielsweise im Zeitraum zwischen den 20er Jahren und den 70er Jahren ein Akkumulationsregime, das - unter dem Oberbegriff Fordismus - durch die standardisierte Massenproduktion, die (multinationalen) Großunternehmen, die Ausdehnung der Lohnarbeit und den Massenkonsum gekennzeichnet war. Dieses Akkumulationsregime war aber in der Zwischenkriegszeit infolge des Fehlens einer entsprechenden Regulationsweise sowohl ökonomisch als auch sozial sehr instabil. Obwohl die Produktivität durch die technische Möglichkeit der Massenproduktion, wie durch das Einsetzen des Fließbandes, enorm zunahm, fehlte es an einer institutionellen Verkoppelung zwischen der Massenproduktion und der Massenkonsumption, was zu einer Überproduktion und letztendlich zur Weltwirtschaftskrise in den Jahren 1929-1932 geführt hatte. Erst nach dem Zweiten Weltkrieg entwickelte sich mit dem Einsetzen der keynesianschen Wirtschaftspolitik, mit der Regelung der Lohnverhältnisse durch die korporatistischen Arrangements zwischen den Gewerkschaften und den Unternehmensverbänden und mit dem Ausbau des Sozialstaates jene Massenkaufkraft, die das System für längere Jahrzehnte stabilisieren konnte.

Die Entstehung einer funktionsfähigen Verkoppelung zwischen dem Akkumulationsregime und der Regulationsweise, die das ökonomische Entwicklungsmodell für eine längere Periode stabilisieren kann, weist aber nicht nur eine zeitliche Verzögerung auf, sondern sie ist auch durch die Existenz mehrerer, alternativer Verkoppelungen bestimmt. In der Wirklichkeit der ökonomischen Entwicklung gibt es nämlich keine allgemeingültige Verkoppelung zwischen dem Akkumulationsregime und der Regulationsweise. Eher im Gegenteil, ein bestimmtes Akkumulationsregime kann mit verschiedenen Regulationsweisen verbunden sein und dadurch das ökonomische Entwicklungsmuster zeitlich funktionsfähig und stabil erhalten. Allerdings ist die Anzahl der möglichen Verkoppelungen zwischen dem Akkumulationsregime und der Regulationsweise nicht beliebig groß. A. LIPIETZ macht zu Recht darauf aufmerksam: „It should be noted that not any mode of regulation can govern any regime of accumulation; besides, a single mode can present itself as different combinations of forms of partial regulation" (LIPIETZ, A. 1986, 19). So ergibt sich nur eine begrenzte Vielfalt der Verkoppelungen zwischen den Akkumulationsregimen und den Regulationsweisen.

Die Verkoppelungen zwischen den Akkumulationsregimen und den Regulationsweisen differieren aber nicht nur bezüglich der Art und Weise der Verkoppelung, sondern auch im Hinblick auf ihre regionale Ausprägung sehr prägnant. Eine funktionsfähige Verkoppelung zwischen dem neuen Akkumulationsregime und der Regulationsweise entfaltet sich zuerst gewöhnlich in den „Zentralstaaten" des Weltwirtschaftssystems. Hier werden die Basisinnovationen entwickelt, und hier wird das neue System der Produktion zuerst durchgesetzt. Infolge des spezifischen Charakters der kapitalistischen Wirtschaft, die sich durch regionale Expansion erneuert und stabilisiert, wird dieses neue Akkumulationsregime rasch auf andere Regionen der Weltwirtschaft expandiert. Dies stellt aber einen springenden Punkt dar, weil durch diese Expansion auch das Akkumulationsregime der „Zentralstaaten" sich zu einem *globalen Akkumulationsregime* wandelt. Dies hat zweierlei Konsequenzen. Zum einen erfolgt eine regionale Differenzierung innerhalb der „Zentralstaaten", es entfalten sich Regionen und Städte, die vor allem am globalen Akkumulationsregime teilnehmen, wie z.B. die *„global cities"* im Sinne von S. SASSEN (1991, 1994a), sowie Regionen und Städte, die nur als Teil der nationalen Akkumulationsregime der „Zentralstaaten" zu betrachten sind. Zum anderen erfolgt durch den Wandel des Akkumulationsregimes der „Zentralstaaten" zu einem globalen Akkumulationsregime auch in der (Semi)Peripherie des Weltwirtschaftssystems ein markanter Wandel. Als Konsequenz finden in den semiperipheren und peripheren Großregionen der Weltwirtschaft eine Einführung des globalen Akkumulationsregimes, aber gleichzeitig auch die Entfaltung einer - im Vergleich zur Regulationsweise in den „Zentralstaaten" - neuen Regulationsweise statt. Wie A. LIPIETZ markant formulierte: „from the moment when core/periphery relations are stabilized, there exists a global regime of accumulation (or international division of labor) with its specific forms of regulation" (LIPIETZ, A. 1986, 22).

In dieser Hinsicht hebt A. LIPIETZ selbst zwei charakteristische Akkumulationsregime und Regulationsweisen als Beispiele hervor, wie: die sogenannte „bloody taylorization" und den sogenannten „peripheral fordism". Dahinter steckt eine stillschweigende Annahme, nämlich: das fordistische Akkumulationsregime bildet nur zusammen mit einer keynesianischen Regulationsweise ein funktionsfähiges Produktionssystem, wie dies in den entwickelten Industrieländern der Fall war, weil dadurch die technischen Möglichkeiten der Massenproduktion mit einer Massenkaufkraft der breiten Mittelschichten gepaart werden. In den peripheren Ländern des Weltwirtschaftssystems sind aber andere Regulationsweisen zu finden, die das System oft instabil machen. Das Akkumulationsregime der sogenannten *„bloody taylorization"* stellt das wirtschaftspolitische Entwicklungsmodell des exportorientierten Wachstums („export led growth") dar. So wurde in der Nachkriegszeit in den Betrieben der peripheren Länder die systematische Arbeitsteilung, das System der Zergliederung der Arbeitsprozesse in routinemäßige Einheiten, d. h. das tayloristische Arbeitsprinzip zwar eingeführt, dies stützte sich aber vor allem auf den massenhaften Einsatz von Frauenarbeitskräften zu sehr niedrigen Löhnen. Dieser soziale Sprengstoff wurde dann in den 60er und 70er Jahren in den Ländern Südostasiens durch eine spezifische Regulationsweise, nämlich durch die starke Kontrolle des Staates, und oft sogar durch diktatorische politische Systeme „entschärft". Im Hintergrund des *„peripheral fordism"* einiger Länder Lateinamerikas steht wiederum die Wirtschaftspolitik des exportorientierten Wachstums, aber in diesem Fall spielt in der Regulationsweise auch die Existenz einer schmalen Mittelklasse in den betreffenden Ländern eine wichtige Rolle. Deswegen ist hier der Einfluß des Staates in der Gesellschaft und der Politik relativ abgeschwächt und konzentriert sich vor allem auf die ökonomische Entwicklung. Trotzdem ist dieses System als „peripheral" einzustufen, weil die Entfaltung einer breiten Mittelklasse, die auch als massenhafte Kaufkraft für Massenproduktion auftreten könnte, infolge des Exports dieser Waren in den „Zentralstaaten" nur zögernd vorangeht.

Zu einer Definition des Begriffes Transformation vom Plan zum Markt liefert auch die Regulationstheorie wichtige Beiträge, die vor allem für eine Erklärung der systembedingten Dimension der sozioökonomischen Umstrukturierungsprozesse brauchbar sind. So wird laut der Regulationstheorie der sozioökonomische Umstrukturierungsprozeß nicht mehr als ein linearer Vorgang, sondern als ein zweiteiliger Prozeß, nämlich die Entfaltung eines Akkumulationsregimes und die Entstehung einer Regulationsweise verstanden. Weiterhin läßt sich aufgrund dieser Theorie im Hinblick auf die regionale Dimension der sozioökonomischen Umstrukturierungsprozesse feststellen, daß sich das neue Akkumulationsregime und die neue Regulationsweise, den ökonomischen Zyklen zufolge in der Regel zuerst in den „Zentralstaaten" durchsetzten. Durch die Expansion des kapitalistischen Weltwirtschaftssystems wird aber das Akkumulationsregime der „Zentralstaaten" rasch zu einem globalen Akkumulationsregime. Dieses globale Akkumulationsregime wird dann in den (semi-)peripheren Ländern zwar durchgesetzt, es erfolgt aber hier gleichzeitig die Entfaltung einer - im Vergleich der Regulationsweise in den „Zentralstaaten" - neuen, länderspezifischen Regulationsweise. Allerdings erweist sich die Regulationstheorie nur auf globaler Ebene als aussagekräftig, auf der Ebene der einzelnen Länder kann sie hingegen nur wenige inhaltsreiche Argumente liefern. Die Begriffe, wie Akkumulationsregime und Regulationsweise sind zu allgemein, um beispielsweise mit ihrer Hilfe die regionalen Ungleichheiten oder die Zentrum-Peripherie-Dispartitäten in einem Land erklären zu können. Eine weitere Schwachstelle dieser Theorie liegt darin, daß sie - am marxistischen Gedankenklischee bezüglich der Dichotomie zwischen dem „Unterbau" und dem „Überbau" fixiert - die Komplexität der ökonomischen und sozialen Systeme bzw. der sozioökonomischen Umstrukturierungsprozesse extrem vereinfacht darstellt.

Als Zusammenfassung dieses kurzen Überblicks über die wichtigsten Theorien der sozioökonomischen Umstrukturierungsprozesse soll aber festgestellt werden: Trotz einer Beschreibung und Erklärung der regionalen Dynamik bleiben auch diese Theorien die Antwort über die *Ursachen* der regionalen Ausprägung der sozioökonomischen Umstrukturierungsprozesse nach wie vor schuldig. Alle diese Theorien stellen die regionale Verschiebung der Kernregionen und das Aufholen der peripheren Gebiete fest, alle stellen diese Prozesse in einen theoretischen Rahmen, aber keine von ihnen erklärt die Ursachen: warum können die Zentrumsregionen ihre Vorrangstellung mit relativ großem Erfolg bewahren, und warum können die Länder in der (Semi-)Peripherie oft erfolgreich aufsteigen? Oder umgekehrt formuliert: warum findet in den „Zentralstaaten" eine Abwertung früher prosperierender Regionen statt, und warum ist ein Aufholen in weiten Regionen in der (Semi-)Peripherie hoffnungslos? So ist der Skepsis von M. STORPER und R. WALKER mit Recht zuzustimmen: „The evidence suggests that there is something terribly wrong with existing theories of spatial development, none of which provides a ready explanation for rapid growth at the periphery" (STORPER, M.- WALKER, R. 1989, 18).

Sonderstellung der Transformation vom Plan zum Markt unter den sozioökonomischen Umstrukturierungsprozessen

Trotz dieser Beschränkungen läßt sich auf der Basis der angeführten theoretischen Überlegungen und mittels der Ausprägung der systembedingten, zeitlichen und regionalen Dimensionen - wie *Abbildung 1* zusammenfassend darlegt - bereits eine Differenzierung zwischen den sozioökonomischen Umstrukturierungsprozessen Modernisierung, Transition, Aufholprozeß und Transformation vom Plan zum Markt vornehmen. So ist der Prozeß Modernisierung als der Wandel von der vorindustriellen Gesellschaft in eine moderne kapitalistische Industriegesellschaft einzustufen. Im Gegensatz zur Modernisierung kann die Transition als ein Wandel der ökonomischen und sozialen Strukturen im Rahmen des herrschenden kapitalistischen Weltwirtschaftssystems definiert werden, der durch die technischen und organisatorischen Innovationen ausgelöst wird und dementsprechend einen zyklischen Charakter besitzt. Der ökonomische Aufholprozeß umfaßt auch eine rasche sozioökonomische Umstrukturierung, die aber - im Gegensatz zur Transition - auch mit einem positiven Wandel der betreffenden Großregionen bezüglich ihrer Stellung im kapitalistischen Weltwirtschaftssystem verbunden ist. Schließlich ist der Prozeß der Transformation vom Plan zum Markt als ein Wandel des sozioökonomischen Systems in der „Außenarena“ bzw. in der „Semi-Peripherie“ des kapitalistischen Weltwirtschaftssystems einzustufen, der gleichzeitig die Züge eines Aufholprozesses aufweist und durch die Transition der entwickelten Industrieländer vom industriellen in das post-industrielle Zeitalter maßgebend beeinflußt ist.

Im Hinblick auf den *Modernisierungsprozeß*, der unter den sozioökonomischen Umstrukturierungsprozessen zu den am besten erforschten Prozessen gehört, lassen sich eine Vielzahl von bekannten Thesen und Modellen auflisten, die die Kennzeichen dieses Wandels beschreiben, wie: die Thesen von M. WEBER bezüglich der Tendenz einer wachsenden Bürokratisierung in der modernen Gesellschaft, das Stufenmodell von W. W. ROSTOW (1967, 1979), welches die Umwandlung von der vorindustriellen in die industrielle Gesellschaft mit Hilfe mehrerer ökonomischer Stadien beschreibt und die Phase des Aufstiegs („take-off“) in den Mittelpunkt stellt, das Sektorenmodell von J. FOURATSIE (1979), welches den Wandel der Erwerbsstruktur zugunsten zuerst der Industrie und später des Dienstleistungssektors erfaßt, oder das regional ausgerichtete Stufenmodell von J. FRIEDMANN (1966), welches jedem Stadium der Umwandlung von der vorindustriellen Gesellschaft in die industrielle Gesellschaft bestimmte Regionalmuster zuordnet. Wie bereits diese Modelle zeigen, umfaßt die zeitliche Dimension des Modernisierungsprozesses den Zeitraum des sogenannten „langen“ 19. Jahrhunderts, also das gesamte Industriezeitalter, und er ist gerade deshalb für eine Erfassung der Umstrukturierungsprozesse der bereits industrialisierten Länder Ostmitteleuropas am Ende des zwanzigsten Jahrhunderts nur wenig geeignet. Darüber hinaus ist bezüglich der regionalen Dimension des Begriffes festzustellen, daß die

Modernisierung einen globalen Prozeß darstellt, d.h. daß sie mit einer Zeitverzögerung auch in den Ländern der Semi-Peripherie und der Peripherie einsetzt. Daraus folgt, daß die Modernisierungstheorien und die Entwicklungstheorien, die in den Worten von K. POLÁNYI (1990) die „great transformation" von einer vorindustriellen in eine moderne Industriegesellschaft in den Mittelpunkt stellen, wegen ihrer geringen regionalen Relevanz und ihres abgegrenzten Zeithorizonts für eine Definition des Begriffes Transformation vom Plan zum Markt nur wenig aussagekräftig sind[8].

Abbildung 1. Klassifizierung der sozioökonomischen Umstrukturierungsprozesse nach ihren erklärenden Dimensionen

	Systembedingte Dimension	**Zeitliche Dimension**	**Regionale Dimension**
Modernisierung	Wandel von der vorindustriellen in die moderne Industriegesellschaft	Industrie-zeitalter	globaler Prozeß
Transition	Wandel innerhalb des kapitalistischen Weltsystems	zyklisch (sich wiederholende) Periodizität entsprechend den „langen Wellen"	Zentralstaaten
Aufholprozeß	Wandel innerhalb des kapitalistischen Weltsystems	vollzieht sich synchron mit der Transition in den Zentralstaaten	Länder der Semi-Peripherie und der Peripherie
Transformation vom Plan zum Markt	Wandel vom Plansystem in das Marktsystem	vollzieht sich synchron mit der Transition in den Zentralstaaten	Länder der Außenarena und der Semi-Peripherie

Im Gegensatz zur Modernisierung erfolgt die sozioökonomische Umstrukturierung während der *Transition* bereits im Rahmen des herrschenden kapitalistischen Weltwirtschaftssystems. Der Schwerpunkt liegt dabei auf dem Wandel des Produktionsmodus in den „Zentralstaaten", während die Vorrangstellung dieser Staaten im dominanten kapitalistischen Weltwirtschaftssystem relativ unverändert bleibt. Durch diese sich zyklisch wiederholenden Transitionen setzen sich ein

8 Um eine weitere Sprachverwirrung und die Ähnlichkeit mit K. POLÁNYIs Begriff „great transformation" zu vermeiden, wird die Transformation in den ehemaligen sozialistischen Ländern kurzer Hand als die Transformation vom Plan zum Markt bezeichnet. Aus sprachlichen Gründen wird aber in dieser Studie der Begriff Transformation vom Plan zum Markt oft schlicht mit dem Wort Transformation gleichgesetzt. In diesem Fall ist aber dieses Wort weiterhin als die Transformation in ehemaligen sozialistischen Ländern zu verstehen.

neues Akkumulationsregime und eine neue Regulationsweise durch, wobei sich das neue Akkumulationsregime infolge der Expansion der kapitalistischen Wirtschaft rasch zu einem globalen Akkumulationsregime wandelt. Obwohl in den „Zentralstaaten" einige Regionen durch den Transitionsprozeß sogar schwere Krisen erleben, die innerhalb der „Zentralstaaten" zu einer beträchtlichen regionalen Schwerpunktverschiebung führen können, ist die Vorrangstellung dieser Länder im Weltwirtschaftssystem durch das Einsetzen eines neues Akkumulationsregimes sowie durch die Entfaltung der neuen Boom-Regionen mit neuen Basisinnovationen nach wie vor gesichert. So fanden in den „Zentralstaaten" seit dem Beginn der Industrialisierung mehrere Transitionen statt, und es besteht ein breiter Konsens, daß sich in den entwickelten Industrieländern seit den 70er Jahren eine neue Transition vollzieht. Während die Nachkriegszeit in den entwickelten Industrieländern - unter dem Oberbegriff Fordismus - durch die kapitalintensive, standardisierte Massenproduktion, den Massenkonsum, die staatliche Globalsteuerung und staatliche Intervention in die Wirtschaft, die Verstärkung der Mittelklasse und den Ausbau des Sozialstaates geprägt war, wurde und wird dieses System - unter den Stichworten Post-Fordismus und Globalisierung - seit den 1970er Jahren durch eine informations- und wissensintensive, flexible Produktion, einen flexiblen Konsum, eine Aufspaltung der Arbeitsmärkte, eine Deregulierung und einen Abbau der staatlichen Globalsteuerung, einen Abbau des Sozialstaates und eine Auflösung der Mittelklasse abgelöst (AMIN, A. 1994, CASTELLS, M. 1989, DAWSON, H. 1993, DRUCKER, P. 1993, LÄPPLE, D. 1984, LIPIETZ, A. 1986, SASSEN, S. 1994, STORPER, M. - SCOTT, A. J. 1989, STORPER, M. - WALKER, R. 1989).

Der ökonomische Aufholprozeß, der in der Regel anhand der Beispiele der südostasiatischen Tigerstaaten populär thematisiert ist, umfaßt auch eine rasche ökonomische und soziale Umstrukturierung, wobei dem Wandel der Stellung im kapitalistischen Weltwirtschaftssystem die maßgebende Rolle zukommt, während die soziale Umstrukturierung eher als Konsequenz des Wandels zu betrachten ist. Zum Zwecke des Aufholens findet also eine rasche Einführung des globalen Akkumulationsregimes statt, die Regulationsweise nimmt aber einen lokalen, länderspezifischen Charakter an. Darüber hinaus vollzieht sich der Aufholprozeß zeitlich synchron mit der Transition in den entwickelten Industrieländern, und er ist dadurch auch maßgeblich beeinflußt. Diese Länder sind sogar als *Nutznießer der Transition* in den entwickelten Industrieländern einzustufen, da die treibende Kraft des ökonomischen Aufholens eben der Kapitalzustrom und die Verlagerung der Produktionsstätten von den „Zentralstaaten" in die Schwellenländer darstellt. Der Prozeß der sozioökonomischen Umstrukturierung geht aber in diesen Ländern nicht weiter, weil es zu einer Implementierung der in den „Zentralstaaten" angewandten Regulationsweise an den entsprechenden sozialen Vorbedingungen fehlt. So entfalten sich die erwähnten spezifischen Regulationsweisen, wie die „bloody taylorization" oder der „peripheral fordism". Deswegen ist der Aufholprozeß auch regional sehr beschränkt. Er konzentriert sich nur in wenigen Ländern der (Semi)Peripherie, und auch diese Länder können - trotz einer Ausnützung der

Transition in den „Zentralstaaten“ - den Sprung in die Zentrumsregionen nicht schaffen.

Schließlich läßt sich die *Transformation vom Plan zum Markt* anhand der Ausprägung der erklärenden Dimensionen als ein dreigeteilter sozioökonomischer Umstrukturierungsprozeß bestimmen, der gleichzeitig mehrere untergeordnete Teilprozesse, wie einen Systemwandel, einen Aufholprozeß und einen Anpassungsprozeß beinhaltet. So umfaßt die Transformation vom Plan zum Markt einen elementaren Wandel des sozioökonomischen Systems, nämlich den Wandel von der Planwirtschaft in eine Marktwirtschaft und den Wandel von einer geschlossenen Gesellschaft in eine pluralistische Demokratie. Regional gesehen ist sie als ein Aufholprozeß ursprünglich (semi-)peripherer Länder einzustufen, die aber in der Nachkriegszeit infolge der sozialistischen Machtausübung von der kapitalistischen Weltwirtschaft abgeschnitten waren, und deswegen in die „Außenarena“ abgedrängt worden waren. Im Hinblick auf die Zeitdimension ist festzustellen, daß sich die Transformation vom Plan zum Markt zeitlich synchron mit der Transition vom Fordismus in den Post-Fordismus in den entwickelten Industrieländern vollzieht, und die Transformation vom Plan zum Markt ist deswegen - in Form eines Anpassungsprozesses - auch durch die Auswirkungen dieser Transition enorm bestimmt.

Stellt man die wichtigsten sozioökonomischen Umstrukturierungsprozesse der Gegenwart anhand der Ausprägung ihrer erklärenden Dimensionen in eine Matrix - wie dies in *Abbildung 1* dargelegt wurde - so ist festzuhalten, daß der Grad der Komplexität der Umstrukturierungsprozesse von der Transition über den Aufholprozeß zur Transformation vom Plan zum Markt kontinuierlich zunimmt. Im Transitionsprozeß liegt der Schwerpunkt der sozioökonomischen Umstrukturierungsprozesse in der Herausbildung eines neuen Produktmodus und in der Entfaltung einer entsprechenden Regulationsweise, die Stellung der Länder, in denen sich die Transition vollzieht, bleibt hingegen im kapitalistischen Weltwirtschaftssystem fast unverändert. Im Aufholprozeß verschiebt sich der Schwerpunkt der sozioökonomischen Umstrukturierungsprozesse in Richtung einer markanten Veränderung der Stellung der betreffenden Länder im kapitalistischen Weltwirtschaftssystem, während die Entfaltung des neuen Produktmodus auf eine Übernahme des globalen Akkumulationsregimes beschränkt ist und die Entwicklung einer neuen Regulationsweise nur zögernd vorangeht. Eine Sonderstellung der Transformation vom Plan zum Markt unter den gegenwärtigen sozioökonomischen Umstrukturierungsprozessen kommt darin zum Ausdruck, daß in diesem Prozeß sowohl die Entwicklung eines neuen Akkumulationsregimes und einer neuen Regulationsweise, als auch die Veränderung der Stellung der Transformationsländer im Weltwirtschaftssystem einen gewaltigen *Sprung*, nämlich den Sprung bezüglich der sozioökonomischen Integration vom Befehlsstaat in eine Integration durch den Markt sowie den Sprung bezüglich der Stellung im Weltwirtschaftssystem von der Außenarena in die Semi-Peripherie beinhaltet.

Nach R. HEILBRONER (1972) ist jede Gesellschaft mit zwei grundlegenden ökonomischen Problemen, mit dem Produktionsproblem und dem Distributionsproblem konfrontiert. Das Produktionsproblem umfaßt die Art und Weise, wie eine Gesellschaft die Produktion von Gütern und Dienstleistungen organisiert, das Distributionsproblem umfaßt hingegen die Regelungen, wie diese Güter und Dienstleistungen in der Gesellschaft verteilt werden[9]. In einer historischen Perspektive unterscheidet R. HEILBRONER drei Lösungstypen zu diesen Problemen, wie die sozioökonomische Integration durch die Überlieferung bzw. Traditionen, eine Integration durch die zentralistische Macht in den Befehlssystemen sowie die Integration durch den Marktaustausch[10]. In der historischen Wirklichkeit gibt es selbstverständlich keine reinen Integrationstypen, die ausschließlich auf einem Lösungsmuster basieren, sondern es existieren Mischformen, die aber durch die Dominanz eines Integrationstyps gekennzeichnet sind. Aufgrund dieser Klassifizierung läßt sich der real existierende Sozialismus als ein Befehlssystem einstufen, in dem sowohl die Produktion und als auch die Verteilung der Produktion durch die zentralisierte Staatsmacht und durch ihre Befehle erfolgte. Die Transformation vom Plan zum Markt umfaßt also - im Gegensatz zur Transition und zum Aufholprozeß - einen radikalen Sprung zwischen den sozioökonomischen Intergationsmustern, nämlich den *Sprung von einem Befehlssystem in ein Marktsystem.*

In ähnlicher Weise stellt der *Sprung von der Außenarena in die Semi-Peripherie* bezüglich der Stellung der Transformationsländer im Weltwirtschaftssystem einen markanten Unterschied im Vergleich zur Transition bzw. zum Aufholprozeß dar. Die ehemaligen sozialistischen Länder waren - besonders in der durch orthodoxe Autarkiebestrebungen geprägten Anfangsphase des Sozialismus in den 1950er und 1960er Jahren - von dem kapitalistischen Weltwirtschaftssystem fast hermetisch abgeschnitten. Mit den Kategorien von I. WALLERSTEIN befanden sie sich in der „Außenarena". Diese Stellung führte dann im Laufe der Zeit zu den bekannten Krisensymptomen der sozialistischen Länder, wie zur Devisenkrise, zur Verschuldung und zum immer tiefer gewordenen technischen Rückstand, was auch als unmittelbare ökonomische Ursache des Zusammenbruchs des Systems zu identifizieren ist.

Paradox ist dabei, daß selbst der real existierende Sozialismus als ein Versuch - allerdings ein falscher Versuch - zum Aufholen semi-peripherer bzw. peripherer Länder einzustufen ist, der grundsätzlich für die Modernisierung der schwach in-

---

9 Die Kategorien von R. HEILBRONER sind inhaltlich den Kategorien der Regulationstheorie sehr ähnlich. Das Produktionsproblem umfaßt die Art und Weise, wie eine Gesellschaft die Produktion von Gütern und Dienstleistungen organisiert, es entspricht also dem Akkumulationsregime, das Distributionsproblem umfaßt hingegen die Regelungen, wie diese Güter und Dienstleistungen in der Gesellschaft verteilt werden, es entspricht dadurch der Regulationsweise. Der Unterschied zwischen der Regulationstheorie und den Thesen von R. HEILBRONER ist vor allem darin zu sehen, daß die erste die sozioökonomische Integration von einer regionalen, hingegen die zweite von einer historischen Perspektive betrachtet. Wie aber die klare inhaltliche Ähnlichkeit der Grundkategorien dieser Theorien prägnant zeigt, werden in der Wissenschaft oft neue Kategorien und Theorien aufgegriffen, die - in anderen Formen - bereits längst existierten.

10 Der Erfolg der Marktwirtschaften ist gerade dadurch begründet, daß dieses System sowohl das Produktionsproblem als auch das Distributionsproblem durch ein einziges Mittel, durch den Markt bestimmt.

dustrialisierten Ländern konzipiert und eingesetzt wurde[11]. Aus ideologischen Überlegungen wurde aber dieser Aufholprozeß von dem kapitalistischen Weltwirtschaftssystem isoliert durchgeführt, was letztendlich in einem Abstieg dieser Länder in die „Außenarena" resultierte. Aufgrund dieser Ursachen konnte der Sozialismus nur in den unterentwickelten Ländern, wie z.B. in den asiatischen Sowjetrepubliken einen relativen Erfolg aufweisen, in den entwickelten Industrieländern, wie in Ostdeutschland oder in der Tschechoslowakei, führte er hingegen zu einem eindeutigen Rückfall. Beispielsweise lag das BIP pro Kopf in der Tschechoslowakei in den 1930er Jahren fast auf dem Niveau des europäischen Durchschnitts. Damals lag das Land in dieser Rangliste mit Abstand vor Griechenland oder Portugal, rutschte aber in den 80er Jahren gemeinsam mit anderen sozialistischen Ländern auf die letzten Plätze in Europa ab (DAWSON, H. 1993, 145).

Untauglichkeit der Analogien

Die ausdrückliche Betonung der hohen Komplexität des Transformationsprozesses vom Plan zum Markt ist deshalb wichtig, weil die Analogien zwischen dem Transformationsprozeß sowie der Transition und dem Aufholprozeß sowohl die Handlungen der Akteure der Transformation als auch die Betrachtungsweise der äußeren Beobachter auch heute noch sehr wirksam beeinflussen. Obwohl die regional orientierten Wirtschafts- und Sozialwissenschaften eine Definition zur Transformation vom Plan zum Markt nach wie vor schuldig sind, verbreitet sich in der geographischen Literatur immer mehr eine Auffassung, die die Transformation vom Plan zum Markt in Ostmitteleuropa mit der Transition vom Fordismus in einen Post-Fordismus in den entwickelten Industrieländern gleichsetzt (DOSTAL, P. - HAMPL, M. 1992, 1994, 1996, ENYEDI, GY. 1996, GORZELAK, G. 1996). In ähnlicher Weise dominiert in der ökonomischen Literatur, und besonders in den für Geschäftsleute geschriebenen Analysen eine Auffassung, die den Transformationsprozeß in Ostmitteleuropa mit dem „catch up" der südostasiatischen Tigerstaaten gleichsetzt oder explizit die Anforderung formuliert: „Why can´t Central Europe grow like Asia?" (GRANDSEN, G. 1996, 11).

Im Gegensatz zu diesen durch Analogien begründeten Auffassungen vertritt diese Studie die These, daß die Transformation vom Plan zum Markt mit der Transition in den entwickelten Industrieländern und dem Aufholprozeß in den ostasiatischen Tigerstaaten *nicht* gleichzusetzen ist. So ist recht kategorisch zu betonen, daß die Transformation vom Plan zum Markt keine Neuauflage der postfordistischen Transition der entwickelten Industrieländer und keine Nachahmung

11 Dabei ist sehr symptomatisch, wie sich zur Jahrhundertwende die Vorstellungen bezüglich des Standortes des propagierten Sieges des Kommunismus bei den Klassikern der sozialistischen Ideologie veränderten. Während K. MARX den Sieg des Kommunismus in dem höchst entwickelten Land der damaligen Zeit, nämlich in England erwartete, machte V. I. LENIN eine andere Reihenfolge, und forderte den Sieg des Kommunismus im „schwächsten Kettenglied" des kapitalistischen Systems, also in den peripheren Ländern Osteuropas. Die Konsequenzen dieser umgekehrten regionalen Reihenfolge sind aus der Geschichte bereits wohl bekannt.

des Aufholprozesses der ostasiatischen Tigerstaaten ist. Diese Studie vertritt den eindeutigen Standpunkt, daß sich die Transformation vom Plan zum Markt von der Transition und dem Aufholprozeß markant unterscheidet. Der Transformationsprozeß weist zwar einige Züge der post-fordistischen Transition und des Aufholprozesses auf, die fundamentalen Unterschiede zwischen diesen Prozessen dürfen aber nicht übersehen werden.

Auf den ersten Blick scheint die *Analogie zwischen dem Transformationsprozeß in Ostmitteleuropa und der Transition in den entwickelten Industrieländern* sehr plausibel zu sein. G. GORZELAK formulierte diesen mittlerweile gängigen Standpunkt markant: „With a great deal of simplification one may say that the post-socialist transformation is a shift from fordist to post-fordist type of organisation of economic, social and political life. This shift was not possible in a closed system, separeted by economic and political barriers from the global markets and therefore not exposed to economic and political international competition. [...] In a similar manner, the decline in economic output which occured in post-socialist countries after 1990 was a similar price for restructuring to that which the West paid for its change of socio-economic structures after 1973 [...]" (GORZELAK, G. 1996, 33).

Im Hintergrund dieser beeindruckenden Analogie steht aber eine recht simplifizierte Auffassung der ökonomischen Prozesse im nachkriegszeitlichen Europa. Im Sinne dieser Einstellung waren in den ersten zwei Jahrzehnten der Nachkriegszeit sowohl die demokratischen Marktwirtschaften als auch die diktatorischen Planwirtschaften durch einen gemeinsamen Entwicklungspfad, durch ein extensives Wachstumsmodell gekennzeichnet. Der einzige Unterschied zwischen West- und Ostmitteleuropa bestand in diesem Zeitraum - wie P. DOSTAL und M. HAMPL euphemistisch formulierte - „bloß" darin, daß „the state-socialist system tried to run faster than its legs could carry it" (DOSTAL, P. - HAMPL, M. 1996, 118). Den springenden Punkt bezüglich der ökonomischen Entwicklung in entwickelten Industrieländern und den damaligen sozialistischen Ländern stellten dann die 1970er Jahre dar. Zu diesem Zeitpunkt fand in den entwickelten Industrieländern eine Abkehr von dem extensiven Wachstumsmodell statt, und es fing der Prozeß der Transition vom Fordismus in einen Post-Fordismus an. Demgegenüber setzte sich in den sozialistischen Ländern das extensive Wachstumsmodell nach wie vor fort, und es wurde sogar ein *„over-extensive kind of development"* eingeleitet. Als Konsequenz dieser bereits abweichenden Entwicklungspfade wurde die Kluft zwischen den entwickelten Industrieländern und den sozialistischen Ländern immer größer, so daß dieses „over-extensive" Modell und damit auch das sozialistische System am Ende der 80er Jahre zusammenbrach. Nach diesem *„political breakpoint"* fand in den Ländern Ostmitteleuropas ein tiefer Transformationsschock, „the so-called *transformational recession*" statt. Dieser umspannte wohl die erste Hälfte der 90er Jahre bis zu einem *„economic turn-point"*, an dem die Marktkräfte und die Marktverhältnisse auch in diesen Ländern zu einer Dominanz gelangten. Nach diesem „economic turn-point" - so behaupten wenigstens die hoffnungsvollen Visionen von P. DOSTAL und M. HAMPL - wird die intensive, post-fordistische Entwicklungsphase auch in den Transformationsländern eingeleitet werden.

Wie die kurze Darstellung dieser Analogie belegt, stellt der Unterschied zwischen den entwickelten Industrieländern und den Transformationsländern bloß eine Zeitfrage dar. Während in den entwickelten Industrieländern „under democratic regimes and market-driven economies a gradual transformation took place during the last three decades from extensive development forms in postwar traditional industrial society and economy towards intensive development of the mature industrial and contemporary post-industrial phase“ (DOSTAL, P. - HAMPL, M. 1996, 118-119), setzte diese Entwicklung in den ehemaligen sozialistischen Ländern mit einer Zeitverzögerung von zwei bis drei Jahrzehnten erst während der Transformation nach der Wende ein. Die Länder Ostmitteleuropas hatten in den 70er Jahren den Anschluß zur Bahn einer post-fordistischen Entwicklung - wegen der Rigidität der sozialistischen Ökonomie - einfach verpaßt, sie können aber nach der Wende des Jahres 1989 wieder in den Zug einsteigen. Aus dieser Argumentationskette folgt dann geradlinig auch die einseitige Interpretation der regionalen Phänomene und Prozesse der Transformation in den Ländern Ostmitteleuropas. Während in der Zeit des Sozialismus „industrialization has reproduced the same spatial forms of industrial regions and urban systems, that developed earlier in Western Europe“, setzte nach der Wende eine post-fordistische Regionalentwicklung ein, weil die „transition has opened the roads for the propagation of postfordist space into Central Europe“ (ENYEDI, GY. 1996, 129-131).

So scheinen die Vertreter dieser Auffassung offenbar vergessen zu haben, daß zwischen Marktwirtschaft und Planwirtschaft, zwischen Demokratie und Diktatur - trotz des extensiven ökonomischen Wachstumsmodells mit ähnlichen Zügen in der frühen Nachkriegszeit, - fundamentale Unterschiede bestehen[12]. Sie scheinen offenbar auch vergessen zu haben, daß die zeitliche Verzögerung bzw. das verspätete Einsetzen der sozioökonomischen Prozesse in anderen Regionen nicht mit einer „Neuauflage“ dieser Prozesse gleichzusetzen sind. Die zeitliche Verspätung und Verzögerung beim Einsetzen der sozioökonomischen Prozesse haben nämlich die Konsequenz zu Folge, daß diese Prozesse bereits andere ökonomische Inhalte, andere soziale Formen und eine andere regionale Ausprägung haben. So liefert beispielsweise die Industrialisierung in den semi-peripheren Ländern Ostmitteleuropas am Ende des 19. Jahrhunderts einen eindeutigen Beweis dafür, daß sich die ökonomischen, sozialen und regionalen Erscheinungsformen dieser Industrialisierung markant von den Erscheinungsformen der Industrialisierung im Kernbereich Europas seit Anfang des 19. Jahrhunderts unterscheiden.

Allerdings stellt die Gleichstellung der Transformation vom Plan zum Markt mit der Transition vom Fordismus in den Post-Fordismus ein subjektiv sehr verständliches Bestreben dar, da die zeitliche Übereinstimmung dieser Prozesse durch das Verschwinden der Vorbilder in den Ländern Ostmitteleuropas einen

---

12 Höchst ironisch ist dabei, daß die Vertreter dieser Auffassung gleichzeitig praktizierende Ostmitteleuropäer sind, wie P. DOSTAL aus Prag bzw. Amsterdam, GY. ENYEDI aus Budapest und G. GORZELAK aus Warschau.

enormen Orientierungsverlust verursachte. Dieses *Verschwinden der Vorbilder* wurde in Ostmitteleuropa sogar zu einem der größten Widersprüche, mit dem diese Länder bis zum gegenwärtigen Zeitpunkt nicht zurecht gekommen sind. Im Gegensatz zu den weit verbreiteten, oft politisch verfärbten Meinungen lagen nämlich die unmittelbaren Ursachen des Zusammenbruchs des Sozialismus nicht im Druck der Oppositionellen, nicht in der schlichten Machtlosigkeit der Herrschenden und nicht einmal in der Unfähigkeit des Systems für einen ökonomischen Wettbewerb mit dem kapitalistischen Weltwirtschaftssystem. Sie lieferten zwar wichtige Beiträge zum Absturz des sozialistischen Systems, aber der entscheidende Stoß, der zum Fall des Systems führte, ist anderswo zu suchen. Die sogenannten „sanften" Revolutionen waren in Ostmitteleuropa in der Tat Revolutionen ohne Revolutionäre, sie waren aber gewaltlose stumme Aufstände: die Aufstände der nach westlichem Konsum ausgehungerten Bürger. Der Sturm von Hunderttausenden ehemaliger DDR-Bürger in die westdeutschen Warenhäuser unmittelbar nach der Währungsunion und der Sturm der ungarischen Einkaufstouristen in den Jahren 1989 und 1990 nach Österreich, Deutschland und Italien weisen prägnant darauf hin, wieviel Kraft in diesen Aufständen steckte. Natürlich stellt der Zusammenbruch des Sozialismus in Ostmitteleuropa einen durchaus komplexen Prozeß dar, der sich nicht auf einen Faktor zurückführen läßt. Die massenhafte Flucht der ostdeutschen Bürger und der Strom von Hunderttausenden ungarischer Einkaufstouristen gaben aber den Herrschenden ein unmißverständliches Signal, daß die Mehrheit der Bürger Ostmitteleuropas am Sozialismus, sogar an einem reformierten, liberalisierten Sozialismus nicht mehr teilhaben wollten.

Hinter diesen Ereignissen standen aber weniger konkrete, jedoch noch wirksamere Vorstellungen und Erwartungen bezüglich einer Marktwirtschaft mit dem Adjektiv „sozial" sowie eines Wohlfahrtsstaates und einer sozialen Sicherheit. Mit einem Wort, das Vorbild für diese stummen Aufstände war - mit den Begriffen der Regulationstheorie - die Regulationsweise des Fordismus, bzw. der durch den Fordismus für breite Sozialschichten gesicherte Wohlstand in den entwickelten Industrieländern. Als sich aber der Wandel in Ostmitteleuropa vollzog, ist dieser Fordismus in den entwickelten Industrieländern in eine tiefe Transitionskrise gesunken. Die Bürger Ostmitteleuropas, die durch ihre stummen Aufstände einen wichtigen Beitrag zum Absturz des Sozialismus lieferten, standen nach dem Fall der Mauer und des „Eisernen Vorhanges" plötzlich vor den Toren einer Welt, die sie sich vorgestellt hatten, die aber nicht mehr existierte.

Es ist leicht einzusehen, daß die Transformation mit ihren hohen sozialen Kosten ohne Vorbilder kaum durchzuführen ist. So liegt auch die theoretische Bestrebung nahe: der Orientierungsverlust soll durch die Vorstellung der Transformation vom Plan zum Markt als ein „normaler Prozeß" ersetzt werden. Falls die Bürger Ostmitteleuropas vor der Wende am Segen des *westlichen* sozialen Wohlfahrtsstaates nicht partizipieren konnten, sondern nur am Segen eines *„sozialistischen"* Wohlfahrtsstaates teilhatten, und sie sogar darauf nach dem Absturz der kommunistischen Regime nicht mehr hoffen können, so müssen diese Hoffnungen endlich aufgegeben und die Transformation als der *gleiche* Prozeß wie die Transition in den entwickelten Industrieländern eingestuft werden. Laut dieser Argumentationskette werden also sowohl die historische Kontinuität als auch die Vorbilder wieder errichtet, da die Länder Ostmitteleuropas erneut den Entwicklungspfad des Westens, und nicht einmal einen früheren, den fordistischen, sondern sogar den neuesten, den post-fordistischen einschlagen. So läßt sich diese Argumentationskette subjektiv zwar tolerieren, sie ist aber aufgrund der oben erwähnten kritischen Bemerkungen wissenschaftlich nicht zu akzeptieren.

Die größte Problematik bezüglich der Gleichstellung der Transformation vom Plan zum Markt mit der Transition vom Fordismus in den Post-Fordismus liegt aber weniger in der wissenschaftlichen Interpretation, sondern vielmehr in der konkreten Umsetzung in die praktischen Handlungen. Diese Gleichstellung erweckte nämlich auch die falsche Illusion, daß die Probleme der Transformation vom Plan zum Markt mit den Mitteln der Transition vom Fordismus in den Post-Fordismus gelöst werden können, und die Umstrukturierung in den Ländern Ostmitteleuropas ein ähnliches wirtschafts- und sozialpolitisches Instrumentarium benötigt, wie es in den entwickelten Ländern während der gegenwärtigen Transition eingesetzt wird. Die negativen Konsequenzen dieser Illusion sind mittlerweile wohl bekannt: ein enorm rasches, zeitlich abgekürztes Einsetzen des neuen globalen Akkumulationsregimes in den Transformationsländern ohne Rücksichtnahme auf die speziellen sozialen und ökonomischen Bedingungen dieser Länder.

In ähnlicher Weise wirken sich auch die *Analogien zu den Aufholprozessen* anderer Regionen auf die Gestaltung der Transformation vom Plan zum Markt aus. Als Beispiele für erfolgreiche Aufholprozesse werden die sogenannten *„kleinen Tigerstaaten" in Südostasien* und für die wenig erfolgreichen Aufholprozesse die *Länder Lateinamerikas* angeführt, die darauf hinweisen, daß ein Aufholen auch in den ehemals peripheren Regionen gangbare Wege finden kann. Diese Beispiele sind von großer Bedeutung, weil hier der Aufholprozeß - ähnlich wie die Transformation in Ostmitteleuropa - zeitlich synchron mit der Transition vom Fordismus in den Post-Fordismus in den entwickelten Industriestaaten stattfindet. Den Motor dieses Aufholprozesses stellen ebenfalls die Transition in den entwickelten Industrieländern und die Globalisierung der Weltwirtschaft dar. Die Verlagerung der Produktionsstätten aus den „Zentralstaaten" in die Länder Ostasiens und Lateinamerikas mit weit niedrigerem Lohnniveau sowie der wachsende Kapitalfluß in diese Länder bilden die Grundlagen des Aufholprozesses[13]. Dadurch rücken diese Länder von der Peripherie in die Semi-Peripherie, und in den besonders erfolgreichen Beispielen sogar in die Nähe des Zentrums des kapitalistischen Weltwirtschaftssystems.

Die Analogien zwischen dem Aufholprozeß in den Ländern Südostasiens und Lateinamerikas sowie der Transformation in den Ländern Ostmitteleuropas hören aber bei diesem Punkt auf. Es sind nämlich mehrere markante Unterschiede zu

13 Neben diesen allgemeinen Faktoren sind noch weitere, spezifische Faktoren des erfolgreichen Aufholprozesses zu nennen. So läßt sich der Erfolg der meisten „ostasiatischen Tiger" größtenteils auf die konfuzianischen Wertvorstellungen und das sehr hohe Ausbildungsniveau der Bevölkerung zurückführen.

nennen, die die Tauglichkeit dieses Schaubildes fragwürdig machen. Zum einen waren sowohl die Länder Südostasiens als auch die Länder Lateinamerikas von dem kapitalistischen Weltwirtschaftssystem nie für längere Zeit abgeschnitten, was in den ehemaligen sozialistischen Ländern - wie bereits erläutert wurde - nicht der Fall war. Andererseits erfolgt der Aufholprozeß in den Ländern Südostasiens und Lateinamerikas durch eine Regulationsweise, die in den Ländern Ostmitteleuropas nicht eingesetzt werden kann, nämlich durch den starken Einfluß des Staates. In den „Tigerstaaten" Südostasiens greift der Staat - in Form von sogenannten *„developmental state"* - in die Prozesse der ökonomischen Umstrukturierung tief ein, während die Umwandlung der sozialen Strukturen durch die Anpassung an die Traditionen beherrscht ist. In den Ländern Lateinamerikas ist eher eine umgekehrte Situation zu beobachten. Die ökonomische Entwicklung ist den neoklassischen Vorstellungen entsprechend stark liberalisiert, der Staat besitzt hingegen - in Form der Diktaturen oder des *politischen Populismus* - in der Entwicklung der Gesellschaft eine enorm große Rolle. Im Gegensatz zu Ostasien und Lateinamerika stellt aber der starke Einfluß des Staates in den ehemaligen sozialistischen Ländern sowohl in der Ökonomie als auch in der Gesellschaft keinen gangbaren Weg dar. Nach vierzig Jahren staatlich gelenkter sozialistischer Machtausübung und Mißwirtschaft ist der Staat in der Ökonomie und in der Politik weitgehend unerwünscht[14]. Darüber hinaus wird die Transformation vom Plan zum Markt - allein wegen der geographischen Nähe zu den „Zentralstaaten" und der historischen Traditionen - nach westeuropäischen Vorbildern durchgeführt. Deswegen kann die Transformation vom Plan zum Markt in Ostmitteleuropa als ein wirtschaftshistorischer Versuch eingestuft werden, *inwieweit es gelingt, einen Aufholprozeß unter den Bedingungen eines wirtschaftlichen Liberalismus als Akkumulationsregime und einer pluralistischen Demokratie als Regulationsweise erfolgreich durchzuführen?*

1.2. DIE STILLSCHWEIGENDE DOMINANZ DER NEOKLASSISCHEN BETRACHTUNGSWEISE

Grundsätzlich sind in der Forschung der regionalen Umstrukturierungsprozesse in den Transformationsländern zwei unterschiedliche Erklärungsmuster zu erkennen. Das erste läßt sich als eine neoklassische Argumentationskette, das zweite als ein regionalwissenschaftliches Argumentationsmuster bezeichnen. Sie differieren - wie *Abbildung 2* zusammenfassend darlegt - im Hinblick auf die Fragestellung, die Erklärung, die Forschungsschwerpunkte und die regionale Ebene markant voneinander. Die neoklassische Betrachtungsweise konzentriert sich auf den ökonomischen und politischen Wandel, stellt die Akteure der Transformation in den

14 An dieser Stelle soll wiederum auf einen Geburtsfehler der Transformation in Ostmitteleuropa hingewiesen werden. Die Stimmung gegen jegliche Art einer staatlichen Intervention ist so groß, daß die Rolle des Staates auch in jenen Fällen fragwürdig gemacht wird, in denen er z.B. in den entwickelten Industrieländern normalerweise eingreift.

Mittelpunkt, führt die regionale Umstrukturierung auf die unterschiedlichen Anpassungsmuster der Regionen zurück und kommt dadurch zur These der Entfaltung neuer, kleinräumiger Disparitäten. Das regionalwissenschaftliche Argumentationsmuster konzentriert sich auf den Wandel der Regionalstruktur, rückt in einer historischen Perspektive die Regionen in den Mittelpunkt, führt die regionale Umstrukturierung auf die Akkumulation der früheren und neuen regionalen Disparitäten zurück und kommt dadurch zur These des „Comeback" früherer, großräumiger Disparitäten. Allerdings ist keiner von diesen Standpunkten explizit definiert, dazu war die Zeit noch zu kurz und der Wandel zu schlagartig. Sie wirken aber in der Transformationsforschung nach wie vor sehr nach.

Im Mittelpunkt der *neoklassischen Betrachtungsweise* steht der ökonomische und politische Wandel selbst. Sie rückt dadurch fast ungewollt die *Akteure* - seien sie der Staat, die ausländischen Investoren, die Privatunternehmer oder ausgewählte Sozialschichten - in das Zentrum der Erklärungen. So werden in dieser Betrachtungsweise der Abriß der früheren Barrieren vor den Auswirkungen der Marktkräfte sowie die Implementierung der marktwirtschaftlichen Elemente fast zum einzigen Steuerungs- und Erklärungsfaktor bezüglich der Regionalentwicklung in den Ländern Ostmitteleuropas nach der Wende. Deswegen ist auch der geographische Horizont auf die Großregion Ostmitteleuropa bzw. auf die Unterschiede der einzelnen Transformationsländer reduziert, und diese Art der Forschung bedient sich vornehmlich makroökonomischer Strukturdaten. Aus diesen Prämissen folgt dann auch die Fragestellung, nämlich: *Was für Konsequenzen verursacht der Wandel vom Plan zum Markt in der Regionalstruktur der Transformationsländer?*

Wie H. FASSMANN (1997) jüngst die wichtigsten Aussagen der neoklassischen Betrachtungsweise zusammenfaßte, sind im Transformationsprozeß im Rahmen eines *Drei-Phasen-Modells* die folgenden Phasen zu unterscheiden: die *Ausgangssituation,* d.h. die sozialistische Planwirtschaft, die sog. *„intermediäre Phase",* die die eigentliche Transformation umfaßt, und die *Zielsituation*, d.h. die Marktwirtschaft als ein künftiger End- bzw. Sollzustand der Entwicklung. Dabei gliedert sich aber selbst die „intermediäre Phase" auf weitere zwei Phasen, nämlich auf das Einsetzen der *„Transformationsmaßnahmen",* wie z.B. die Liberalisierung des Außenhandels, die Streichung von Subventionen, die Privatisierungsprogramme etc., und auf das Auftreten von *„Transformationsphänomenen*", wie die Umstrukturierung des Außenhandels, die Arbeitslosigkeit, die Entwicklung neuer Unternehmen etc. Im Sinne dieser Betrachtungsweise werden also zuerst die überwiegend wirtschaftspolitischen Maßnahmen durch die Akteure der Transformation getroffen, die dann später bestimmte ökonomische, soziale und auch regionale Konsequenzen zur Folge haben.

Abbildung 2. Merkmale der neoklassischen und regionalwissenschaftlichen Betrachtungsweise in der regional orientierten Transformationsforschung

	neoklassische Betrachtungsweise	regionalwissenschaftliche Betrachtungsweise
Fragestellung	„Was für Konsequenzen verursacht der Wandel vom Plan zum Markt in der Regionalstruktur der Transformationsländer?"	„Wie verändern sich die Regionen und die regionalen Disparitäten in den Transformationsländern während des Wandels vom Plan zum Markt?"
Forschungsgegenstand	Die Akteure der Transformation (Staat, ausländische Investoren, Privatunternehmen) und ihre regionalen Auswirkungen	Die Regionen in einer historischen Perspektive und die Auswirkungen persistenter Regionalstrukturen
regionale Ebene	Die Länder bzw. Großregionen Ostmitteleuropas	Flächendeckende Analyse auf kleinen regionalen Einheiten
Zeitdimension	Von der politischen Wende bis zur Gegenwart	Von der Jahrhundertwende bis zur Gegenwart
Datenset	Eine geringe Anzahl makroökonomischer Strukturdaten (z.B. Bevölkerungszahl, GDP)	Möglichst reiche Auswahl von makro- und mikroökonomischen Strukturdaten
Denkmodelle	Gleichgewichtstheorien, Angebot-Nachfrage-Modell, Push-Pull-Modell	Zentrum-Peripherie-Modell, These des kumulativen Peripherisierungsprozesses, Theorien der Grenzen
Thesen zur Regionalentwicklung in den Transformationsländern	Entfaltung *neuer,* kleinräumiger Disparitäten durch die Abwertung der Regionen der sozialistischen Großindustrie und die Aufwertung der Zielregionen der ausländischen Investoren	„Comeback" *früherer*, großräumiger Disparitäten durch Fortsetzung vorsozialistischer und sozialistischer Peripherisierungsprozesse
Thesen zum Mechanismus der Bildung regionaler Disparitäten in den Transformationsländern	Die Regionen werden durch die erfolgreiche bzw. Mißlungene Anpassung an die neuen Marktverhältnisse zu den Gewinnern bzw. den Verlierern der Transformation	Die großräumigen Unterschiede nach der Wende sind auf die Akkumulation der vorsozialistischen, sozialistischen und transformatorischen regionalen Disparitäten zurückzuführen
Vorteile	Die Betonung der Zäsur des Jahres 1990 in der Regionalentwicklung Ostmitteleuropas	Wiederherstellung der Kontinuität in der Regionalentwicklung Ostmitteleuropas
Nachteile	Vernachlässigung der großräumigen Disparitäten	Vernachlässigung der Zäsur vom Jahr 1990 in der Regionalentwicklung Ostmitteleuropas

Bei dieser Betrachtungsweise ist zweifelsohne als positiv einzustufen, daß sie den elementaren Wandel des ökonomischen und sozialen Systems ausdrücklich in den Vordergrund stellt. Dadurch wird die Transformation vom Plan zum Markt in den Ländern Ostmitteleuropas nicht mit der Transition vom Fordismus in den Post-Fordismus gleichgesetzt. In ähnlicher Weise sind aber auch die Gefahren der neoklassischen Betrachtungsweise offensichtlich: durch die Überbetonung der Rolle der Akteure im Wandel werden auch die regionalen Umstrukturierungsprozesse - im Rahmen eines eindimensionalen Modells - fast ausschließlich durch den Faktor Wandel selbst erklärt. So wird die Krise der ehemaligen Hochburgen der sozialistischen Industrie als Problematik altindustrialisierter Regionen bezeichnet, die wachsende Rolle der Hauptstädte im Transformationsprozeß als die Herausbildung neuer Wachstumspole thematisiert, der Aufschwung der westlichen Landesteile bzw. der Rückgang der östlichen Landesteile in den Transformationsländern durch die geographische Distanz vom westeuropäischen Kernbereich des kapitalistischen Weltwirtschaftssystems erklärt. So kommt beispielsweise A. KUKLINSKI zur Feststellung: „The transformation process in the Visegrad Countries are very varied. Polarised regional development occurs in all countries. There are two types of winning regions: the metropolitan regions with relatively modern and diversified economic structure, and the western regions with a relative proximity to the regions of the European Union. There are also two types of losing regions: regions of Stalinistic industrialization, eastern regions being relatively distant from the western centres of capital und innovation" (KUKLINSKI, A. 1996, 108). Im Ganzen wird dadurch die Umwandlung der Regionalstruktur - trotz der Betonung des radikalen Wandels des ökonomischen und politischen Systems - mit regionalen Phänomenen gleichgesetzt, die in der Entwicklung der Industrieländer seit langem vertraut sind.

Eine weitere Gefahr der neoklassischen Betrachtungsweise besteht darin, daß sie implizit einen allgemeingültigen Entwicklungspfad für die Länder Ostmitteleuropa vorschreibt. Primär resultieren die Drei-Phasen-Modelle aus einer Beschreibung des J-förmigen Verlaufs der Werte einiger makroökonomischer Indikatoren, wie z.B. des BIPs während der Transformation. Beispielsweise lassen sich durch eine zeitliche Aufgliederung des Verlaufs des BIPs nach der Wende drei Phasen im Transformationsprozeß unterscheiden, wie: die *„Schrumpfungsphase"*, d.h. die Phase des dramatischen Produktionsrückgangs von der Wende bis zur Talsohle des Rückfalls des BIPs, die *„Orientierungsphase"*, d.h. die Phase der leichten ökonomischen Genesung, während der die Marktregeln in die Ökonomie der Transformationsländer implementiert werden, und die *„Wachstumsphase"*, in der erneut ein dynamischer Zuwachs des BIPs in Gang kommt (PROGNOS, 1992). Das Problem liegt aber darin, daß diese vereinfachte Beschreibung des durchaus komplexen Transformationsprozesses in allzu vielen Bereichen der Transformation in Ostmitteleuropa als bevorzugtes Erklärungsmodell verwendet wird. Um ein Beispiel zu nennen: in der Politologie wird auch der Weg von der sozialistischen Diktatur in die pluralistische Demokratie anhand von drei Phasen erklärt, wie: die *„Liberalisierung"*, d.h. das Aufweichen der Diktatur vor bzw. zum Zeitpunkt der Wende, die *„Demokratisierungsphase"*, d.h. die Herausbildung der pluralistischen Parteienpalette und die ersten freien Wahlen unmittelbar nach der Wende, und die *„Konsolidierung"*, d.h. die Verfestigung der demokratischen Spielregeln etwa durch die Akzeptierung des ersten Machtwechsels während der zweiten freien Wahlen nach der Wende (BEYME, V. K. 1994). Die Geschichte belehrt aber mit einer Fülle von Beispielen, daß es in der ökonomischen, sozialen und regionalen Entwicklung keinen allgemeingültigen Entwicklungspfad, keine Endsituation und keinen Sollzustand gibt. Ohne Zweifel, die Vorbilder beeinflussen maßgebend den Transformationsprozeß, und diese Vorbilder sind Marktwirtschaft und Demokratie. Dies bedeutet aber nicht, daß selbst der real verlaufende Transformationsprozeß irgendeine End- bzw. Sollsituation hat. Der konkrete Verlauf des Transformationsprozesses umfaßt nämlich eine Vielzahl sehr diverser Phänomene, wobei gleichzeitig mehrere Abzweigungen von dem linear vorgestellten Entwicklungspfad möglich sind.

Während die neoklassische Betrachtungsweise die Rolle der Akteure in den Mittelpunkt rückt, stellt das *regionalwissenschaftliche Argumentationsmuster* die *Region* in das Zentrum der Erklärungen. Sie bedient sich auch eines altbewährten theoretischen Instrumentariums, wie des Zentrum-Peripherie-Modells, der Thesen über die kumulativen Peripherisierungsprozesse und der Theorien der geschlossenen und offenen Grenzen. Die fundamentale These ist dabei, daß die Region ein historisch gewachsenes Gebilde darstellt, in welchem den Auswirkungen der persistenten Strukturen eine enorm große Rolle zukommt. So betont die regionalwissenschaftliche Perspektive - im Gegensatz zum bereits kurz dargestellten neoklassisch orientierten Drei-Phasen-Modell - die Existenz einer bestimmten Regionalstruktur in der Zeit des Sozialismus, die sich während der Transformation aufgrund der internen und externen Einflußfaktoren und Akteure in eine andere Regionalstruktur umwandelt. Weiterhin erheben diese Forschungen den Anspruch, eine flächendeckende Analyse auf möglichst kleine regionalen Einheiten durchzuführen. In dieser historischen Perspektive stellt sich die folgende Forschungsfrage: *Wie verändern sich in den Transformationsländern die Regionen und die regionalen Disparitäten während des Wandels vom Plan zum Markt?*

Dabei ist als positiv einzustufen, daß diese Betrachtungsweise eine Brücke zwischen den Regionalstrukturen aus verschiedenen Epochen - wie den regionalen Disparitäten aus der vorsozialistischen Epoche, den regionalen Unterschieden während des Sozialismus und den neuen regionalen Prozessen und Phänomenen nach der Wende - schlägt. Nach dieser Betrachtungsweise gehen die neuen regionalen Strukturen nach der Wende nicht von einer *„tabula rasa“* aus, diese Phänomene sind auch keine „Kopien“ der regionalen Prozesse während der Transition in den entwickelten Industrieländern, und dadurch gelangt dieses Argumentationsmuster sogar zur These vom „Comeback“ vorsozialistischer Disparitäten (FASSMANN, H. - LICHTENBERGER, E. 1995, LICHTENBERGER, E. 1996). Es sind aber auch die Gefahren und die Schwierigkeiten der regionalwissenschaftlichen Betrachtungsweise nicht zu leugnen. Das grundlegende Problem liegt darin, daß im Rahmen einer historischen Perspektive die Differenzierung zwischen den Zentren und den peripheren Gebieten leicht mit einem Unterschied bezüglich des ökonomischen Entwicklungsstands der Regionen gleichgesetzt wird. Seit J. GOTTMANN ist aber bekannt, daß die Grenzen zwischen den Zentren und den peripheren Gebieten sehr flüssig sind. Zentrum und Peripherie existieren zwar getrennt, sie stellen aber durch wechselseitige Kontakte gemeinsam ein funktionsfähiges Regionalsystem dar. Gerade in einer historischen Perspektive gibt es eine Fülle von Beispielen dafür - und diese sind auch durch die Theorie der Weltsysteme und die Zyklustheorien des ökonomischen Wachstums glänzend bestätigt -, daß sich Zentren zur Peripherie oder periphere Gebiete zur Semi-Peripherie umwandeln können. Darüber hinaus läßt sich der Unterschied zwischen den Zentren und den peripheren Regionen nicht mit einer Differenz bezüglich der ökonomischen Leistung gleichsetzen. Das Zentrum ist definiert als „the place where the seat of authority is located" (GOTTMANN, J. 1980, 15), also als Standort der Macht, der Kontrolle und der Entscheidungen sowohl im ökonomischen, als auch im sozialen und kulturellen Leben.

Obwohl sowohl die neoklassische als auch die regionalwissenschaftliche Betrachtungsweise wertvolle Beiträge zur Erfassung der regionalen Umstrukturierung in Ostmitteleuropa liefern, stellt das neoklassische Erklärungsmuster bis dato den *„mainstream"* in der regional orientierten Transformationsforschung dar. Dafür sprechen wohl nüchterne Gründe, weil die Transformation in Ostmitteleuropa in der Gänze unter dem Stern des Neoliberalismus durchgeführt wurde. Allerdings wurde in Ostmitteleuropa nur *eine simplifizierte, dafür aber uneingeschränkte Version des Neoliberalismus* exportiert, die oft zu vergessen scheint, daß der Staat auch in den als Vorbild verkündeten entwickelten Industrieländern eine sehr große Rolle in der Ökonomie und der Regionalentwicklung besitzt. Dagegen wurde in den Transformationsländern nach der Wende der Markt als ein Zaubermittel heiliggesprochen, so daß man sogar den Eindruck hat, daß in diesem „Versuchslabor" Ostmitteleuropa aufgrund der Ratschläge internationaler Experten viele Methoden und Prozesse ausprobiert wurden, die selbst in den entwickelten Industrieländern nicht funktionierten oder nicht funktionstüchtig waren. Als Beispiele sind hier nur einige Leitlinien zu nennen, wie daß die Entstehung der Marktwirtschaft durch die Privatisierung etabliert, daß die Modernisierung vornehmlich durch Auslandskapital durchgeführt wird und die extrem rasche Liberalisierung des Außenhandels. Die eventuellen negativen sozialen und regionalen Konsequenzen werden dann - laut dieser vereinfachten Version des Neoliberalismus - durch den Markt selbst gelöst. Demgegenüber sprechen die Fakten dafür, daß die Privatisierung eher zu einer Neuverteilung der sozialen und ökonomischen Chancen und weniger zu einer Entfaltung der Marktwirtschaft geführt hatte, das Auslandskapital betreibt nicht unbedingt die Modernisierung der Ökonomie, sonders es begnügt sich oft mit dem Erwerb der osteuropäischen Absatzmärkte, die rasche Liberalisierung führte zwar zur Etablierung der dem Markt entsprechenden Lohn- und Preisverhältnisse, aber gleichzeitig auch zum Konkurs ganzer Branchen. Es ist sehr schwer zu beurteilen, inwieweit der Markt in der Zukunft selbst fähig sein wird, den durch diese Phänomene ausgelösten sozialen und regionalen Differenzierungsprozessen entgegenzuwirken?

In diesem *Aufmarsch des Neoliberalismus in Ostmitteleuropa* wurden die Länder, die ihre spezifischen Gegebenheiten in den Vordergrund stellten oder aufgrund der sozialen Konsequenzen ein langsameres Tempo forderten, sofort als halbherzige Reformer stigmatisiert. In Ostmitteleuropa war - infolge der Vereinigung Deutschlands - nur Ostdeutschland in der Lage, die ökonomische Transformation ohne übertriebenen Neoliberalismus und sogar mit massiven staatlichen

Förderungen durchzuführen. Dieser Weg erwies sich aber für die anderen Transformationsländer nicht nur wegen der mangelnden finanziellen Ressourcen, sondern auch wegen des dogmatischen Neoliberalismus als nicht gangbar.

Die Konsequenzen der stillschweigenden Dominanz eines uneingeschränkten Neoliberalismus in der Transformation sind eindeutig: die zunehmenden sozialen und regionalen Disparitäten in den Ländern Ostmitteleuropas. Anstatt eines Aufholprozesses der breiten Sozialschichten und einer Vielzahl von Regionen setzte der Aufholprozeß einer schmalen Oberschicht und einiger weniger Regionen ein[15]. Ostdeutschland und Ungarn stellen ein prägnantes Beispiel für den Unterschied zwischen dem abgeschwächten und dem übertriebenen Neoliberalismus in der Transformation dar. Betrachtet man beispielsweise die Spannweite der regionalen Differenzierung bezüglich der Arbeitslosigkeit, kommt der Unterschied zwischen dem *„Vereinigungskeynesianismus" in Ostdeutschland* und dem ökonomischen *Neoliberalismus in Ungarn* deutlich zum Ausdruck. Während in Ostdeutschland nach der Wende ein stärkerer Beschäftigungsrückgang als in Ungarn stattfand, führte dieser Rückgang in der Entwicklung der Arbeitslosigkeit in Ostdeutschland zu geringeren regionalen Disparitäten als in Ungarn. So betrug in der ersten Hälfte der 1990er Jahre der Unterschied zwischen den Regionen mit niedrigsten und den Regionen mit höchsten Arbeitslosenquoten in Ostdeutschland das Dreifache, in Ungarn hingegen das Zehnfache.

Allerdings soll bereits hier betont werden, daß die Zunahme der regionalen Disparitäten während eines sozioökonomischen Umstrukturierungsprozesses als eine „normale" Begleiterscheinung einzustufen ist. Jede umgreifende ökonomische Umstrukturierung, jeder Aufwärtstrend, jede Innovation vergrößert in der Anfangsphase zwangsläufig die regionalen Disparitäten, weil diese Prozesse und Innovationen logischerweise nicht überall gleichzeitig auftreten. Vermutlich werden diese Disparitäten sogar umso größer, je schneller der Umbruch ist und je mehr die Veränderungen auf einem großen Kapitaleinsatz basieren. Es ist aber auch leicht einzusehen, daß diese Disparitäten im Rahmen einer neoliberalen Wirtschaftspolitik durch das uneingeschränkt freie Zusammenspiel der Marktkräfte stärker zunehmen als im Falle der Einschränkungen. Darüber hinaus soll auch hier angedeutet werden, daß - im Gegensatz zu den populären Vorstellungen - die Zunahme von regionalen Disparitäten nicht mit dem Adjektiv „negativ" und die Abnahme nicht mit dem Adjektiv „positiv" vereinfacht gleichzusetzen sind. Beispielsweise kann eine größere regionale Gleichheit auch das Ergebnis eines negativen Trends sein, weil es nun allen Regionen gleich schlecht geht. Die grundlegende Problematik bezüglich der Zunahme der regionalen Disparitäten und

15 Dabei ist sehr symptomatisch, daß sogar einer der bekanntesten Vertreter der berühmt-berüchtigten Börsenhaie, GY. SOROS, der sich selber als „Finanzier und Spekulant, Philosoph und Philanthrop" bezeichnet, bezüglich dieses Siegeszuges des Neoliberalismus in den Transformationsländern zum Fazit kommt, „daß die uneingeschränkte Intensivierung des Laisser-faire Kapitalismus und die Verbreitung der Werte des Marktes über alle Bereiche des Lebens die Zukunft unserer offenen und demokratischen Gesellschaft gefährdet. Der wichtigste Feind der offenen Gesellschaft ist nicht länger die kommunistische, sondern die kapitalistische Bedrohung" (SOROS, GY. 1997, 25).

des Einsetzens der regionalen Peripherisierungsprozesse liegt aber darin, daß sie im Gesamtsystem der Nationalökonomie zu einer überflüssigen Verschwendung der ökonomischen und humanen Ressourcen führen können.

In ähnlicher Weise sind die negativen Konsequenzen des zu starken Einflusses der neoliberalen Betrachtungsweise auch in der Forschung bezüglich der regionalen Phänomene der Transformation sehr eindeutig. Sie führten zu einer Vernachlässigung der großräumigen Unterschiede und der Peripherisierungsprozesse in den Transformationsländern. Dafür liefert wiederum die Regionalstruktur der Arbeitslosigkeit ein prägnantes Beispiel. Laut der neoliberalen Betrachtungsweise war ein rascher Abbau der Produktion - im Rahmen einer „schöpferischen Zerstörung" im Sinne von J. SCHUMPETER - vor allem in den nicht mehr wettbewerbsfähigen industriellen Hochburgen aus der Zeit des Sozialismus zu erwarten, und dementsprechend wurden auch für diese Kleinregionen die höchsten Arbeitslosenquoten prophezeit. Die Entwicklungen unmittelbar nach der Wende hatten diese Erwartungen sogar empirisch belegt. Diese, den neoliberalen Erwartungen entsprechende Regionalentwicklung hielt aber nicht lange. Nachdem die Arbeitslosigkeit in den Jahren 1992 und 1993 ihren Höhepunkt überschritten hatte, wandelte sie sich rasch zu einem Phänomen der peripheren Regionen, was auch heute noch in beiden Ländern das fundamentale Charakteristikum der Regionalstruktur der Arbeitslosigkeit darstellt.

Wie auch diese Beispiele prägnant belegen, treten in der Regionalentwickung der Länder Ostmitteleuropas während der Transformation vom Plan zum Markt Phänomene und Prozesse auf, die - trotz des Siegeszuges der neoliberalen Wirtschaftspolitik - nicht nur die neoliberale, sondern auch die raumwissenschaftliche Betrachtungsweise geltend machen. Trotz dieser Unterschiede stellen die neoklassische Argumentationskette und das regionalwissenschaftliche Argumentationsmuster *keine antagonistischen Gegensätze* dar. Ganz im Gegenteil, sie beschreiben und erklären die gleichen regionalen Phänomene und Prozesse, nur von einem anderen Gesichtspunkt aus. Besonders auf der Ebene der einzelnen Transformationsländer lassen sich diese abweichenden Betrachtungsweisen in Einklang bringen. Allerdings soll dabei ein feines Gleichgewicht zwischen diesen Argumentationsmustern gewährt werden. Dies ist aber gewiß kein Sonderfall in der Wissenschaft. Wie A. LIPIETZ betreffend der Physik markant formulierte: „As in the wave/particle duality, they are two aspects of the same thing depending on the perspective we take" (LIPIETZ, A. 1986, 22). *Die Aufgabe in der Transformationsforschung liegt also nicht in einem fruchtlosen Kampf zwischen der neoklassischen Argumentationskette und dem raumwissenschaftlichen Argumentationsmuster, sondern eher im Versuch, diese abweichenden Betrachtungsweisen in der Forschung der regionalen Umstrukturierung Ostmitteleuropas möglichst in Einklang zu bringen.*

1.3. DOMINANZ DER METAPHERN

Die regional orientierte Transformationsforschung ist bis zum heutigen Zeitpunkt durch eine Dominanz von Metaphern beherrscht. Sie beschreiben zwar mit der Verwendung von plausiblen Begriffen die Grundzüge der neuen Regionalstrukturen, sie lassen aber sowohl die Ursachen als auch die Feinstrukturen der neuen regionalen Disparitäten weitgehend ungeklärt. Allerdings sind die praktischen Vorteile dieser Vorgangsweise nicht zu leugnen, sie vermitteln nämlich - trotz des Fehlens an regionalbezogenen Daten - ein anschauliches Bild bzw. eine nachvollziehbare Momentaufnahme über den regionalen Strukturwandel. So wurden die neuen regionalen Disparitäten sowohl in Ostdeutschland als auch in Ungarn anhand mehrerer Denkmodelle und Metaphern interpretiert.

Metaphern für Ostdeutschland

Zur Beschreibung der regionalen Umstrukturierung in Ostdeutschland wurden in der Literatur bisher vier Metaphern angewendet: die Herausbildung eines Süd-Nord-Gefälles (BEYME, V. K. 1991, SIEBERT, H. 1993), die Entfaltung eines deutschen „Mezzogiornos" (HÄUßERMANN, H. 1992, SCHILLER, K. 1994), die Problematik monostruktureller Altindustriegebiete (HÄUßERMANN, H. 1992) und die Herausbildung einer durch kleinräumige regionale Disparitäten geprägten Regionalstruktur (BLIEN, U. 1994, SCHÄTZL, W. 1993).

In bezug auf das *Süd-Nord-Gefälle* kam K. v. BEYME kurz nach der Wiedervereinigung Deutschlands zu der Bemerkung, daß das Süd-Nord-Gefälle in Westdeutschland ein ostdeutsches Pendant bekommen hat. „Der Norden mit Mecklenburg-Vorpommern gehört zu den wirtschaftlich schwächsten Regionen mit der höchsten Arbeitslosigkeit und der stärksten Entvölkerung und Überalterung der marginalisierten Landzonen. Sachsen und Thüringen hingegen haben Aussichten, der prosperierende Süden Ostdeutschlands zu werden" (BEYME, V. K. 1991, 342). In ähnlicher Weise prophezeit H. SIEBERT die Entfaltung eines Süd-Nord-Gefälles in Ostdeutschland, „das durch den Kristallisationspunkt Berlin durchbrochen wird. Per Saldo wird sich damit in Gesamtdeutschland das Süd-Nord-Gefälle verstärken" (SIEBERT, H. 1993, 85). In einer historischen Perspektive fügt H. HÄUßERMANN noch hinzu, daß sich das Süd-Nord-Gefälle in Ostdeutschland bereits auf die Entwicklung der Nachkriegszeit zurückführen läßt. „Während für das Deutsche Reich vor 1945 eher ein West-Ost-Gefälle kennzeichnend war, wurden durch die Teilung die Koordinaten der jeweiligen Regionalstruktur verändert. Die wichtigsten West-Ost-Verbindungen wurden abgebrochen, das stärkste Wachstum fand jeweils im Süden statt" (HÄUßERMANN, H. 1992, 258).

Obwohl die Metapher des Süd-Nord-Gefälles sehr eindrucksvoll ist, stellt sie eine starke Vereinfachung von durchaus komplexen regionalen Prozessen dar. Das grundlegende Problem liegt darin, daß das Süd-Nord-Gefälle in West- und Ostdeutschland jeweils verschiedene Inhalte hat und auf unterschiedliche Entwicklungsprozesse zurückzuführen ist. Laut D. LÄPPLE (1986) wurde das Süd-Nord-Gefälle in Westdeutschland durch einen wirtschaftlichen Paradigmenwechsel, durch die Ablösung des tayloristischen Produktionskonzepts und des Fordismus eingeleitet, und als Konsequenz dieser Entwicklung wurde im Norden Westdeutschlands die Krise der altindustrialisierten Regionen, wie des Ruhrgebietes zugespitzt, während im Süden ein erfolgreiches Einsetzen der modernen flexiblen Produktionsweise stattfand. Darüber hinaus kommt dabei auch den Auswirkungen der historisch einmaligen Konstellation der Nachkriegsgeschichte eine große Rolle zu. So stellt S. KRÄTKE zu Recht fest: „Das wachstumsbezogene regionale „Süd-Nord-Gefälle“ in der Bundesrepublik resultiert weithin aus kriegswirtschaftlich motivierten Verlagerungen von Unternehmen (wie AEG, Siemens) und einer staatspolitisch regulierten planmäßigen Ansiedlung von Rüstungskomplexen und High-Tech-Unternehmen, die heute den wachstumsstärksten „Führungsfaktoren“ zugehören“ (KRÄTKE, S. 1990, 18). Demgegenüber ist die gegenwärtige Verschärfung des Süd-Nord-Gefälles in Ostdeutschland größtenteils auf die Transformation von der Planwirtschaft in die Marktwirtschaft bzw. auf die Entfesselung der Marktkräfte in der Regionalentwicklung zurückzuführen. Darüber hinaus soll in einer Lagzeitperspektive hinzugefügt werden, daß das Süd-Nord-Gefälle sowohl im Osten als auch im Westen Deutschlands anhand einer Vielzahl diverser Indikatoren, wie der Städtedichte, des Industriebesatzes und der Dichte der Universitäten etc. mindestens seit 200 Jahren zu beobachten ist.

Die Metapher des *deutschen „Mezzogiornos"* ist - im Gegensatz zum Süd-Nord-Gefälle - auch inhaltlich plausibler. Selbst G. MYRDAL - die meisten Erklärungen knüpfen indirekt an die These des zirkulär-kumulativen Schrumpfungsprozesses der peripheren Regionen an - wies auf den Zusammenhang zwischen der Peripherisierung im Süden Italiens mit der Vereinigung des Landes hin. „Die Industrie in den nördlichen Provinzen hatte einen Vorsprung und war so viel stärker, daß sie den neuen nationalen Markt, der als Folge der politischen Vereinigung entstanden war, völlig dominierte und die industriellen Anstrengungen der südlichen Provinzen zunichte machte" (MYRDAL, G. 1959, 26-27). Diese wirtschaftlich-regionalen Konditionen sind laut H. HÄUßERMANN nach der Währungsunion und der Wiedervereinigung im Verhältnis zwischen West- und Ostdeutschland ohne Schwierigkeiten erkennbar. „Westliches Know-how, westliche Institutionen, westliches Kapital und westliche Akteure bestimmen die Entwicklung im Osten. Dieser Prozeß wird durch jene Faktoren - wie Abbau des Humankapitals (bes. Hochqualifizierte), Abbau der Produktionsstätten, Abwanderung des Humankapitals und schlechte Infrastrukturausstattung - weiter verstärkt, die gemeinsam kumulative Schrumpfungsprozesse in Gang setzen" (HÄUßERMANN, H. 1992, 253). Diese Situation hat sich während des Verlaufs der Transformation vom Plan zum Markt nicht grundlegend geändert. So kommt H. KLÜTER Mitte der 90er Jahre anhand einer Analyse der regionalen Wirtschaftsentwicklung zur Feststellung: „Unter diesem Aspekt haben in vielen Teilen Ostdeutschlands regionale Fremdsteuerung und räumliche Zentralisierung der Wirtschaftsorganisationen nicht ab-, sondern zugenommen" (KLÜTER, H. 1997, 16).

Trotz der genannten inhaltlichen Ähnlichkeit ist auch diese Metapher als unzureichend einzustufen; die Entfaltung eines „deutschen Mezzogiornos" scheint eher unrealistisch zu sein. Den wesentlichen Unterschied zwischen dem Süden Italiens und dem Osten Deutschlands stellen gerade die massiven staatlichen Eingriffe in die Peripherisierungsprozesse dar. „Die Leistungen der westdeutschen öffentlichen Haushalte für Ostdeutschland überstiegen die öffentliche Entwicklungshilfe aller Geberländer der Erde an alle Entwicklungsländer um mehr als das 1,5fache" (SCHÄTZL, W. 1993, 210). Laut einer neuesten Berechnung vom Rheinisch-Westfälischen Institut für Wirtschaftsforschung hat der Wiederaufbau Ostdeutschlands im Zeitraum von 1991 bis 1995 „eine Billion DM an Transfer gekostet" (FAZ, 1996, 12.11). Allein diese in der Wirtschaftsgeschichte einmalig hohe Transferleistung kann das Schreckbild deindustrialisierter Peripherie Ostdeutschlands weitgehend in Frage stellen.

Die regionalen Probleme der neuen Bundesländer werden von vielen Autoren als eine typische Problematik *„altindustrieller Regionen"* interpretiert (GORING, M. 1992, HÄUßERMANN, H. 1992, SIEBERT, H. 1993). In der ehemaligen DDR-Wirtschaft waren fast alle Merkmale der „altindustriellen Regionen" zu erkennen, wie: veraltete Technologien, veraltete Infrastruktur, hohe Bevölkerungsdichte, „institutionelle Sklerose", industrielle Monostrukturen, hohe formale Ausbildung, hohe Beschäftigung, aber gleichzeitig geringe Anpassung des Humankapitals und geringe Flexibilität der Unternehmen. Es liegt also auf der Hand, die gegenwärtigen regionalen Umstrukturierungsprobleme in Ostdeutschland mit der Problematik der „altindustriellen Regionen" gleichzusetzen.

Die praktischen Vorteile dieser Metapher sind auch nicht zu bezweifeln. Die Problematik „altindustrieller Regionen" ist in den entwickelten Industrieländern wohl bekannt, die Methoden und Techniken zur Bewältigung sind bereits in der Regionalpolitik stark etabliert, und dies gibt sogar einen Anlaß zum Optimismus. Weiterhin lassen sich mit Hilfe dieser Metapher auch die Problemgebiete und die potentiellen Innovationszonen leicht abgrenzen. Der Anpassungsprozeß wird schwierig vor allem „in den monostrukturierten Gebieten wie an der Ostseeküste (Werftindustrie), im Raum um Eisenhüttenstadt (Stahlindustrie) oder im sächsischen Textilrevier, hier dominiert eine Industrie, die in der heutigen Form nicht überleben wird. Hier zeigt sich das Resultat der Spezialisierungsphilosophie im Rahmen der Planwirtschaft, die mit ihrer politischen Koordinierung von oben auch die räumliche Arbeitsteilung innerhalb Osteuropas festlegte. Einzelne Teilräume waren hochgradig spezialisiert und damit auf Gedeih und Verderb von durch die Planwirtschaft bestimmten Arbeitsteilung im Comecon abhängig" (SIEBERT, H. 1993, 84). Demgegenüber haben die Verdichtungsräume mit einer vielfältigen Industriestruktur, starken handwerklichen Traditionen, hohem Zentralitätsgrad und raschem Infrastrukturausbau gute Chancen, eine Vorreiterfunktion im Modernisierungsprozeß zu spielen. „Nach diesen Kriterien werden Berlin und sein Umland, große Teile Sachsens mit den Zentren Leipzig, Dresden und Chemnitz sowie die thüringische Städtereihe von Eisenach über Erfurt nach Gera zu den potentiellen Entwicklungszentren zu rechnen sein" (GORING, M. 1992, 246).

Die ehemaligen monostrukturell geprägten industriellen Konzentrationen stellen heute ohne Zweifel ein großes Problem dar, und der Anpassungsprozeß wird in diesen Kleinregionen sicherlich noch lange dauern. Zwischen den einzelnen „altindustriellen" Regionen sind aber bereits bedeutende Unterschiede zu erkennen. Mit den schwersten Umstellungsproblemen sind vor allem die in den 50er und 60er Jahren errichteten Industriestandorte konfrontiert, in ähnlicher Weise sind die Überlebenschancen industrieller Niederlassungen in den peripheren Regionen als äußerst schwach einzustufen. Hingegen besitzen einige der in den 70er und 80er Jahren gegründeten Betriebe erheblich bessere Chancen für eine erfolgreiche Umstrukturierung. Letztlich ist mit Hilfe dieser Metapher die Peripherisierung landwirtschaftlich geprägter Gebiete im Norden Ostdeutschlands nur schwer zu interpretieren.

Deuteten die oben kurz dargestellten Metaphern auf die Entfaltung großräumiger Disparitäten hin, unterstreichen einige Autoren *die kleinräumigen Unterschiede* als ein wesentliches Merkmal der regionalen Umstrukturierung (SCHÄTZL, L. 1993, BLIEN, U. 1994). Laut dieser Auffassung zeigen die regionalen Unterschiede der ostdeutschen Standorte bezüglich der Erblasten des Sozialismus, der Ausstattung mit Humankapital, der Infrastruktureinrichtungen, der handwerklichen Traditionen, der tertiären Funktionen und der neuen Investitionen eher ein mosaikhaftes Bild der Ungleichheiten als eine großräumige Struktur. Vollzog sich der Abbau der alten ökonomischen und sozialen Strukturen durch die Entfaltung großräumiger Disparitäten, wird der Aufbau neuer Strukturen durch das Entstehen kleinräumiger Unterschiede gekennzeichnet.

Obwohl das wachsende Engagement der Kommunen zur Bildung eines innovativen lokalen Wirtschaftsklimas die Aussagekraft dieser Metapher sogar verstärkt, lassen sich aufgrund der Standortentscheidungen kapitalstarker Großunternehmen gegensätzliche Tendenzen erkennen. Bereits O. HIRSCHMANN (1958) wies darauf hin, daß die Zentren und die Verdichtungsräume durch die auswärtigen Investoren fortwährend bevorzugt, hingegen die peripheren entwicklungsschwachen Regionen laufend vernachlässigt werden. Es läßt sich sogar feststellen, daß diese Präferenz sehr eng mit der räumlichen Entfernung der Investoren im Zusammenhang steht, d.h. je ferner geographisch der Investor vom Zielland liegt, desto stärker wird die Neigung zu einer Investitionsstrategie in den Zentren des Ziellandes. Diese regionale Konzentrationstendenz der globalisierenden Weltwirtschaft widerspricht somit der Entfaltung einer durchaus kleinräumig geprägten Regionalentwicklung Ostdeutschlands. Darüber hinaus liefern die für die auswärtigen Investoren gewährten Subventionsfälle in Ostdeutschland einen prägnanten Beweis dafür, wie kostspielig die „Erhaltung industrieller Kerne" sowie die regionale Dezentralisierung der Investitionen erscheint.

Metaphern für Ungarn

In bezug auf die regionale Umstrukturierung Ungarns sind wiederum mehrere Metaphern zu unterscheiden: der Koordinatenwechsel regionaler Ungleichheiten (NEMES NAGY, J. 1995), die Entfaltung der Innovationskorridore (RECHNITZER, J. 1993a), die Herausbildung einer durch kleinräumige regionale Disparitäten geprägten Regionalstruktur (ENYEDI, GY. 1993, HAJDÚ, Z. 1993), die Dreiteilung des Landes (CSÉFALVAY, Z. - FASSMANN, H. - ROHN, W. 1993, CSÉFALVAY, Z. 1995a).

Eine der plausibelsten Metaphern in Ungarn ist *der Koordinatenwechsel regionaler Ungleichheiten*. Als Folge der Standortbedingungen und der sozialistischen Industriepolitik wurde die regionale Wirtschaftsstruktur Ungarns in der Zeit des Sozialismus und besonders in den 50er und 60er Jahren durch eine Energie- und Industrieachse gekennzeichnet, die vom Nordosten über Budapest nach Südwesten verlief (BORA, GY. 1976). Für dieses Nord-Süd-Gefälle lieferten auch BARTA, GY. und DINGSDALE, A. durch die Darstellung regionaler Unterschiede des Wirtschaftspotentials - gemessen anhand des value of fixed assets in der sozialistischen Industrie, der landwirtschaftlichen Produktion, des value of retail turnover, der Neubautätigkeit - ein klares Bild in der Endphase des Sozialismus in Ungarn (BARTA, GY. - DINGSDALE, A. 1988). Dabei wies die regionale Struktur des Wirtschaftspotentials im Jahre 1984 ein stark ausgeprägtes Zentrum-Peripherie-Gefälle auf, wobei sich die wirtschaftliche Peripherie auf die Landesteile von Südwest- und Südostungarn erstreckt. Das dadurch entstandene Nord-Süd-Gefälle läßt sich aber nicht nur mit Hilfe verschiedener ökonomischer Indikatoren, sondern auch durch langfristige soziale und demographische Phänomene, wie z.B. die Bevölkerungswanderung vom Süden in den Norden Ungarns, erkennen. Im Gegensatz zum Nord-Süd-Gefälle während der Zeit des Sozialismus ist aber nach der Wende anhand des Indikators der Wertschöpfung der Regionen bereits eine West-Ost-Differenzierung abzulesen (NEMES NAGY, J. 1995). Während das Zentrum-Peripherie-Gefälle nach wie vor das auffallendste Merkmal in der Regionalstruktur Ungarns darstellt, da der Wert des Indikators BIP pro Kopf in Budapest fast doppelt so hoch ist wie in anderen Regionen, zeigt sich gleichzeitig, daß die Komitate des ehemals peripheren Südwestungarns ihre Position deutlich verbesserten, hingegen in den Komitaten östlich der Donau starke Peripherisierungsprozesse einsetzten.

Obwohl diese Metapher ein sehr anschauliches Bild über den regionalen Strukturwandel vermittelt, läßt sich mit ihrer Hilfe die enorme Zentralität und die Vorreiterrolle Budapests in den Umstrukturierungsprozessen nur mangelhaft interpretieren. In ähnlicher Weise bleiben die Ursachen und die Hintergründe des Koordinatenwechsels weitgehend ungeklärt. Ein weiteres Problem liegt darin, daß die Aussagekraft dieser Metapher fast ausschließlich auf den regionalen Strukturwandel der Ökonomie beschränkt ist und dadurch jene Phänomene, die sich gerade durch einen Abbau regionaler Disparitäten kennzeichnen lassen, wie z.B. die Frauenerwerbstätigkeit, nur schwer zu erklären sind (MEUSBURGER, P. 1995a).

Im Prozeß der Herausbildung neuer regionaler Disparitäten spielen in Ungarn auch die Innovationsmuster und die Entfaltung der *Innovationskorridore* eine wesentliche Rolle. Die wirtschaftlichen, technologischen aber auch sozialen Innovationen im Sinne von J. SCHUMPETER gewinnen - wie bereits angedeutet wurde - besonders in den ökonomischen Umstrukturierungsphasen enorm an Bedeutung. Laut P. DRUCKER bekommt in diesen Phasen die Fähigkeit der Unternehmen zur Transformation in eine andere Organisationsform sogar eine größere Rolle als die bloßen mikroökonomischen Ergebnisse der jeweiligen Unternehmen (DRUCKER, P. 1985). Durch diese Anpassungsprozesse kristallisieren sich die zukünftigen Wachstumszentren heraus, aber gleichsam auch die peripheren Regionen, in denen die Verbreitung der Innovationen nur zögernd vorangeht. Aufgrund der Analyse einer Vielzahl von Innovationen, wie die Gründung neuer Unternehmen und Jointventures, Verbreitung der Handelsketten, Anwendung von Computern an Arbeitsplätzen, Verbreitung der non-profit Organisationen, Stiftungen und Vereine, zeichnet J. RECHNITZER (1993a, 1993b) ein plausibles Bild über die Anfangsphase der Transformation in Ungarn. Dabei gilt Budapest immerhin als ein überragendes Innovationszentrum, aus dem - wie in einem Spinnennetz - mehrere Innovationskorridore abzweigen. Besonders gut kommen der entlang der Donau verlaufende Entwicklungskorridor und die Wachstumszone in Richtung des Plattensees zur Geltung. Die neue Rolle der Grenzgebiete zeichnet sich dadurch aus, daß der Westgrenzengürtel bereits als eine potentielle Innovationszone, die östlichen Grenzgebiete hingegen als die äußere Peripherie eingestuft werden.

Aufgrund der spezifischen Betrachtungsweise ist in dieser Metapher der Erklärungshorizont der regionalen Unterschiede naturgemäß auf eine Dimension, auf die Innovationen reduziert. Deswegen bleiben bei dieser Metapher sowohl die Auswirkungen des Abbaus alter Strukturen als auch die Auswirkungen früherer Disparitäten im Hintergrund. Beispielsweise sind die von J. RECHNITZER im Jahre 1993 als innovationsunfähig eingestuften Regionen fast identisch mit jenen Regionen, die von GY. BARTA und A. DINGSDALE im Jahre 1984 durch das geringste Wirtschaftspotential gekennzeichnet waren.

Die Metapher, die in Ungarn die Entfaltung einer *kleinräumig geprägten Regionalstruktur* in den Mittelpunkt rückt, führt die Ursachen der gegenwärtigen regionalen Disparitäten grundsätzlich auf die Erblasten des Sozialismus zurück (ENYEDI, GY. 1993). Laut dieser Auffassung erlitten folgende Gebiete eine starke regionale Abwertung: die ehemaligen Hochburgen der sozialistischen Industrie, die monostrukturell geprägten Industrieregionen, wie z.B. die Kleinregion Ózd, sowie die östlichen Regionen, wie z.B. einige Gebiete im Komitat Szabolcs-Szatmár-Bereg, die bereits in der Zeit des Sozialismus als peripher und deswegen als förderungswürdig eingestuft waren. In diesen ehemals peripher eingestuften Regionen liegen die Arbeitslosenquoten um mehr als das Anderthalbfache höher als im Landesdurchschnitt. Demgegenüber haben die Regionen mit guter Humankapitalausstattung, mit günstiger Infrastruktur und hohem Zentralitätsgrad gute Chancen, zu erfolgreichen Wachstumszentren zu werden. In diesen Regionen, die sich größtenteils in Nordwest-Transdanubien befinden, liegt die Arbeitslosenrate weit unter dem Landesdurchschnitt, und die Zahl der neuen Unternehmen und Joint-ventures ist wesentlich höher als in anderen Landesteilen.

Bezüglich des Erklärungswertes dieser Metapher lassen sich die gleichen Argumente auflisten, die bereits im Falle von Ostdeutschland erwähnt wurden. Besonders schwer ist mit Hilfe dieser Metapher die enorm hohe regionale Konzentration ausländischer Investitionen zu interpretieren. Weiterhin soll darauf hingewiesen werden, daß sich die Abwertung der altindustriellen und peripheren Regionen nach der Wende deutlich selektiv vollzogen hat und beispielsweise im ehemals peripheren Westgrenzengürtel eher eine Aufwertung zu beobachten ist (SEGER, M. - BELUSZKY, P. 1993, ASCHAUER, W. 1995, BERÉNYI, I. 1992). In ähnlicher Weise avancierte die im Jahre 1990 als Krisenregion eingestufte Hochburg der sozialistischen Industrie um Székesfehérvár zu der von den ausländischen Investoren am stärksten präferierten Kleinregion Ungarns, so daß diese das Image eines „Silicon Valley Ostmitteleuropas" erhalten hat (CSÉFALVAY, Z. 1995a).

Im Gegensatz zu den oben dargelegten Metaphern kommt im Denkmodell *„Dreiteilung Ungarns"* den großräumigen Disparitäten in der Regionalstruktur die entscheidende Rolle zu. Dabei werden im Rahmen einer Profilanalyse anhand der regionalen Ausprägung mehrerer Einflußfaktoren, wie der Krise des Staatssektors, der ökonomischen Umstrukturierung, der bestehenden Infrastruktur, der Eingriffe des Staates sowie der demographischen und sozialen Dimensionen, die Gewinner- bzw. Verliererregionen der Transformation vom Plan zum Markt abgegrenzt. Als eindeutige *Gewinnerregion* gelten der Verdichtungsraum Budapest und Nordwest-Transdanubien, wo „die gute Verkehrsanbindung, die dynamische Entfaltung des Privatsektors, die bereits angelaufene Privatisierung der großen Staatsbetriebe und die ausländischen Investitionen ein Entwicklungsfeld bilden, in dem wirtschaftliche Klein- und Großorganisationen gleichermaßen die Ökonomie umformen. Der Arbeitsmarkt ist durch eine gewisse Stabilität geprägt, die Entfaltung der „neuen Mittelschicht" geht schnell vonstatten" (CSÉFALVAY, Z. - FASSMANN, H. - ROHN, W. 1993, 56-57). Demgegenüber stellen die südlichen Landesteile Ungarns bereits eine Übergangszone dar, in der die Entwicklung allein durch den relativ schwachen ungarischen Privatsektor getragen wird. Als *Verliererregionen* sind die östlichen Regionen des Landes, Nordungarn und die nordöstliche Tiefebene einzustufen, wo der Übergang von der Plan- zur Marktwirtschaft sowohl bei der Privatisierung als auch bei den ausländischen Investitionen von den Großbetrieben dominiert ist. „Da der ungarische Privatsektor in diesen Regionen schwach ausgeprägt ist, besteht die Gefahr, daß die Großbetriebe hier auf dem Status von isolierten Inseln der Modernisierung von Ökonomie und Arbeitsmarkt bleiben" (CSÉFALVAY, Z. - FASSMANN, H. - ROHN, W. 1993, 57). So rückt diese Profilanalyse bei der Interpretation der regionalen Polarisierungstendenzen nach der Wende die komplexen Wirkungsmechanismen der Einflußfaktoren in den Mittelpunkt, sie widmet aber der Herausbildung der kleinregionalen

Unterschiede - infolge der markanten Betonung der großregionalen Disparitäten - nur geringe Aufmerksamkeit.

Wie dieser kurze Überblick der wichtigsten Metaphern und Denkmodelle bezüglich der regionalen Umstrukturierung Ostdeutschlands und Ungarns belegt, sind bezüglich dieser Interpretationsversuche eine Vielzahl von Schwierigkeiten aufzulisten. Sie stellen meist eine statische Deskription dar, und sie lassen dadurch den dynamischen Mechanismus der Herausbildung neuer regionaler Strukturen ungeklärt im Hintergrund. Im Rahmen eines eindimensionalen Modells beschreiben sie den regionalen Strukturwandel nur mittels weniger Indikatoren, wie anhand der Beschäftigung, des Wirtschaftspotentials oder der neuen Investitionen. In ähnlicher Weise bilden die regionalen Auswirkungen vorsozialistischer, sozialistischer und transformatorischer Disparitäten *kein* kohärentes System in diesen Metaphern. Die fundamentale Problematik liegt aber darin, daß sie den regionalen Strukturwandel sowohl von internen Transformationsprozessen der Transformationsländer wie auch von den globalen Tendenzen der Weltwirtschaft weitgehend abkoppeln.

Bei diesen Metaphern ist aber noch eine Vielzahl von Gedankenklischees zu erkennen, die die Komplexität der regionalen Umstrukturierungsprozesse vereinfachen und dadurch zu Fehlinterpretationen führen können. Diese Klischees, die sowohl im Theoriengebäude als auch in der Forschungspraxis der regional orientierten Wirtschafts- und Sozialwissenschaften sehr tief verankert sind, haben fast den Rang von Mythen. Wie alle Mythen haben sie mehr mit dem Glauben als mit den Fakten zu tun. Es lassen sich *drei* solcher *„Mythen“* nennen: die „Mythologisierung“ der Ergebnisse der sozialistischen Regionalpolitik (d.h. die Überschätzung der Auswirkungen der früheren relativ ausgeglichenen Regionalstruktur), die „Mythologisierung“ der Transformation (d.h. die Überbetonung der Einzigartigkeit der Transformation und ihrer Phänomene) und die „Mythologisierung“ der globalen Prozesse (d.h. die Überschätzung der Auswirkungen der globalen Prozesse auf die Regionalstruktur in den Transformationsländern).

„Mythologisierung“ der sozialistischen Regionalpolitik

Die „Mythologisierung“ der Ergebnisse der sozialistischen Regionalpolitik bzw. der starke *Einfluß der Selbstdarstellung der sozialistischen Regionalpolitik* in der regional ausgerichteten Transformationsforschung sind grundsätzlich auf zwei Faktoren zurückzuführen. Zum einen gab und gibt es auch heute noch im Kreis der Experten - auf der Plattform einer stillschweigenden Kritik an der Regionalpolitik der entwickelten Industrieländer - eine starke Tendenz zur Überbewertung der Zielsetzungen und Ergebnisse der sozialistischen Regionalpolitik. Dabei wird besonders der Ausgleich der regionalen Disparitäten bzw. die Dezentralisierung der Regionalstruktur überschätzt. Andererseits war aber die Erfassung der wahren Dimensionen der regionalen Disparitäten in den Transformationsländern während der Zeit des Sozialismus auch durch die offizielle Statistik, die sogar oft bewußt verfälscht wurde, erheblich erschwert.

Im Prinzip, aber oft nur in Sprüchen, stellte die sozialistische Wirtschaftsführung in den Ländern Ostmitteleuropas *egalitäre Ziele* in den Mittelpunkt der Regionalpolitik. Während bei der regionalpolitischen Bestrebungen in den Ländern Westeuropas Ziele, wie die Chancengleichheit der Regionen, das Aufholen der peripheren Gebiete oder ein Angleichen der Lebensverhältnisse auf regionaler Ebene dominierten, setzte sich die sozialistische Regionalpolitik explizit die Abschaffung der regionalen Unterschiede zum Ziel. Die theoretisch unbegrenzte Möglichkeit für eine Neuverteilung der Entwicklungsressourcen in einem Befehlssystem im Sinne von R. HEILBRONER erweckte sogar die falsche Illusion, daß die Abschaffung der regionalen Ungleichheiten bloß eine Zeit- bzw. Kostenfrage sei. Laut dieser Auffassung herrschen zwar auch im Sozialismus regionale Disparitäten, sie sind aber nur als vorübergehende Phänomene zu betrachten[16]. Obwohl die Unmöglichkeit dieser Zielsetzung und dieser Auffassung selbst den Regionalpolitikern in den sozialistischen Ländern wohl bewußt war, wirkten sie maßgebend auf das Denken über die regionalen Prozesse sowohl in den ehemaligen Ostblockländern als auch außerhalb Ostmitteleuropas. Beispielsweise dauerte es in Ungarn, das während der Zeit des Sozialismus als meistliberalisiertes Land in der COMECON galt, nach der Abschaffung des rigorosen Plansystems nach 1960 fast eineinhalb Jahrzehnte, bis die Existenz von regionalen Unterschieden als eine „normale" Erscheinung in der Regionalentwicklung in einem sozialistischen Land anerkannt wurde. Die Denkweise wirkte aber in verschiedenen Formen auch über die 1970er und 1980er Jahre hinaus. So gab es - laut der sozialistischen Selbstdarstellung - während des Sozialismus keine peripheren Regionen und die Problematik der entwicklungsschwachen Gebiete avancierte aus ideologischen Gründen entweder zum Tabuthema oder zum Randphänomen.

Andererseits erwies sich in den ehemaligen sozialistischen Ländern die Erfassung der regionalen Unterschiede in ihrer wahren Dimension infolge der mangelnden und oft verfälschten statistischen Daten auf mittlerer und niedriger regionaler Ebene als äußerst schwierig. Es fehlten besonders Daten mit ökonomischer Relevanz. Sie waren entweder in einer Kategoriestruktur erfaßt, die mit der wirtschaftsstatistischen Gliederung in den Marktwirtschaften nicht kompatibel war, oder umfaßten Daten, die eben auf eine regional ausgeglichene Versorgung der Regionen mit bevölkerungsbezogenen „Wohlfahrtsinstitutionen" hinwiesen. Deswegen ist ein realer Einblick in die tatsächlichen regionalen Prozesse bis zum heutigen Zeitpunkt enorm behindert. Beispielsweise ist in den meisten Transfor-

16 Dabei läßt sich eine merkwürdige Ähnlichkeit beobachten. Sowohl die orthodox sozialistische Regionalpolitik als auch die neoliberalen Wirtschaftstheorien betrachten die regionalen Disparitäten als vorübergehende Elemente in der Regionalstruktur. Allerdings hofft die erste an ein Angleichen der regionalen Unterschiede durch die zentrale Neuverteilung der Entwicklungsressourcen, hingegen heben die neoliberalen Wirtschaftstheorien die Steuerungskraft des Marktes hervor.

mationsländern der Indikator BIP pro Einwohner auf kleinerer regionaler Ebene auch heute noch nicht erfaßbar.

Die Konsequenz des Einflusses der Selbstdarstellung der sozialistischen Regionalpolitik ist darin zu sehen, daß in der Transformationsforschung die Auswirkungen der Regionalstrukturen aus der Zeit des Sozialismus auf die neuen regionalen Prozesse nach der Wende oft unberücksichtigt bleiben. Es herrscht immer noch ein *geschöntes Bild* der sozialistischen Regionalpolitik, die zu einer Verringerung der regionalen Disparitäten erfolgreich beitrug. Dadurch entsteht bei der Interpretationen der regionalen Prozesse und Phänomene nach der Wende eine falsche Ausgangsbasis. Darüber hinaus besteht ein methodisches Problem darin, daß eine retrospektive Erfassung der regionalen Unterschiede aus der Zeit des Sozialismus in den Transformationsländern mit viel Unsicherheit belastet ist. So stellt nicht einmal die Auswahl der Merkmale für die Erfassung dieser Unterschiede aus den wenigen vertrauenswürdigen Daten eine suboptimale Lösung dar.

„Mythologisierung" der Transformation

Die „Mythologisierung" der Transformation bzw. die *Überbetonung der Einzigartigkeit der Transformation und ihrer Phänomene* ist eigentlich ein fast ungewollter Geburtsfehler in der Transformationsforschung, der vorwiegend auf die Euphorie der Wende in den Jahren 1989 und 1990 zurückzuführen ist. Selbst die oftmals zu Recht betonte Feststellung, daß die Transformation vom Plan zum Markt ein einmaliges Geschehen in der Wirtschaftsgeschichte darstellt, kann zur stillschweigenden Ansicht führen, daß in diesem Prozeß auch Phänomene auftreten, die mit dem in den westlichen Ländern erprobten theoretischen und analytischen Instrumentarium nicht erfaßt und erklärt werden können.

Die Transformation von der Planwirtschaft zur Marktwirtschaft ist ohne Zweifel ein Prozeß, der sich ohne praktisch anwendbare Vorbilder vollzieht. Beispielsweise erwiesen sich die historischen Analogien für diese Transformation sowohl in Ostdeutschland als auch Ungarn als untauglich. So wurde für Ostdeutschland der Wiederaufbau nach dem Zweiten Weltkrieg als eine bundesdeutsche Gründerzeit und für Ungarn die gründerzeitliche rasche Modernisierung und Industrialisierung im Rahmen der k.u.k. Monarchie als ein mögliches, positives Vorbild hingestellt. Diese Analogien verkörpern aber vielmehr Hoffnungen und Illusionen als real zu erwartende Prozesse. Die Geschichte kennt nämlich keine erfolgreiche Wiederholung und keine „verbesserte Neuauflage", und der einmal verlorene Faden kann nie wieder in ursprünglicher Form aufgegriffen werden. E. LICHTENBERGER formulierte bereits im Jahre 1991 die These, „daß in den postsozialistischen Staaten - allen voran in Ungarn und in der CSFR - keine analoge, nur zeitlich verschobene Entwicklung zum Westen Europas stattfinden wird, sondern daß manche Entwicklungen nicht mehr eintreten, andere akzeleriert ablaufen werden" (LICHTENBERGER, E. 1991, 5).

Der Grund für die Untauglichkeit der historischen Analogien liegt vor allem in den radikal veränderten externen und internen Rahmenbedingungen, welche besonders im Bezug auf die *Analogie des westdeutschen Wirtschaftswunders* zu konstatieren sind (SIEBERT, H. 1993, SPAHN, H. P. 1991). Der nachkriegszeitliche Wiederaufbau Westdeutschlands stützte sich auf eine glückliche Konstellation von Elementen, wie Importbeschränkungen, monetäre Exportstimulierung und zurückhaltende Lohnpolitik. Diese Elemente ermöglichten die Schaffung eines endogenen Wachstumspotentials sowie ein Wirtschaftswachstum mit relativ geringeren regionalen Unterschieden. Demgegenüber wurde die ostdeutsche Wirtschaft durch die Währungsunion und die Vereinigung über Nacht den Auswirkungen des Weltmarktes ausgesetzt, und es wurde ein rasches Angleichen der Einkommensverhältnisse zwischen West- und Ostdeutschland eingeleitet. Allein aufgrund dieser Unterschiede scheint „eine Kopie des westdeutschen Wirtschaftswunders in Ostdeutschland [...] kaum möglich" zu sein (GORING, M. 1992, 235). Es soll hier aber auch darauf hingewiesen werden, daß in der gegenwärtigen Transformation Ostdeutschlands im Gegensatz zum nachkriegszeitlichen Wiederaufbau gerade infolge dieser Unterschiede eine regional durchaus selektive Umstrukturierung zu erwarten ist.

Die *Analogie der neuen Gründerzeit* scheint in Ungarn auf den ersten Blick plausibler zu sein, und der eindrucksvolle Boom der Neugründungen gibt sogar einen Anlaß zum Optimismus (CSÉFALVAY, Z. - NIKODÉMUS, A. 1991, CSÉFALVAY, Z. 1994, 1995b). Die Rahmenbedingungen sind aber auch hier völlig anders als in der Gründerzeit. In der gründerzeitlichen raschen Industrialisierung und Modernisierung im letzten Drittel des 19. Jahrhunderts konnte Ungarn auf die Ressourcen der Habsburger-Monarchie, vor allem auf das Kapital, die Technologie und die Absatzmärkte zurückgreifen. Demgegenüber fehlt es heute weitgehend an jenen externen Ressourcen, und die inneren Ressourcen sind infolge der Erblasten des Sozialismus, wie der hohen Außenverschuldung, äußerst geschwächt.

Im Lichte dieser Untauglichkeit der historischen Analogien dürfen aber die offensichtlichen Gefahren der Überbetonung der Einzigartigkeit des Transformationsprozesses nicht übersehen werden. Die Gefahr besteht vor allem darin, daß das Auftreten einiger neuer Phänomene und Prozesse sofort als die Entfaltung neuer Regionalstrukturen interpretiert wird. Beispielsweise liefern die Phänomene und Prozesse bezüglich der Umstrukturierung des Arbeitsmarktes einen anschaulichen Beweis für die Fehlinterpretationen, die aus einer Überbetonung der Einzigartigkeit der Transformation vom Plan zum Markt resultieren. Die Tatsache ist wohl bekannt, daß es in den Ländern Ostmitteleuropas während des Sozialismus infolge der ideologisch geprägten Bestrebung einer Vollbeschäftigung "par excellence" keine Arbeitslosigkeit gab. Diese Festlegung rückte aber sofort die Neuheit und die Einzigartigkeit des Phänomens in den Mittelpunkt und dadurch wurde der wahre Charakter der Arbeitslosigkeit in den Transformationsländern fast verschleiert. So war durch die Überbetonung der Einzigartigkeit vor allem der Zusammenhang zwischen der Regionalstruktur der Arbeitslosigkeit und der Regionalstruktur der früheren Epoche verdeckt, und es wurden die regionalen Disparitäten bezüglich der Arbeitslosigkeit als ein völlig neues Phänomen eingestuft. Laut dieser Verallgemeinerung gibt es in den industriellen Problemgebieten eine hohe Arbeitslosigkeit, die aber mit den früheren, vor allem sozialistischen Disparitäten keine Verbindung findet. Die Analyse der regionalen Ausprägung der Arbeitslosigkeit weist aber darauf hin, daß die Arbeitslosigkeit in den Transformationsländern, darunter auch in Ostdeutschland und in Ungarn, eher ein Ausdruck bereits früher vorhandener Peripherisierungstendenzen als ein völlig neues regionales Phänomen ist. Daraus folgt, daß sich die regionalen Unterschiede bezüglich der Arbeitslosigkeit sowohl in Ostdeutschland als auch in Ungarn nicht über Nacht überwinden lassen, sondern sie werden die Regionalstruktur beider Länder noch lange Zeit maßgebend prägen.

„Mythologisierung“ der globalen Prozesse

Letztlich führen auch die „Mythologisierung“ der globalen Prozesse bzw. die *Überschätzung der Auswirkungen der globalen Prozesse auf die Regionalstruktur in den Transformationsländern* zu weiteren Fehlinterpretationen in den Denkmodellen und Metaphern. Nach diesem „Mythos“ ist die Erde als ein bloßer Schauplatz für die allgemeinen Entwicklungsprozesse zu betrachten, die sich früher oder später auf alle Regionen der Welt verbreiten werden. Die praktischen Vorteile des „Mythos“ sind unzweifelhaft: mit Hilfe dieser Vorgangsweise werden die Phänomene und Prozesse der Transformation als seit langem vertraute Erscheinungen der sozioökonomischen Umstrukturierungsprozesse erkannt und dementsprechend bewertet. Unter anderem läßt sich dieser Mythos auch bei der *Gleichstellung der Transformation vom Plan zum Markt in den Ländern Ostmitteleuropas mit der Transition vom Fordismus in einen Post-Fordismus in den entwickelten Industrieländern* - wie diese mittlerweile gängige Auffassung bei P. DOSTAL - M. HAMPL (1996), GY. ENYEDI (1996) und G. GORZELAK (1996) explizit zu lesen ist - deutlich erkennen. Laut dieser Auffassung schlugen während der frühen Nachkriegszeit sowohl die ehemaligen sozialistischen Länder als auch die entwickelten Industrieländer den gleichen Entwicklungspfad ein, zwischen ihnen entstand in der Spätphase des Sozialismus zu Lasten der Länder Ostmitteleuropas zwar ein beträchtlicher Entwicklungsunterschied, aber nach der Wende kamen die Auswirkungen der globalen Prozesse wieder zur Geltung und dadurch werden die Transformationsländer in Zukunft erneut zu der Entwicklungsbahn der entwickelten Industrieländer zurückkehren.

Die Ursache für diese optische Täuschung, die wie ein Naturgesetz für alle Länder und Regionen das gleiche Entwicklungsmuster vorschreibt, ist grundsätzlich in der bereits erwähnten unaufhaltsamen Expansion des kapitalistischen Weltwirtschaftssystems zu finden. Infolge dieser Expansion verbreiten sich die ökonomischen und sozialen Phänomene der entwickelten Industrieländer sehr rasch in die anderen Regionen der Welt, und dies erweckt den Optimismus, daß auch diese Regionen den gleichen ökonomischen Entwicklungspfad betreten werden können. Nicht zuletzt wegen dieser Dynamik werden paradoxerweise immer jene Prozesse und Phänomene als „global“ bezeichnet, die für die entwickelten Industrieländer typisch sind. Gerade die jüngst aufgegriffene Debatte bezüglich der Globalisierung der Weltwirtschaft deutet aber prägnant auf die Beschränkungen dieser Denkweise hin, welche die gegenwärtigen Umstrukturierungsprozesse der entwickelten Industrieländer mit großer Verallgemeinerung als globale Tendenzen interpretiert (THRIFT, N. 1995).

Im Gegensatz zu diesem Mythos weist aber die empirische Erfahrung darauf hin, daß die Erde nicht als ein Schauplatz allgemeingültiger globaler Prozesse, sondern vielmehr als ein *buntes Mosaik von Regionen mit recht unterschiedlichen Entwicklungschancen* und recht unterschiedlichem Kräftepotential in einem Wettbewerb der Regionen anzusehen ist. Geht man von diesem Weltbild aus - wie dies bei F. BRAUDEL (1990) und I. WALLERSTEIN (1986) im Rahmen der Theorie und der historischen Untersuchungen des Weltwirtschafssystems prägnant beschrieben ist - ist es aber leicht einzusehen, daß viele Phänomene der entwickelten Industrieländer nur in einer Welt der ungleichen Entwicklung der Regionen überhaupt zustande kommen können. Diese Problematik wurde von F. BRAUDEL in seiner Auseinandersetzung mit D. RICARDO, dem Gründervater der liberalen Ökonomie, treffend geschildert: „Der ungleiche Austausch als Ursache für die Ungleichheit der Welt und umgekehrt die Ungleichheit der Welt, die hartnäckig den Austausch herbeiführt, sind uralte Realitäten. [...] Gewisse Aktivitäten werfen nun einmal mehr Gewinn ab als die anderen: Weinbau ist einträglicher als Getreideanbau, genau wie sich die Betätigung auf dem sekundären Sektor besser auszahlt als die auf dem primären und die auf dem tertiären rentabler ist als die auf dem sekundären. Wenn im Rahmen der zu Ricardos Zeit zwischen England und Portugal bestehende Handelsbeziehungen England Tuche und andere Industrieerzeugnisse und Portugal Wein liefern, befindet sich das auf dem primären Sektor festgelegte Portugal in der schwächeren Position“ (BRAUDEL, F. 1990, 48). Wie dieses Beispiel anhand der Handelsbeziehungen zwischen dem industrialisierten „Zentralstaat“ England und dem (semi-)peripheren agrarisch geprägten Portugal eindrucksvoll belegt, ist sogar der seit zwei Jahrhunderten andauernde Vormarsch der Industrialisierung - der in der Regel als ein „globaler“ Prozeß eingestuft ist - untrennbar von einem „ungleichen Austausch in der ungleichen Welt“.

Die Problematik bei der Überschätzung der Auswirkungen der globalen Prozesse auf die Regionalstruktur in den Transformationsländern liegt vor allem darin, daß während der Transformation eine Vielzahl von Prozessen auftritt, die zwar ähnliche Züge wie die Umstrukturierung in den entwickelten Industrieländern aufweisen, von denen sie sich aber inhaltlich recht deutlich unterscheiden. Die bereits kurz angesprochene sektorale Veränderung in der Ökonomie liefert auch hier einen zutreffenden Beweis. Seit J. FOURASTIE (1979) und D. BELL (1985) verwenden unzählige Studienbücher die neoklassisch orientierte Standardthese, daß der zunehmende Prozentanteil der Erwerbstätigen in dem Dienstleistungen produzierenden tertiären Sektor als ein unmißverständliches Zeichen für den Wandel von der industriellen in die post-industrielle Gesellschaft einzustufen ist. Dieses wohlbekannte und oft zitierte Modell trifft aber bei der Entwicklung in Transformationsländern nicht zu. Obwohl der Anteil der Erwerbstätigen im tertiären Sektor nach der Wende in allen Ländern Ostmitteleuropas rasch die 50-

Prozent-Marke überschritten hatte, kann in den Transformationsländern noch keineswegs von einer post-industriellen Entwicklungsphase gesprochen werden. Die *Tertiärisierung in den Transformationsländern* unterscheidet sich nämlich - trotz formaler Ähnlichkeiten - inhaltlich markant von den Tertiärisierungsprozessen in den entwickelten Industrieländern. In den entwickelten Industrieländern basiert die Tertiärisierung der Erwerbsstruktur auf einer raschen Umschichtung der Erwerbstätigen von der Industrie in den Dienstleistungssektor. Dies ist durch die Verlagerung der industriellen Produktion in die Schwellenländer sowie durch die Aufwertung der Kontroll- und Verwaltungsfunktionen begründet. Demgegenüber ist die Tertiärisierung in den Ländern Ostmitteleuropas nach der Wende auf einen einmaligen drastischen Beschäftigungsrückgang in der Industrie und der Landwirtschaft sowie auf die dadurch entstehende prozentuelle Verschiebung der Erwerbsstruktur zugunsten des Dienstleistungssektors zurückzuführen. In den Transformationsländern ist also die Tertiärisierung vielmehr ein Niederschlag früherer Peripherisierungsprozesse als ein Resultat des globalen Siegeszuges in die Moderne. So ist der wachsende Anteil der Erwerbstätigen im tertiären Sektor, der analog zur Industrialisierung als ein „globaler" Prozeß eingestuft ist, noch nicht unbedingt als ein Zeichen für die Verbreitung der post-industriellen Gesellschaft zu betrachten.

In ähnlicher Weise weist die Problematik der *altindustrialisierten Regionen* darauf hin, daß sich hinter den Phänomenen mit ähnlicher regionaler Ausprägung oft charakteristisch unterschiedliche Ursachen und Faktoren verbergen können[17]. Die Entfaltung der industriellen Krisenregionen ist nämlich im Westen und im Osten Europas - wieder trotz formaler Ähnlichkeiten des Phänomens - auf recht verschiedene Gründe zurückzuführen. In Westeuropa resultieren die altindustrialisierten Regionen größtenteils aus dem Wandel vom Fordismus in einen Post-Fordismus sowie aus der Verlagerung der industriellen Produktionsstätten in die Schwellenländer. Demgegenüber spielen in Ostmitteleuropa die drastische und einmalige Abwertung der Leistung der sozialistischen Industrie und der wachsende Konkurrenzkampf der Betriebe durch die Öffnung der Wirtschaft zum Weltmarkt die wichtigste Rolle.

Wie diese Beispiele und die kurze Analyse der „Mythen" belegen, ist eine *„Entmythologisierung"* in der regional orientierten Transformationsforschung unbedingt notwendig. Die Transformationsforschung sollte von der Überschätzung der Ergebnisse der sozialistischen Regionalpolitik, von der Überbetonung der Einzigartigkeit der Phänomene der Transformation und von der Überschät-

---

17 Dafür ist sehr symptomatisch, wie in der geographischen Literatur die Probleme der Umstrukturierung der Stahlindustrie in einem entwickelten Industrieland, nämlich in Pittsburgh, in der „Steel City" der USA mit der Problematik der Krise der Stahlindustrie in einem Transformationsland, nämlich in der Stadt Ózd, im Komitat Borsod-Abaúj-Zemplén in Ungarn gleichgesetzt wurde (GIARRATANI, F. 1992). Die einzige Ähnlichkeit liegt in diesem Fall nämlich nur darin, daß in beiden Städten Stahl produziert wurde. Es ist vielleicht noch symptomatischer, daß im Hintergrund dieser künstlich erstellten Parallelität die wohlwollende Absicht steckt, anhand der Erfahrungen der Umstrukturierung in den entwickelten Industrieländern den Transformationsländern praxisbezogene Ratschläge zu geben.

zung der Auswirkungen der globalen Prozesse auf die Regionalstruktur in den Transformationsländern gründlich befreit werden. Dabei ist aber unmißverständlich zu betonen: die „Entmythologisierung“ betrifft nicht *den* Prozeß der Transformation vom Plan zum Markt, sondern nur jene Gedankenklischees, die die Erfassung der wahren Dimensionen der regionalen Umstrukturierungsprozesse in den Ländern Ostmitteleuropas verhindern. Aufgrund der Gleichstellung des Transformationsprozesses vom Plan zum Markt in den Ländern Ostmitteleuropas mit der Transition vom Fordismus in einen Post-Fordismus in den entwickelten Industrieländern kommt nämlich auch G. GORZELAK zur Forderung nach einer „Entmythologisierung“ und behauptet dabei, daß „the post-socialist transformation should be „de-mythologised“ from its ideological underpinnings and should be regarded as a „normal“ process of technological and organizational change [...]“ (GORZELAK, G. 1996, 33). Der ersten Hälfte dieser Forderung kann mit Recht zugestimmt werden, die Transformationsforschung soll - wie auch wir oben dafür argumentiert haben - von der „Mythologisierung“ der Einzigartigkeit der Phänomene der Transformation freigestellt werden. Dies bedeutet aber nicht - und hier soll die zweite Hälfte der Forderung von G. GORZELAK kategorisch in Frage gestellt werden, wie dies im Unterkapitel 1.1. bereits ausführlich analysiert wurde -, daß „the post-socialist transformation is shift from fordist to post-fordist type of organization of economic, social and political life“ (GORZELAK, G. 1996, 33), und dementsprechend sei sie als ein „normaler“ Prozeß einzustufen. Die größte theoretische und methodische Herausforderung besteht nämlich gerade darin: inwieweit ist es möglich, den Transformationsprozeß vom Plan zum Markt mit der Modernisierung, mit dem Aufholprozeß und der Transition nicht zu vermischen, gleichzeitig aber die Transformationsforschung von ihrem Ballast und ihren Mythen, wie von der Verwendung ungenauer Begriffe, der Dominanz der neoklassischen Betrachtungsweise, dem Überfluß an Metaphern und Denkschemata, der Überschätzung der sozialistischen Regionalpolitik, der Überbetonung der Einzigartigkeit der Phänomene der Transformation und der Überschätzung der Auswirkungen der globalen Prozesse zu befreien. So stellt die Forderung von G. GORZELAK bezüglich der „Entmythologisierung“ des Transformationsprozesses bei einer gleichzeitigen Gleichstellung der Transformation vom Plan zum Markt mit der Transition vom Fordismus in den Post-Fodismus augenscheinlich den leichteren Weg dar. Demgegenüber wird in dieser Studie versucht, den schwierigeren Weg einzuschlagen: die Transformation vom Plan zum Markt als einen besonderen Prozeß unter den sozioökonomischen Umstrukturierugsprozessen zu begreifen und auf dieser Basis ihre regionale Ausprägung - ohne die erwähnten Ballaste und Mythen der Transformationsforschung - zu erfassen.

1.4. ANALYTISCHE STANDPUNKTE DER STUDIE

Um die oben kurz dargestellten Hindernisse, wie die ungenaue Definition des Begriffes Transformation, die Dominanz der neoliberalen Betrachtungsweise sowie die Dominanz der Schemata und Metaphern zu vermeiden, die wie Scylla und Charybdis der Erfassung der regionalen Prozesse und Phänomene im Wege stehen, wird in der nachfolgenden Studie die Suche eines *„Königswegs"* versucht. Dieser besteht vor allem in der Notwendigkeit, eine möglichst ausbalancierte Proportion zwischen der neoklassischen und der regionalwissenschaftlichen Betrachtungsweise zu erreichen. Dabei ist als ein genereller Standpunkt festzuhalten, daß der Transformationsprozeß selbst die Umwandlung eines ökonomisch-politischen Systems in ein anderes ökonomisch-politisches System umfaßt. Es setzen während dieser Umwandlung eine Fülle von neuen Phänomenen ein, um dadurch ein neues System ins Leben zu rufen, aber dieses neue System stützt sich besonders bezüglich seiner regionalen Ausprägung sehr stark auf das alte System. Dadurch vertritt die nachstehende Studie eher *die historisch orientierte regionalwissenschaftliche Betrachtungsweise,* wobei aber - dem neoklassischen Erklärungsmuster entsprechend - auch den Akteuren der Umstrukturierung eine wichtige Rolle zukommt.

In dieser historisch orientierten regionalwissenschaftlichen Perspektive lassen sich in den Transformationsländern eine Vielzahl von Ursachen für die neuen regionalen Disparitäten nach der Wende auflisten. Für die zunehmenden regionalen Ungleichheiten ist mit Recht die falsche Wirtschafts- und Regionalpolitik in der Zeit des Sozialismus verantwortlich zu machen. In ähnlicher Weise lassen sich die neu einsetzenden regionalen Polarisierungstendenzen auf die Umstrukturierungsprozesse der Ökonomie und Gesellschaft von einer Planwirtschaft in die Marktwirtschaft zurückführen. Waren die zentralistischen Plansysteme durch eine bewußte Blockierung der Wanderung mobiler Ressourcen wie Güter- und Waren, Finanz- und Geldkapital, Arbeitskraft und Informationen gekennzeichnet, sind die Mobilität und Kreisläufe dieser Ressourcen für die Marktwirtschaften als ein fundamentales Merkmal anzusehen. Im Sinne einer systemtheoretischen Betrachtungsweise führt aber genau diese Mobilität zu einem Zuwachs regionaler Ungleichheiten. Die „Ungleichgewichte und Disparitäten sind daher ein Preis, der für großräumige Wanderungsvorgänge zu zahlen ist" (RITTER, W. 1991, 132). Letztlich kann auch auf die Auswirkungen langfristig persistenter Strukturen, d.h. auf die früheren vorsozialistischen Disparitäten hingewiesen werden (CSÉFALVAY, Z. et al. 1993). *Die grundlegende These dieser Studie betont, daß sich nach der Wende die vorsozialistischen, sozialistischen und die transformatorischen regionalen Ungleichheiten in einem äußerst komplexen System überlagert haben.* Daraus folgt die wichtigste Aufgabe der Studie, nämlich: diese komplexe Überlagerung analytisch zu erfassen und im Rahmen der Modelle darzustellen.

Die *Überlappung* der Regionalstrukturen verschiedener Epochen und die *Abgrenzung* ihrer Auswirkungen stoßen aber sowohl auf theoretische als auch auf methodische Schwierigkeiten. Beispielsweise könnte man die regionalen Disparitäten in einer vereinfachten Form unter die Erblasten des Sozialismus einordnen, wenn sie eindeutig durch die ideologisch betriebene Wirtschafts- und Regionalpolitik verursacht wurden oder vor der Zeit des Sozialismus nicht vorhanden waren. Das theoretische Problem liegt hier darin, daß in den Transformationsländern während der Zeit des Sozialismus eine Vielzahl von Prozessen, wie z.B. Urbanisierung, dezentrale Industrialisierung, schrittweise Tertiärisierung, Verbreitung des Musters der Kleinfamilien, Zuwachs der Frauenerwerbstätigkeit, Aufwertung der Kleinstädte, Verbreitung der Zweitwohnsitze etc. eingeleitet wurden, die auch die Regionalentwicklung entwickelter Industrieländer geprägt hatten. Sähe man bloß die regionalen Strukturen, geriete man auf einen Irrweg, da hinter Strukturen mit ähnlichen regionalen Zügen meist charakteristisch abweichende Prozesse und Phänomene stehen. So waren diese regionalen Strukturen in den entwickelten Industrieländern durch das Funktionieren von Kapital-, Arbeits- und Wohnungsmärkten geprägt, während sie in den sozialistischen Ländern - infolge der Ausschaltung von Marktmechanismen - aus der zentralistischen Neuverteilung der Entwicklungsressourcen resultierten.

Die methodische Schwierigkeit bezüglich der Anwendung einer historisch orientierten regionalwissenschaftlichen Perspektive liegt hingegen in der Erfassung der relevanten Daten auf einer mittleren regionalen Ebene. Durch die Transformation vom Plan zum Markt wurden nämlich nicht nur die Ökonomie und die Gesellschaft, sondern auch die offizielle Statistik einem Wandel unterworfen. Die statistischen Erhebungen wurden während der Zeit des Sozialismus nicht selten geheim gehalten, bzw. nur auf einer Aggregationsebene zugänglich gemacht, die die wahren Dimensionen der ökonomischen, sozialen und regionalen Disparitäten verschleierte[18]. Nach der Wende war die offizielle Statistik nicht mehr durch Verfälschungen und Geheimhaltung gekennzeichnet, aber die Entfaltung der neuen, marktwirtschaftlich relevanten statistischen Erhebungen benötigte relativ viel Zeit. So wurden in den Jahren unmittelbar nach der Wende sowohl die Kategorienstruktur der Daten als auch die Erhebungsmethoden mehrmals verändert, was eine Längschnittanalyse wiederum erschwert[19].

Schließlich stellt bei der Erfassung der regionalen Umstrukturierungsprozesse in den Ländern Ostmitteleuropas auch die regionale Ebene der erhobenen Daten ein weiteres Problemfeld dar (SCHRUMPF, H. 1992). Beispielsweise ist die Ebene der Bundesländer in Ostdeutschland bzw. die Ebene der 19 Komitate in Ungarn zu groß, um die regionalen Veränderungen in ausreichendem Maße begründen bzw.

---

18 Die bewußte Geheimhaltung und die Verfälschung der statistischen Daten war besonders für die DDR symptomatisch. Beispielsweise waren die Kader und Parteifunktionäre bei den Volkszählungen in den sog. X-Bereich zugeordnet, und diese Daten waren nicht einmal der Forschung zugänglich. In Ungarn waren diese Daten zwar veröffentlicht, aber die Parteifunktionäre wurden nicht nach ihrem wahren sozialen Status, sondern nach ihrem erlernten Beruf eingestuft. Dadurch entstand das ironische Bild, daß die Mehrheit der damaligen politischen Führung Ungarns zu den „Arbeitern“ gehörte.

19 Beispielsweise wurden die Arbeitslosenquoten in Ungarn durch das Arbeitsamt für den Zeitraum von 1989 bis 1992 und für die Jahre nach 1992 auf der Basis verschiedener Berechnungsgrundlagen berechnet.

theoretisch erklären zu können. Die ausgezeichneten Daten auf Gemeindebasis werden leider nur alle 10 Jahre bei den Volkszählungen erhoben. Demgegenüber sind Daten auf einer mittleren regionalen Ebene, in Ostdeutschland sind es die Kreise und in Ungarn die Arbeitsamtbezirke und die kürzlich abgegrenzten Kleinregionen, nur spärlich zu erhalten. Darüber hinaus wurde nach der Wende in vielen Ländern Ostmitteleuropas - im Zeichen einer Demokratisierung der regionalen Entscheidungsbefugnisse - auch die regional-territoriale Gliederung erheblich verändert. Dies macht Analysen mit einer Langzeitperspektive und festen Grenzen der regionalen Einheiten besonders für Ostdeutschland sehr schwierig. H. KAELBLE und R. HOHLS stellten sogar bezüglich der früheren Verhältnisse mit begründetem Sarkasmus fest: „Selbst ohne die Verwaltungsreformen der 1970er Jahre ist Deutschland im Vergleich zu den meisten anderen westeuropäischen Ländern für flächendeckende vergleichende Regionaluntersuchungen in der Langzeitperspektive ein Alptraum“ (KAELBLE, H. - HOHLS, R. 1989, 355). In Anbetracht dieser Schwierigkeiten wurde während dieser Studie die Verwendung eines möglichst breiten Datensets mit festen Grenzen der regionalen Einheiten zwar als höchstes Ziel gesetzt, dessen Durchführung war aber nicht immer in allen Bereichen möglich. So stellt die Datenstruktur dieser Studie lediglich eine suboptimale Lösung dar, die aus dem Widerspruch zwischen den Zielen der Untersuchung und dem Umfang der vorhandenen Daten resultiert.

Trotz dieser Schwierigkeiten, dem Anspruch einer historisch orientierten regionalwissenschaftlichen Betrachtungsweise und einer Längschnittanalyse mit möglichst gleichbleibenden Grenzen gerecht zu werden, wurde in dieser Studie der *Analyse der Arbeitsmarktstrukturen* während der Zeit des Sozialismus und nach der Wende ein Vorrang eingeräumt. Falls wir den regionalen Strukturwandel in den Transformationsländern nicht nur beschreiben, sondern auch verstehen wollen, so müssen die Arbeitsmarktstrukturen ausführlich untersucht und sogar in den Mittelpunkt der Untersuchungen gerückt werden. Dabei lautet auch hier die methodische und theoretische Devise: sowohl die Gefahren der sozialistischen Selbstdarstellung als auch die Beschränkungen der neoliberalen Betrachtungsweise möglichst zu vermeiden. Laut der damaligen Selbstdarstellung war der Arbeitsmarkt im Sozialismus ein relativ homogenes Gebilde. Infolge einer utopischen Bestrebung nach sozialer Gleichheit, durfte im Sozialismus auch der Arbeitsmarkt keine markanten Differenzierungen aufweisen. Deswegen wurden die Unterschiede der Erwerbstätigen nach Qualifikation, Alter, Geschlecht, Interessenvertretung etc. durch den Status als unselbständig Beschäftigte und durch die künstlich angesetzte niedrige Spannweite der Lohndifferenzierung abgemildert[20]. In ähnlicher Weise sind aber Differenzierungen auf dem Arbeitsmarkt in den neoliberalen Wirtschaftstheorien nur randlich wahrgenommen. Die klassische Version der liberalen Wirtschaftstheorie stützt sich sogar eindeutig auf ein homogenes Arbeitskräfteangebot bzw. eine homogene Nachfrage nach Arbeitskräften. Dar-

20 Die sozialen Disparitäten in den sozialistischen Ländern haben sich wohl am wenigsten in den Löhnen gezeigt, sondern in den nicht-monetären Privilegien, welche die Nomenklatura oder die Führungskräfte genossen haben.

über hinaus werden in den neoklassischen Theorien - im Rahmen der Prämisse des generellen Gleichgewichts - die regionalen Unterschiede auf dem Arbeitsmarkt nur randlich diskutiert.

Im Gegensatz zur Selbstdarstellung des sozialistischen Systems und der neoliberalen Wirtschaftstheorien steht aber die empirische Erfahrung, daß in den Ländern Ostmitteleuropas während der Zeit des Sozialismus bedeutende Differenzierungsprozesse auf dem Arbeitsmarkt stattfanden. Sowohl in Ostdeutschland als auch in Ungarn läßt sich ein klarer Unterschied zwischen dem verstaatlichten und dem privaten Bereich der Ökonomie sowie zwischen den Arbeitsplätzen mit niedriger und den Arbeitsplätzen mit höherer Qualifikation beobachten. Obwohl diese Differenzierungen durch die zentrale Regulierung des Lohnniveaus bzw. durch die administrativen Beschränkungen der Lohnentwicklung während der Zeit des Sozialismus relativ abgeschwächt waren, spielten sie in der Umstrukturierung des Arbeitsmarktes nach der Wende eine sehr große Rolle. Deswegen bieten sich zur Erfassung dieser Differenzierungsprozesse die *Segmentationstheorien* als ein alternatives taugliches Instrumentarium an, die auf dem Arbeitsmarkt die Existenz mehr oder weniger abgesonderter Teilmärkte und dementsprechend auch die Existenz regionaler Arbeitsmärkte erkennen (SENGENBERGER, E. 1978, SESSELMEIER, W. - BLAUERMEL, G. 1990, FASSMANN, H. 1993, RICHTER, U. 1994). Dadurch läßt sich bereits die wichtigste theoretische Hypothese der Studie formulieren, nämlich: *der Schlüssel zu den regionalen Disparitäten nach der Wende ist großenteils in den Segmentierungstendenzen aus der sozialistischen Epoche zu finden.* Sie bestimmen in hohem Maße, welche Regionen sich nach der Wende zu den Gewinnern bzw. zu den Verlierern der Transformation entwickeln.

Zur Erfassung des komplexen Musters bezüglich der Überlagerung der vorsozialistischen, der sozialistischen und der transformatorischen regionalen Ungleichheiten in den Ländern Ostmitteleuropas wurde eine vergleichende Vorgangsweise, nämlich eine *vergleichende Untersuchung* der regionalen Umstrukturierung auf dem Arbeitsmarkt in Ostdeutschland und in Ungarn gewählt. Dahinter steht die stillschweigende Annahme, daß die allgemeinen Begleiterscheinungen sowie die länderspezifischen Phänomene der regionalen Umstrukturierung mittels dieser Methode klarer hervortreten, als z.B. in den Untersuchungen auf der Ebene Ostmitteleuropas oder auf der Ebene der Länderstudien. Dabei läßt sich theoretisch feststellen, daß ein Vergleich nur dann sinnvoll ist, wenn zwischen den Untersuchungsfeldern klare Ähnlichkeiten im Bezug auf die Problemstellung und die Rahmenbedingungen bestehen und gleichzeitig auch charakteristische Unterschiede im Umgang mit den Problemen zu beobachten sind. Diese Bedingungen, die Ähnlichkeiten des Problemfeldes und die Unterschiede der Lösungsansätze, sind im Falle von Ostdeutschland und Ungarn deutlich erkennbar.

Die Ähnlichkeiten bezüglich der *Problemstellung* liegen klar auf der Hand. Sowohl in Ostdeutschland als auch in Ungarn erfolgt seit Jahren die schwierige Transformation von einer Planwirtschaft in die Marktwirtschaft, von einer ideologisch-monolithischen Machtausübung in die plurale Demokratie, von einer geschlossenen Gesellschaft in die offene Gesellschaft (ASH, T. G. 1990, 1993,

DAHRENDORF, R. 1990, HABERMAS, J. 1990, OFFE, C. 1994, PRADETTO, A. 1994). Diese Umwandlung löste in beiden Untersuchungsgebieten markante regionale Prozesse aus. Die Problematik zunehmender regionaler Ungleichheiten rückte damit nach der Wende in den Mittelpunkt des Interesses, und sie wird voraussichtlich langfristig eines der ernsten Problemgebiete bleiben.

Waren die Jahre kurz nach der Wende in der *deutschen* öffentlichen Problemwahrnehmung vor allem durch einen West-Ost-Vergleich des Einkommens beherrscht (FRANZ, W. 1992, GEB, TH. U. et al. 1992, SIEBERT, H. 1993, SINN, G. - SINN, H.-W. 1991, SCHWARZE, J. 1991, SZYDLIK, M. 1992), bekamen Mitte der 1990er Jahre die regional-ökonomischen Disparitäten innerhalb der neuen Bundesländer eine immer größere Bedeutung (BERTRAM, H. et al. 1995, BLIEN, U. 1994, GÖRMAR, W. et al. 1993, MARETZKE, S. 1995, MOMM, A. et al. 1995, PFEIFFER, W. 1993, SCHMIDT, R. - LUTZ, B. 1995, VESTER, M. et al. 1995). Im Verlauf des Transformationsprozesses wurde nämlich offensichtlich, daß der Wiederaufbau Ostdeutschlands - trotz eines Angleichens der Lebensverhältnisse und des Einkommens - langfristig durch ein Anwachsen regionaler Disparitäten begleitet wird. „Die Frage nach dem Aufholprozeß für Ostdeutschland insgesamt verliert damit zunehmend ihren Sinn. Sie wird tendenziell abgelöst durch die Frage nach einer konvergenten oder divergenten Entwicklung von Regionen" (BLIEN, U. - HIRSCHENAUER, F. 1994, 333).

In *Ungarn* wurde die öffentliche und wissenschaftliche Diskussion mit anderen Schwierigkeiten konfrontiert. Die wachsenden regionalen Disparitäten waren nach der Wende durch die Wirtschafts- und Regionalpolitik nur randlich wahrgenommen worden, und der Staat erwies sich als unfähig und machtlos, diesen Ungleichheiten entgegenzusteuern. Nach vierzig Jahren Sozialismus stufte man die Rolle des Staates in der Regionalentwicklung weitgehend als negativ ein, wodurch fast alle staatlichen Eingriffsmöglichkeiten blockiert wurden. Zudem fehlte es - infolge der hohen Kosten der Umstrukturierung - an finanziellen Ressourcen für eine gezielte Regionalpolitik. Schließlich soll hier darauf hingewiesen werden, daß eine egalitäre Regionalpolitik bzw. eine Einbettung regionaler Aspekte in die Umstrukturierungsprozesse (z.B. in die Privatisierung) das Tempo der Umwandlung erheblich hätte bremsen können. So wurden nach der Wende die Marktkräfte in der Regionalentwicklung Ungarns vollkommen entfesselt, was zu einem raschen Wachstum der regionalen Unterschiede führte.

Während die Problemfelder durch eine Vielzahl von Ähnlichkeiten gekennzeichnet sind, lassen sich im Hinblick auf die *Startbedingungen* und die Bewältigung der Transformation bereits bedeutende Unterschiede erkennen. Die ostdeutsche Wirtschaft wurde im Rahmen eines rigorosen Plansystems bis zum Zeitpunkt der Wende stark durch Autarkiebestrebungen geprägt. Im Gegenteil dazu fand in Ungarn schon früh eine langsame Öffnung zum Weltmarkt statt, und die frühere Liberalisierung der Wirtschaft und Gesellschaft sowie die Implementierung einiger Elemente der Marktwirtschaft führte zur Entfaltung eines „quasiprivatwirtschaftlichen" Sektors und verschiedener Protomärkte (CSÉFALVAY, Z.-ROHN, W. 1991, FASSMANN, H. - LICHTENBERGER, E. 1995). Noch deutlicher lassen sich die Unterschiede in bezug auf die Bewältigung der Transformation erkennen. So weisen E. LICHTENBERGER und H. FASSMANN (1995) sehr präzise auf die große Bedeutung nationaler Strategien in der Transformation in Ostmitteleuropa hin. Dabei können Ostdeutschland und Ungarn als zwei charakteristische Typen eingestuft werden. In Ostdeutschland fand und findet eine drastische „schöpferische Zerstörung" alter Strukturen statt, und der Aufbau neuer Strukturen erfolgt durch die enorm hohen externen Transferleistungen Westdeutschlands. In Ungarn vollzieht sich die Umstrukturierung der Wirtschaft und Gesellschaft auf der Basis vorhandener Ressourcen, und dadurch stellt das Land ein Beispiel für die Chancen und Beschränkungen einer endogenen Transformation dar.

Im vergleichenden Kontext läßt sich also ein *Vorsprung zugunsten Ungarns* im Hinblick auf die Startbedingungen konstatieren, demgegenüber hat *Ostdeutschland einen Vorsprung* bezüglich der Bewältigung der Transformation. Daraus ergeben sich die grundlegenden analytischen Fragen dieser Studie, wie:

- Was für eine Rolle spielen die früheren Vorteile aus der Zeit des Sozialismus im Prozeß der Transformation vom Plan zum Markt? Oder umgekehrt formuliert, inwieweit kann das Fehlen dieser Voraussetzungen durch externe Ressourcen ersetzt werden? Was für Unterschiede lassen sich dadurch in der Regionalentwicklung Ostdeutschlands und Ungarns erkennen?
- Welche regionalen Phänomene sind auf den Startvorsprung Ungarns bzw. auf den Vorsprung Ostdeutschlands bezüglich der Bewältigung der Transformation zurückzuführen?
- Welche regionalen Prozesse und Phänomene sind als *spezifische Merkmale* für diese Transformationstypen einzustufen und welche erweisen sich als *allgemeingültige regionale Begleiterscheinungen* der Transformation vom Plan zum Markt?
- Welche Regionen werden zu den *Gewinnern* bzw. zu den *Verlierern* der Transformation in Ostdeutschland und in Ungarn?

2. GRUNDZÜGE DER REGIONALEN UMSTRUKTURIERUNG IN OSTMITTELEUROPA

„Im übrigen deuten allzu billige Lebensunterhaltskosten an sich schon auf Unterentwicklung hin. Bei der Rückkehr in seine Heimat fallen dem ungarischen Prediger Martino Szepsi Combor 1618 „die hohen Lebensmittelpreise in Holland und England auf; in Frankreich beginnen sich die Verhältnisse dann zu wandeln, und auf der Weiterreise durch Deutschland, Polen und Böhmen bis nach Ungarn nimmt der Brotpreis stetig ab". Dabei steht Ungarn noch nicht auf der untersten Stufe."

Fernand BRAUDEL[21]

„[...] bei dem Verhältnis zwischen West- und Osteuropa handelt es sich um ein regionalökonomisches und politisches Zentrum-Peripherie-Verhältnis, das aufgrund der existierenden Machtverteilung noch viele Jahre Bestand haben wird."

Heinz ARNOLD[22]

Ausgehend von einer historisch orientierten regionalwissenschaftlichen Betrachtungsweise lassen sich die regionalen Umstrukturierungsprozesse während der Transformation vom Plan zum Markt - in ähnlicher Weise, wie der Transformationsprozeß selbst drei untergeordnete Teilprozesse umfaßt - anhand drei fundamentaler Themenbereiche behandeln:

- die regionalen Konsequenzen des ökonomischen *Systemwandels* von der Planwirtschaft in eine Marktwirtschaft,
- die räumlichen Auswirkungen der ökonomischen *Aufholprozesse* und
- die regionalen Folgen der *Anpassung* der Transformationsländer an die ökonomische und regionale Transition der entwickelten Industrieländer.

Obwohl diese Liste gleichzeitig eine idealtypische zeitliche Reihenfolge darstellt - die Jahre der Wende waren durch den Systemwandel gekennzeichnet, die Aufholprozesse prägten die erste Hälfte der 90er Jahre und die Anpassungsprozesse wurden im breiten Ausmaß erst in der zweiten Hälfte dieses Jahrzehntes eingeleitet - wirkten sie in den Ländern Ostmitteleuropas mehr oder weniger bereits seit

21 BRAUDEL, F. 1990, 39.
22 ARNOLD, H. 1995, 149.

dem Anfang der Wende. So stellen die Teilprozesse der Transformation, wie der Systemwandel, der Aufholprozeß und der Anpassungsprozeß *keine zeitlich klar abgrenzebaren Perioden*, Phasen oder Entwicklungsstufen dar. Es handelt sich hier vielmehr um eine deutliche Schwerpunkt- und Bedeutungsverschiebung im zeitlichen Vollzug der Transformation. Beispielsweise waren die ersten Jahre durch die Aufgaben des ökonomischen und politischen Systemwandels, durch das Abräumen der Trümmer der sozialistischen Planwirtschaft und den Ausbau der marktkonformen Institutionen dominiert. Seit der Mitte der 90er Jahre kamen den Anpassungsprozessen, wie der Vorbereitung für einen EU-Beitritt und den ausländischen Investitionen etc., eine immer größere Bedeutung zu. Weiterhin ist charakteristisch, daß jeder von den genannten Teilprozessen in spezifischer Form bedeutende Disparitäten in der Regionalstruktur der Transformationsländer auslöste. Jeder dieser Teilprozesse aktivierte in verschiedenem Umfang vorsozialistische und sozialistische Ungleichheiten. Schließlich war jeder der genannten Teilprozesse erheblich durch nationale Strategien der Transformationsländer geprägt.

Durch die Aufteilung der Transformation vom Plan zum Markt in untergeordnete Teilprozesse ergibt sich auch die Gliederung dieses Kapitels. Das *Unterkapitel 2.1.* wird den regionalen Konsequenzen des ökonomischen Systemwandels gewidmet, und so umspannt der Zeithorizont dieses Unterkapitels den Zeitraum von der Spätphase des Sozialismus bis in die Mitte der 90er Jahre. Die regionalen Folgen der ökonomischen Aufholprozesse werden kurz im *Unterkapitel 2.2.* mit den Schwerpunkten auf den Konsequenzen der Grenzöffnung und der wachsenden Desintegrationsprozesse in Ostmitteleuropa vorgestellt. Im Mittelpunkt des *Unterkapitels 2.3.* steht die Problematik der Anpassung der Länder Ostmitteleuropas an die gegenwärtige Transition der entwickelten Industrieländer. Dabei werden sowohl die technisch-organisatorische Umstrukturierung der Betriebe als auch der sozioökonomische Paradigmenwechsel vom Fordismus in den Post-Fordismus sowie ihre Auswirkungen auf die Transformationsländer ausführlich behandelt. Schließlich stellt das *Unterkapitel 2.4.* eine thesenhafte Zusammenfassung dieser Prozesse dar.

2.1. REGIONALE KONSEQUENZEN DES ÖKONOMISCHEN SYSTEMWANDELS NACH DER WENDE

Die regionalen Konsequenzen des ökonomischen Systemwandels lassen sich in zwei Prozesse aufgliedern, nämlich: in den Prozeß des *Abbaus* regionaler Strukturen aus der Zeit des Sozialismus sowie in den Prozeß des *Aufbaus* neuer, regional relevanter Machtverhältnisse in der Verwaltung und der Ökonomie nach der Wende. Dabei wird der Prozeß des Abbaus der regionalen Strukturen aus der Zeit des Sozialismus anhand der Wirkungsmechanismen der sozialistischen Regionalpolitik, des Grundmusters der regionalen Disparitäten während der Zeit des Sozialismus sowie der Abschaffung dieser Mechanismen und der sozialistischen Regionalstrukturen unmittelbar nach der Wende erörtert. Der Prozeß des Aufbaus neuer, regional relevanter Machtverhältnisse in der Verwaltung und der Ökonomie wird anhand der territorialen Verwaltungsreform, der Kommunalreform und der Privatisierung thematisiert. So umspannt der Zeithorizont dieses Unterkapitels den Zeitraum von der Spätphase des Sozialismus bis zur Mitte der 90er Jahre.

Der Abbau regionaler Strukturen aus der Zeit des Sozialismus

Historisch gesehen fing der Abbau der regionalen Strukturen aus der Zeit des Sozialismus mit den wohl bekannten euphorischen Ereignissen der Grenzöffnung im Jahre 1989 an. Der Fall der Mauer in Berlin und das Demontieren des „Eisernen Vorhanges" an der österreichisch-ungarischen Grenze waren aber nicht nur historische Ereignisse. Sie waren auch symbolische Ausdrücke einer neuen Zeit, deren wichtigstes Merkmal in der *Öffnung* der Transformationsländer nach Westen lag. Die Planwirtschaften in Ostmitteleuropa waren nämlich bis zum Zeitpunkt der Wende von den realen Prozessen der Weltwirtschaft mehr oder weniger abgeschnitten. Dies gilt besonders für Ostdeutschland, aber die Aussage - trotz früheren Aufweichens des Plansystems - ist für Ungarn auch relevant. Die Regionalentwicklung in den ehemaligen sozialistischen Ländern wurde also weitgehend durch den *Schutz einer geschlossenen Ökonomie* geprägt. In der Praxis bedeutete dies, daß die Regionalentwicklung und die Regionalpolitik von den Leistungen der sozialistischen Nationalökonomien für längere Zeit abgekoppelt wurden.

Aufgrund der Legitimationsbedürfnisse und schlichter politischer Überlegungen entfaltete sich in den letzten Jahrzehnten in fast allen Ländern Ostmitteleuropas ein *„sozialer Überhang"*. So stellte der oft ideologisch betriebene Wettbewerb mit Westdeutschland einen enormen Legitimationsdruck für die DDR dar, der sich in der Einführung verschiedener sozialer Wohlfahrtsleistungen des Staates niederschlug. In ähnlicher Weise stand die Revolution vom Jahre 1956 vor dem Hintergrund der Öffnung des Landes und der Entfaltung des sogenannten „Gulaschsozialismus" in Ungarn. Der „soziale Überhang" funktionierte durch das System der zentral gelenkten *Neuverteilung der Entwicklungskräfte* und Ressourcen. Ein weiteres Merkmal des „Überhangs" bestand darin, daß die Wohlfahrtsleistungen im Rahmen der geschlossenen Nationalökonomie durch die Leistungen der Wirtschaft nie vollständig abgedeckt waren. So stellte nach der Wende das Umgehen mit diesem *„frühgeborenen Wohlfahrtsstaat"* wohl eine der schwersten Erblasten der Transformationsländer dar.

Parallel zum „sozialen Überhang" bildete sich in den Ländern Ostmitteleuropas auch ein *„regionaler Überhang"* heraus. War die Regionalpolitik in den 50er und 60er Jahren bloß als ein untergeordnetes Teilgebiet der allgemeinen Wirtschaftspolitik eingestuft, wandelte sie sich zwischen 1970 und 1990 zu einem wichtigen Bestandteil des allgemeinen "sozialen Überhanges". Durch die zentral gelenkte Neuverteilung regionaler Entwicklungsressourcen wurde eine - wenigstens in ihren Zielen - egalitäre Regionalpolitik eingeleitet, die besonders auf die regional ausgeglichene Versorgung der Bevölkerung mit sozialen Gütern großen Wert legte. So fand ein Wandel der Regionalstruktur in der Regel immer von oben gesteuert statt, und er war zwangsläufig mit einem Wandel der Zielsetzungen in der Neuverteilung der Ressourcen verbunden (VÁGI, G. 1982). Obwohl das Funktionieren des „regionalen Überhanges“ von den Zielsetzungen und den finanziellen Ressourcen der Regionalpolitik sowie von der Ausprägung früherer, vorsozialistischer regionaler Ungleichheiten sehr abhängig war, wurden in den ehemaligen sozialistischen Ländern mit seiner Hilfe die früheren, vorsozialistischen regionalen Unterschiede teilweise effektiv *verhüllt.*

Dadurch entstand ein eigenartiges Paradoxon in der Regionalentwicklung der Länder Ostmitteleuropas. *In diesen Ländern fanden nämlich während der Zeit des Sozialismus eine Vielzahl von Modernisierungsprozessen von der präindustriellen in eine moderne industrielle Ökonomie und Gesellschaft statt, die - trotz der unterschiedlichen Inhalte - analoge regionale Muster aufwiesen, wie die regionalen Umwandlungsprozesse in den entwickelten Industrieländern.* So setzten sich auch in den Ländern Ostmitteleuropas - allerdings von den Einflüssen des Weltmarktes abgekoppelt und weitgehend durch die marxistische Ideologie beeinflußt - regional ausgeprägte Prozesse, wie dezentrale Industrialisierung, schrittweise Tertiärisierung, rasche Urbanisierung, wachsende räumliche Mobilität der Bevölkerung, Verbreitung des Musters der Kleinfamilien, Zuwachs der Frauenerwerbstätigkeit und Verbreitung der Zweitwohnsitze ein, die in der Nachkriegszeit auch in den entwickelten Industrieländern die Umwandlung der Regionalstruktur maßgeblich bestimmten.

Die Ursachen für dieses Paradoxon liegen vor allem darin begründet, daß das System des „regionalen Überhangs“ während der Zeit des Sozialismus eine eigenartige Version des redistributiven Modells der Regionalpolitik des sozialen Wohlfahrtsstaates darstellte, ein Modell, welches in der Nachkriegszeit die regionalpolitischen Vorstellungen und Engagements des Staates auch in den entwickelten Industrieländern dominierte. Grundsätzlich sind in der Regionalpolitik in den durch Marktwirtschaften geprägten Ländern - gemäß der Stärke der staatlichen Eingriffe in die Regionalentwicklung - drei Basismodelle zu unterscheiden, wie: das redistributive Modell des sozialen Wohlfahrtsstaates während des Fordismus, das Modell der „endogenen Entwicklung“ während des Post-Fordismus und das Modell der „Laisser-faire“-Regionalpolitik. Dabei ist festzustellen, daß die Stärke der staatlichen Eingriffe - dieser Reihenfolge entsprechend - stetig abnimmt. Ein weiteres Charakteristikum besteht darin, daß diese Basismodelle in der Praxis nie in reiner Form vorkommen, sondern in der Realität - sehr abhängig von der historischen Entwicklung und der kulturellen Tradition der betreffenden Länder - immer eine Mixtur dieser Modelle zu beobachten ist.

Das *redistributive Modell* des Wohlfahrtsstaates während des Fordismus sieht die Abmilderung der regionalen Unterschiede bzw. das Ausgleichen der regionalen Unterschiede bezüglich der Lebensbedingungen als das höchstrangige Ziel an. Dabei umfaßt der regionale Schwerpunkt dieses Modells *alle* unterentwickelten Regionen (gemessen an Indikatoren wie GDP pro Kopf) und zum Zwecke der Unterstützung werden in diesen Regionen durch die zentrale Neuverteilung der finanziellen Ressourcen normative Förderungen eingesetzt. Dieses wohl bekannte Neuverteilungsmodell prägte die Regionalpolitik in Westeuropa in den ersten

Jahrzehnten der Nachkriegszeit und es stellt auch heute noch den Dreh- und Angelpunkt der Regionalpolitik in der Europäischen Union dar. Im Gegensatz zu diesem redistributiven Modell rückt das *Modell der „endogenen Entwicklung"* während des Post-Fordismus bereits die Idee der „Hilfe zur Selbsthilfe" in den Mittelpunkt und fordert dadurch eine Innovationsförderung anstatt der Förderung der Lebensbedingungen (GLATZ, H. - SCHEER, G. 1981, STÖHR, W. B. 1981, 1990, STÖHR, W. B. - TAYLOR, D. R. F. 1981). Dabei konzentriert sich der regionale Schwerpunkt nicht mehr auf die Förderung aller benachteiligten Regionen, sondern nur auf die Förderung einiger entwicklungsfähiger Kleinregionen der unterentwickelten Gebiete. Darüber hinaus betont die Grundthese dieses Modells die Notwendigkeit, die Regionalförderung von der Sozialförderung bzw. den wohlfahrtsstaatlichen Ausgleichsmechanismen zu trennen. So ist der Einsatz der staatlichen Fördermittel in diesem Modell vor allem auf die Stimulierung bzw. Mobilisierung der eigenen Ressourcen der Förderregionen beschränkt. Schließlich verzichtet das *„Laisser-faire"-Modell der Regionalpolitik* - aufgrund einer neoklassischen Wirtschaftsphilosophie - auf jegliche Art der staatlichen Eingriffe in die regionalen Prozesse. Obwohl dieses Modell mit der Doktrin des freien Zusammenspiels der Marktkräfte auf die Erwartung eines regionalen Gleichgewichts setzt, kann diese Regionalpolitik laut der praktischen Erfahrungen den regionalen Polarisierungstendenzen nicht effizient entgegenwirken. So kommt G. MYRDAL (1959) zur These, daß eine „Laisser-faire"-Regionalpolitik durch die Ausschaltung des Staates in der Regionalentwicklung in der Praxis zu einem Zuwachs der regionalen Disparitäten führt. Diese zirkulär einsetzenden kumulativen Peripherisierungsprozesse werden sogar um so stärker ausgeprägt, je ärmer die Regionen des Landes sind.

Nimmt man also diese Basismodelle als Grundlage, so ist die Verwandtschaft zwischen dem System des „regionalen Überhangs" während der Zeit des Sozialismus und dem redistributiven Modell des Sozialstaates in den entwickelten Industrieländern nicht zu übersehen. Beide setzen einen Ausgleich der regionalen Disparitäten als das wichtigste Ziel an, beide stützen sich im Interesse der Verwirklichung dieses Zieles auf die regionale Neuverteilung der finanziellen Ressourcen und beide rücken die normativen Förderungen in den Mittelpunkt, um eine gerechte Verteilung zu erreichen. Hinsichtlich der Handlungsfreiheit und der Entscheidungskompetenz der Akteure der Regionalpolitik treten die fundamentalen Unterschiede zwischen einem totalitären sozialistischen Regime und einer demokratischen Marktwirtschaft zu Tage. Aus diesen Unterschieden folgt auch, daß die Regionalpolitik in den entwickelten Industrieländern deutlich flexibler war als in den ehemaligen sozialistischen Ländern. Diese Flexibilität ist vor allem darin zu erkennen, daß in Westeuropa seit den 70er Jahren - der Transition vom Fordismus in den Post-Fordismus entsprechend - bereits eine Abkehr von dem redistributiven Modell in Richtung des Modells der endogenen Entwicklung mit der bekannten Konsequenz von einer „Renaissance der Regionen" eingeleitet wurde. Im Gegensatz zu dieser Entwicklung war die Regionalpolitik in den Ländern Ostmitteleuropas in der ganzen Epoche des Sozialismus durch das redistributive Modell bzw. das System des „regionalen Überhangs" beherrscht. Wie dieser kurze Überblick belegt, gab es in der Endphase des Sozialismus einen Rückstand zu Lasten der Länder Ostmitteleuropas nicht nur bezüglich der ökonomischen Entwicklungsmodelle - wie dies von P. DOSTAL und M. HAMPL (1996) durch die Gegenüberstellung des intensiven Modells in den entwickelten Industrieländern und des „over extensive" Modells in den sozialistischen Ländern thematisiert wurde - sondern es gab auch hinsichtlich der regionalpolitischen Leitlinien und Modelle einen Rückstand zu Lasten von Ostmitteleuropa.

Infolge dieser Unterschiede zwischen dem System des „regionalen Überhangs" der sozialistischen Länder und dem redistributiven Modell der Regionalpolitik des Sozialstaates in Westeuropa sind auch die Ergebnisse des „regionalen Überhanges" als sehr widerstreitend einzustufen. Als eine positive Konsequenz dieses Systems läßt sich festhalten, daß sich gegen Ende der 80er Jahre sowohl in Ostdeutschland als auch in Ungarn - trotz des enormen Übergewichts der Hauptstädte - eine durch die Entwicklung leistungsfähiger Subzentren und die wachsende Verflechtung der Kleinstädte geprägte relativ *polizentrische Regionalstruktur* herauskristallisierte. So stellte K. v. BEYME kurz vor der Wende fest, daß die regionale Verteilung der sozialen Güter in der DDR vergleichsweise egalitär war. „In vielen Bereichen konnte durch bewußte Angleichungspolitik mehr Gleichheit hergestellt werden, z. B. in der Wirtschaft, in der Gesundheits- und Bildungspolitik. In anderen Bereichen vollzog sich eine Angleichung, ohne daß der Staat sehr stark steuernd eingreifen konnte wie in der Bevölkerungspolitik" (BEYME, V. K. 1988, 443). Dies bedeutet aber keinesfalls, daß Ostdeutschland während des Sozialismus von den regionalen Ungleichheiten verschont worden wäre. Ganz im Gegenteil, es gab in der DDR markante regionale Disparitäten sowohl zwischen den Großregionen als auch zwischen den *Siedlungsgrößentypen* (STRUBELT, W. 1996). Die bevölkerungsbezogene Infrastruktur wurde nämlich im Rahmen dieser „Angleichungspolitik" nur in die mittleren und mittelgroßen Städte verlagert, aber die Stadt-Land-Disparität blieb in dieser polizentrischen Regionalstruktur nach wie vor sehr wirksam. Zu einer Ansicht der regionalen Gleichheit, kann man, wie K. v. BEYME, nur gelangen, wenn man sich auf aggregierte Daten der DDR-Statistik stützt, die u.a. die Aufgabe hatte, Ungleichheiten zu verschleiern.

In ähnlicher Weise entfaltete sich in Ungarn ein buntes, *mosaikhaftes Muster der regionalen Ungleichheiten*, in dem der Siedlungshierarchie eine maßgebende Rolle zukam (MIKLÓSSY, E. 1990a, 1990b). Während der Zeit des Sozialismus waren die Disparitäten bezüglich der wirtschaftlichen Aktivität, der Beschäftigung, der Lebensbedingungen und der Infrastrukturausstattung weniger großräumig ausgeprägt, sie waren eher zwischen den verschiedenen Siedlungsgrößentypen, wie Städten und Dörfern zu erkennen. Dieses Muster der regionalen Ungleichheiten wurde in Ungarn seit den 70er Jahren durch eine Regionalpolitik, die die regionale Neuverteilung finanzieller Entwicklungsressourcen direkt den Siedlungsgrößen zuwies, sogar noch verstärkt[23]. Als eine Konsequenz dieser Regio-

23 Die sogenannte *Siedlungsentwicklungskonzeption* („Országos Településfejlesztési Koncepció) vom Jahre 1971 stützte sich sogar indirekt auf die Theorie der „zentralen Orte" von W.

nalentwicklung wurde der Siedlungstyp bzw. der Wohnort zu einem der wichtigsten Indikatoren der sozialen Ungleichheiten, und die Position der Bürger auf der sozialen Rangskala wurde stark durch den Faktor Siedlungstyp bestimmt (KOLOSI, T. 1983, SZELÉNYI, I. 1990).

Trotz dieser Phänomene - und dies ist als eine negative Konsequenz des Systems des „regionalen Überhangs" einzustufen - konnte in den Ländern Ostmitteleuropas der „regionale Überhang" die *großräumigen regionalen Disparitäten* nicht beseitigen, sondern nur verschleiern. So weist H. HÄUßERMANN in der DDR auf diesen Widerspruch eindeutig hin: „Das Süd-Nord-Gefälle in Ostdeutschland ist deutlich ablesbar an Kennziffern zur Industriedichte, zur Bevölkerungsdichte, zur Infrastrukturausstattung und zu den Lebensbedingungen (Umweltbelastung). Es gab jedoch kein Gefälle in der Ausstattung mit bevölkerungsbezogener Infrastruktur, Wohnraum, Bildungseinrichtungen, medizinische Betreuung und Kindergärten waren relativ gleichmäßig verteilt" (HÄUßERMANN, H. 1992, 259). In ähnlicher Weise wurde in Ungarn die Regionalstruktur der Wirtschaft - trotz der Dezentralisierungsmaßnahmen seit den 1970er Jahren - durch eine starke Zentrum-Peripherie-Dichotomie geprägt (BARTA, GY. - DINGSDALE, A. 1988, BORA, GY. 1976). Im Gegensatz zur DDR wurden aber in Ungarn die regionalen Unterschiede bezüglich der Lebensbedingungen bereits in den 80er Jahren offiziell anerkannt und dementsprechend 571 Gemeinden, 19% aller Gemeinden des Landes, auch durch die Regionalpolitik als „benachteiligt" und deswegen als förderungswürdig eingestuft (KÖZPONTI STATISZTIKAI HIVATAL 1987). Dieser Erkenntnis folgte allerdings keine offizielle Anerkennung der regionalen Peripherisierungsprozesse. Die großräumig ausgeprägten Unterschiede waren in Ungarn nicht als regionales Problem thematisiert, sondern sie wurden bloß als ein Problem der ungleichen infrastrukturellen Versorgung verschiedener Siedlungstypen betrachtet. So rückte die Problematik der Kleinstädte und Kleindörfer in den 80er Jahren in den Vordergrund der öffentlichen Wahrnehmung, und dementsprechend wurde auch eine Trendwende in der Neuverteilung finanzieller Ressourcen besonders zugunsten der Kleinstädte eingeleitet.

CHRISTALLER (1933), die bestimmten Siedlungsgrößentypen auch bestimmte Funktionen bezüglich der Verwaltung, des Verkehrs und des Handels zuschreibt. Die Theorie der „zentralen Orte" wurde aber auf den Verhältnissen eines Marktsystems erarbeitet und erklärt grundsätzlich den Mechanismus, wie sich eine Siedlungsstruktur bzw. Siedlungshierarchie von unten nach oben entwickelt. Die Anwendung dieser Theorie auf die Verhältnisse des real existierenden Sozialismus hatte aber ganz andere regionale Konsequenzen zur Folge. In einem zentral gesteuerten Neuverteilungssystem der Entwicklungskräfte, in dem die Siedlungen außer der staatlichen Förderung über keine anderen finanziellen Mittel verfügen, führt nämlich die Zuordnung der verschiedenen Funktionen zu verschiedenen Siedlungsgrößentypen eindeutig zu einer Peripherisierung einer Vielzahl von Siedlungen, die wenig Einwohner und dementsprechend wenig Funktionen haben. Darüber hinaus wurde in Ungarn eine sehr rigide Version dieser Theorie in die Praxis umgesetzt. So wurden die Gemeinden mit weniger als 3.000 Einwohnern als „Siedlungen mit Grundfunktionen" und die Ortschaften mit weniger als 1.000 Einwohnern sogar als „Siedlungen ohne Funktion" eingestuft. Dies führte letztendlich zur Entfaltung einer *inneren Peripherie*, die jene Siedlungen umfaßte, die wegen ihrer geringen Einwohnerzahl ohne staatliche Förderungen blieben.

Die *politisch-ökonomische Wende* in den Jahren 1989 und 1990 beendete diese widerstreitende Entwicklung sehr rasch. Die Regionalentwicklung der ehemaligen sozialistischen Länder war nur in einem System der zentralen Neuverteilung der Entwicklungsressourcen und im Rahmen einer von den Impulsen und Marktkräften der Weltwirtschaft abgeschlossenen Ökonomie funktionsfähig. Kurz nach der Wende fanden aber zwei wichtige Prozesse statt, die gerade diese fundamentalen Bausteine der sozialistischen Regionalentwicklung unwirksam machten. Zum einen verlor das sozialistische Neuverteilungssystem durch die Wende sehr rasch sowohl seine Legitimation als auch seine finanzielle Basis. Dadurch wurde der „regionale Überhang" aus der Zeit des Sozialismus aufgelöst. Zum anderen fand gleichzeitig eine wirtschaftliche Öffnung nach Westen statt, und es wurden die Nationalökonomien der Länder Ostmitteleuropas rasch den Auswirkungen des Weltmarktes ausgesetzt. Als Konsequenz wurden die Leistungen der sozialistischen Wirtschaft auf dem Weltmarkt über Nacht drastisch abgewertet, und diese ökonomische Öffnung führte zu einer tiefgreifenden Transformationskrise in den Ländern Ostmitteleuropas.

Die *Abschaffung des Systems des „regionalen Überhangs"* hat die früheren, großräumigen regionalen Disparitäten aus den vorsozialistischen Epochen überraschend schnell wieder sichtbar gemacht. Aufgrund der regionalen Unterschiede bezüglich des Humankapitals, der bürgerlichen und marktwirtschaftlichen Traditionen und der Innovationsfähigkeit der Bevölkerung setzten erneut in Ostdeutschland ein Süd-Nord-Gefälle und in Ungarn eine West-Ost-Disparität ein. Waren die früheren großräumigen Trennungslinien durch den „regionalen Überhang" in der sozialistischen Epoche teilweise verhüllt, wurde nach der Wende das *„Comeback" vorsozialistischer regionaler Disparitäten* zu einem maßgebenden Phänomen in den Transformationsländern.

Die ökonomische Öffnung löste durch die allgemeine Transformationskrise markante Zentrum-Peripherie-Strukturen aus. Die *Transformationskrise*, d.h. die allgemeine drastische Abwertung des Wirtschaftspotentials aus der Zeit des Sozialismus unmittelbar nach der politischen Wende war nämlich durch eine relativ homogene Regionalstruktur gekennzeichnet. Obwohl die altindustrialisierten Regionen durch die Auswirkungen der Transformationskrise am härtesten betroffen waren, wurde diese Krise auf alle Gebiete der Transformationsländer erweitert[24]. Infolge der Agglomerationseffekte konnten aber die Verdichtungsräume mit hohem Zentralitätsgrad, in der Praxis die Hauptstädte, den geringeren Verlust verzeichnen. In Anbetracht der Tatsache, daß die Hauptstädte in Ostmitteleuropa seit den Anfängen der Industrialisierung eine zentrale Rolle spielen, läßt sich bereits feststellen: in den Transformationsländern wurde nach der Wende durch die er-

24 Dabei soll wiederum auf einen wichtigen Unterschied zwischen der Transformation vom Plan zum Markt und der Transition vom Fordismus in einen Post-Fordismus hingewiesen werden. Während die Regionalstruktur im Verlauf dieser Transition durch eine gleichzeitige Existenz von Krisenregionen und Wachstumsgebieten gekennzeichnet ist, sind durch die Transformationskrise fast alle Gebiete der Transformationsländer tief betroffen, wobei allerdings die schwierigste Situation in den ehemaligen Hochburgen der sozialistischen Industrie zu konstatieren ist.

neute *Aufwertung der Hauptstädte* auf ein traditionelles regionales Entwicklungsmuster zurückgegriffen. Zu dieser Entwicklung paßt auch, daß beispielsweise R. MAGGI und P. NIJKAMP bei einer großregionalen Aufgliederung Europas - anhand der Arbeiten von N. LUTZKY bezüglich der Entwicklung des europäischen Verkehrswesens - Ostmitteleuropa eindeutig als eine *„Metropolen-Region"* einstufen. Diese Region der „Middle-European capitals", die die Metropolen Berlin, Warschau, Prag, Wien und Budapest umfaßt, ist laut R. MAGGI und P. NIJKAMP als „a future center for administrative activities, research and development in the social sciences, trade and heavy industry" (MAGGI, R. - NIJKAMP, P. 1992, 42) anzusehen.

Zusammenfassend läßt sich feststellen, daß die Regionalstruktur in den Ländern Ostmitteleuropas sowohl während der Zeit des Sozialismus als auch nach der Wende durch markante regionale Differenzierungsprozesse gekennzeichnet war. Wie die Beispiele Ostdeutschlands und Ungarns prägnant zeigen, hatte während der Zeit des Sozialismus das Einsetzen des „regionalen Überhanges" zwei Konsequenzen zur Folge. Einerseits wurden dadurch die großräumigen Unterschiede und *die Disparität zwischen den Zentrumsregionen und den peripheren Gebieten,* die großenteils aus den vorsozialistischen Epochen resultierten, *teilweise effektiv verhüllt.* Es gab während der Zeit des Sozialismus eine regional relativ ausgeglichene Versorgung der Siedlungen und Regionen besonders mit bevölkerungsbezogener Infrastruktur. So konnte dieser Überhang in einigen früher peripheren Gebieten zum Teil sogar den Peripherisierungstendenzen entgegenwirken. Andererseits *führte der „regionale Überhang" zu einer neuen wachsenden Disparität zwischen den verschiedenen Siedlungsgrößentypen.* Infolge der Favorisierung der Städte, die in der sozialistischen Ideologie als *der* Wohnort der Arbeiterklasse galten, sowie der regionalen Ausprägung der Machtstrukturen während der Zeit des Sozialismus waren die Segnungen des „regionalen Überhangs" vor allem in den städtischen Zentren spürbar[25]. Als Endbilanz läßt sich also in der Endphase des Sozialismus feststellen: die sozialistische Regionalpolitik konnte die großräumigen Unterschiede aus den vorsozialistischen Epochen durch das Einsetzen des „regionalen Überhanges" nicht beseitigen, nur verschleiern, sie trug hingegen durch die bewußte Favorisierung der Städte zur Entfaltung neuer Disparitäten in der Siedlungsstruktur enorm bei. Insgesamt führten die Abbauprozesse der regionalen Strukturen aus der Zeit des Sozialismus infolge der Abschaffung des „regionalen Überhanges" und des Einsetzens der Transformationskrise zu einem erneuten Auftreten früherer, vorsozialistischer regionaler Disparitäten, wie dem Süd-Nord-Gefälle in Ostdeutschland und der West-Ost-Disparität in Ungarn, sowie zu einer Vertiefung der Zentrum-Peripherie-Dichotomien, insbesondere der starken Aufwertung der Hauptstädte.

---

25 Die regionale Ausprägung der Machtstrukturen während der Zeit des Sozialismus hatte beispielsweise in Ungarn infolge der starken Machtposition der Komitate ihren Niederschlag darin gefunden, daß sich die Grenzregionen zwischen den Komitaten, die von den politischen Führungen der Komitate vernachlässigt wurden, zu einem „Niemandsland", zu einer weiteren inneren Peripherie wandelten.

Aufbau der neuen regional relevanten Machtstrukturen in der Verwaltung und der Ökonomie

In ähnlicher Weise wie der Abbau der regionalen Strukturen aus der Zeit des Sozialismus wurde in den Ländern Ostmitteleuropas nach der Wende auch der Aufbau der neuen regional relevanten Machtstrukturen in der Verwaltung und der Ökonomie durch die Entfaltung der großräumigen Disparitäten begleitet. Allerdings kam hier den politischen Einflußfaktoren - im Gegensatz zu den Abbauprozessen - eine extrem große Rolle zu. Die Gestaltung der territorialen Verwaltungsstruktur, die Neuordnung der kommunalen Gliederung und die Privatisierung des Staatseigentums stellen nämlich „par excellence" ein Konfliktfeld dar, in dem in der Regel die politischen Akteure den Ton angeben. Obwohl diese Bemerkung bereits als eine höchst triviale Aussage gilt, fand diese Herausforderung die politischen „Designer" der Transformation - wie dies aus der nachfolgenden kurzen Analyse zu entnehmen ist - trotzdem völlig unvorbereitet.

Die *territoriale Verwaltungsstruktur* war während der Zeit des Sozialismus sowohl in Ostdeutschland als auch in Ungarn in den Dienst des bereits erwähnten „regionalen Überhangs" gestellt. Nimmt man bloß die territoriale Gliederung, so rücken zuerst die Unterschiede in den Vordergrund der Wahrnehmung. Während die territoriale Verwaltungsstruktur der DDR durch eine *Kleinräumigkeit* der Vielzahl von Kreisen gekennzeichnet war, war sie in Ungarn durch das *„Kleinkönigtum"* der Komitate geprägt. Nimmt man aber die funktionale Rolle dieser Gliederung zur Grundlage, so ist festzustellen, daß sich beide als ein wichtiges und zweckmäßiges Mittel des „regionalen Überhangs" erwiesen haben. So wurden in der DDR die großräumigen Ungleichheiten durch die Bildung einer Vielzahl von kleinen regionalen Einheiten, den Kreisen, sowohl für die Statistik als auch für die individuelle Wahrnehmung relativ erfolgreich verschleiert. In ähnlicher Weise vermittelte in Ungarn die starke Macht der 19 Komitate bezüglich der Neuverteilung der Entwicklungsressourcen eine Illusion der regional dezentralisierten Entscheidungsbefugnisse. Allein wegen dieser Tatsachen wurde in den ehemaligen sozialistischen Ländern die Einleitung der territorialen Verwaltungsreformen zu einer der wichtigsten Aufgaben der Transformation.

Obwohl es durch die politisch-ökonomische Wende in den Jahren 1989-1990 eine einmalige Chance für eine umgreifende Neugestaltung der territorialen Verwaltungsstruktur gab, fehlte es aber sowohl in Ostdeutschland wie auch in Ungarn an Mut und Ideen. In Westdeutschland war die Notwendigkeit einer Neugliederung des Bundesgebietes seit langem bekannt, „die föderale Wiedervereinigung zeigte jedoch bald, daß die Mängel der territorialen Gliederung mit einigen Änderungen nur in Ostdeutschland noch einmal reproduziert wurden. [...] Die Bundesrepublik hat in den Einigungsverhandlungen vermutlich gewichtigere Punkte gegenüber der DDR-Regierung durchzukämpfen gehabt, als daß sie sich in der Neugliederungsfrage hätte voll engagieren können" (BEYME, V. K. 1991, 346-347). Demzufolge wurde in Ostdeutschland durch die Wiederherstellung der Länder auf ein Gebilde, welches die DDR im Jahre 1952 abgeschafft hatte, zurückgegriffen. Noch deutlicher erschien die *Halbherzigkeit der territorialen Reformen* in Ungarn. Die Komitate mußten nach der Wende ihre politische Macht zwar abgeben, trotzdem blieben wichtige Aufgaben, wie z. B. die Verwaltung einiger Institutionen mit einer Zuständigkeit für das ganze Komitat, weiterhin in den Händen der Komitate (PAÁLNÉ KOVÁCS, I. 1993). Dies führte dazu, daß um die „Reste" der Komitate seit Mitte der 90er Jahre erneut zentralistische Bestrebungen zu beobachten sind[26].

Die Problematik der halbherzigen territorialen Reformen zeigt sich vor allem darin, daß es gegenwärtig sowohl in Ostdeutschland als auch in Ungarn weitgehend an einer *regionalen Zwischenebene*, die zwischen dem Staat bzw. den Ländern und den Gemeinden ein Bindeglied darstellen könnte, fehlt. Darüber hinaus fördert in Ostdeutschland die verwirrende Fülle von wirtschaftlich-sozialen Hilfen und Aktionen des Bundes eher einen Zentralismus, und sie wirkt der Entwicklung eines Heimatbewußtseins und einer Identität mit den Ländern bzw. mit anderen regionalen Einheiten entgegen. In Ungarn wurde zur Bewältigung dieser Problematik eine neue Institution ins Leben gerufen, deren Hoheitsgebiet sich in der Regel auf 3-4 Komitate erstreckt. Durch die sogenannten „Exekutiven der Republik", die vor allem für die Rechtsaufsicht der Kommunen zuständig sind, konnte sich aber keine neue territoriale Einheit herauskristallisieren[27].

Im Gegensatz zur Umwandlung der territorialen Verwaltungsstruktur erwies sich die *Kommunalreform* in beiden Ländern als eine wahre *Erfolgsgeschichte der Transformation*. Nach der Wende wurde den Gemeinden neue Handlungsfreiheit, Einnahmeautonomie, Entscheidungsfreiheit und Planungshoheit verliehen[28]. Obwohl sich das Engagement der Gemeinden auch heute noch als relativ unkoordiniert einstufen läßt, fördert es nicht nur die demokratische Umwandlung, sondern auch die ökonomische Umstrukturierung. Infolge des starken sozialen Drucks spielen die Gemeinden durch die Förderung des lokalen Wirtschaftsklimas beson-

26 Beispielsweise schrieb das im Jahre 1996 erlassene Gesetz für Raumentwicklung die Gründung von sogenannten Entwicklungskommissionen auf der Ebene der Komitate vor, die unter anderem auch mit einer Neuverteilung der staatlichen Förderungen beauftragt sind.

27 Inzwischen wurden in Ungarn die Zuständigkeit und die Aufgaben der „Exekutiven der Republik" durch ein neues Gesetz bezüglich der Regionalentwicklung vom Jahre 1996 erheblich abgeschwächt.

28 Dabei spielte in Ungarn zum Zeitpunkt der Wende auch eine bizarre politische Konstellation eine sehr wichtige Rolle. Während in Ungarn bei den ersten freien Parlamentswahlen im Frühjahr 1990 die konservativen Parteien an die Regierung gelangten, setzten die linksliberalen oppositionellen Parteien - begründet durch eine Angst vor einer angeblichen zukünftigen Hegemonie der konservativen Parteien - bereits vor den Kommunalwahlen ein Kommunalgesetz durch, welches den Kommunen und den Gebietskörperschaften eine außergewöhnlich breite Autonomie zuschrieb, so daß sich ein Vergleich der kommunalen Autonomie in Ungarn mit den „local states" in den USA als vollkommen gerecht erweist (FASSMANN, H. - LICHTENBERGER, E. 1995). Die Pikanterie dieser Entwicklung liegt aber darin, daß die oppositionellen Parteien im Herbst 1990 die Kommunalwahlen gewonnen hatten, so daß sie sich selbst mit den Nachteilen der fast grenzenlosen Autonomie der Kommunen auseinandersetzen mußten.

ders in Ostdeutschland, aber auch in Ungarn eine immer stärker werdende arbeitsmarktpolitische Rolle[29]. Darüber hinaus erfährt die Aktivität der Gemeinden infolge des Fehlens einer regionalen Zwischenebene eine zusätzliche Aufwertung. Deswegen weisen die neuen Machtstrukturen und Entscheidungsbefugnisse in der Verwaltung in beiden Ländern auf die Entfaltung einer durch *kleinräumige Disparitäten* geprägten Regionalstruktur hin.

Die größte Bewährungsprobe einer dezentralen Regionalentwicklung stellte aber sowohl in Ostdeutschland als auch in Ungarn die *Privatisierung* dar. Die Problematik lag hier darin, daß der Abbau des Staatseigentums und die Herausbildung dezentraler Eigentümerstrukturen vorübergehend eine gegensätzliche Tendenz, eine Verstärkung des Zentralismus benötigte. Als Resultat dieser Notwendigkeit wurden in beiden Ländern kuriose Einrichtungen mit enormer Machtkonzentration - in Ostdeutschland die Treuhandanstalt, in Ungarn zuerst die Staatliche Vermögensagentur („Állami Vagyonügynökség“) später die Staatliche Vermögensholding („Állami Vagyonkezelõ Rt.“) - ins Leben gerufen. In diesem Zusammenhang stellt K. v. BEYME mit nicht wenig Ironie fest: „Nach dem Zusammenbruch der sozialistischen Planwirtschaft war die Bundesregierung gezwungen, den Teufel des Zentralismus mit dem Belzebub des zentralen Dirigismus einer Superbehörde auszutreiben“ (BEYME, v. K. 1991, 319).

Die Stellung dieser *Superbehörden* wies eine Fülle von Gemeinsamkeiten auf. Beide wurden durch die letzten spätsozialistischen Regierungen errichtet, in Ostdeutschland zum Zwecke der „Bewahrung des Volkseigentums“, in Ungarn unter dem Stichwort „Vermarktwirtschaftlichung des Plansystems”. Beide waren fast unabhängig von äußerer Kontrolle, eine parlamentarische Kontrolle wurde in Ostdeutschland erst im Jahre 1992, in Ungarn sogar erst im Jahre 1994 eingesetzt. Beide Institutionen führten ihre Tätigkeit ohne direkte, operationalisierbar dargelegte Zielsetzungen oder Richtlinien von außen durch. Letztlich hatten beide keinen regionalpolitischen Auftrag, und die regionalen Aspekte wurden in der konkreten Durchführung der Privatisierung bewußt in den Hintergrund gedrängt.

Infolge der Sonderstellung der Superbehörden war der Privatisierungsprozeß sowohl in Ostdeutschland als auch in Ungarn mit dem prekären Zielkonflikt Privatisierung versus Sanierung konfrontiert. Durch den berühmt gewordenen Slogan des ersten Vorsitzenden der Treuhandanstalt, von D. ROHWEDDER - *„Privatisierung geht vor Sanieren“* - wurde in Ostdeutschland eine Rangordnung etabliert, die die ganze Periode der Treuhandanstalt begleitete. Obwohl im Vollzug des Privatisierungsprozesses eine Schwerpunktverlagerung der Ziele von der passiven zur aktiven Sanierung stattfand, wurden den arbeitsmarktpolitischen Zielsetzungen, wie der Modernisierung noch vorhandener Industriebetriebe, dem Erhalt der Arbeitsplätze, dem Aufbau neuer industrieller Kerne, der Aktivierung des regionalen Entwicklungspotentials kein Vorrang eingeräumt (NOLTE, D. - ZIEGLER, A. 1994, KÜHL, J. 1994). Schlicht formuliert stand die deutsche Wirt-

29 Die relativ unkoordinierte Gründung von Gewerbe- und Industrieparks, die in Ostdeutschland fast zu einer allgemeinen Mode wurde, liefert einen prägnanten Beweis für das Engagement der Gemeinden auf diesem Bereich.

schaftspolitik nach der Währungsunion grundsätzlich vor zwei Alternativen. Die erste wäre eine langsame Privatisierung unter Berücksichtigung arbeitsmarktpolitischer Überlegungen gewesen, die aber einen hohen Subventionsbedarf maroder Betriebe zur Folge gehabt hätte. Die zweite Alternative wäre eine rasche Privatisierung gewesen, die eine hohe Arbeitslosigkeit als Folge gehabt hätte. Aufgrund langfristiger ökonomischer Überlegungen und kurzfristiger Kostengründe wurde in Ostdeutschland die zweitgenannte Alternative, die rasche Privatisierung mit einem starken Beschäftigungsabbau gewählt.

In ähnlicher Weise läßt sich die Privatisierung in Ungarn durch einen raschen direkten Verkauf der Staatsbetriebe kennzeichnen. Im Gegensatz zu anderen Ländern Ostmitteleuropas fand in Ungarn keine Massenprivatisierung bzw. Kuponprivatisierung statt, obwohl diese Methode aufgrund des tschechischen Beispiels sogar durch eine Vielzahl internationaler Experten als Vorbild angeführt wurde. Die bereits erwähnte, früher einsetzende Entfaltung eines „quasiprivatwirtschaftlichen" Sektors sowie die Kapitalakkumulation durch diesen Sektor in privaten Händen machten eine Neuverteilung des staatlichen Vermögens nach tschechischer Art unmöglich. Darüber hinaus mußte in Ungarn infolge der hohen Außenverschuldung *dem Verkauf ein Vorrang eingeräumt* werden, um die Privatisierungserlöse zur Deckung der Verschuldung verwenden zu können.

Durch den eindeutigen Vorrang des Verkaufs der ehemaligen Staatsbetriebe wandelte sich die Privatisierung zu einem höchst dramatischen *Umwertungsprozeß früherer sozialistischer Regionalstrukturen*. Die Privatisierung wurde in beiden Ländern mit dem Verkauf gleichgesetzt, und sie wurde dadurch wie alle Transaktionen auf dem Markt von zwei Faktoren, vom Angebot und der Nachfrage, abhängig. In diesen Transaktionen waren aber das Angebot und die Nachfrage durch charakteristisch unterschiedliche regionale Strukturen gekennzeichnet. War die Regionalstruktur des Angebots ein Resultat der sozialistischen Wirtschaftspolitik, wurden die regionalen Standortanforderungen der Nachfrage durch den Markt geprägt. Die Erfolge bzw. die Mißerfolge in der Privatisierung zeigten in prägnantester Form, inwieweit der kapitalistisch geprägte Markt, d.h. die Investoren und die Kapitalanleger die frühere sozialistische Regionalstruktur der Ökonomie bewerteten. Selbst die Superbehörden waren trotz ihrer enormen Macht bloß Vermittler in diesen Transaktionen, sie konnten das Angebot zwar mächtig beeinflussen, aber die Nachfrage stand außerhalb ihrer Reichweite[30]. Mittels sogenannter harter Standortfaktoren, wie Einwohnerdichte, Einwohnerzahl, Fläche, großräumiger und kleinräumiger Lage konnte P. KLEMMER in Ostdeutschland auf Kreisbasis bloß „knapp 10% der Privatisierungserfolge der Treuhandanstalt über regionale Einflußfaktoren erklären" (KLEMMER, P. - AARTS, F. - CESAR, CH. 1993, 346-347). Diese geringe Rolle regionaler Faktoren weist eindeutig auf den drastischen Unterschied zwischen den räumlichen Gegebenheiten aus der Zeit des Sozialismus und den regionalen Standortanforderungen des Marktes hin.

---

30 Die wichtigsten Mittel dafür waren die Zergliederung der industriellen Großbetriebe sowie die Aufteilung der großen Dienstleistungsunternehmen wie der Hotel- und Warenhausketten auf kleinere Einheiten vor dem Verkauf, um dadurch die Nachfrage zu beeinflussen.

Den springenden Punkt der Privatisierung stellt aber von einer geographischen Betrachtungsweise her eher *die neue regionale Struktur der Ökonomie, die nach dem Vollzug der Privatisierung entstand,* dar. Dabei kam durch die Gestaltung der Angebotsseite den Superbehörden eine enorme Rolle zu. Welche Betriebe in welcher Form zu verkaufen waren, ob sich dadurch neue oligopole Strukturen oder eine dezentrale Struktur in der Wirtschaft entfalten würde, wurde maßgebend durch die Entscheidungen der Treuhandanstalt in Ostdeutschland und der Staatlichen Vermögensagentur in Ungarn beeinflußt, so daß sie dadurch auch ein großes Stück Verantwortung für die künftige Struktur der Ökonomie trugen. Die Angaben bezüglich der durch die Privatisierung entstandenen neuen Regionalstruktur der Wirtschaft deuten eindeutig auf die Herausbildung großräumiger Disparitäten hin. Bis zum Zeitpunkt Ende 1993 betrug in Ostdeutschland die Zahl der pönalisierten Arbeitsplatzzusagen 1,5 Millionen Arbeitsplätze und die Summe der Investitionszusagen lag bei 150 Mrd. DM. Ein *Süd-Nord-Gefälle* ist dadurch erkennbar, daß fast 30% von den Arbeitsplatz- und Investitionszusagen in Sachsen und bloß 8% in Mecklenburg-Vorpommern angelegt wurden (KÜHL, J. 1994, 246). Demgegenüber ist bezüglich der ausländischen Investitionen in der Privatisierung eher eine *Zentrum-Peripherie-Struktur* zu beobachten. Bis Ende 1993 erreichte in Ostdeutschland der Anteil der ausländischen Privatisierungen 6% an allen, wobei der Anteil zwischen 12% in Berlin und 4,4% in Mecklenburg-Vorpommern schwankte (BAUMHOFF, R.- BAUNACH, M. - DUCATI, D. - SCHMUDE, J. 1994, 294). Die starke Zentrum-Peripherie-Struktur ist in Ungarn, wo der Anteil des Auslandskapitals in der Privatisierung im Jahre 1994 bei 16% lag, noch deutlicher erkennbar. „So wurden 60% des Auslandskapitals in Budapest und im Komitat Pest angelegt, wo nur 36% des unter Privatisierung liegenden Vermögens zu finden sind“ (CSÉFALVAY, Z. 1995c, 219).

Zusammenfassend ist festzuhalten, daß der Prozeß des Aufbaus der neuen regional relevanten Machtverhältnisse in der Verwaltung und der Ökonomie mit einer Verstärkung der Zentrumsregionen gepaart wurde. Dies gilt besonders für die Ökonomie, in der die Privatisierungprozesse eindeutig die Zentren begünstigten. Dagegen weisen die Kommunalreformen durch die Gewährung einer im Vergleich zu der Zeit des Sozialismus weit größeren Gemeindeautonomie eher in Richtung der Entfaltung einer durch kleinräumige Disparitäten geprägten Regionalstruktur hin.

Steuerung der regionalen Disparitäten nach der Wende

Wie diese kurze Darstellung anhand der Beispiele Ostdeutschlands und Ungarns belegt, waren die divergenten regionalen Polarisierungsprozesse und die Schwankungen zwischen einer ausgeglichenen und einer polarisierten Regionalstruktur untrennbar mit den sozioökonomischen Umstrukturierungsprozessen vor und nach der Wende verbunden. Dabei kam besonders der Transformation vom Plan zum Markt, bzw. dem Wandel der ökonomischen Systeme die maßgebende Rolle zu, so daß es sogar nahe liegt, diese regionalen Prozesse und Phänomene als *spezifi-*

sche Konsequenzen der Transformation vom Plan zum Markt zu identifizieren oder sie, wie GY. ENYEDI (1996) durch die Gleichstellung der Transformation mit der Transition, als die Zeichen für die Entwicklung eines „post-Fordist space" einzustufen. Um diese Gefahr der Gleichstellung der Transformation mit der Transition zu beseitigen, und gleichzeitig auch mit dem Anspruch nach einer Beseitigung des „Mythos" bezüglich der Einzigartigkeit der Transformationsphänomene möglichst gerecht zu werden, sollen die regionalen Phänomene und Prozesse des ökonomischen Systemwandels in einen breiteren Bezugsrahmen eingebettet werden.

Das zu Recht bekannteste Modell, welches in einer Langzeitperspektive die sozioökonomischen Umstrukturierungsprozesse mit den regionalen Umstrukturierungsprozessen in Form eines kohärenten Systems in Verbindung setzt, wurde in den 1960er Jahren von J. FRIEDMANN (1966) entworfen. Gemäß dieser *Stufentheorie* lassen sich den verschiedenen Phasen der „great transformation" von der präindustriellen Volkswirtschaft in die moderne Nationalökonomie bestimmte Regionalstrukturen zuordnen. Das charakteristische Merkmal dieser Regionalstrukturen bildet der Wandel bezüglich der Verhältnisse der Zentrumsgebiete und der peripheren Regionen. Die präindustrielle Stufe ist durch eine ausgeglichene Regionalstruktur gekennzeichnet. Der Prozeß der Differenzierung eines stark wachsenden Zentrums („single strong center") und der schwachen Peripherie setzt in der zweiten, nach den Begriffen von J. FRIEDMANN in der „transitionellen" Phase, nach den Begriffen von W. W. ROSTOW in der Phase des „take off" ein und führt zu einem sehr instabilen regionalen Muster. Dieses Muster wird in der industriellen Phase infolge der Entwicklung funktionsfähiger Subzentren durch eine Multikern-Struktur („single national center, strong peripheral subcentres") abgelöst. Schließlich werden in der vierten, postindustriellen Phase die regionalen Disparitäten erheblich reduziert, und es entfaltet sich wiederum eine stabile Raumstruktur („functionally interdependent system of cities").

Das FRIEDMANN-Modell basiert grundsätzlich auf den historischen Erfahrungen der Entwicklung in den kapitalistischen Ländern, und es wurde konkret am Beispiel des Entwicklungslandes Venezuela erarbeitet. So wird in diesem Modell nicht einmal der Unterschied zwischen sozialistischen und kapitalistischen Wirtschaftssystemen erwähnt. Die *„great transformation"* von einem präindustriellen Stadium in die industrielle Phase führt - im Sinne von K. POLÁNYI - stillschweigend zum Endstadium einer modernen Marktwirtschaft und eines kapitalistischen Systems. Trotz seines Ursprungs beschränkt sich der Erklärungswert des FRIEDMANN-Modells nicht nur auf die Industrieländer mit Marktwirtschaften und schließt eine Anwendbarkeit auf die regionalen Prozesse in Ostmitteleuropa nicht aus. Abgesehen von den ideologischen Prämissen wurde nämlich der Sozialismus - wie dies bereits früher im Kapitel 1. angesprochen wurde - ursprünglich als eine *nachholende Modernisierungsstrategie* für die (semi-)peripheren Länder konzipiert und eingesetzt, um dadurch den Wandel von der vorindustriellen in eine moderne industrielle Ökonomie abzukürzen und zu beschleunigen. Dementsprechend läßt sich die Herausbildung des „regionalen Überhanges" als die räumliche Inwertsetzung dieser Bestrebung zum Aufholen einstufen, die sich in den Ländern Ostmitteleuropas oft in Phänomenen und Prozessen niederschlug, die in der Nachkriegszeit auch in den entwickelten Industrieländern die Umwandlung der Regionalstruktur maßgeblich bestimmten.

Nimmt man also das FRIEDMANN-Modell als einen theoretischen Bezugsrahmen, so lassen sich sowohl die Regionalstruktur in der Endphase des Sozialismus als auch die neue Regionalstruktur nach der Wende in bestimmten Entwicklungsstufen dieses Modells einordnen. Die Regionalstruktur der Transformationsländer war in den 80er Jahren durch das Einsetzen des sozialistischen „regionalen Überhangs" - der Stufentheorie von J. FRIEDMANN entsprechend - als *das Ende der dritten und der Anfang der vierten Phase* der Regionalentwicklung mit den Kennzeichen „single national center, strong peripheral subcentres" einzustufen. Als Merkmale dieser Entwicklungsstufe waren zum Zeitpunkt der Endphase des Sozialismus zu beobachten, daß die größtenteils vorsozialistischen großräumigen Disparitäten bereits in den Hintergrund gedrängt worden waren, während sich die Zunahme der neuen regionalen Ungleichheiten auf die Aufwertung der Hauptstädte und der Großstädte konzentrierte. Demgegenüber entwickelte sich in den Jahren unmittelbar nach der politischen Wende eine neue Regionalstruktur, die sich gemäß dieser Stufentheorie als die *Endphase der zweiten Entwicklungsstufe* mit den Stichworten „single strong center" kennzeichnen läßt. Die wichtigsten Merkmale sind dafür das erneute Einsetzen der markant ausgeprägten großräumigen Disparitäten, wie das Süd-Nord-Gefälle in Ostdeutschland und die West-Ost-Dichotomie in Ungarn, sowie die rasche Aufwertung der Zentrumsregionen, im konkreten Fall der Hauptstädte. Insgesamt erfolgte also bei der Entwicklung der Regionalstruktur in den Ländern Ostmitteleuropas *in der „Stunde Null" der Transformation eine drastische Rückstellung in die zweite Phase des FRIEDMANN-Modells*. Dadurch stellt sich unverzüglich eine der heikelsten theoretischen und praktischen Fragen in der Regionalentwicklung der Transformationsländer, nämlich: Inwieweit wird es in den Ländern Ostmitteleuropas nach dieser Rückstellung möglich sein, die Regionalstruktur wieder in eine höhere Entwicklungsstufe zu überführen?

Im Hinblick auf diese Fragestellung soll allerdings darauf hingewiesen werden, daß die Rückstellung der Regionalstruktur in die zweite Phase des FRIEDMANN-Modells keinesfalls als ein blinder Schicksalsschlag anzusehen ist. Die konkrete Ausprägung der Rückstellung der Regionalstrukturen in die zweite Phase des FRIEDMANN-Modells war nämlich von zwei Faktoren abhängig: von der Ausprägung früherer, *vorsozialistischer Disparitäten* und von der Wirksamkeit der *staatlichen Eingriffe* in die Regionalentwicklung nach der Wende. Dabei lassen sich theoretisch folgende Zusammenhänge ableiten: Je größer die früheren regionalen Disparitäten waren, je weniger sich der sozialistische „regionale Überhang" als effektiv erwies, desto stärker ist die Rückkehr der vorsozialistischen Disparitäten. Je größer nach der Wende der Eingriff des Staates in die regionalen Prozesse war, desto schwächer ist die Wirksamkeit der vorsozialistischen regionalen Disparitäten. In diesem komplexen Wirkungsgefüge der Einflußfaktoren sind die vorsozialistischen regionalen Disparitäten „par excellence“ als Gegebenheiten in der Regionalstruktur der Transformationsländer einzustufen. Sie stellen historisch bedingte Umstände dar, mit denen die Transformationsländer mehr oder weniger konfrontiert sind. Demgegenüber kommt hinsichtlich der staatlichen Eingriffe in die Regionalentwicklung den *nationalen Strategien* zur Bewältigung der Problematik der Transformation von der Plan- zur Marktwirtschaft eine maßgebende Rolle zu, und es lassen sich dadurch bereits erhebliche Unterschiede zwischen den Transformationsländern beobachten.

Im Bezug auf den *Eingriff des Staates* in die regionalen Prozesse läßt sich nach der Wende in den Ländern Ostmitteleuropas feststellen, daß die regionalpolitische Praxis zu einem wahren Spannungsfeld von widerstreitenden Kräften wurde. Auf diesem Spannungsfeld standen sich in der Regel zwei Konzeptionen gegenüber, nämlich die Bestrebungen zu einer *„Neuauflage“ des redistributiven Modells aus der Zeit des Sozialismus* sowie die *Forderung nach einer „Laisser-faire“-Regionalpolitik* aufgrund der Dominanz der neoliberalen Wirtschaftsphilosophie. Infolge der erwähnten zunehmenden Disparitäten bzw. der Angst vor den regional geprägten sozialen Spannungen hatten die politischen Kräfte nach der Wende eine starke Neigung, die Regionalpolitik in Richtung des redistributiven Modells zu lenken. Demgegenüber fand die neoliberal orientierte Anforderung nach einer „Laisser-faire“-Regionalpolitik in der Transformationskrise und im Mangel an nötigen finanziellen Mitteln ihre Argumente. Als Resultat dieser gegensätzlichen Kräfte wurde in der Regionalpolitik einer „Feuerwehrstrategie“ der Vorrang eingeräumt. Dabei wurde Regionalpolitik schlicht zu einem Mittel der Sicherung des sozialen Friedens, und der Staat konzentrierte seine Eingriffe sehr stark auf jene Krisenregionen und peripheren Gebiete, in denen die Gefahr des Ausbruchs der sozialen Spannungen am stärksten drohte. Die Konsequenz dieser „Feuerwehrstrategie“ ist sehr eindeutig: eine höchst ineffektive Anwendung der geringen Förderungsmittel. So wurden diese wenigen Fördermittel - anstatt zur Förderung eines innovativen Wirtschaftsklimas - in die maroden Betriebe der altindustriellen Problemgebiete sowie in die bevölkerungsbezogene Infrastruktur der peripheren Regionen eingesetzt. Eine Abkehr von dieser unfruchtbaren Mixtur des redistributiven Modells und der „Laisser-faire“-Regionalpolitik in Richtung der Strategie der „endogenen Entwicklung“ ist durch die Aufwertung der neuen Akteure in der Regionalpolitik, wie der Privatunternehmen, der ausländischen Unternehmen und der lokalen Kommunen, erst seit Mitte der 90er Jahre zu beobachten.

Auf diesem ostmitteleuropäischen Spannungsfeld der regionalpolitischen Alternativen lassen sich Ostdeutschland und Ungarn als zwei charakteristische Typen einordnen. Während durch die Transferleistungen Westdeutschlands in den ostdeutschen Regionen enorme Mittel eingesetzt wurden, dominierte in Ungarn infolge des raschen Rückzugs des Staates immer mehr ein freier Wettbewerb der Regionen. So wurden in Ostdeutschland durch den *„Vereinigungskeynesianismus“* (MÜLLER, K. 1995) die regionalen Disparitäten abgemildert, während sie in Ungarn durch die Dominanz der „Feuerwehrstrategie“ und der „Laisser-faire“-Regionalpolitik sogar verstärkt wurden. Die regionale Konsequenz dieser Unterschiede ist vor allem darin zu sehen, daß die Regionalentwicklung Ungarns - im Gegensatz zum ostdeutschen regionalen Strukturwandel - stärker durch das Phänomen des „Comeback“ vorsozialistischer Disparitäten geprägt wurde.

2.2. REGIONALE FOLGEN DER ÖKONOMISCHEN AUFHOLPROZESSE NACH DER WENDE IN OSTMITTELEUROPA

Die Bestrebungen, den ökonomischen Rückstand aus der Zeit des Sozialismus aufzuholen, waren von einer Vielzahl von regionalen Prozessen begleitet. Davon sind besonders zwei Prozesse hervorzuheben, die nicht nur die wirtschaftsgeographische sondern auch die politische Karte von Ostmittel- und Südosteuropa im wahrsten Sinne des Wortes neu gezeichnet haben, nämlich: die „Renaissance“ der Nationalstaaten und der Abbruch der früher geschlossenen Grenzen. Beide Prozesse sind mit mehreren Widersprüchen belastet, beide Entwicklungen widersprechen den Erwartungen zum Zeitpunkt der Wende, und beide Phänomene sind sehr stark durch die politischen Faktoren bestimmt.

„Renaissance“ der Nationalstaaten in Ostmittel- und Südosteuropa

Die erneute „Renaissance“ der Nationalstaaten in Ostmittel- und Südosteuropa wird in der Regel mit dem Stichwort Wiederbelebung der nationalen Konflikte thematisiert. Obwohl die ethnischen Konflikte sehr tief in der durch Sackgassen geprägten historischen Entwicklung der Transformationsländer verankert sind (BIBÓ, I. 1992), spielen in der „Renaissance” der Nationalstaaten auch die Bestrebungen nach einem ökonomischen Aufholen eine gar nicht unbedeutende Rolle. Wie bereits im Unterkapitel 1.1. darauf hingewiesen wurde, waren die „sanften Revolutionen” in Ostmitteleuropa sehr stark durch das Vorbild des sozioökonomischen Entwicklungsmodells in Westeuropa beeinflußt. Konkret bedeutete dies, daß in allen Ländern Ostmitteleuropas eine möglichst rasche Integration in Westeuropa als eines der allerwichtigsten Ziele der Transformation vom Plan zum Markt angesetzt wurde. Laut der politisch geprägten Formulierung liegt das Ziel sogar in einer *Re*integration der Länder Ostmitteleuropas, die Jahrhunderte lang zwar zu Europa gehörten, die aber in den letzten vierzig Jahren infolge der sowjetischen Besatzung und der sozialistischen Machtausübung von Europa abgetrennt waren.

Bei dieser Zielsetzung wurde relativ früh offensichtlich, daß die Europäische Union, die mittlerweile tief in der Problematik der Intensivierung ihres eigenen Integrationsprozesses versunken ist, in absehbarer Zeit nicht im Stande sein wird, diese Länder zu integrieren. Im Hintergrund des verzögerten Integrationsprozesses der Transformationsländer steht ein recht trockenes Kalkül: Falls sich die Europäische Union weiterhin an ihre Grundregeln hält, bzw. sie ihre Grundsätze nicht verändert, so müssen diese Regeln auch auf die künftigen Mitglieder aus Ostmitteleuropa erweitert werden, und demzufolge muß diesen Ländern auch ein gleichberechtigter Zugang zu den verschiedenen Ausgleichsmechanismen und Förderungen, wie der Regionalförderung, der Agrarförderung und der Strukturförderung gewährt werden. Dadurch reduziert sich die Problematik der Integration der Transformationsländer von Seiten der Europäischen Union auf eine schlichte Kostenfrage bzw. auf das Problem der inneren Reformen der Organisation[31]. In ähnlicher Weise ergibt sich aus diesem Kalkül ein recht einfacher Zusammenhang für die Länder Ostmitteleuropas: je besser ein Beitrittskanditat ökonomisch entwickelt ist, je näher der Lebensstandard und die ökonomische Leistung zum westeuropäischen Niveau liegt, je weniger soziale und politische Zündstoffe, wie z.B. ethnische Konflikte, historische Streitereien etc. die Beitrittskandidaten mit sich in die Europäische Union bringen werden, je weniger die Wirtschafts- und Regionalstruktur durch kostspieligen und förderungswürdigen Ballast belastet ist, um so bessere Chancen haben sie für einen Beitritt.

Die Erkenntnis dieser Erwartungen setzte sich in den Ländern Ostmitteleuropas schon zum Zeitpunkt der Wende durch, so daß auch rasch die logischen Konsequenzen gezogen wurden. So bot sich die Bildung „problemloser" Kleinstaaten als ein gangbarer Weg an, um dadurch diese Erwartungen möglichst schnell zu erfüllen und sich erfolgreich um einen EU-Beitritt zu bewerben. Beispielsweise ist es leicht einzusehen, daß die „neuen" und relativ gut entwickelten Kleinstaaten, wie Tschechien, Slowenien und Kroatien als souveräne, ethnisch nicht gemischte Länder weit bessere Chancen zu einem EU-Beitritt haben, als Mitglieder eines größeren Staatsgebildes mit dem Ballast der ethnischen Konflikte und der schwach entwickelten Landesteile. Selbstverständlich erklärt dieser Faktor nicht alle Geschehen um die Herausbildung der neuen Staaten in Ostmittel- und Südosteuropa, und es kam dabei sicherlich einer Vielzahl von anderen, nicht ökonomischen Faktoren auch eine große Rolle zu. Die rasche, friedliche und fast reibungslose Trennung von Tschechien und der Slowakei liefert aber ein sehr anschauliches Paradebeispiel für die Mitwirkung dieser schlichten ökonomischen Überlegungen.

Als eine weitere Konsequenz dieser Bedingungen bezüglich eines EU-Beitritts fingen die Länder Ostmitteleuropas nach der Wende heftig an zu wetteifern, welches Land die Erwartungen früher erfüllen kann. So trägt dieser Schönheitswett-

---

31 Grundsätzlich gibt es vier Möglichkeiten zu einer Lösung dieser Problematik, wobei alle von ihnen mit schweren Interessenskonflikten belastet sind. Die erste Lösung rechnet mit einem unveränderten Förderungssystem in der EU. Deshalb sollen zum Zweck der finanziellen Abdeckung des höheren Subventionsbedarfs durch den Beitritt der Länder aus Ostmitteleuropa die verschiedenen Fonds aufgestockt werden, was aber verständlicherweise auf die Gegenreaktion der größten Einzahler stößt. Laut der zweiten Lösung werden die finanziellen Ressourcen der EU-Fonds nicht erhöht, sondern die regionale Aufteilung der Töpfe verändert, was aber auf die Gegenreaktion der gegenwärtig größten Empfängerländer, wie der Südländer der EU stößt. Die dritte Möglichkeit wäre die Gewährung einer beschränkten Mitgliedschaft für die Länder Ostmitteleuropas, so daß sie geringeren Zugang zu den Fördermittel haben werden, was verständlicherweise auf die Gegenreaktion der Beitrittskandidaten stößt. Schließlich ist als eine vierte Möglichkeit auch ein grundlegendes Überdenken und eine Umstrukturierung der Leitlinien und Methoden der regionalen Struktur- und Förderungspolitik der EU vorstellbar, was aber wahrscheinlich auf die Gegenreaktion der EU-Bürokratie stößt.

bewerb der ostmitteleuropäischen Länder ein großes Stück Verantwortung für die oft zu uneingeschränkte und zu bedingungslose Liberalisierung des Außenhandels, für die oft nicht durchdachten Privatisierungsgeschäfte, für die Gewährung einer Fülle von zu großen staatlichen Subventionen und Vorteilen für die ausländischen Investoren und für die nicht immer optimalen Ergebnisse der Verhandlungen mit den verschiedenen europäischen Organisationen[32]. Darüber hinaus trägt dieser Wettlauf ein Stück Verantwortung dafür, daß die westeuropäischen Vorstellungen bezüglich einer verbesserten „Neuauflage" der ökonomischen Integration zwischen den ostmitteleuropäischen Ländern nur wenig Resonanz in der Region finden. Nach diesen Vorstellungen würde eine solche Integration zu einem Vorzimmer einer späteren EU-Integration, in dem die Länder Ostmitteleuropas einen Lernprozeß im Umgang mit der Kooperation unter den Bedingungen der marktwirtschaftlich geprägten Demokratien durchgehen können. Das Scheitern der Vertiefung der Integration der vier sogenannten Visegrád-Länder (Polen, Tschechische Republik, Slowakei und Ungarn) weist aber eindeutig darauf hin, daß ein Vorzimmer dieser Art gerade infolge des erwähnten Wettlaufs nur ganz geringe Chancen besitzt. Die größte Verantwortung trägt dieser Wettlauf aber dafür, daß die ökonomischen und sozialen Kontakte zwischen den Ländern Ostmitteleuropas nach dem Zusammenbruchs der COMECON nicht reaktiviert wurden. Da aus dem Gesichtspunkt einer künftigen Integration zur Europäischen Union heraus die ökonomischen Kooperationen mit den Ländern Westeuropas viel besser belohnt werden als die mit den Ländern Ostmitteleuropas, wurden die ökonomischen Verbindungen rasch und fast vollständig in Richtung Westeuropa umgestellt. Dadurch wurden die Kontakte zwischen den Ländern Ostmitteleuropas oft sogar in Bereichen eingestellt, in denen sich die komparativen Vorteile seit Jahrzehnten bewährt hatten[33].

Als Ergebnis dieser Entwicklung setzten in Ostmitteleuropa nach der Wende von neuem *Desintegrationsprozesse* ein, so daß der historisch geprägte Unterschied zwischen der westeuropäischen und der ostmitteleuropäischen Regionalentwicklung - anstatt einer erwarteten Abmilderung - deutlich zunahm. Nimmt man eine Langzeitperspektive der letzten zwei Jahrhunderte als Grundlage, so läßt sich feststellen: während die Regionalentwicklung in Westeuropa überwiegend durch Integrationsprozesse geprägt war, dominierten in Ostmitteleuropa eher die gegensätzlichen Desintegrationsprozesse. Historisch gesehen war Westeuropa vor der Industrialisierung durch eine Vielzahl von kleinen politisch-territorialen Einheiten gekennzeichnet. Seit dem 18. Jahrhundert setzte aber durch die Industrialisierung ein rascher Integrationsprozeß ein, in dem den allmählich immer stärkeren Marktkräften die entscheidende Rolle zukam. Die Integrationskraft des Marktes

32 Dies wurde durch die Verhandlungsstrategie der Europäischen Union während der Assoziationsverträge und anderer Abkommen sogar verstärkt, in denen die Europäische Union mit den Beitrittskandidaten einzeln verhandelte.

33 Eine weitere Konsequenz dieser raschen und dominanten Westorientierung besteht darin, daß sich die Illusionen bezüglich einer ökonomischen Brückenkopffunktion Ostmitteleuropas zwischen Westeuropa und Rußland als unzutreffend erwiesen.

war in dieser Kernregion sogar so stark, daß die Herausbildung der Nationalstaaten - trotz der subjektiven Wahrnehmung der damaligen politischen Akteure - „nur" den politischen Rahmen der bereits vorhandenen Marktintegrationen abgegeben haben. Obwohl die Epoche vom letzten Drittel des 19. Jahrhunderts bis Mitte des 20. Jahrhunderts in Form einer Reihe von Kriegen durch die Interessenkonflikte der national integrierten Märkte gekennzeichnet war, setzte sich der marktbedingte Integrationsprozeß nach dem Zweiten Weltkrieg im Westen Europas - diesmal durch die zunehmende Rolle der supranationalen Institutionen, wie der Europäischen Gemeinschaft - weiter und vertieft fort[34].

Im Gegensatz zu dieser Entwicklung war Ostmitteleuropa im Spätmittelalter und während der Industrialisierung durch die großen Reichsgebilde, wie das Russische Reich, das Osmanische Reich, die Habsburger Monarchie und das Deutsche Reich geprägt. So erfolgte eine Integration in dieser Großregion primär nicht durch die Marktkräfte, sondern durch die politische Macht. Die politischen Machtkräfte erwiesen sich aber in einer historischen Langzeitperspektive als unfähig, die Integration im Industriezeitalter für längere Zeiträume stabil zu halten. Als Konsequenz dieser Entwicklung setzten in Ostmittel- und Südosteuropa seit dem Anfang dieses Jahrhunderts turbulente Desintegrationsprozesse ein. So war die erste Hälfte des 20. Jahrhunderts durch den Prozeß der Aufspaltung der großen Reichsgebilde auf kleinere Nationalstaaten geprägt. Dieser Prozeß hatte aber die ethnischen Konflikte in Ostmittel- und Südosteuropa - infolge der durch die kurzsichtigen, geopolitischen Interessen geprägten Friedensverträge in den Jahren von 1918 bis 1920 - eher zugespitzt als abgemildert. Nach dem Zweiten Weltkrieg konnte diesen Desintegrationsprozessen auch die Epoche des Sozialismus nicht entgegenwirken. Die durch Machtbefehle und ökonomischen Egoismus zusammengebastelte Comecon-Integration übte keine wirksamen Impulse für eine Integration in der Großregion aus, da die ökonomischen Verbindungen aller Länder Ostmitteleuropas auf die Sowjetunion ausgerichtet waren. So kamen nach der Wende die seit mehreren Jahrzehnten und oft seit Jahrhunderten ungelösten nationalen Konflikte wieder ans Tageslicht, und der Siegeszug der Idee des „ethnisch reinen" Nationalstaates führte letztendlich zum Balkankrieg und zu den brutalen ethnischen Vertreibungen.

Die „Renaissance" der Nationalstaaten nach der Wende bestimmte aber nicht nur die Entwicklung der Regionalstruktur der Großregion Ostmittel- und Südosteuropa, sondern sie formte auch die Regionalstruktur der einzelnen Länder erheblich um. Allerdings ist dabei eine weitere Differenzierung zwischen den „alten" und den „neuen" Ländern notwendig. Für die Entwicklung der Regionalstruktur in den „alten" Ländern Ostmittel- und Südosteuropas gelten die Prozesse, die bereits im Unterkapitel 2.1. angesprochen wurden. So fand in diesen Ländern nach der Wende - im Gegensatz zur relativ ausgeglichenen Regionalstruktur während der

34 Allerdings muß man hinzufügen, daß der nationale Integrationsprozeß in Westeuropa unter der Dominanz der Marktkräfte und sogar während 200 Jahren auch heute noch nicht abgeschlossen wurde. Man denke nur an die ethnisch und national verfärbten Konflikte in Katalonien, im Baskenland, in Belgien, in Nordirland und in Norditalien.

Zeit des Sozialismus - ein erneutes Einsetzen der vorsozialistichen regionalen Disparitäten und eine rasche Aufwertung der Zentrumsregionen statt. Demgegenüber ist die Entwicklung der Regionalstruktur in den „neuen“ Ländern durch eine extrem krasse Zentrum-Peripherie-Dichotomie gekennzeichnet. Durch die neu erworbene staatliche Souveränität erleben die Hauptstädte, die in diesen Kleinstaaten oft die einzige Großstadt von europäischer Bedeutung darstellen, wie z.B. Bratislava in der Slowakei, eine enorme Aufwertung. So entfaltete sich in den „neuen“ Ländern Ostmittel- und Südosteuropas ein „primate urban system“, welches viele gemeinsame Züge mit der Regionalentwicklung der entwickelten Industrieländer während der Zeit des Frühkapitalismus aufweist.

Als Endergebnis dieser „Renaissance” der Nationalstaaten läßt sich in Ostmittel- und Südosteuropa eine recht widersprüchliche Bilanz erstellen. Einerseits erwies sich der Aufbruch in den Nationalstaat vom Gesichtspunkt der *Vorbereitung* einer Integration in die Europäische Union als ein nützliches Mittel, um dadurch das Image eines „problemlosen” Beitrittskandidaten zu erwecken und sich zu einem künftigen EU-Betritt fit zu machen. Andererseits erwies er sich vom Gesichtspunkt der *Praxis* einer künftigen Integration in die Europäische Union als weitgehend kontraproduktiv. Eine eventuelle Integration in die Europäische Union verlangt nämlich gerade einen bedeutenden Verzicht auf die nationale Souveränität zugunsten verschiedener supranationaler Institutionen. Dadurch zeichnet sich eines der bizarrsten Paradoxen der Transformation vom Plan zum Markt aus: Die Transformationsländer haben nach mehreren Jahrzehnten und oft sogar zum ersten Mal in der Geschichte ihre nationale Souveränität gerade zu jenem Zeitpunkt erreicht, als diese Souveränität wegen der wachsenden Integration der europäischen Wirtschaft eine immer geringere Rolle spielt und eher einen Ballast darstellt. Inwieweit die Transformationsländer mit diesem Dilemma fertig werden können, ist gegenwärtig mehr als fragwürdig.

Abbruch der früher geschlossenen Grenzen

Während der Aufbruch in den Nationalstaat die politische Karte Ostmittel- und Südosteuropas neu gezeichnet hatte, löste der Abbruch der früheren geschlossenen Grenzen vor allem *innerhalb* der Länder Ostmitteleuropas erhebliche regionale Prozesse aus. Obwohl die Politik auch hier eine wichtige Rolle spielte, man denke nur an die euphorische Demontage der Mauer in Berlin und des „Eisernen Vorhanges”, sind aber dabei auch die ökonomischen Motive deutlich spürbar. Mit geschlossenen Grenzen ist nämlich weder die europäische Integration noch ein ökonomisches Aufholen vorstellbar. Nur mit durchlässigen Grenzen und freiem Fluß von Waren, Kapital, Ideen und Menschen können die Länder Ostmitteleuropas die notwendigen Impulse aus der kapitalistischen Weltwirtschaft zu einem ökonomischen Aufholprozeß erhalten.

Die neoklassischen Wirtschaftstheorien betonen schon seit langer Zeit, daß durch den Abbau der Staats- und Regionsgrenzen bzw. durch die Durchlässigkeit dieser Grenzen erhebliche ökonomische Vorteile und Wachstumsimpulse in den grenznahen Regionen entstehen können. Laut P. KRUGMAN (1991) setzt allein die Verminderung der Transportkosten in den Grenzgebieten einen kumulativen Wachstumsprozeß in Gang. Diese theoretischen Aussagen werden aber auch durch die Praxis bestätigt. Eine Fülle von internationalen Beispielen weist darauf hin, daß Gebiete mit grenzüberschreitendem Pendelpotential einen besonders attraktiven Standort für Betriebsansiedlung darstellen. Die Standortentscheidung von Unternehmen in den Grenzregionen werden nämlich weniger durch die Besteuerung, als vielmehr durch die Produktionsbedingungen - wie Verfügbarkeit qualifizierter Arbeitskräfte zu wettbewerbsfähigen Preisen, Verfügbarkeit von geeigneten Grundstücken etc. - bestimmt. Falls diese Bedingungen erfüllt sind, so ist durch die Herausbildung der grenzübergreifenden Arbeitsmärkte überall ein Multiplikatoreffekt zu erwarten. So wurde in den 80er Jahren in Westeuropa die Idee der grenzüberschreitenden Zusammenarbeit - nicht zuletzt wegen der erwähnten offensichtlichen ökonomischen Vorteile - zu einem weit verbreiteten Trend. Als Ergebnis dieses Trends konnte beispielsweise die „Arbeitsgemeinschaft Europäische Grenzregionen" im Jahre 1991 bereits 43 Grenzgebiete mit intensiver Zusammenarbeit in den entwickelten Industrieländern Europas auflisten (CACCIA, F. 1994).

Aufgrund dieser theoretischen Überlegungen und praktischen Erfahrungen wurde nach der Wende auch in Ostmitteleuropa eine dynamische Entwicklung in den Grenzregionen erwartet. Die Hoffnungen bezüglich des allgemeinen Aufschwungs der Grenzregionen erwiesen sich aber rasch als unzutreffend. Anstatt eines allgemeinen Aufschwungs setzte - je nach der Lage und dem ökonomischen Potential - in den Grenzgebieten Ostmitteleuropas eine regional recht selektive Entwicklung ein. So wurde bereits kurz nach der Wende offensichtlich: Obwohl die Abschaffung der geschlossenen Grenzen ohne Zweifel als ein besonders wichtiges Ereignis einzustufen ist, bleibt sie trotz der Euphorie „nur" ein politisches Geschehen. Sie kann die Chancen zur Entfaltung der grenzüberschreitenden Kooperationen zwar eröffnen, diese müssen aber auch mit Inhalt, d.h. mit gegenseitigen regionalen Mobilitätsvorgängen gefüllt werden.

Unter Berücksichtigung der Mobilität in den Grenzregionen kommt R. STRASSOLDO (1980) im Rahmen einer sogenannten *„general theory of boundaries"* zu einer Klassifikation der Grenzregionen, die die Möglichkeiten der grenzübergreifenden Kooperationen viel differenzierter darstellt als die neoklassichen Wirtschaftstheorien. Dabei werden die Grenzregionen sowohl nach ihrem physischen Status, wie geöffnete bzw. geschlossene Grenzen, als auch nach ihren Mobilitätsvorgängen, wie dynamische bzw. statische Grenzen, typisiert. So ergeben sich vier charakteristische Typen von Grenzregionen, nämlich:

- die *„Frontier-Grenzregion"*, gekennzeichnet durch geöffnete Grenzen und dynamische Mobilitätsvorgänge,
- die *„Crossroads-Grenzregion"* geprägt durch geöffnete Grenzen aber statische Mobilitätsvorgänge,

- die *„Scorched earth-Grenzregion“*, in der sich zwar dynamische Mobilitätsvorgänge abspielen, aber die Grenze weiterhin geschlossen bleibt, und schließlich
- die *„Periphery-Grenzregion“*, in der die geschlossene Grenze mit statischen Mobilitätsvorgängen gepaart ist.

Wie diese Liste belegt, betreffen die durch die neoklassischen Theorien und die europäische Praxis begründeten Erwartungen nur eine der möglichen Grenzregiontypen, nämlich die „Frontier-Grenzregion“, die laut R. STRASSOLDO (1980, 51) als ein „locus of important cultural change and synthesis, as well as of socioeconomic growth“ anzusehen ist. In Ostmitteleuropa weisen aber nur die *Westgrenzen der Transformationsländer*, und allen voran die slowenisch-österreichische und die ungarisch-österreichische Grenze, die Züge einer „Frontier-Grenzregion“ auf. Hier führt der relativ freie Strom von Arbeitskräften, Kapital und Ideen zu einer spürbaren Prosperität[35]. Demgegenüber sind die *östlichen Grenzregionen der Länder Ostmitteleuropas* als typische „Crossroads-Grenzregionen“ einzustufen. Die grenzüberschreitenden Ströme von Menschen und Kapital finden zwar auch in diesen Grenzgebieten statt, aber sie sind dominant auf die Zentren der betreffenden Länder ausgerichtet und weniger auf das Grenzgebiet selbst. So ist die Endbilanz der Entwicklung der Grenzregionen in Ostmitteleuropa als sehr widersprüchlich einzustufen: Die Entfaltung der „Frontier-Grenzregionen“ wurde zum Ausnahmefall, die Dominanz der „Crossroads-Grenzregionen“ stellt hingegen den Normalfall dar.

Die Ursache für die *Dominanz der „Crossroads-Grenzregionen“* in den Ländern Ostmitteleuropas liegt vor allem im bereits erwähnten Charakter der Transformation vom Plan zum Markt, d.h. in der Bestrebung zu einem ökonomischen Aufholen, begründet. Die grenzüberschreitenden Mobilitätsvorgänge sind nämlich durch das vorhandene *ökonomische Entwicklungsgefälle* zwischen den ehemaligen sozialistischen Ländern Ostmitteleuropas und den kapitalistischen Ländern Westeuropas bestimmt. In den Gebieten, wo diese Länder direkt aneinander angrenzen, bildet sich die Chance zur Entwicklung einer „Frontier-Grenzregion“. In den Gebieten hingegen, wo die ehemaligen sozialistischen Länder aneinander stoßen, werden diese Grenzen nur als ein Hindernis auf dem Transitweg zum Zielgebiet, nach Westeuropa, betrachtet. Daraus folgt, daß diese „Crossroads-Grenzregionen“ von der Grenzöffnung nur bescheiden profitierten und sie eher mit den Nachteilen, wie z.B. dem großen Transitverkehr konfrontiert sind.

Die unmittelbaren Konsequenzen der Dominanz der „Crossroads-Grenzregionen“ in Ostmittel- und Südosteuropa kommen vor allem in der Entfaltung eines durch das vorhandene Entwicklungsgefälle bestimmten *Kaskaden-Systems* der zum Teil illegalen Wanderungsströme von Menschen und Waren zum

35 Allerdings lassen sich auch diese „Frontier-Grenzregionen“ nach einer anderen Klassifikation von E. MATZNER (1993), in der die grenzübergreifende Zusammenarbeit aufgrund der Einkommens- und Produktivitätsunterschiede typisiert wird, durch die Stichworte „rich and poor“ kennzeichnen, und dieser Zustand kann laut E. MATZNER eine weitere Vertiefung der Kooperationen erheblich verhindern.

Ausdruck. Dabei ist ein sehr komplexes Zusammenspiel der Binnen- und Außenwanderungsströme zu beobachten. So finden innerhalb der Länder Ostmittel- und Südosteuropas Binnenwanderungsvorgänge von den wenig entwickelten Landesteilen, die in der Regel im Osten des betreffenden Landes liegen, in die entwikkelten Landesteile statt, die in der Regel im Westen liegen. Andererseits erfolgen in dieser Großregion auch Außenmigrationsströme von den wenig entwickelten Ländern, die sich in der Regel im Osten befinden, in die besser entwickelten Länder, die geographisch näher zur westeuropäischen Kernregion liegen. Beispielsweise findet in Rumänien eine Ost-West-Wanderung von der Moldauregion nach Siebenbürgen statt, von Siebenbürgen wandern die Menschen - meist illegal - nach Ungarn, und in Ungarn ist wiederum eine Ost-West-Binnenwanderung zu beobachten, wobei die treibende Kraft die Entwicklungsunterschiede dieser Regionen darstellt.

Diese regional höchst selektive Entwicklung der Grenzgebiete läßt sich auch in Ostdeutschland und in Ungarn beobachten. Als ein allgemeiner Trend ist dabei festzustellen, daß die Entwicklung der Grenzregionen sowohl in Ostdeutschland als auch in Ungarn dem ostmitteleuropäischen Muster folgt. Es läßt sich aber auch ein wichtiger Unterschied darin erkennen, daß die Entwicklung der Grenzgebiete in Ungarn in die mehrmals angesprochene West-Ost-Dichotomie eingebettet ist, während in Ostdeutschland, - wegen der spezifischen Situation der Wiedervereinigung - eindeutig die „Crossroads-Grenzregionen" dominieren.

In *Ungarn* waren die westliche Grenzregion und insbesondere der schmale 15-20 Kilometer breite Streifen an der Grenze während des Sozialismus durch die damalige regionale Wirtschaftspolitik lange Zeit diskriminiert. In den 50er und 60er Jahren, in der Zeit des rigiden Plansystems, kam dabei vor allem den ideologisch-politischen Überlegungen die maßgebende Rolle zu. Gemäß dieser kurzsichtigen Auffassung sollte die westliche Grenzregion Ungarns, die einen Treffpunkt der sozialistischen und der kapitalistischen Systeme darstellte, nicht nur möglichst stark von externen Einflüssen abgesondert, sondern gleichzeitig zu einem peripheren „Niemandsland" umgewandelt werden, um die negativen Einflüsse des kapitalistischen Wirtschafts- und Sozialsystems auch dadurch zu beseitigen[36]. Obwohl diese ideologisch-politische Rigorosität in den 70er und 80er Jahren stufenweise aufgelockert wurde, konnte die westliche Grenzregion die negativen Auswirkungen der früheren Diskriminierung bis zum Zeitpunkt der Wende nicht aufholen. So ist besonders bemerkenswert, daß der Westgrenzgürtel Ungarns diese Nachteile nach der Wende nicht nur eingeholt hatte, sondern sich rasch zu einer Wachstumsregion wandelte (BERÉNYI, I. 1992, SEGER. M. - BELUSZKY, P. 1993, ASCHAUER, W. 1995). Im Gegensatz zu dieser Entwicklung fand in den

36 Dabei ergibt sich eine interessante historische Parallelität dadurch, daß in Ungarn die Grenzregionen schon seit dem Frühmittelalter nie als ein Treffpunkt von verschiedenen Kulturen und Gesellschaften mit entsprechend vorteilhaften Wechselbeziehungen betrachtet wurden, sondern daß sie im wahrsten Sinne des Wortes „Scorched earth-Grenzregionen" waren, die entweder extrem dünn besiedelt oder in denen verschiedene ethnische Einwanderer niedergelassen waren.

östlichen Grenzregionen Ungarns, die während der Zeit des Sozialismus - infolge der geographischen Nähe zur Sowjetunion - nie diskriminiert, sondern eher präferiert wurden, eine gegenläufige Tendenz, nämlich eine rasche Abwertung der Standortqualitäten statt. Das Angrenzen von zwei ehemaligen sozialistischen Ländern akkumulierte hier keine zusätzliche Triebkraft. So wandelten sich diese Gebiete zu „Crossroads-Grenzregionen", und so wurden die Peripherisierungstendenzen der östlichen Regionen Ungarns durch einen weiteren Faktor verstärkt. Damit ist in Ungarn ein eigenartiger Rollenwechsel der Grenzregionen zu beobachten: der Westgrenzgürtel, der ehemalige Verlierer der sozialistischen Geopolitik wurde nach der Wende zum Gewinner, die nordöstlichen Grenzregionen, die als Gewinner der damaligen Geopolitik galten, wurden hingegen zum Verlierer des Transformationsprozesses.

Die Entwicklung der Grenzregionen zeigt auch in *Ostdeutschland* - wegen der spezifischen Situation der deutschen Wiedervereinigung - das typische ostmitteleuropäische Umwandlungsmuster. So weist die Entwicklung der polnisch-deutschen (KLÜTER, H. 1995) und der tschechisch-deutschen Grenzregionen (BÜRKNER, H.-J. 1996) auch heute noch die Züge der „Crossroads-Grenzregionen" auf. Trotz der enormen Bestrebungen nach einer grenzüberschreitenden Zusammenarbeit richten sich die Wanderungsströme von Arbeitskräften und Kapital nicht auf die Grenzregionen, sondern auf die weit entfernten Zentren, wie Berlin, Leipzig und Dresden bzw. Prag, Lodz und Warschau. So kommt beispielsweise H. KLÜTER anhand der Analyse der Entwicklung der östlichen Grenzregion des Bundeslandes Brandenburg zum düsteren Fazit: „Seit der Wiedervereinigung Deutschlands ist der östliche Teil des Landes Brandenburg, der früher Bindeglied zwischen den DDR-Industriegebieten und den Nachfrage- und Rohstoffregionen des RGW war, zur Peripherie der Europäischen Union geworden. Ostbrandenburgs rohstofforientierte Industrie - zu DDR-Zeiten Wachstumsvoraussetzung für die Volkswirtschaft - wird immer weiter reduziert. Ein Ausgleich für diese Verluste ist nicht in Sicht. Die Bildung grenzübergreifender Euroregionen kann nur einen minimalen Bruchteil der verlorengegangenen Absatzgebiete ersetzen. Die regionale Eigenkapitalbildung geht auf beiden Seiten der Grenze nur schleppend vonstatten" (KLÜTER, H. 1995, 104).

In ähnlicher Weise wurde - im Gegensatz zu den Hoffnungen - auch die ehemalige deutsch-deutsche Grenze zu einer „Crossroad". Generell läßt sich feststellen: eine innerstaatliche Grenze kann nicht jene Standortdynamik entwickeln wie Grenzgebiete, welche die Nahtstelle von zwei Volkswirtschaften darstellen, an denen aufgrund einer unterschiedlichen Steuer-, Finanz-, Subventions- und Sozialpolitik ein Lohn- und Kaufkraftgefälle entsteht. So fehlen diese Triebkräfte, nämlich die deutlichen Einkommens- und Produktivitätsunterschiede auch in der ehemaligen deutsch-deutschen Grenzregion, die sich deshalb auch heute noch als ein entwicklungsschwaches Problemgebiet einstufen läßt. Das Zusammenwachsen der Teile Deutschlands geht gerade im ehemaligen deutsch-deutschen Grenzgebiet zögernd voran, und die Abschaffung der deutsch-deutschen Grenze führte zu einer starken Abwanderung und einer rasch wachsenden Auspendelaktivität auf der ostdeutschen Seite (GRUNDMANN, S. 1993, 1995).

Dominanz der regionalen Desintegrationsprozesse in Ostmitteleuropa

Bei einer Zusammenfassung der unmittelbaren regionalen Konsequenzen der ökonomischen Aufholprozesse nach der Wende läßt sich also feststellen, daß die historisch geprägten Desintegrationstendenzen und die West-Ost-Disparitäten in der Großregion Ostmittel- und Südosteuropa sowohl durch den Aufbruch in den Nationalstaat als auch durch den Abbruch der geschlossenen Grenzen weiter vertieft wurden. In der „Renaissance“ der Nationalstaaten kamen - neben anderer Faktoren, wie den ethnischen Konflikten - den Bestrebungen nach einer Integration zu Westeuropa eine sehr wesentliche Rolle zu, und es kamen dadurch in Ostmittel- und Südosteuropa ökonomische und regionale Desintegrationsprozesse erneut in Gang. In ähnlicher Weise konnte der Abbruch der früheren, geschlossenen Grenzen infolge der Dominanz der „Crossroads-Grenzregionen" den traditionellen Desintegrationstendenzen nicht entgegenwirken. Ganz im Gegenteil, dynamische „Frontier-Grenzregionen" entfalteten sich als Ausnahmefälle nur an der ehemaligen Bruchlinie zwischen West- und Ostmitteleuropa, der Normalfall wurde hingegen - besonders in den östlichen Grenzgebieten der Transformationsländer - die Herausbildung der „Crossroads-Grenzregionen".

Diese Dominanz der Desintegrationsprozesse macht aber nicht nur die künftige Entwicklung Ostmittel- und Südosteuropas, sondern auch die gängigen regionalwissenschaftlichen Modelle bezüglich der neuen Regionalstruktur der Großregion sehr fragwürdig. Das wohl bekannteste Modell wurde dabei von G. GORZELAK (1996) entworfen, in dem die Herausbildung eines West-Ost-Gefälles das wichtigste Kennzeichen darstellt. Im Sinne dieses Modells bildet sich in den westlichen Landesteilen der Länder Ostmitteleuropas eine Entwicklungszone heraus, die als Pendant zur „Blauen Banane“, zur ökonomisch hochentwickelten Kernregion Westeuropas als *„der mitteleuropäische Bumerang“* bezeichnet wird, in den östlichen Landesteilen entfaltet sich hingegen eine zusammenhängende periphere Region, der sogenannte „eastern wall“.

Laut G. GORZELAK umfaßt die Entwicklungszone Ostmitteleuropas die großen Agglomerationen und die „leaders of transformation“, die den Transformationsprozeß von der Planwirtschaft in eine Marktwirtschaft bereits erfolgreich durchlaufen haben und dabei sogar bedeutendes ausländisches Kapital anlockten. Aufgrund dieser Merkmale ist „the Central European boomerang delimited by the following centres: Gdansk-Poznan-Wroclaw-Prague-Brno-Bratislava/Vienna-Budapest. Two southern parts of this „boomerang“ have real chances to become the truly European centres: the region of Prague and the triangle composed of Vienna-Bratislava-Budapest“ (GORZELAK, G. 1996, 127). Allerdings ist diese Entwicklungszone noch nicht als ein vollständiges Gebilde anzusehen. „It is [...] very likely that the present shape of the „boomerang“, [...] will be changed and pulled westwards by the growing role of Berlin which is very likely to soon assume the role of an European metropolis of the first order. [...] The „boomerang" will then become a „foot" embracing Berlin and Szczecin instead of extending north to Gdansk" (GORZELAK, G. 1996, 129).

Im Gegensatz zu dieser Entwicklungszone Ostmitteleuropas ist der periphere *„eastern wall"* bereits leicht abzugrenzen, „extends from the north eastern corner of Poland to the south eastern part of Hungary, with extension westwards to the eastern part of the Slovak-Hungarian border" (GORZELAK, G. 1996, 129). Diese Randzone weist alle Merkmale eines peripheren Status auf, wie: das niedrige Entwicklungsniveau, das Fehlen an städtischen Zentren, der Überschuß an Agrarbevölkerung, das niedrige Niveau der Infrastruktur, das niedrige Bildungsniveau, die geringe Integration in den nationalen Markt sowie das geringe Vorhandensein des ausländischen und endogenen Kapitals. Deswegen ist auch die Zukunft dieser Region sehr düster: „It is [...] very likely that the eastern wall will become the „dead end" of Central Europe" (GORZELAK, G. 1996, 129).

Obwohl die Analogie zwischen der „Blauen Banane" und dem „Bumerang" schon bei G. GORZELAK sehr hervorstechend ist, wird sie in den erweiterten Versionen des Modells sogar explizit angesprochen. Allerdings rücken die erweiterten Versionen des Modells immer weiter von den ökonomischen Realitäten ab und wandeln sich immer mehr zu futuristischen Visionen. So formulierten P. DOSTAL und M. HAMPL eine „hypothesis concerning the formation of a secondary zone of urbanization and economic development within the European settlement system", wobei diese *sekundäre Entwicklungszone* bereits „Budapest, Vienna, Prague, Dresden, Leipzig and Berlin and eventually also Hamburg and Copenhagen" einschließt (DOSTAL, P. - HAMPL, M. 1996, 123). Dabei lassen sie keinen Zweifel darüber, daß die sekundäre Entwicklungszone, die praktisch mit dem „mitteleuropäischen Bumerang" identisch ist, ihr Vorbild in der „Blauen Banane" findet. „It is obvious that this geographical form shows some similarity to the primary economic zone of European urbanization that stretches from Middle and South-East England to the Randstad Holland, Antwerp-Brussels, the Rhine river with the Ruhr area and Frankfurt to the large agglomeration in South Germany and North Italy" (DOSTAL, P. - HAMPL, M. 1996, 124). Die Ursachen für die Entfaltung dieser ostmitteleuropäischen „Neuauflage" der „Blauen Banane" zweiten Ranges liegen laut P. DOSTAL und M. HAMPL in der Expansion des kapitalistischen Weltwirtschaftssystems begründet, welches im Vollzug seiner Expansion nach Osten gleichzeitig eine „sekundäre Entwicklungszone" ausbaut. Sie bemerken dazu: „It seems that the formation of the secondary geo-economic zone of Europe in Central Europe would be based on „eastern expansion" of the primary geo-economic zone of West Europe" (DOSTAL, P. - HAMPL, M. 1996, 124).

In einer anderen Version des GORZELAK-Modells rückt GY. ENYEDI (1996) *die grenzüberschreitenden Kooperationen* in den Mittelpunkt und stellt dabei fest: „the formation of international (transboundary) regions will be a new element in the regional structure" in Ostmitteleuropa (ENYEDI, GY. 1996, 134). So ist laut GY. ENYEDI selbst die Entfaltung des „mitteleuropäischen Bumerangs", der praktisch vom Norden nach Süden die ca. 150 km breiten westlichen Grenzregionen der Länder Ostmitteleuropas umfaßt, im großen Maße auf das Einsetzen dieser grenzüberschreitenden Entwicklung zurückzuführen. Die Transformation von der Planwirtschaft in eine Marktwirtschaft setzte sich nämlich in den westlichen Regionen der Länder Ostmitteleuropas infolge der geographischen Nähe zu Westeuropa und der daraus resultierenden grenzüberschreitenden Verflechtungen viel schneller und effektiver durch, als in den östlichen, von den Auswirkungen der westeuropäischen Länder entfernten Regionen. Die Rolle der grenzüberschreitenden Entwicklung ist in dieser Version des GORZELAK-Modells so hoch bewertet, daß dadurch eine positive Zukunft sogar für den „eastern wall" vorstellbar wird. „The eastern border zone of central Europe is a marginal land; it has the lowest standard of living, the poorest infrastructure, lack of local capital resources, absence of foreign capital etc. The eastern border zone could potentially serve as a bridgehead towards the post-Soviets economies areas which may change its marginality" (ENYEDI, GY. 1996, 134-135).

Trotz dieser zahlreichen Versionen ist das GORZELAK-Modell mit dem „mitteleuropäischen Bumerang" eher trügerisch als aufschlußreich. So weist beispielsweise H. ARNOLD (1995) mit Recht darauf hin, daß diese Entwicklungszone sowohl hinsichtlich ihrer regionalen Ausdehnung als auch bezüglich ihrer zeitlichen Dauerhaftigkeit noch ein sehr provisorisches Gebilde darstellt. Einerseits legt er fest: die „sekundäre Entwicklungszone" Europas zwischen Kopenhagen und Budapest, mit dem Begriff von H. ARNOLD die „neue Nord-Ost-Achse sowie die westlich davon liegende Entwicklungszone sind - wie die Blaue Banane - zu pauschal. In beiden Strukturbändern liegen mehrere Problemregionen, deren Langfristprognose nicht gut ist" (ARNOLD, H. 1995,152). Anderseits stellt laut H. ARNOLD die Dichotomie zwischen dem dynamischen „Bumerang" und dem peripheren „eastern wall" eine Momentaufnahme dar, die sich aber in absehbarer Zeit durch den Beitritt der Länder Ostmitteleuropas in die Europäische Union grundlegend verändern wird. „Im Jahr 2020 werden die osteuropäischen Regionen längst integrierter Teil der EU-Märkte sein und als Mitglied der EU auf allen Ebenen Gleichberechtigung besitzen. Es ist schwer vorstellbar, daß unter diesen Voraussetzungen ein ökonomisches Zentrum-Peripherie-Verhältnis bestehen bleiben kann" (ARNOLD, H. 1995,149).

Der schwächste Punkt der Analogie zwischen der „Blauen Banane" und dem „mitteleuropäischen Bumerang" liegt aber darin, daß diese Entwicklungszonen charakteristisch *unterschiedliche ökonomische Strukturmuster* aufweisen. Die „Blaue Banane", die traditionelle Kernregion Westeuropas, ist durch ein extrem dichtes Netz der ökonomischen, sozialen und regionalen Kooperationen und dementsprechend durch eine extrem dichte Verflechtung der wirtschaftsorientierten Infrastruktur gekennzeichnet. Mit einem Wort ist die Entwicklung der „Blauen Banane" durch tiefgreifende Integration geprägt. Demgegenüber sind diese Netze im „mitteleuropäischen Bumerang" nur äußerst schwach entwickelt, so daß einige Elemente, wie z.B. die modernen und schnellen Verkehrsverbindungen zwischen den Zentren des „Bumerangs", fast vollständig fehlen. Das innere Strukturmuster des „mitteleuropäischen Bumerangs" ist - im Gegensatz zu der „Blauen Banane" -

durch eine Desintegration gekennzeichnet. Darüber hinaus weisen die „Blaue Banane“ und der „mitteleuropäische Bumerang“ auch historisch markante Unterschiede auf. Die „Blaue Banane“ war bei vielen wirtschaftlichen und gesellschaftlichen Prozessen, wie z.B. bei der Aufklärung, der Industrialisierung, der Alphabetisierung oder bei dem demographischen Übergang der „Vorreiter“ der Entwicklung in Europa. Dagegen bilden im „mitteleuropäischen Bumerang“ nur einige Städte, wie Prag und Budapest, isolierte Stützpunkte mit vergleichbaren Voraussetzungen, während für große Teile der dazwischenliegenden Regionen und Städte die notwendigen historischen Erfahrungen und Voraussetzungen wohl fehlen. So stellen die Großstädte, die laut des GORZELAK-Modells den „Bumerang“ bilden, auch heute noch nur die *ostmitteleuropäischen Vorposten* des kapitalistischen Weltwirtschaftsystems dar. Als Vorposten sind sie Zentren eines kleineren oder breiteren nationalen Hinterlandes, sie verbinden dieses Hinterlandes mit den Zentren in Westeuropa, sie unterhielten aber relativ wenig ökonomische Kontakte mit den anderen Vorposten, d.h. mit den anderen Zentren in Ostmitteleuropa. Um ein einfaches Beispiel zu nehmen: Prag unterhält mehr ökonomische, soziale und kulturelle Beziehungen mit Berlin, Wien, Leipzig, Nürnberg und München, als mit Budapest, und umgekehrt, Budapest unterhält mehr ökonomische, soziale und kulturelle Beziehungen mit Wien, Norditalien, München und Nürnberg, als mit Prag.

Diese Dualität der Zentren Ostmitteleuropas zwischen der geringen ostmitteleuropäischen Bindung auf der einen Seite und der starken westeuropäischen Verknüpfung auf der anderen Seite ist sogar als ein *historisches Muster* einzustufen, welches während der Zeit des Sozialismus zwar aufgehoben worden war, aber nach der Wende wieder rasch reaktiviert wurde. Die Großstädte des „Bumerangs“, die ihr Herauswachsen aus dem nationalen Siedlungssystem größtenteils ihrer Prosperität während der Industrialisierung im Zeitraum vom letzten Drittel des 19. Jahrhunderts bis zur ersten Hälfte des 20. Jahrhunderts verdanken, waren nämlich bereits in dieser Epoche die Vorposten des kapitalistischen Weltwirtschaftsystems. Als Vorposten und Brückenköpfe der kapitalistischen Weltwirtschaft hatten diese Großstädte - sehr ähnlich wie heute - starke Bindungen zu Westeuropa, aber deutlich geringere Verknüpfungen zu den anderen Zentren in Ostmitteleuropa. So daß hier - im Gegensatz zur regionalen Analogie zwischen der „Blauen Banane“ und dem „Bumerang“ - eine historische Analogie der Realität viel näher steht. Allerdings liegt dabei ein wesentlicher Unterschied darin, daß die ökonomischen Kontakte zwischen den Zentren Ostmitteleuropas in der Zeit der Industrialisierung - allein infolge der Integrationskraft der erwähnten Reichsgebilde - deutlich stärker ausgeprägt waren als nach der Wende.

Nimmt man also die regionale Dimension des GORZELAK-Modells, so ist festzuhalten: der „mitteleuropäische Bumerang“ ist nicht mehr als eine *imaginäre Verbindung* einer Vielzahl von Großstädten Ostmitteleuropas, wo aber die tatsächlichen ökonomischen, sozialen und kulturellen Verbindungen fehlen bzw. seit langer Zeit zerrissen sind. So ist auch nicht verwunderlich, wie sehr die regionale Ausdehnung des „Bumerangs“ in den verschiedenen Versionen des GORZELAK-

Modells - z.B. bei P. DOSTAL und M. HAMPL, die auch Kopenhagen und Hamburg zu dieser Entwicklungszone zählen - variiert. Die Problematik liegt nämlich darin, daß durch die imaginäre Verbindung einer mehr oder weniger willkürlich getroffenen Auswahl von Großstädten in der Realität noch keine Region entstehen wird. Deswegen weist auch die Vielzahl der Versionen des GORZELAK-Modells eher auf die Ungewißheit als die Tauglichkeit des Schemas hin, und sie liefert mehr den Beweis für die unendliche Phantasie und Kreativität der Regionalwissenschaftler als für die real feststellbaren regionalen Umstrukturierungsprozesse in Ostmitteleuropa.

In ähnlicher Weise stellt die zeitliche Dimension eine Schwachstelle im GORZELAK-Modell dar. Grundsätzlich sind in der Transformationsforschung - dem geographischen Standort des Beobachters entsprechend - zwei grundlegende Zeitperspektiven, eine ostmitteleuropazentrische und eine westeuropazentrische Sichtweise zu unterscheiden. Die *ostmitteleuropazentrische Sichtweise* stellt - verständlicherweise - die Hoffnung auf einen raschen und erfolgreichen sozioökonomischen Aufholprozeß in den Mittelpunkt. So wird als Inwertsetzung dieser Hoffnung auch im GORZELAK-Modell und in den verschiedenen Versionen dieses Modells - trotz der offenbaren Widersprüche - bereits kurz nach der Wende die Existenz einer prosperierenden Entwicklungszone in Ostmitteleuropa entdeckt. Die *westeuropazentrische Sichtweise* rückt eine künftige Erweiterung der Europäischen Union nach Osten in den Mittelpunkt und hebt bei der Erklärung der regionalen Strukturen in Ostmitteleuropa, wie z.B. H. ARNOLD (1995), die Auswirkungen der regionalen Ausgleichsmechanismen der Europäischen Union und die Auswirkungen der integrierten Märkte hervor. So besteht eine Gemeinsamkeit dieser Sichtweisen darin, daß sie gerade die absehbare Zukunft aus der Erklärung der Regionalstruktur ausblenden, so daß die westeuropazentrische Sichtweise den Zeithorizont in die weite Ferne schiebt, während ihn die ostmittleuropazentrische Sichtweise in die unmittelbare Nähe holt.

In der absehbaren Zukunft, etwa in den nächsten zehn Jahren, werden aber die Länder Ostmitteleuropas sicherlich noch kein Mitglied der Europäischen Union sein, so daß die positiven Auswirkungen der Integration bezüglich der Abmilderung der regionalen Disparitäten in diesem Zeitraum noch nicht gelten werden. Andererseits ist auch leicht einzusehen, daß die Verstärkung der ökonomischen Verflechtungen zwischen den Zentren des „mitteleuropäischen Bumerangs" - allein wegen des zeit- und kostspieligen Ausbaus der notwendigen technischen Infrastruktur - noch mindestens zehn Jahre in Anspruch nehmen wird. Deswegen läßt sich ohne besonderes Wagnis vorhersagen: die in diesem Unterkapitel dargestellten Desintegrationstendenzen werden höchstwahrscheinlich noch lange Zeit zu den wichtigsten Merkmalen der regionalen Umstrukturierungsprozesse in Ostmitteleuropa gehören.

2.3. REGIONALE KONSEQUENZEN DER ANPASSUNG DER LÄNDER OSTMITTELEUROPAS AN DIE TRANSITION IN DEN ENTWICKELTEN INDUSTRIELÄNDERN

Durch die ökonomische und physische Öffnung der Transformationsländer zum Westen Europas wurde nach der Wende in Ostmitteleuropa nicht nur die sozialistische Regionalstruktur einem Wandel unterworfen - wie dies das Unterkapitel 2.1. darlegt -, nicht nur die politische und wirtschaftsgeographische Karte der Großregion neu geschrieben - wie dies das Unterkapitel 2.2. belegt -, sondern in den Ländern Ostmitteleuropas sind auch die Auswirkungen der regionalen Umstrukturierungsprozesse der entwickelten Industrieländer sehr rasch zum Ausdruck gekommen. So sind diese Länder gegen Mitte der 90er Jahre mit der Transition der „Zentralstaaten" vom Fordismus in einen Post-Fordismus und mit der Globalisierung der modernen Weltwirtschaft sowie deren regionalen Konsequenzen sehr stark konfrontiert. Dabei geht es um eine Anpassung der Länder Ostmitteleuropas an diese Prozesse, und die Auswahl des Begriffs - anstatt des gängigen Ausdrucks Integration der Transformationsländer in Europa - wurde wohl absichtlich getroffen. Eine Integration setzt nämlich mehr oder weniger gleichberechtigte Partner voraus, die mehr oder weniger auch über ein Mitspracherecht verfügen. Dies ist aber in Ostmitteleuropa nicht der Fall. Falls die Länder Ostmitteleuropas einen erfolgreichen ökonomischen Aufholprozeß durchlaufen wollen - und dieses Aufholen wurde in allen von diesen Ländern als das allerwichtigste Ziel angesetzt - so haben sie keine andere Wahl, als die rasche Anpassung an die Anforderungen der Expansion des kapitalistischen Weltwirtschaftssystems vorzunehmen.

Zur Beschreibung der gegenwärtigen regionalen Umstrukturierung der entwickelten Industrieländer existiert bis zum heutigen Zeitpunkt - im Gegensatz zu den Prozessen während der „great tranformation", deren regionale Auswirkungen das FRIEDMANN-Modell in einen kohärenten Erklärungsansatz setzt - *keine umfassende Theorie*. Es gibt eine Vielzahl von miteinander konkurrierenden Ansätzen mit geographischer Relevanz, die aber das Fehlen einer umfassenden Theorie nicht ersetzen können. Allerdings lassen sich dabei zwei charakteristische Argumentationsmuster klar unterscheiden. Das eine erklärt die regionalen Umstrukturierungsprozesse in den entwickelten Industrieländern durch den Wandel der Organisationsstruktur der Unternehmen sowie durch das Einsetzen der neuen technischen Innovationen, und es läßt sich deshalb als eine betriebswisenschaftliche Argumentationskette einstufen. Das andere Argumentationsmuster stellt hingegen die regionalen Umstrukturierungsprozesse in einen breiteren Zusammenhang und beschreibt sie als einen sozioökonomischen Paradigmenwechsel, der die ganze vielschichtige Transition vom Fordismus in den Post-Fordismus umspannt. So findet dieses sozioökonomische Erklärungsmuster sogar einen direkten Rückschluß auf die im Unterkapitel 1.1. erörterten Zyklustheorien des ökonomischen Wachstums.

Betriebswissenschaftliches Argumentationsmuster für die Transition in den entwickelten Industrieländern

Die verschiedenen Ansätze des betriebswissenschaftlichen Erklärungsmusters sind sich vor allem darin einig, daß sie die *räumliche Verlagerung der Produktion* als ein ausschlaggebendes Phänomen der gegenwärtigen regionalen Umstrukturierungsprozesse einstufen. Innerhalb der Industrieländer erfolgt eine Verlagerung von den Zentrumsregionen in die innere Peripherie, im internationalen Kontext findet eine Verlagerung der Produktion von den Industrieländern in die Schwellen- oder Entwicklungsländer statt. Eine weitere Gemeinsamkeit besteht darin, daß diese Ansätze vor allem die technische Entwicklung und die regionale Organisationsstruktur multinationaler Unternehmen für die Verlagerung verantwortlich machen.

Dabei basiert die einfachste Erklärung auf der räumlichen Arbeitsteilung in den Großorganisationen, und so wies bereits G. TÖRNQVIST (1968) auf die unterschiedlichen Standortansprüche verschiedener Organisationsstufen der Großunternehmen hin. Die oberste Ebene der Entscheidungen und die obersten Kontrollfunktionen befinden sich an den Spitzen der Siedlungshierarchie, gewöhnlich in den Großstädten, die täglichen und mehr routinemäßigen Verwaltungsfunktionen werden auf die mittlere regionale Ebene der Siedlungsstruktur verlagert, die Produktion erfolgt schließlich an der untersten Ebene der Siedlungshierarchie, in der Peripherie oder dem Lohngefälle entsprechend im Ausland. Laut G. TÖRNQVIST ist die Ursache für diese regionale Differenzierung grundsätzlich im Unterschied bezüglich der *Informations- und Kommunikationsanforderungen der verschiedenen Organisationsstufen* zu sehen. S. HYMER (1972) wandte dieses Modell bei den *multinationalen Organisationen* an und deutete auf eine klare Verteilung der Verwaltung und der Produktion zwischen den entwickelten und den unterentwikkelten Ländern hin, bei der der Lohndisparität eine entscheidende Rolle zukommt. Die obersten Entscheidungsfunktionen konzentrieren sich ganz stark in wenigen Großstädten, in den „key cities" der entwickelten Industrieländer, die Produktion wird hingegen in die unterentwickelten Länder mit niedrigem Lohnniveau verlagert. Diese räumliche Organisationsstrategie ist auch in den Ländern Ostmitteleuropas im Prozeß der Privatisierung des ehemaligen Staatseigentums klar nachweisbar. In diesen Ländern übernehmen die multinationalen Unternehmen zwar die Produktion, sie bauen aber die einheimischen Verwaltungs- und Kontrollfunktionen gleichzeitig stark ab.

In ähnlicher Weise stützt sich der *Triade-Ansatz* von K. OHMAE (1985) - von einem Vertreter der McKinsey Company, die mittlerweile als einer der konsequentesten Durchsetzer der modernen Wirtschaftsphilosophie gilt - auf die Analyse der multinationalen Großunternehmen. Allerdings kommt hier der Dynamik zwischen den einzelnen regionalen Akteuren eine größere Rolle zu. Laut K. OHMAE ist die Weltwirtschaft immer mehr durch die „Macht der Triade", durch die Hauptregionen Japan, USA und Europa dominiert. Die wichtigsten ökonomischen Ströme, wie Kapital-, Technologie- und Handelsströme zirkulieren größtenteils innerhalb dieses Dreiecks. Andere Wirtschaftsregionen der Welt werden zu den Hauptregionen nur in Form eines abhängigen Hinterlandes angeschlossen, und so formt die Triade eigentlich ein viereckiges Muster. „Jedes High-tech-Unternehmen, das sich an das Triade-Konzept hält, sollte außer in den drei Hauptregionen noch in einem weiteren, wenig entwickelten Gebiet vertreten sein. Für ein japanisches Unternehmen ist Asien diese vierte Region, europäische Firmen können sich auf ihre traditionellen Beziehungen zu Afrika und zum Nahen und Mittleren Osten stützen und die Amerikaner unterhalten seit jeher enge Geschäftsbeziehungen zu Lateinamerika" (OHMAE, K. 1985, 143).

In diesem vereinfachten Weltbild durchaus komplexer Strukturen der Weltwirtschaft ist unter Europa stillschweigend nur Westeuropa zu verstehen. Durch die Öffnung der Nationalökonomien der Länder Ostmitteleuropas *bekam Westeuropa also die Chance zu einer Erweiterung seiner „vierten Ecke" in Richtung Osten.* Das Ergebnis dieses Engagements ist klar ablesbar in der Gründungswelle von Joint-ventures und Tochterunternehmen sowie in den Verlagerungen der Produktionsstätten in die Transformationsländer. Laut K. OHMAE kann ein Großunternehmen nur dann einen Erfolg erzielen, wenn es in allen drei Hauptregionen als echter Insider Fuß gefaßt hat und gleichzeitig auch in seiner „vierten Ecke" stark vertreten ist. So liegt der Gründungswelle von Joint-ventures einerseits die hohe Lohndisparität zwischen West- und Ostmitteleuropa, andererseits die Notwendigkeit der Stärkung des Hinterlandes als treibende Kraft zugrunde.

Im Hintergrund dieses Aufbruchs in die Triade steht aber ein tiefgreifender Wandel der Weltwirtschaft bezüglich des Musters und der regionalen Struktur der direkten Auslandsinvestitionen. Die direkten Auslandsinvestitionen waren im Zeitraum vom Anfang des 19. Jahrhunderts bis zum Ersten Weltkrieg und teilweise auch in der Zwischenkriegszeit als *„colonial-type capital export"* einzustufen. Das Kapital floß aus den "Zentralstaaten", allen voran aus England, Frankreich und Deutschland, - im Rahmen der bereits erwähnten unaufhaltsamen Expansion des kapitalistischen Weltwirtschaftssystems - in die Länder der (Semi)Peripherie und unter anderem nach Ostmitteleuropa. Die unmittelbaren Konsequenzen dieses Kapitalexports sind aus den Studien der Entwicklungsländer wohl bekannt: die rasche Entwicklung einiger Wirtschaftszweige, wie Bergbau und Landwirtschaft in den Ländern der (Semi-)Peripherie, die aber gleichzeitig zur Entfaltung einer monostrukturell geprägten Wirtschaftsstruktur und zu einer starken, fast kolonialen Abhängigkeit dieser Länder geführt hatte. So heben die marxistischen und neo-marxistischen Theoretiker unter dem Stichwort „peripherer Kapitalismus" (SENGHAAS, D. 1977) die kolonialen Beziehungen hervor. Die Vertreter der regionalen Polarisierungstheorien, wie G. MYRDAL sehen dabei ein Beispiel für die kumulativen Peripherisierungsprozesse und behaupten, daß „der internationale Handel und der Kapitalstrom im allgemeinen dahin tendiert, Ungleichheiten zu erzeugen und daß diese Tendenz sich um so stärker durchsetzt, wenn substantielle Ungleichheiten bereits etabliert sind" (MYRDAL, G. 1970, 271). Im Gegensatz zu diesen theoretischen Standpunkten weisen aber die historisch begründeten Untersuchungen, wie z.B. die Untersuchungen von A. GERSCHENKRON (1962) sowie von T. I. BEREND und GY. RÁNKI (1976) gerade anhand der Beispiele der Länder Ostmitteleuropas darauf hin, daß in den semi-peripheren Regionen durch diesen Kapitalexport auch ein bedeutendes Wirtschaftswachstum und eine rasche Modernisierung einsetzte. Laut dieser historischen Auffassung erfolgt die „great transformation" in der (Semi)Peripherie nicht nach dem „Masterplan" des ROSTOW-Modells, sondern anhand anderer Entwicklungsmuster, wobei auch dem „colonial-type capital export" eine große und zumeist positive Rolle zukam.

Nach dem Zweiten Weltkrieg wurde der „colonial type capital export" durch den sogenannten *„trade substituting capital export"* abgelöst. Zum einen stieg das Gesamtvolumen des internationalen direkten Kapitalflusses enorm an, zum anderen nahm dabei der Kapitalfluß zwischen den entwickelten Industrieländern am schnellsten zu. Laut der sogenannten „trade substitution theory of foreign investment" von R. A. MUNDELL (1957) liegen die Ursachen für diesen Wandel im Protektionismus der Handelsbeziehungen zwischen den entwickelten Industrieländern[37]. Die Exporteurländer konnten nämlich die nach dem Zweiten Weltkrieg in breitem Umfang eingesetzten Importquoten, Schutzzölle und Einfuhrbeschränkungen durch die Übernahme inländischer Betriebe oder durch die Gründung der Tochterbetriebe im Zielland relativ erfolgreich ausspielen. Diese Tochterbetriebe waren also als eine Art „Trojanische Pferde" die Vorposten der Exporteure - sie befanden sich nämlich bereits innerhalb der geschützten Zollgrenzen des Ziellandes -, und damit wurde der Handel von Waren und Dienstleistungen zum Teil durch einen direkten Kapitalfluß zwischen den Basisunternehmen der Kapitalexporteurländer und den Tochterbetrieben in den Kapitalimporteurländern *ersetzt.* Infolge des nachkriegszeitlichen Wiederaufbaus in Westeuropa, des Wirtschaftswunders in Japan und der Expansion der amerikanischen Wirtschaft ergeben sich also dadurch auch die Konturen der bereits erwähnten Triade.

Seit den 70er Jahren ist aber ein neuer Wandel im internationalen Kapitalfluß zu beobachten. Neben der Dominanz des „trade substituting capital export" setzte der sogenannte *„trade-generating type of capital export"* ein. Bei dieser Art des Kapitalexports fließt das Kapital wieder von den „Zentralstaaten" in die (semi)peripheren Länder des Weltwirtschaftssystems. Dieser Kapitalfluß betrifft vor allem die Produktion jener Produkte, die bereits die Phase der arbeitsintensiven Massenproduktion erreichten und die deshalb - in der Regel durch die Gründung neuer Betriebe - in den unterentwickelten Ländern mit weit niedrigerem

37 Außer diesen theoretisch begründeten Ursachen sind aber noch weitere Faktoren zu nennen, die zur Schwerpunktverlagerung der Kapitalströme von dem „colonial type" zum „trade substituting type" des Kapitalexports geführt hatten. Die Unabhängigkeitsbewegungen der ehemaligen Kolonien sowie die Entfaltung der sozialistischen Staaten waren nach dem Zweiten Weltkrieg von einer massenhaften Verstaatlichung begleitet, und dadurch fielen diese Regionen für den Kapitalexport praktisch aus. Darüber hinaus fand auch in den Bereichen Verkehr, Telekommunikation und Computertechnologie eine sehr rasche Entwicklung statt, die den Handel ersetzenden Kapitalexport von technischer Seite her möglich machten. Letztlich soll hier auch auf die seit den 80er Jahren einsetzenden Privatsierungsprozesse hingewiesen werden, die auch zur Zunahme des Volumens des internationalen Kapitalflusses beitrugen.

Lohnniveau verlagert wurden. Die Produkte, die in diesen Tochterbetrieben in den wenig entwickelten Ländern produzierten wurden, wurden aber nicht hier abgesetzt, sondern sie wurden später durch die Kapitalexporteurländer wieder reimportiert oder direkt in ein drittes Land weiter exportiert. So hat dieser Kapitalexport, - im Gegensatz zum anderen Typ, in dem er Handel ersetzt - praktisch Handel *generiert.* Obwohl R. VERNON (1966) diese Zusammenhänge zwischen dem Kapitalexport, dem Produktlebenszyklus und der Verlagerung bereits in den 1960er Jahren beschrieb, war diese Art von Investitionen besonders für Japan charakteristisch und wurde deshalb vom japanischen Wissenschaftler K. KOJIMA (1973), der dies zum erstenmal detailliert anhand von Japan untersuchte auch als *„KOJIMA-type capital export"* genannt. Die Bedeutung des „Kojima-type capital export" ist darin abzulesen, daß er am Anfang der 90er Jahre, also zum Zeitpunkt der Transformation in den ehemaligen sozialistischen Ländern, bereits mehr als 30% des gesamten internationalen direkten Kapitalflusses umfaßte (ÁRVA, L. 1994)[38].

Trotz dieser Zusammenhänge ist der „trade generating capital export" bzw. der „KOJIMA-type capital export" keinesfalls als eine brandneue Erfindung in der Weltwirtschaft, vielmehr als eine modernisierte Neuauflage des „colonial type capital exports" einzustufen. Sogar die Richtungen der Kapitalflüsse folgen den traditionellen geographischen Mustern. So wurde für die westeuropäischen Investoren Ostmitteleuropa, für die amerikanischen Großunternehmen Südamerika und für die japanischen Investoren Südostasien zu den wichtigsten Zielpunkten dieser Art des Kapitalexports, die im OHMAE-Modell als die „vierten Ecken" der Hauptregionen USA, Westeuropa und Japan beschrieben sind. In dieser Neuauflage des „colonial type capital exports" kommt aber - neben den bereits erwähnten Lohndisparitäten - auch den sozioökonomischen Rahmenbedingungen der betreffenden Kapitalimporteurländer eine sehr große Bedeutung zu. So werden auch von den Transformationsländern - falls sie die ausländischen Investoren und Kapitalexporteure anlocken wollen - eine stabile gesetzliche Regelung, vor allem die Sicherung der Ausfuhr des Profits, eine großzügige Liberalisierung des Handels, ein Rückzug des Staates aus der Wirtschaft und eine Privatisierung des Staatseigentums gewünscht. Dabei kommt der wesentliche Unterschied zwischen dem neoklassischen und dem regionalwissenschaftlichen Argumentationsmuster bezüglich der Transformation vom Plan zum Markt wiederum zum Ausdruck. Während die neoklassische Betrachtungsweise diese wirtschaftspolitischen Schritte als notwen-

38 Allerdings stößt eine genaue Abgrenzung zwischen dem „trade substituting" Kapitalexport und dem „trade generating" Kapitalexport auf mehrere methodische Schwierigkeiten. Diese liegen vor allem darin, daß bei der Abgrenzung sowohl die geographischen als auch die funktionalen Aspekte des Kapitalexports betrachtet werden müssen. So lassen sich z.B. nicht alle Kapitalströme zwischen den entwickelten Industrieländern automatisch mit dem „trade substituting capital export" gleichsetzen. Beispielsweise weisen die Investitionen westeuropäischer Großunternehmen in Spanien, Griechenland oder Portugal eher die Züge des „trade generating capital exports" auf, obwohl sie von einem geographischen Gesichtspunkt den Kapitalströmen innerhalb der entwickelten Industrieländer, also zum „trade subtituting capital export" zuzuordnen sind.

dige „Transformationsmaßnahmen“ zum Einsetzen der marktwirtschaftlichen Verhältnisse einstuft - da laut dieser Auffassung ohne radikalen Abbau des Staatseigentums und ohne markante Implementierung des Privateigentums die kapitalistische Marktwirtschaft unvorstellbar ist -, weist die regionalwissenschaftliche Betrachtungsweise eher darauf hin, daß selbst diese Maßnahmen zum Teil stark von außen motiviert sind und sie sich größtenteils auf die Anpassung der Transformationsländer an den Transitionsprozeß der entwickelten Industrieländer zurückführen lassen.

Obwohl der Verlagerung der Produktion infolge der unterschiedlichen Standortanforderungen der verschiedenen Produktzyklen bereits in den Theorien über die direkten Auslandsinvestitionen eine gewisse Rolle zukam, stellt die *Produktlebenszyklustheorie* diesen Prozeß auf der Ebene einer betriebswissenschaftlichen Betrachtungsweise in den Mittelpunkt der Argumentationen (VERNON, R. 1966, WELLS, L.T. 1972). Gemäß dieser Theorie läßt sich der Lebenszyklus eines Produktes in verschiedene Phasen gliedern. In jeder Phase des Produktlebenszyklus sind typische Anforderungen an Management, Arbeitskräfte, Kapital und Standort gefragt (HIRSCH, S. 1972). Die Entwicklungs- und Einführungsphase des Produktes („initial development“), in der die neue Innovation entwickelt wird, ist durch ein hohes Einsetzen hochqualifizierter Arbeitskräfte und durch eine hochgradige Verflechtung der Organisationen geprägt. In der Wachstumsphase der Produktion („growth“") bekommen das Kapital und das Management eine größere Bedeutung und gleichzeitig setzt die Verringerung der Humankapitalintensität ein. Die Reifephase („maturity“) läßt sich durch eine durchschnittliche Kapitalintensität und - infolge der Standardisierung in Form der Massenproduktion - durch eine immer geringer werdende Qualifikationsanforderung kennzeichnen. In den Schrumpfungsphasen („decline and obsolescence“) nimmt die Produktion enorm ab und das Produkt wird entweder durch ein neues Produkt ersetzt oder der Lebenszyklus durch Öffnung neuer Märkte verlängert.

Generelle Tendenz dieser Phasen sind die *starke Abnahme an Qualifikationsanforderungen* und - zum Teil gerade infolge der Abnahme an Qualifikationsansprüchen - die schrittweise Verlagerung der Produktion von den Zentrumsregionen in die innere und äußere Peripherie. Konzentriert sich die Produktion in der Einführungsphase nur in wenigen hochentwickelten städtischen Agglomerationen der entwickelten Industrieländer, wird sie in der Wachstumsphase bereits in das Umland der Agglomeration und in der Reifephase gewöhnlich in die Niedriglohnländer verlagert. Der zwangsläufige Charakter dieses Modells, das den Wandel wie ein Naturgesetz vorschreibt, wurde mit Recht heftig kritisiert. So weist G. TICHY (1991) darauf hin, daß eine Vielzahl der Produkte, z.B. die stark auf Rohstoffen basierenden Produkte („RICARDO-Güter“), die in der Regel für den lokalen Markt produzierten Güter („LÖSCH-Güter“) sowie die Produkte mit hoher Humankapitalanforderung („THÜNEN-Güter“) den idealtypischen Lebenszyklen nicht folgen. Deswegen gilt die Verlagerung der Produktionsstätten vor allem für die standardisierte Massenproduktion mit niedrigeren Qualifikationsanforderungen.

Im Hinblick auf die Transformation vom Plan zum Markt läßt sich feststellen, daß der Verlagerungsprozeß in den Ländern Ostmitteleuropas bis zum Zeitpunkt der Wende nur als ein landesinternes Phänomen einzustufen war, wie dies im Unterkapitel 1.2. bereits randlich angesprochen wurde -, wobei die maßgebende Tendenz die Auslagerung der Produktionsstätten von Zentrumsregionen in die *innere* Peripherie darstellte. So weisen GY. BARTA (1987, 1991) und J. RECHNITZER (1993b) anhand Ungarns darauf hin, daß im Prozeß der Gründung von Zweigbetrieben in den peripheren Regionen in den 1980er Jahren die den Produktzyklen entsprechende Verlagerung der Produktion eine entscheidende Rolle spielte. Durch die Öffnung der Nationalökonomien der Transformationsländer setzte aber nach der Wende auch der Prozeß der *Produktionsverlagerung von Westeuropa nach Ostmitteleuropa* rasch ein. Aufgrund der oben genannten theoretischen Überlegungen und der gegenwärtigen Tendenzen läßt sich bereits prophezeien, daß diese Verlagerung zur Entfaltung einer starken Differenzierung bezüglich der Branchen- und Produktionsstruktur zwischen West- und Ostmitteleuropa führen wird. Die Entwicklungs- und Wachstumsphasen der Produkte werden weiterhin in Westeuropa bleiben, hingegen kann sich Ostmitteleuropa durch das Einsetzen des „Kojima-type capital exports" zu einem *industriellen Hinterhof* der Massenprodukte mit niedrigeren Qualifikationsansprüchen umwandeln. Der Konkurrenzkampf zwischen den zur EU angrenzenden Regionen und Standorten in Polen, Tschechien, der Slowakei und Ungarn wurde mittlerweile sogar zu einem „Schönheitswettbewerb" darum, die Rolle einer verlängerten Werkbank Westeuropas spielen zu dürfen.

Allerdings wurde Ostdeutschland in diesem Schönheitswettbewerb der Länder Ostmitteleuropas infolge der speziellen Rahmenbedingungen der Wiedervereinigung rasch disqualifiziert. Die auf das Westniveau fixierte Einkommenssteigerung machte die neuen Bundesländer für die arbeitsintensiven Branchen und die Massenproduktion zu einem zu teuren Standort. Demgegenüber geht die Verlagerung und Ansiedlung kapitalintensiver Branchen von Westeuropa in die neuen Bundesländer wegen des enormen Rückstandes der Infrastruktur nur zögernd voran. So stellt die dadurch entstehende Gefahr, die Entfaltung einer *weder arbeits- noch kapitalintensiven Wirtschaft in Ostdeutschland* den wahren Hintergrund für die in der Literatur bereits thematisierte Metapher der „*Mezzogiorn*isierung" dar.

Sozioökonomisches Argumentationsmuster für die Transition in den entwickelten Industrieländern

Während die betriebswissenschaftliche Argumentationskette die gegenwärtigen regionalen Umstrukturierungsprozesse in den entwickelten Industrieländern durch den Wandel bezüglich der räumlichen Organisationsstruktur der Großunternehmen und den Wandel des Musters der direkten Kapitalinvestitionen erklärt, beschreibt sie die sozioökonomische Argumentationskette als die regionalen Konsequenzen eines historischen Paradigmenwechsels der kapitalistischen Ökonomie und Gesellschaft. Die Ausgangssituation bildet dabei die im Unterkapitel 1.1. bereits kurz erwähnte, unter dem Oberbegriff *Fordismus* zusammengefaßte Produktionsweise, welche im Zeitraum vom Anfang der 20er Jahre bis hin die 70er Jahre die Entwicklung in den „Zentralstaaten" beherrschte. In dieser Produktionsweise war die Produktion durch *das tayloristiche Konzept der systematischen Arbeitsteilung*, d.h. durch die Zergliederung der Arbeit in routinemäßige Einheiten und als Konsequenz dieses Produktionskonzepts durch eine enorme Produktivitätssteigerung geprägt. Nicht zuletzt wegen dieser „Produktivitätsrevolution" hält P. DRUCKER (1993) das tayloristische Produktkonzept sogar für die größte Erfindung des modernen Zeitalters. Obwohl der Philanthrop und Millionär, F. W. TAYLOR selbst bis zu seinem Tode behauptete, „der wichtigste Nutznießer der Früchte der Produktivität müsse der Arbeiter - nicht der Eigner - sein" (DRUCKER, P. 1993, 57), ermöglichte diese Produktivitätssteigerung in den entwickelten Industrieländern erst Jahrzehnte später einen Wohlstand für breite Schichten[39].

Diesem Konzept gab dann H. FORD durch die Erfindung und das Einsetzen des Fließbandes die technische Möglichkeit einer Massenproduktion („economy of scale") hinzu. Damit wurde laut M. J. PIORE und CH. F. SABEL im Wettkampf der kapitalistischen Produktionsmodi zwischen dem handwerklichen Paradigma und dem Paradigma der Massenproduktion der Sieg des letzteren gekrönt, und „als Ford 1913 in seiner Niederlassung Highland Park (Michigan) sein Modell T vom Band rollen ließ, war das der Höhepunkt einer hundertjährigen Erfahrung mit Massenproduktion" (PIORE, M. J. - SABEL, CH. F. 1985, 28). Die Konsequenzen und die fundamentale Bedeutung dieser Erfindung faßte aber ein Nicht-Wissenschaftler, der Schriftsteller E. L. DOCTOROW am markantesten zusammen, wenn er schrieb, daß H. FORD „conceived the idea of breaking down the work operations in the assembly of an automobile to their simplest steps, so that any fool could preform them. [...] From these principles Ford established the final proposition of theory of industrial manufacture - not only that the parts of the finished product be interchangeable, but the men who build the products be themselves interchangeable parts" (DOCTOROW, E. L. 1985, 103-104)[40].

Zu einem erfolgreichen Durchsetzen des Fordismus und zur Stabilität dieser Produktionsweise der „economy of scale" fehlte es aber noch einige Jahrzehnte an einer entsprechenden Regulierung. „Wie so viele scheinbar unumstößliche Wahrheiten hatte auch das Paradigma der Massenproduktion unvorgesehene Konsequenzen: es dauerte fast ein Jahrhundert (von etwa 1870 bis 1960), bis eine Organisationsform der Wirtschaft gefunden war, die es möglich machte, die Früchte der neuen Technologie zu ernten" (PIORE, M. J. - SABEL, CH. F. 1985, 59). Die

39 Es ist sehr vielsagend für den Wandel des Kapitalismus, daß F. W. TAYLOR seine Ideen, die den Konflikt zwischen den Kapitalisten und den Arbeitern wenigstens aus technischen Gründen abmilderten, genau zwei Jahre vor dem Tod von K. MARX im Jahre 1881 formulierte.

40 Allerdings erweist sich die Automobilindustrie als das fruchtbarste Paradebeispiel zur Darstellung der modernen Ökonomie sowie der damit zusammenhängenden Phänomene wie der Massenproduktion und der Massenkonsumption. Beispielsweise stützt sich selbst W. W. ROSTOW (1967) in seiner bereits erwähnten Stufentheorie auf eine recht detaillierte Analyse der regionalen Verbreitung der Automobile im Zeitraum von der Jahrhundertwende bis in die 1950er Jahre.

Problematik lag nämlich darin, daß der Massenproduktion auch eine Massenkonsumption bzw. eine massenhafte Kaufkraft gegenüberstehen muß, die nur durch eine neue Regulierung zwischen der Produktion und der Verteilung gelöst werden kann. Diese neue Regulierung wurde nach der Weltwirtschaftskrise in den Jahren 1929-1932 von M. J. KEYNES theoretisch zwar erarbeitet, sie wurde aber in der Praxis im breiten Umfang erst nach dem Zweiten Weltkrieg etabliert.

Laut M. CASTELLS (1989, 21ff.) sind drei charakteristische Merkmale der *keynesianischen Globalsteuerung* hervorzuheben. Zum einen stützte sich diese Regulierung auf einen *„social pact between capital and labor"*. Die wichtigsten Kennzeichen dafür waren die Anerkennung der Arbeitnehmerorganisationen, die Zusammenarbeit zwischen den Gewerkschaften und den Unternehmerverbänden, der Ausbau des Systems der Tarifvereinbarungen und der sozialpartnerschaftlichen Verhandlungen und letztendlich der Ausbau eines "ever-expanding" Wohlfahrtsstaates[41]. Zum zweiten basierte der „Keynesianismus" auf einer starken Erweiterung der *„regulation and intervention by the state"*. Diese umfaßte vor allem die Ausweitung der direkten staatlichen Investitionen in die Wirtschaft, zum Teil in Form eines verstaatlichten Sektors, zum Teil in Form der Investitionen in die wirtschaftsfördernde Infrastruktur. Die unmittelbaren Konsequenzen dieser Strategie waren im raschen Wachstum des öffentlichen Sektors zu sehen. Schließlich war der „Keynesianismus" durch die *„control of the international economic* order by intervention in the sphere of circulation via a set of new institutions" gekennzeichnet. So wurden in der Nachkriegszeit eine Vielzahl von internationalen Organisationen, wie GATT, IMF, Weltbank, OPEC zum „Hausverwalter" der Weltwirtschaft, die für die weltweite Stabilität der fordistischen Massenproduktion und für das Gleichgewicht bezüglich der Kräfteverhältnisse der Wirtschaftsregionen sorgten.

Am Anfang der 70er Jahre stieß dieses Modell aber an seine innere Grenze und leidet seitdem unter einer schweren Transitionskrise. Wie oben erwähnt wurde, verkörpern der Fordismus und der Keynesianismus einen historischen Kompromiß zwischen der Produktion und der Verteilung, der sich aber nur unter bestimmten Rahmenbedingungen als funktionsfähig erwies. So läßt sich die Massenkaufkraft durch die oben beschriebenen Mittel der keynesianischen Wirtschaftspolitik für längere Zeit zwar absichern, es werden im Verlauf der Zeit aber auch die Grenzen überschritten, nach der eine erneute Erweiterung der Massenkaufkraft schon mehr Kosten als Profit verursacht. Schlicht formuliert wurde in den 70er Jahren der Zustand erreicht, daß die Erhöhung der Sozialleistungen des Wohlfahrtsstaates und dadurch auch die Erweiterung des Massenkonsums - in Form der staatlichen Besteuerung der Betriebe - bereits so hohe gesamtwirtschaftliche Kosten verursachen, die durch den zusätzlichen Profit der Unternehmen, welcher infolge der Erweiterung des Massenkonsums entsteht, nicht mehr abge-

---

41 Im Hintergrund dieses „ever expanding" Wohlfahrtsstaates steht noch ein wichtiger Bestandteil der keynesianischen Wirtschaftspolitik, nämlich die implizit formulierte Annahme, daß die Bürger - als eine Neuerfindung des Spruches des römischen Kaisers VESPASIAN „pecunia non olet" - (fast) grenzenlos besteuerbar sind.

deckt werden können. Ein weiterer Grund für die Transitionskrise der fordistischen Produktionsweise liegt darin begründet, daß auch die wichtigsten Produkte der Massenproduktion - der Produktlebenszyklustheorie entsprechend - bereits die Reife- bzw. Schrumpfungsphase erreicht haben. Der Unterschied liegt vor allem darin, daß in der Wachstumsphase der Produkte ein sicheres, kalkulierbares ökonomisches Umfeld herrscht, in der Schrumpfungsphase hingegen die Unsicherheit des Umfeldes zunimmt. Darüber hinaus wurde - infolge der zunehmenden Globalisierung der Weltwirtschaft - auch die zeitliche Dauer der Produktzyklen immer kürzer, was wiederum zu einem Zuwachs der Unsicherheit des ökonomischen Umfeldes führte. Schließlich soll hier noch darauf hingewiesen werden, daß während der langen Blütezeit des Fordismus sowohl die Unternehmen als auch die Bürokratie des Wohlfahrtsstaates immer inflexibler wurden.

Als Antwort auf diese Herausforderung wurde seit den 70er Jahren eine typisch fordistische Lösung eingesetzt: die Erweiterung und Verbreitung dieses Konzepts auf die ganze Welt. Es wurde der Prozeß von *„worldwide sourcing"*, die starke Verlagerung der Produktion von den Industrieländern in die Schwellen- und Entwicklungsländer eingeleitet, die sich - wie oben dargestellt wurde - auch in einem Wandel bezüglich des Musters und der Regionalstruktur der direkten Auslandsinvestitionen niederschlug. Hinter dem Prozeß des „worldwide sourcing" seit den 70er Jahren stand eine relativ einfache Logik. Falls die Erweiterung der Massenkaufkraft in den entwickelten Industrieländern mehr Kosten als Profit verursacht, dann läßt sich der Profit durch einen anderen Weg, durch die Verlagerung der Produktion in die peripheren Länder zu weit niedrigeren Löhnen steigern.

Dieser Prozeß hat in den 70er und 80er Jahren tiefgreifende Konsequenzen sowohl in den Ländern der (Semi-)Peripherie als auch in den entwickelten Industrieländern zur Folge gehabt. So führte er in den Schwellen- und Entwicklungsländern zwar zu einer Einleitung der fordistischen Produktionsweise, sie wurde aber nicht mit einer keynesianischen Regulierung gepaart. Deswegen fanden in diesen Ländern nur asymmetrische Aufholprozesse statt, die sich - mit den früher erwähnten Begriffen von A. LIPIETZ - als „bloody taylorization" und „peripheral fordism" bezeichnen lassen. Im Gegensatz zu den Konsequenzen dieses Wandels in den Ländern der (Semi-)Peripherie stehen für die Konsequenzen in den entwikkelten Industrieländern bereits recht detaillierte Untersuchungen zur Verfügung. Laut diesen Untersuchungen war dieser Wandel in das „worldwide sourcing" durch tiefgreifende *Konsequenzen in der Branchen-, Beschäftigten-, Siedlungs- und Stadtstruktur der entwickelten Industrieländer* begleitet. So wurden in den „Zentralstaaten" infolge der Verlagerung der Produktionsstätten in die Schwellen- und Entwicklungsländer oft ganze Branchen abgebaut oder stark reduziert, insgesamt setzte der Prozeß einer Deindustrialisierung ein, während als Erblast die Problematik altindustrieller Regionen zurückblieb. Im Prozeß der Produktionsverlagerung wurden aber die Entscheidungs- und Verwaltungsfunktionen weiterhin in den städtischen Agglomerationen der Industrieländer behalten, und dadurch löste das „worldwide sourcing" auch eine rasche Verschiebung der Beschäftigten vom sekundären zum tertiären Sektor aus.

Im Hinblick auf die regionalen Konsequenzen dieses Wandels läßt sich feststellen, daß sie zuerst durch die Stadtgeographen erkannt und erforscht wurden, während die Untersuchungen bezüglich der „new international divison of labor and capital" erst relativ später erschienen sind. Dadurch wurde auch die ganze Problematik der Transition vom Fordismus in einen Post-Fordismus fast als ein stadtgeographisches Problemfeld etabliert. Das erste Zeichen für diesen Wandel war eine völlig unerwartete Tendenz: nach einem zweihundertjährigen unaufhaltsamen Wachstum der Städte setzte seit den 70er Jahren in der Siedlungsstruktur der entwickelten Industrieländer wieder ein Bevölkerungswachstum in den Kleinstädten und ländlichen Regionen ein, ein Phänomen, das mit dem Begriff von B. J. L. BERRY oft als *„Counterurbanisierung"* thematisiert wurde (BERRY, B. J. L. 1976, CHAMPION, A. G. 1989).

Rasch lieferten aber die Geographen, wie L. VAN DEN BERG et al. eine *Zyklustheorie*, die die Urbanisation und die Stadtentwicklung durch verschiedene Wachstumsphasen aufgliedern (BERG, VAN DEN L. 1987, BERG, VAN DEN L. - BURNS, L. S. - KLASSEN, L. H. 1987). Dabei unterscheiden L. van den BERG et al anhand der Analyse der Bevölkerungsentwicklung europäischer Städte in den 60er und 70er Jahren vier grundlegende Phasen, wie Wachstums-, Verbreitungs-, Schrumpfungs- und erneute Wachstumsphase („Urbanization, Suburbanization, Disurbanization und Reurbanization"), die gleichzeitig die Stationen des umgreifenden Zyklus der Stadtentwicklung darstellen. Dabei teilen sie die städtischen Zentrumsregionen in zwei räumliche Gebilde, nämlich in die Kernstadt und den urbanisierten Ring auf. In der Phase der *Urbanisierung* nimmt die Bevölkerungszahl in der Kernstadt enorm zu, in ihrem Ring findet hingegen eher eine Abnahme statt. Historisch gesehen umfaßte diese Phase in den entwickelten Industrieländern das ganze 19. Jahrhundert, also das Industriezeitalter, während sich die Kernstädte als eindeutige Ziele der massenhaften Land-Stadt-Wanderungen erwiesen. Die Phase der *Suburbanisierung* ist durch eine Bevölkerungsabnahme in der Kernstadt und eine rasche Zunahme im Ring gekennzeichnet, und sie umspannte in den entwickelten Industrieländern die Zwischenkriegszeit sowie die ersten Jahrzehnte der Nachkriegszeit. Da vor dem Hintergrund dieser Prozesse Phänomene wie die Verstärkung der Mittelklasse, die Verbreitung der Kleinfamilien und die zunehmende Motorisierung standen, die in ihrem Ursprung größtenteils auf die fordistische Produktionsweise und die keynesianische Regulierung zurückzuführen sind, läßt sich die Suburbanisierung - in grober Vereinfachung - als eine regionale Inwertsetzung des Fordismus einstufen. In der Phase der *Deurbanisierung* bzw. der „Counterurbanisierung" ist sowohl in der Kernstadt als auch im Ring ein drastischer Bevölkerungsverlust und parallel zu dieser Entwicklung in den ländlichen Gebieten ein Bevölkerungszuwachs zu beobachten. Diese Phase läßt sich in den entwickelten Industrieländern mit dem Wandel vom Fordismus in den Post-Fordismus, bzw. mit dem „worldwide sourcing" identifizieren. Eine Verlagerung der Produktionsstätten - dem Wandel der Produktzyklen entsprechend - fand seit den 70er Jahren nämlich nicht nur in die Schwellen- bzw. Entwicklungsländer, sondern auch in die ländlichen Gebiete der entwickelten Industrieländer statt.

Darüber hinaus wurde diese Tendenz auch durch die Auswirkungen der modernen Verkehrs- und Kommunikationstechnologien sowie der Aufwertung des Tourismus verstärkt. Schließlich setzt in der Kernstadt in der letzten Phase des Zyklus, in der Phase der *Reurbanisierung* wieder der Prozeß des Bevölkerungszuwaches ein. Da diese neue Tendenz zum Teil auf die zunehmende Konzentration der Kontroll- und Steuerungsfunktionen während der raschen Globalisierung der Ökonomie zurückzuführen ist, kann diese Phase bereits mit den Anfängen des neuen Zeitalters, des Post-Fordismus gleichgesetzt werden.

Im Rahmen einer Erweiterung dieser Zyklustheorie mit den Theorien der regionalen Unterschiede der Entwicklung des kapitalistischen Weltwirtschaftsystems im Sinne von F. BRAUDEL, I. WALLERSTEIN und A. GERSCHENKRON kommt GY. ENYEDI (1988) zu einem *globalen Zyklusmodell der Stadtentwicklung*. Dabei wird die Stadtentwicklung als ein globaler Prozeß verstanden, der sich gemäß dem Zyklusmodell von L. VAN DER BERG et al. auf verschiedene Phasen aufgliedern läßt. Infolge der großregionalen Aufspaltung des Weltwirtschaftsystems sind aber im Vollzug dieses globalen Prozesses auf der Ebene der einzelnen Großregionen des Weltwirtschaftssystems bedeutende Zeitverschiebungen sowohl im Hinblick auf das Einsetzen als auch bezüglich der Ausprägung dieser Phasen zu konstatieren. Weil die ökonomischen und sozialen Umstrukturierungsprozesse den Motor der Stadtentwicklung darstellen und weil sich diese Umstrukturierungsprozesse immer in den „Zentralstaaten" des Weltwirtschaftssystems zuerst durchsetzen, treten auch die Kennzeichen einer neuen Phase des globalen Stadtentwicklungsprozesses in den entwickelten Industrieländern zuerst ein. In den Ländern hingegen, wo diese ökonomischen und sozialen Umstrukturierungsprozesse nur mit einer Zeitverzögerung auftreten, setzen auch die Phasen der globalen Stadtentwicklung mit einer Zeitverschiebung ein. Allerdings läßt sich der Unterschied zwischen den einzelnen Großregionen bezüglich der Stadtentwicklung nicht schlicht auf diese Zeitverzögerung reduzieren, weil dadurch auch die Merkmale der einzelnen Phasen enorm deformiert werden. So gibt es nur zwei Großregionen, nämlich Nordamerika und Westeuropa, die alle der genannten Zyklen, Urbanisierung, Suburbanisierung und Deurbanisierung durchmachten, und sie befinden sich - dem Wandel vom Fordismus in den Post-Fordismus entsprechend - bereits in der Phase der Reurbanisierung. Die Länder der traditionellen Semi-Peripherie des Weltwirtschaftssystems, wie die Länder Ostmitteleuropas haben die Phase der Urbanisierung schon hinter sich, und sie sind gegenwärtig mit der Phase der Suburbanisierung konfrontiert. Schließlich setzte der globale Prozeß der modernen Stadtentwicklung in den Schwellen- und Entwicklungsländern mit der längsten Zeitverzögerung ein, und deswegen befinden sie sich gegenwärtig - begleitet durch Phänomene, wie den neuesten „Moloch", die Megastädte (DOGAN, M. - KASARDA, D. J. 1988) - in der Phase der explosionsartigen Urbanisierung. Nimmt man also einen zeitlichen Schnittpunkt, so läßt sich auf der Erde die gleichzeitige Existenz mehrerer Stadtentwicklungszyklen beobachten. Dabei sind die Phasen der Deurbanisierung und Reurbanisierung als die regionalen Konsequenzen der Transition vom Fordismus in einen Post-Fordismus einzustufen. Demgegenüber sind andere Großregionen, darunter auch die Transformationsländer Ostmitteleuropas gegenwärtig noch mit früheren Phasen der globalen Stadtentwicklung, vor allem mit der Phase der Suburbanisierung konfrontiert.

Während die 70er Jahre und zum Teil auch die 80er Jahre noch durch das „worldwide sourcing“, durch die weltweite Erweiterung des Fordismus geprägt waren, sind seit Ende der 80er Jahre bereits die Kennzeichen für das Einsetzen einer *post-fordistischen Produktionsweise* und einer *post-fordistischen Regulierung* zu erkennen (Hirsch, J. - Roth, R. 1986). Im Gegensatz zum Fordismus ist aber eine Erfassung der Merkmale dieser aufkommenden Ära des Post-Fordismus mit vielen Unsicherheiten belastet (Esser, J. - Hirsch, J. 1987, Leborgne, D. - Lipietz, A. 1994). „Currently a major debate is raging as to what comes after Fordism. Will it be a variant on Fordism, „neo-Fordism“, in which automated control systems are applied within a Fordist structure? Or will it be a totally new „post-Fordism“, in which the new technologies create quite different forms of production organization? It is a debate which stretches way beyond the bounds of technology and technological change into the realms of the social organisation of production, of the way in which the state regulates economic activity and the nature of consumption and markets“ (Dicken, P. 1992, 116). In dieser Hinsicht weist E. László (1988), einer der Mitbegründer des Club of Rome mit Recht darauf hin, daß unsere Welt an einem sogenannten *„Bifurkationspunkt“* angelangt ist, von dem gleichzeitig mehrere Abzweigungen und sogar ein Rückfall in ein früheres Entwicklungsstadium möglich sind. Deswegen lassen sich die Kennzeichen des Post-Fordismus eher in Form einer Gegenüberstellung zwischen dem Fordismus und dem Post-Fordismus, als in Form einer taxativen Beschreibung erfassen (Blotevogel, H.-H. 1996, Krätke, S. 1990, 1991). In ähnlicher Weise wird anschließend - trotz einiger bestreitbarer Feststellungen - deshalb überwiegend auf jenen Autor zurückgegriffen, nämlich auf M. Castells, der oben auch bei der Darstellung des Fordismus zitiert wurde.

Laut M. Castells (1989, 23ff., 1996), der selbst die neue Ära von einem neomarxistischen Gesichtspunkt aus als *„informational mode of development and the restructuring of capitalism“* bezeichnet, sind mehrere wichtige Merkmale für das neue Organisationsprinzip der Produktion, der Ökonomie und der Gesellschaft aufzulisten, die gewissermaßen bereits ein kohärentes System bilden. Zum einen wird in den entwickelten Industrieländern während der gegenwärtigen Transition das System der „economy of scale“ mit ihren fordistischen Giganten stufenweise durch eine flexible Organisationsstruktur der Betriebe und eine *flexible Ökonomie* („economy of scope“) abgelöst (Harvey, D. 1989, 1990). Wie P. Dicken betont, „the most important characteristic of the new system is flexibility: of the production process itself, of its organization within the factory and of the organization of relationships between customer and supplier firms“ (Dicken, P. 1992, 116). Dabei spielt der „technologische Imperativ“ der kapitalistischen Ökonomie eine maßgebende Rolle, und „the key to production flexibility lies in the use of information technologies in machines and operations. They permit more sophisticated controll over the production process“ (Dicken, P. 1992, 116.). So werden die rasche Dezentralisierung der Produktion und die atemberaubende Expansion der Informationstechnologie - laut M. CASTELLS und P. DICKEN - immer mehr zu den wichtigsten Kennzeichen des neuen Produktionsmodus.

Obwohl die zunehmende Flexibilität der Produktion eine unumstrittene Tatsache darstellt, ist es jedoch sehr fragwürdig, inwieweit sich die Flexibilität als Merkmal für ein neues Organisationsprinzip der Produktion und der Ökonomie einstufen läßt. Vom *organisationstheoretischen* Gesichtspunkt aus ist festzustellen, daß Flexibilität schon immer dort eingesetzt wurde, wo die Entscheidungen unter einem hohen Grad an Unsicherheit gefällt werden mußten (MEUSBURGER, P. 1995c). Der Fordismus hat zu einer Zeit seine Blüte erreicht, wo die Umwelt stabiler war, weniger Unsicherheit herrschte, ein ökonomischer Vorsprung länger anhielt und die Produktzyklen länger waren. Dementsprechend blieb in dieser Zeit auch die Forderung nach flexiblen Strukturen relativ gering. In ähnlicher Weise hängt der zunehmende Zwang zu mehr Flexibilität und flachen Hierarchien („just in time production", „lean management" etc.) seit den 80er Jahren auch damit zusammen, daß der Wettbewerb und dadurch auch die Unsicherheit des ökonomischen Umfeldes - aufgrund der kürzer werdenden Produktzyklen und der Globalisierung - immer größer wurden. Dies bedeutet aber nicht, daß die geringe Flexibilität als ein eindeutiges Merkmal für den Fordismus, bzw. die zunehmende Flexibilität als ein eindeutiges Merkmal für den Post-Fordismus einzustufen ist. Beispielsweise können jene Unternehmen, welche auch heute noch so autonom und wettbewerbsfähig sind, daß sie wenige Konkurrenten haben, mit wenig flexiblen, fordistischen Strukturen durchaus gut gedeihen.

Trotz dieser theoretischen Streitpunkte ist allerdings festzuhalten, daß der gegenwärtige Vormarsch der flexiblen Strukturen sehr tiefgreifende Konsequenzen auf dem Arbeitsmarkt verursacht. Die regulierte Lohnarbeit verliert rasch an Bedeutung, und es werden immer neue Formen der flexiblen Beschäftigungsverhältnisse, wie z.B. Teilzeitarbeit eingeführt. In ähnlicher Weise setzt sich der Imperativ der Flexibilität auch in der Organisation der Beschäftigungsverhältnisse durch, und anstatt der früheren „Versöhnung" zwischen Kapital und Arbeit werden den verschiedenen partnerschaftlichen Verhandlungen zwischen den Arbeitnehmerorganisationen und den Unternehmerverbänden immer weniger Spielräume eingeräumt. Insgesamt erfährt der Arbeitsmarkt infolge des Einsetzens der Flexibilität und der Abwertung der partnerschaftlichen Regulierung eine neue Spaltung in einen schmalen Bereich hochqualifizierter Arbeitskräfte mit äußerst guter Entlohnung und in einen breiten Bereich minderqualifizierter Arbeitskräfte mit schlechter Entlohnung. Schließlich als soziale Konsequenz dieser Veränderungen setzt stufenweise auch ein Auflösungsprozeß der früheren Mittelklasse aus der Epoche des Fordismus ein.

Als zweites Merkmal des Post-Fordismus läßt sich laut M. CASTELLS die *„accelerated internationalization of all economic processes"* nennen, die üblicherweise als die *Globalisierung der Weltwirtschaft* zum hochpointierten Modebegriff der Gegenwart wurde. Dabei kommt zwei Prozessen eine entscheidende Rolle zu, nämlich dem Abbau der physischen Hindernisse für einen freien Fluß des Kapitals, der Informationen, der Waren, der Menschen und des Informationswesens sowie dem Abbau der ökonomischen Regulierungen der Nationalstaaten (Abschaffung der Schutzzölle und Ausfuhrbeschränkungen, Öffnung der nationalen Finanzmärkte etc.). Als Folge der technischen Entwicklung in den Bereichen Verkehrs-, Kommunikations- und Informationswesen („space-shrinking technologies") und der ökonomischen Liberalisierung wurde die frühere innerbetriebliche Arbeitsteilung rasch auf die Weltebene übertragen, und der räumlich ausgeprägte Kreislauf von Kapital, Gütern und Informationen, aber auch die regionalen Mobilitätsvorgänge von Menschen wurden zeitlich in eine schnellere Dimension verlagert. Die tatsächliche Produktion ist selbstverständlich nach wie vor an bestimmte Standorte gebunden, aber der Produktionsprozeß selbst vollzieht sich immer mehr in den weltumspannenden Informationsnetzen. So prophezeit M. CASTELLS bereits einen markanten Wandel, in dem die an die Standorte gebundene Regionalstruktur („space of places") durch eine an die Ströme von Kapital und Informationen gebundene Regionalstruktur („space of flows") abgelöst wird (CASTELLS, M. 1994).

Die Feststellung, daß dieser rasche Wandel von *„space of places"* in *„space of flows"* eine neue Qualität in der Regionalentwicklung und ein Kennzeichen für eine neue Produktionsweise darstellt, läßt sich jedoch bezweifeln. So ist es sehr bemerkenswert, wie A. WEBER, der Gründervater der industriellen Standorttheorie vor fast 90 Jahren die Zustände der damaligen Weltwirtschaft schilderte: „Wir sind heute Zeugen von einfach ungeheuren örtlichen Verschiebungen der Wirtschaftskräfte, von Kapital- und Menschenwanderungen, wie sie niemals ein früheres Zeitalter gesehen hat. Wir sehen „Reiche stürzen, Reiche sich erheben" scheinbar als Folge solcher Wirtschaftsveränderungen" (WEBER, A. 1909, 2). Die subjektive Wahrnehmung stuft also die jeweiligen ökonomischen und regionalen Veränderungen fast ungewollt immer mit großer Vorliebe als „accelerated" oder „ungeheur" ein.

Ein Unterschied zwischen der Internationalisierung der Weltwirtschaft in den früheren Epochen und der gegenwärtigen Globalisierung ist weniger in der unterschiedlichen Geschwindigkeit, sondern vielmehr in den Trägern und den Triebkräften dieser Prozesse zu finden. Die Internationalisierung war vor den 80er Jahren durch den Handel der Industrieprodukte und eine starke Regulierung des Nationalstaates geprägt. Demgegenüber ist sie heute immer mehr durch den Fluß der Dienstleistungen und die Dominanz der *transnationalen Unternehmen* gekennzeichnet. Dabei kommt der Globalisierung der Finanzmärkte und der Expansion der *unternehmensorientierten Dienstleistungen* (Rechts, - Finanz-, Unternehmensberater, Werbeagenturen, Buchführungsfirmen etc.) eine besonders große Rolle zu, so daß A. HAMILTON bereits von einer *„financial revolution"* spricht: „What ist going on now is a revolution: a revolution in the way finance is organised, a revolution in the structure of banks and financial institutions and a revolution in the speed and manner in which money flows around the world" (HAMILTON, A. 1986, 13). Als Folge dieser Entwicklung haben sich als neue Raumtypen in der globalen Weltwirtschaft sogar *transnationale Räume* herausgebildet, die sich bereits außerhalb fast jeglicher Regulierung und Kontrolle des Nationalstaates befinden, wie die exportorientierten Produktzonen („export processing zones"), in denen die Niedriglohnländer extrem günstige Möglichkeiten für ausländische Investoren anbieten, und die Offshore-Finanzzentren, die mittlerweile als Steueroasen zum beliebtesten Standort von „hot money" wurden.

Der Unterschied zwischen der Internationalisierung in den früheren Epochen und der gegenwärtigen Globalisierung ist also unbestreitbar. Dieser Wandel deutet aber noch keineswegs darauf hin, daß Phänomene wie Region, Standort und zentrale Orte in der globalen Weltwirtschaft nunmehr überflüssig werden. So ist S. SASSEN mit Recht zuzustimmen: „Im Zuge der umfassenden Verlagerung von Büros und Fabriken in weniger überfüllte und kostengünstigere Gebiete könne der computerisierte Arbeitsplatz nun an jeder beliebigen Stelle eingerichtet werden. [...] Das Wachstum der Informationsindustrien ermögliche es, die Arbeitsergebnisse im Nu an jeden gewünschten Ort des Globus zu übertragen. Und die Globalisierung der Wirtschaftstätigkeit lege es nahe, daß Raum - insbesondere der städtische Raum - keine Rolle mehr spielt. Das ist aber nur die halbe Wahrheit. Die genannten Tendenzen sind fraglos vorhanden, beschreiben aber nur einen Teil des Geschehens. Neben der gut dokumentierten räumlichen Streuung der Wirtschaftstätigkeit traten auch neue Formen der territorialen Zentralisation von Topmanagement- und Kontrollfunktion in Erscheinung. Nationale und globale Märkte ebenso wie global übergreifende Wirtschaftsabläufe erfordern Zentrale Orte, an denen die Globalisierung realisiert wird" (SASSEN, S. 1994a, 15). Die regionale Dezentralisierung der Produktion der Industrie- und Dienstleistungsgüter und die räumliche Zentralisation der Kontroll- und Entscheidungs- und Machtfunktionen sind also keine Gegensätze, sondern die beiden Seiten der derselben Medaille.

Letztlich ist - laut M. CASTELLS - als drittes Merkmal des Post-Fordismus das *„substantial change in the pattern of state intervention"* zu nennen. Die wichtigsten Kennzeichen sind dafür die Deregulierung und der Abbau der keynesianischen Globalsteuerung, die Privatisierung des ehemaligen verstaatlichten Sektors und der öffentlichen Dienste, die Beschränkung der staatlichen Wirtschaftsförderung auf die Investitionen in Bereichen der Forschung und Entwicklung, das Einsetzen einer regressiven Steuerreform zugunsten der obersten Schichten, und von allen voran der schrittweise Rückbau des Wohlfahrtsstaates. Jene Phänomene also, die in den entwickelten Industrieländern die heftige öffentliche Debatte mit dem Slogan „weniger Staat, mehr Markt" seit langer Zeit prägen.

Im Hinblick auf die regionale Ausprägung dieses Einsetzens der postfordistischen Ära sind *drei neue Raumtypen* zu nennen, die sich in ihrem Ursprung auf die technisch-organisatorische Umstrukturierung der Großbetriebe und die Verlagerungsprozesse zurückführen lassen. Den auffallendsten Raumtyp stellen die Standorte der neuesten Technologien, wie „technology parks", „science cities" und *„technopoles"* mit den mittlerweile berühmt gewordenen Namen, wie „Silicon Valley" und „Boston's Highway 128" in den USA, „Tsukuba" und „Kumamoto" in Japan, „M4 Corridor" in England oder „Sophia Antipolis" in Frankreich dar (CASTELLS, M. - HALL, P. 1994, STERNBERG, R. 1994.). Allerdings lassen sich auch hier bedeutende regionale Unterschiede erkennen. Während der

Erfolg des Prototyps der „technopoles", die „Silicon Valley-Story", den wahren amerikanischen Traum verkörpert und seine rasche Entwicklung auf die Trennung und die Verselbständigung („process of spin-off") einer Vielzahl von Forschergruppen von den größeren Unternehmen im Technologiebereich sowie auf die dadurch entstehende innovative Dynamik und Synergie-Effekte zurückzuführen ist, spielt in den asiatischen Ländern der Staat die maßgebende Rolle in der Entwicklung der „technopoles", und in Europa wurden als ein neuer Typ der „technopoles" die Großstädte als fruchtbares innovatives Milieu wiedererfunden.

Der zweite Raumtyp der post-fordistischen Epoche ist durch die *Standortanforderungen des neuen flexiblen Produktionssystems*, wie durch das Vorhandensein der gut ausgebauten Infrastruktur, des hochqualifizierten Humankapitals und der kleinbetrieblich-kleingewerblichen Traditionen gekennzeichnet (PIORE, M. - SABEL, CH. F. 1985). Erfolgreiche Beispiele der Transition wie „Third Italy" (das Viereck zwischen Venedig, Bologna, Florenz und Ancona), „Second Denmark" (Jütland) und das Land Baden-Württemberg deuteten auf eine *Wiedererfindung der Region als organische, integrierte Einheit der Produktion* hin, wodurch sogar eine neue „renaissance of regional economies" für die aufkommende Ära prophezeit wird (SABEL, CH. F. 1994).

Der dritte Raumtyp der post-fordistischen Ära, dessen Vertreter ihn in der Literatur als *„global cities"* (SASSEN, S. 1991, 1994a, 1994b, 1995) oder als *„world-cities"* (FRIEDMANN, J. - WOLFF, G. 1982, FRIEDMANN, J. 1995a, 1995b, KNOX, P. 1995a, 1995b, KNOX, P. - TAYLOR, P. 1995) thematisieren, ist nur mit Einschränkungen als ein völlig neues räumliches Gebilde einzustufen. Hier handelt es sich nämlich um eine erneute Verstärkung der global agierenden Weltstädte, die dem Zyklusmodell der Stadtentwicklung im Sinne von L. VAN DEN BERG entsprechend bereits die Phase der Reurbanisierung erreichten. So findet in den traditionellen Metropolen der „Zentralstaaten", wie in New York London und Tokyo - infolge der Globalisierung der Weltwirtschaft sowie der Zunahme der Kontrollfunktionen der multinationalen Großbetriebe - eine enorme Konzentration von Macht, Kapital und Informationen statt, und diese Metropolen übernehmen dadurch die Kommandoposten im modernen Weltwirtschaftssystem. Gleichzeitig zu diesem Aufbruch in die „global cities" finden in den entwickelten Industrieländern durch die Transition vom Fordismus in einen Post-Fordismus markante Umstrukturierungsprozesse auch in der inneren sozialen Struktur der Großstädte statt. Phänomene, wie die *„Gentrifikation"*, d.h. die erneute Aufwertung innerstädtischer Bereiche durch Ansiedlung junger dynamischer Vertreter von Mittel- und Oberschichten (BLASIUS, J. - DANGSCHAT, J. S. 1990) auf der einen Seite, und die Entfaltung von *„divided cities"*, d.h. die wachsende räumliche Spaltung der Großstädte aufgrund der neuen sozialen Disparitäten in der post-industriellen Gesellschaft (FAINSTEIN, S. S. et al. 1992) auf der anderen Seite, gehören zu den wichtigsten Zeichen für diese Veränderung.

Aufgrund der Entfaltung dieser neuen Raumtypen und der oben beschriebenen Merkmale der Transition vom Fordismus in einen Post-Fordismus sind in den entwickelten Industrieländern gegenwärtig *vier wesentliche regional ausgeprägte ökonomische Prozesse* zu beobachten. Den ersten Prozeß stellt die *Deindustrialisierung* dar, die sich vor allem auf die monostrukturell geprägte Industrieregionen aus den ersten drei Kondratieff-Zyklen, wie dem Ruhrgebiet oder Wallonien konzentriert. Der zweite Prozeß, die *fordistische Reindustrialisierung*, stellt eine Wiederbesinnung der industriellen Massenproduktion dar und erfolgt vor allem in den Zielgebieten der Produktionsverlagerung. Der dritte Prozeß, die *post-fordistische Neoindustrialisierung* läßt sich durch das Einsetzten der flexiblen Industrieproduktion, wie „just in time production", „zero-stock-principle", „total-quality-controll" etc. charakterisieren (GRABHER, G. 1988, LÄPPLE, D. 1986). Schließlich läßt sich der vierte Prozeß als die *Entfaltung post-fordistischer Zentrumsregionen* bezeichnen, in dem sich die Großstädte - in Form von „global cities" oder „world-cities" - zu den Zentren der post-fordistischen Regulationsweise umwandeln.

Typen der Anpassung der Regionen Ostmitteleuropas an die Transitionsprozesse in den entwickelten Industrieländern

Damit wurde bereits das externe ökonomische, soziale und regionale Umfeld der Transformation vom Plan zum Markt angesprochen, an das sich die Länder Ostmitteleuropas, falls sie laut ihrer Zielsetzung die Einbettung in die europäische Wirtschaftsordnung realisieren wollen, anpassen müssen. Die wichtigsten Kennzeichen stellen dabei - unabhängig davon ob dies aufgrund eines betriebswissenschaftlichen oder eines sozioökonomischen Paradigmenwechsels erklärt wird - die anwachsende räumliche Flexibilität der Produktion und die zunehmende räumliche Verlagerung der Produktion in die Billiglohnländer dar. Da zwischen West- und Ostmitteleuropa ein stark ausgeprägtes Entwicklungs- und Lohngefälle besteht, bedeutet die Anpassung an den Transitionsprozeß in den entwickelten Industrieländern vor allem eine Anpassung der Regionen Ostmitteleuropas an die Standortanforderungen bei der Verlagerung der Produktionsstätten. Dadurch ergeben sich für die Transformationsländer drei mögliche *Typen der Anpassung*, nämlich: die Ansiedlung der relativ modernen industriellen Massenproduktion, d.h. das Einsetzen der fordistischen Reindustrialisierung, die Ansiedlung der flexiblen Industrieproduktion, d.h. das Einsetzen der post-fordistischen Neoindustrialisierung, sowie die Aufwertung der tertiär-quartären Zentrumsfunktion der Metropolen, d.h. das Einsetzen des Prozesses der Bildung post-fordistischer Zentrumsregionen.

Diese Typen der Anpassung unterscheiden sich - trotz der Anwendung der gleichen Begriffe - charakteristisch von den sozioökonomischen Umstrukturierungsprozessen in den entwickelten Industrieländern. Einerseits ist das Einsetzen der fordistischen Reindustrialisierung, der post-fordistischen Neoindustrialisierung und der Bildung der post-fordistischen Zentren in Westeuropa als ein Ergebnis einer organischen Eigenentwicklung einzustufen, während sie in Ostmitteleuropa dominant *von außen bestimmt* und durch externe Faktoren getragen sind. Die Länder Ostmitteleuropas können sich an diese Prozesse der Expansion des kapitalistischen Weltwirtschaftssystems zwar anpassen, die Gestaltung der Prozesse liegt aber außerhalb ihrer Reichweite[42]. Andererseits liegt ein markanter Unterschied zwischen den entwickelten Industrieländern und den Transformationsländern in der *Ausprägung* dieser sozioökonomischen Umstrukturierungsprozesse. Dabei läßt sich generell festhalten: während in den entwickelten Industrieländern die ökonomische und regionale Umstrukturierung von allen diesen Prozessen gekennzeichnet ist, fehlt es in Ostmitteleuropa weitgehend an einem Gleichgewicht dieser Prozesse. In den Transformationsländern dominiert die fordistische Reindustrialisierung, während die post-fordistische Neoindustrialiserung und die Bildung post-fordistischer Zentrumsregionen extrem schwach ausgeprägt sind. Letztlich ist als dritter Unterschied festzuhalten, daß sich diese Prozesse in Ostmitteleuropa - im Gegensatz zu den entwickelten Industrieländern - *regional extrem selektiv und konzentriert* vollziehen. So ist in allen Ländern Ostmitteleuropas eine Vielzahl von Regionen aufzulisten, in denen nach der Wende nicht einmal eine fordistische Reindustrialisierung in Gang kam. Aber auch die neu angesiedelten Betriebe der modernen Massenproduktion stellen oft nur separierte und einsame Inseln in der Regionalstruktur der Länder Ostmitteleuropas dar. Die Kennzeichen für einen Sprung in post-fordistische Neoindustrialisierung und den Wandel in die post-fordistische Zentrumsregionen können hingegen Regionen nur ausnahmsweise aufweisen.

Die Ursache für den regional extrem selektiven Vollzug der Anpassungsprozesse liegt darin begründet, daß jedem dieser Anpassungstypen auch charakteristische Standortanforderungen zuzuordnen sind, die die Regionen Ostmitteleuropas nicht wunschgemäß erfüllen können. Die fordistische Reindustrialisierung im Bereich der Massenproduktion setzt in den Zielgebieten niedrige Löhne, gut qualifizierte Arbeitskräfte und gut ausgebaute technische Infrastruktur voraus. Zu einem Sprung in die post-fordistische Neoindustrialisierung sind Standortqualitäten wie das Vorhandensein eines hochqualifizierten Humankapitals, einer gut ausgebauten Infrastruktur, der kleinbetrieblich-kleingewerblichen Traditionen, eines innovativen Wirtschaftsklimas und eines hochgradigen Netzes wirtschaftsorientierter Dienstleistungen erforderlich. Zur Bildung post-fordistischer Zentrumsregionen sind ein hoher Zentralitätsgrad, eine gut ausgebaute Infrastruktur in Forschung und Entwicklung, hochqualifizierte Arbeitskräfte, ein hochgradiges Netz wirtschaftsorientierter Dienstleistungen als typische Standortanforderungen zu nennen.

Es benötigt keine weitere Erklärung, daß diese Standortqualitäten in den Regionen Ostmitteleuropas nicht beliebig vorhanden sind. Standortfaktoren wie das Vorhandensein kleinbetrieblicher Traditionen oder das hochqualifizierte Hu-

---

42 Dabei ist sehr symptomatisch, daß mittlerweile in fast allen Ländern Ostmitteleuropas eine heikle Diskussion bezüglich des Lohnniveaus stattfindet. Da die Verlagerung der Produktionsstätten und besonders die fordistische Reindustrialisierung durch die Lohndisparität zwischen West- und Ostmitteleuropa entscheidend bedingt ist, sind die Transformationsländer makroökonomisch daran interessiert, das Lohnniveau möglichst niedrig zu halten, was aber sozial sehr schwer zu verteidigen ist. So wurde der bereits erwähnte „Schönheitswettbewerb" zwischen den Ländern Ostmitteleuropas auch zu einem Wettlauf: welches Land kann ein niedrigeres Lohnniveau für die Investoren anbieten.

mankapital sind nämlich historisch gewachsene regionale Gegebenheiten, sie können nicht innerhalb weniger Jahre hergestellt werden. Darüber hinaus ist der Eingriff des Staates bezüglich dieser Standortqualitäten eher als beschränkt einzustufen. Sein Spielraum erstreckt sich vor allem auf die Bereitstellung der technischen Infrastruktur, der Forschungseinrichtungen und der wirtschaftsorientierten Dienstleistungen. Als Konsequenz erfahren die *regionalen Gegebenheiten,* die *nationalen Besonderheiten* und die bereits in der Zeit des Sozialismus entstandenen *Vorbedingungen* eine enorme Aufwertung im konkreten Vollzug der Anpassungsprozesse. Dies kommt sowohl in einer Differenzierung zwischen den Ländern Ostmitteleuropas, als auch in einer Differenzierung zwischen den Regionen der Länder Ostmitteleuropas recht deutlich zum Ausdruck.

Im Hinblick auf die *Differenzierung zwischen den Ländern Ostmitteleuropas bezüglich der Anpassungsprozesse* stellen Ostdeutschland und Ungarn charakteristische Sonderwege dar. Dabei läßt sich der *Sonderstatus Ostdeutschlands* in den Transformationsprozessen Ostmitteleuropas durch zwei Merkmale kennzeichnen. Zum einen blieb Ostdeutschland infolge der spezifischen Rahmenbedingungen der Wiedervereinigung keine andere Wahl als eine *rasche Einleitung des Post-Fordismus.* Zum anderen erfolgte diese Einleitung des Post-Fordismus wegen der schweren Erblast der maroden DDR-Wirtschaft nicht organisch von unten, sondern *von oben* durch die massiven Eingriffe des Staates. Die Währungsunion und der automatische Beitritt Ostdeutschlands in die Europäische Union machten die Handlungsmöglichkeiten wie monetäre Exportstimulierung durch Währungsabwertung oder administrative Importbeschränkungen, die in anderen Ländern Ostmitteleuropas erheblich zur Schaffung eines endogenen Wachstumspotentials beitragen, vollkommen unmöglich. In ähnlicher Weise verlor Ostdeutschland durch das Angleichen der Löhne zwischen den alten und den neuen Bundesländern schnell seine Attraktivität für eine Verlagerung der Produktionsstätte multinationaler Großunternehmen. Dadurch wurden aber die Voraussetzungen einer fordistischen Reindustrialisierung in Ostdeutschland kurz nach der Wiedervereinigung rasch aufgelöst.

Zu einem gewaltigen *Sprung in die Moderne* fehlte und fehlt es aber auch heute an entsprechenden internen Ressourcen, und diese werden gegenwärtig durch die enormen Transferleistungen Westdeutschlands ersetzt. So liegen die Kosten der Transformation in Ostdeutschland nicht nur infolge der Pleite der DDR-Wirtschaft höher als früher erwartet wurde, sondern ein beträchtlicher Teil der Transferleistungen geht eher auf die Rechnung dieses Sprunges in den Post-Fordismus. So besteht die wichtigste Problematik des ostdeutschen Experimentes darin: *inwiefern es möglich sein wird, den Post-Fordismus in einem Land von oben durch staatliche Förderungen einzuführen?* Die Gefahren sind offensichtlich: die Einführung eines neuen Wirtschaftssystems von oben führt unausweichlich zum Auftreten einiger Fehlentscheidungen. Weiterhin ist es sehr riskant, den gangbaren schmalen Pfad zwischen der ökonomisch notwendigen und der sozial verträglichen Umstrukturierung zu finden. Schließlich erweist sich auch die Belastbarkeit der westdeutschen Gesellschaft und Ökonomie nicht als grenzenlos.

Der *Sonderweg Ungarns* läßt sich wiederum durch zwei Faktoren kennzeichnen. Zum einen entstanden in Ungarn in den letzten Jahrzehnten durchaus günstige Startbedingungen zu einer schnellen Entfaltung der Marktverhältnisse. Die relativ frühe Öffnung des Landes nach Westen, die Herausbildung eines quasiprivatwirtschaftlichen Sektors in der Ökonomie, die Implementierung einer Vielzahl marktkonformer Institutionen waren die Zeichen für ein *stufenweises „Aufweichen" des Plansystems.* Demgegenüber ist die Umstrukturierung durch die hohe Außenverschuldung enorm belastet, und dadurch sind sowohl die Eingriffsmöglichkeiten des Staates wie auch die makroökonomischen Spielräume des Landes sehr beschränkt. So besteht die wichtigste Frage in Ungarn darin: *inwiefern es möglich ist, den Sprung in den Post-Fordismus oder gar in die fordistische Reindustrialisierung nur aufgrund der früheren Vorteile zu schaffen?*

Im Hinblick auf die Differenzierung zwischen den Regionen der Länder Ostmitteleuropas im Vollzug der Anpassungsprozesse läßt sich sowohl in Ostdeutschland als auch in Ungarn eine markante regionale Separierung der Anpassungsprozesse beobachten, die die bereits früher erwähnte Metapher einer Dreiteilung der Transformationsländer durch Großräume in mancher Hinsicht geltend macht. Eine *fordistische Reindustrialisierung*, eine zunehmende Ansiedlung von Produktionsstätten internationaler Großunternehmen bezüglich der Massenproduktion findet vor allem in den westlichen Regionen Ungarns statt. Regionen mit diesem Anpassungstyp sind in Ostdeutschland infolge des Sprungs in den Post-Fordismus nur sehr wenig zu finden. Die Standortbedingungen einer *post-fordistischen Neoindustrialisierung*, besonders das hochqualifizierte Humankapital und die kleinbetrieblich-kleingewerblichen Traditionen sind vor allem im Süden Ostdeutschlands, in Sachsen und in Thüringen sowie in Ungarn in Nordwest-Transdanubien vorhanden. Die Hauptstädte Berlin und Budapest mit der fortschreitenden Tertiärisierung und zunehmenden Konzentration von Entscheidungsfunktionen, wirtschaftsorientierten Dienstleistungen sowie Forschungs- und Entwicklungsaktivitäten verfügen über gute Chancen, zu *wachsenden Zentrumsregionen mit post-fordistischen Zügen* zu werden. Zu dieser Entwicklung bekommt Berlin durch die neue Rolle als Hauptstadt noch einen zusätzlichen Anstoß. Demgegenüber ist in den Regionen, die nicht einmal die Standortanforderungen der fordistischen Reindustrialisierung erfüllen können - diese sind im Norden Ostdeutschlands und im Nordosten Ungarns zu finden - mit dem *Einsetzen von Peripherisierungsprozessen* zu rechnen.

Wie die Beispiele Ostdeutschlands und Ungarns belegen, lassen sich die Anpassungsprozesse während der Transformation vom Plan zum Markt mit den Umstrukturierungsprozessen während der Transition vom Fordismus in einen Post-Fordismus - wie dies bereits im Unterkapitel 1.1. in einem Diskurs mit den diesbezüglichen Thesen von P. DOSTAL und G. GORZELAK betont wurde - nicht gleichsetzen. Das Auftreten der Anpassungsprozesse bedeutet nicht das Einsetzen eines Post-Fordismus, sondern nur die Übernahme einiger Elemente des globalen Akkumulationsregimes des Post-Fordismus, obwohl dieses „nur" immer noch „mehr" ist als die Misere der sozialistischen Planwirtschaft. Darüber hinaus werden diese Elemente des post-fordistischen Akkumulationsregimes in den Ländern Ostmitteleuropas erheblich modifiziert, und diese Übernahme weist sowohl zwischen den Ländern Ostmitteleuropas als auch zwischen den Regionen der Länder Ostmitteleuropas bedeutende regionale Unterschiede auf. Die Anpassungsprozesse sind aber keine Einbahnstraßen, die Art und Weise, wie sich die Länder Ostmitteleuropas an die Transition in den entwickelten Industrieländern anpassen, wirkt in Form einer Rückkopplung auch auf die Länder Westeuropas zurück. So sind theoretisch die Thesen festzuhalten: Die Phänomene der Transformation vom Plan zum Markt in den Ländern Ostmitteleuropas sind ohne die Auswirkungen der Transition vom Fordismus in einen Post-Fordismus in den entwickelten Industrieländern und ohne die Globalisierung der Weltwirtschaft nicht zu verstehen und zu erklären. In umgekehrter Weise, sind auch die Phänomene der Transition vom Fordismus in einen Post-Fordismus in den Ländern Westeuropas untrennbar von den Phänomenen der Transformation vom Plan zum Markt in den Ländern Ostmitteleuropas.

Eine ausdrückliche Betonung der Rückwirkung der Anpassungsprozesse auf die Transition in den Ländern Westeuropas ist deshalb von großer Bedeutung, weil die öffentlichen Debatten mit den Stichworten Erhalt der Industriestandorte in Westeuropa oder die Verlagerung der Produktion nach Ostmitteleuropa immer noch durch verallgemeinernde *Horrorvisionen* eines industriell verödeten Westens und eines künftig prosperierenden Osten dominiert sind. Um zu dokumentieren, wie tief diese westeuropazentrischen Schreckbilder die öffentliche Meinung prägen, soll hier eine Vision aus einer Wirtschaftszeitschrift, die aus einer Untersuchung der Standortqualitäten von mehr als 400 Industriestandorte Europas resultiert, in voller Länge zitiert werden. Laut dieses „düsteren Szenarios“: „Im Mai 2020 sind die blühenden Industriestandorte Deutschlands, Österreichs, der Schweiz, Frankreichs oder Norditaliens verödet. Die Arbeitslosigkeit nähert sich der Fünfzig-Prozent-Marke. Hunderttausende von Arbeitsplätzen in der Produktion sind exportiert. Qualifizierte Arbeitskräfte, Ingenieure und Wissenschaftler büffeln russisch, tschechisch oder ungarisch und reihen sich in den großen Treck Richtung Osten ein. Ihr Ziel: Die neuen Silicon Valleys der Produktion in der Gegend um Bratislava, in Győr-Sopron, Estland, Westböhmen oder Posen. Dort produziert der Technologiekonzern Daimler-Benz sein intelligentes Stadtauto, Siemens die neue Super-Glasfaser, Alcatel den tragbaren 986er. Nüchtern betrachtet, kommen weite Teile der westlichen Welt kostenbezogen nicht als Produktionsstandorte in Frage“ (EMPIRICA 1993, zit. nach ARNOLD, H. 1995, 147).

Nüchtern betrachtet, besitzt diese Vision - wie auch H. ARNOLD (1995) darauf aufmerksam machte - allein infolge des künftigen EU-Beitritts der Länder Ostmitteleuropas und die dadurch einsetzende Relativierung des Lohngefälles zwischen West- und Ostmitteleuropa praktisch keinen Realitätsbezug. Diese und ähnliche Visionen weisen aber auch darauf hin, daß Mißverständnisse nicht nur die Interpretation des Transformationsprozesses in Ostmitteleuropa, sondern auch die Interpretation der Transition in den entwickelten Industrieländern beherrschen. Wie in diesem Unterkapitel recht ausführlich dargestellt wurde, findet synchron mit der Verlagerung der arbeits- und lohnintensiven Produktionsstätten in die Schwellenländer auch eine zunehmende Konzentration in den Bereichen Verwaltung, Forschung, Verteilung, Marketing und Management in den entwickelten Industrieländern statt. Um bei dem Beispiel zu bleiben: Daimler-Benz, Siemens und Alcatel werden aus Kostengründen die lohnintensive Produktion vielleicht in voller Gänze nach Osten verlagern, sie werden aber das strategische Management sicherlich nach wie vor im Westen Europas behalten. So daß durch diese selektive Verlagerung der Produktionsvorgänge die ökonomischen Kräfteverhältnisse zwischen West- und Ostmitteleuropa erneut reproduziert werden - ähnlich wie dies im Unterkapitel 1.3. bei F. BRAUDEL anhand der Tertiärisierung und der Industrialisierung beschrieben wurde, nur auf einer anderen, einer höheren Ebene. Deshalb liegt das „optimistische Szenario“ dieser Wirtschaftszeitschrift der Realität viel näher: es „wird möglichst viel in Osteuropa produziert, in Westeuropa befinden sich die Verteilerzentren, das logistische und produktionsorientierte Know-how und die Headquarters“ (EMPIRICA 1993, zit. nach ARNOLD, H. 1995, 148).

Wie die kurze Darstellung dieser Horrorvision belegt, kann die Überbetonung einer westeuropazentrischen Sichtweise genauso zu Fehlinterpretationen führen wie die Überbetonung einer ostmitteleuropazentrischen Sichtweise. Die größte Konsequenz der Grenzöffnung und der Auflösung der bipolaren Welt eines kapitalistischen Westeuropas und eines sozialistischen Ostmitteleuropas nach der Wende ist nämlich gerade darin zu sehen, daß Europa wieder zu einem Ganzen wurde, in dem die Transformationsprozesse in Ostmitteleuropa und die Transitionsprozesse in Westeuropa ihren Vollzug und ihre Auswirkungen gegenseitig beeinflussen. Eine bloße Anerkennung der Existenz von gegenseitigen Auswirkungen ist aber noch nicht genug, es ist auch eine *ganzheitliche Betrachtung* bezüglich der Forschung und der Interpretation der regionalen Umstrukturierungsprozesse Europas dringend erforderlich. Ohne eine ganzheitliche Betrachtung der regionalen Umstrukturierungsprozesse Europas gerät man nämlich - egal, ob auf der Basis einer westeuropazentrischen oder einer ostmitteleuropazentrischen Sichtweise - in einen Teufelskreis, und man könnte bei diesen westeuropazentrischen Visionen mühelos eine ostmitteleuropazentrische Rückfrage stellen: Falls dieses Szenario des verödeten Westens und des blühenden Ostens, welches einen mehr als unwahrscheinlichen Fall prognostiziert, trotzdem zur Wirklichkeit würde, warum sollte man es dann ein „düsteres Szenario“ nennen?

2.4. THESEN ZUR REGIONALEN UMSTRUKTURIERUNG IN DEN LÄNDERN OSTMITTELEUROPAS

Im Unterkapitel 1.1. wurde die Transformation vom Plan zum Markt als ein dreiteiliger Prozeß erfaßt, der sich in drei Teilprozessen, in einen Systemwandel, einen Aufholprozeß und einen Anpassungsprozeß aufteilen läßt. Die Differenzierung zwischen diesen untergeordneten Teilprozessen ist deshalb von großer Bedeutung, weil - wie dies die *Abbildung 3* zusammenfassend darlegt - alle Teilprozesse von ihnen bestimmte regionale Prozesse auslösen und bestimmte regionale

Strukturen in Gang setzen. Da sich diese regionalen Prozesse und Strukturen in ihrem Ursprung direkt auf die Transformation zurückführen lassen bzw. unmittelbar aus dem Transformationsprozeß resultieren und sie deswegen mehr oder weniger ausgeprägt in allen Ländern Ostmitteleuropas zur Geltung kommen, sind sie als allgemeine regionale Begleiterscheinungen der Transformation vom Plan zum Markt einzustufen.

Allgemeine regionale Begleiterscheinungen der Transformation vom Plan zum Markt

Aufgrund einer idealtypischen zeitlichen Einteilung des Einsetzens der untergeordneten Teilprozesse der Transformation vom Plan zum Markt, wobei die Grenzen der Zeiträume eher fließend sind, lassen sich - wie die *Abbildung 3* zusammenfassend darlegt - die folgenden Thesen zu den allgemeinen regionalen Begleiterscheinungen der Transformation auflisten:

- *Vor der Wende*, in den 80er Jahren war die Regionalstruktur der Transformationsländer durch einen regionalen Überhang geprägt. Dieses *System des „regionalen Überhangs"* funktionierte im Schutz einer geschlossenen Ökonomie und stützte sich auf die zentrale Neuverteilung der Entwicklungsressourcen. Als Ergebnis des regionalen Überhangs wurde die Existenz der vorsozialistischen großräumigen Disparitäten zum Teil effektiv verhüllt, es entstanden aber in der Siedlungshierarchie neue regionale Ungleichheiten. So gab es in den Ländern Ostmitteleuropas in der Endphase des Sozialismus eine *relativ polizentrische Regionalstruktur*, die sich entsprechend der Stufentheorie von J. FRIEDMANN als das Ende der dritten und der Anfang der vierten Phase der Regionalentwicklung einstufen läßt.
- *Zum Zeitpunkt der Wende*, in den Jahren von 1989 bis 1991 setzten infolge der ökonomischen Öffnung der Transformationsländer zum Weltmarkt zwei Prozesse ein: die Auflösung des regionalen Überhangs und die Transformationskrise der Wirtschaft. Dadurch wurde ein rascher *Abbau* der Regionalstrukturen aus der Zeit des Sozialismus eingeleitet. Die Abschaffung des sozialistischen regionalen Überhangs löste einen freien Wettbewerb der Regionen aus, und sie führte dadurch zu einem *„Comeback" vorsozialistischer großräumiger Disparitäten*. Durch die allgemeine Transformationskrise setzten wiederum großräumige Ungleichheiten, wie die *Aufwertung der Hauptstädte* und die *Entfaltung der altindustrialisierten Krisenregionen* ein. Insgesamt erfolgte dadurch zur „Stunde Null" der Transformation eine rasche *Rückstellung* in die zweite Phase des FRIEDMANN-Modells in der Regionalentwicklung der Transformationsländer.
- *Kurz nach der Wende*, in den Jahren von 1991 bis 1993 fand ein *Aufbau* neuer regional relevanter Machtverhältnisse in der Verwaltung und Ökonomie statt, der diverse regionale Prozesse auslöste. Obwohl es in den Ländern Ostmitteleuropas an einer grundlegenden Umgestaltung der territorialen Verwaltungsstruktur fehlte, eröffnete die *Kommunalreform* durch die Gewährung einer

großzügigen Autonomie für die Gemeinden einen großen Spielraum. Das zunehmende Engagement der Gemeinden bezüglich der Förderung des lokalen Wirtschaftsklimas weist auf die Entfaltung einer durch *kleinräumige Disparitäten* geprägten Regionalstruktur hin. Demgegenüber führte die *Privatisierung* des ehemaligen sozialistischen Staatseigentums zu einem höchst dramatischen Umwertungsprozeß der bestehenden Regionalstrukturen. Die neue regionale Struktur der Ökonomie, die nach dem Vollzug der Privatisierung entstand, läßt sich durch *großräumige Disparitäten und eine Zentrum-Peripherie-Struktur* kennzeichnen.

Abbildung 3. Allgemeine regionale Konsequenzen der Transformation vom Plan zum Markt in Ostmitteleuropa

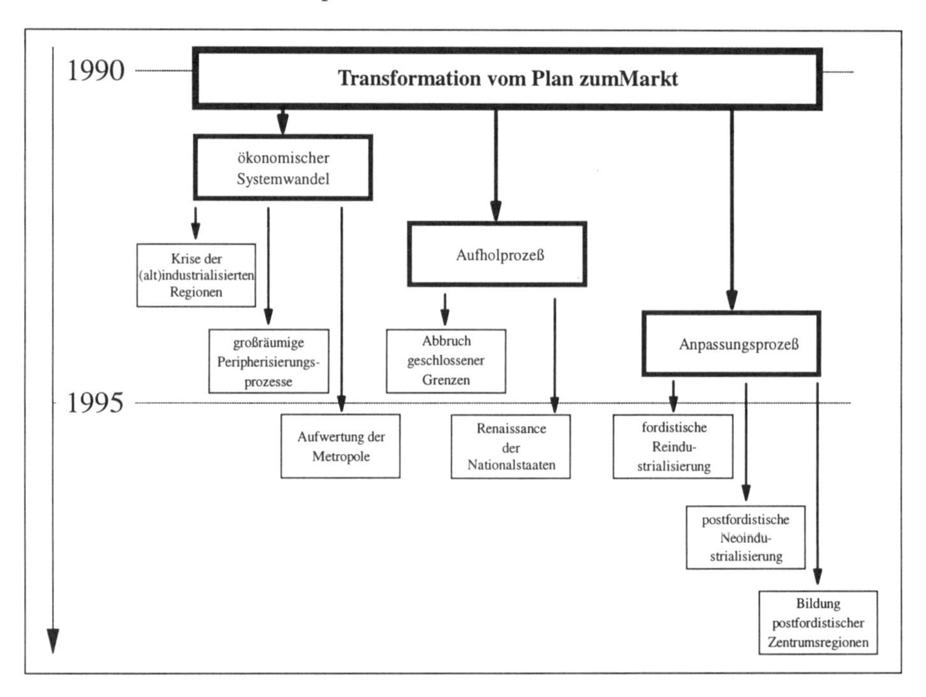

- In der *Anfangsphase* der Transformation vom Plan zum Markt, etwa von 1992 bis 1994 wurden die regionalen Konsequenzen der Aufholprozesse immer deutlicher. Die Bestrebungen, den ökonomischen Rückstand aus der Zeit des Sozialismus aufzuholen, waren durch zwei markante regionale Prozesse, nämlich durch den Aufbruch der Nationalstaaten und den Abbruch der früher geschlossenen Grenzen begleitet. Sie haben die politische und wirtschaftsgeographische Karte Ostmitteleuropas zwar neu gezeichnet, sie waren aber infolge der *Verstärkung der Desintegrationstendenzen* in Ostmitteleuropa auch mit mehreren Widersprüchen belastet. So erwies sich der *Aufbruch der Nationalstaaten* in wenigen Fällen als ein nützliches Mittel für eine Vorbereitung der EU-Integration, er ist aber aus dem Gesichtspunkt der Praxis einer EU-Integration eher als kontraproduktiv zu betrachten. Durch den *Abbruch der früher geschlossenen Grenzen* kam das regionale Entwicklungsgefälle zwischen den Ländern Ostmitteleuropas zum Ausdruck, das nach der Wende die grenzüberschreitenden Mobilitätsströme maßgebend bestimmte. So wurde - im Gegensatz zu den Erwartungen - die Entwicklung der „Frontier-Grenzregionen" zum Ausnahmefall, sie sind in der Regel die Westgrenzen der Länder Ostmitteleuropas, die *Dominanz der „Crossroads-Grenzregionen"* hingegen zum Normalfall, sie sind in der Regel die östlichen Grenzgebiete.

- *Nach der Anfangsphase der Transformation*, etwa von 1994 erfuhren die regionalen Auswirkungen der Transition in den entwickelten Industrieländern eine immer stärkere Aufwertung bezüglich des Wandels der Regionalstruktur in Ostmitteleuropa. Die generellen Tendenzen stellen dabei die Verlagerung der Produktionsstätten von den entwickelten Industrieländern in die Schwellen- oder Entwicklungsländer sowie die Herausbildung neuer, flexibler Regionen in den Industrieländern dar. So bedeutet die Anpassung an den Transitionsprozeß in den entwickelten Industrieländern vor allem eine Anpassung der Regionen Ostmitteleuropas an die Standortanforderungen bei der Verlagerung der Produktionsstätten. Dabei lassen sich aufgrund der Standortanforderungen drei Anpassungstypen der Regionen der Transformationsländer unterscheiden: nämlich die fordistische Reindustrialisierung, die post-fordistische Neoindustrialisierung und die Bildung post-fordistischer Zentrumsregionen. Allerdings dominiert bis zum heutigen Zeitpunkt die fordistische Reindustrialisierung und dadurch wandeln sich die zur EU angrenzenden Regionen von Polen, Tschechien, der Slowakei und Ungarn dem Lohngefälle entsprechend zu einem *industriellen Hinterhof* der Massenprodukte von Westeuropa. Demgegenüber stellen die post-fordistische Neoindustrialisierung und die Bildung post-fordistischer Zentrumsregionen nur einsame Inseln in der Regionalstruktur der Länder Ostmitteleuropas dar. Letztlich wurden die Gebiete, in denen nicht einmal eine fordistische Reindustrialisierung in Gang geriet, den Peripherisierungsprozessen ausgeliefert.

Länderspezifische regionale Begleiterscheinungen der Transformation vom Plan zum Markt

Diese allgemeinen regionalen Begleiterscheinungen traten in Ostmitteleuropa im Zeitraum von 1989 bis zum gegenwärtigen Zeitpunkt nicht isoliert auf, sondern überlagerten sich in einem höchst komplexen Muster. Besonders auf der Ebene der einzelnen Transformationsländer läßt sich die Komplexität dieser Überlagerungen erkennen, wobei den nationalen Besonderheiten sowohl bezüglich der Vorbedingungen der Transformation als auch hinsichtlich des Umgangs mit der Problematik der Transformation eine wichtige Rolle zukommt. Dabei lassen sich in Ostdeutschland und in Ungarn die folgenden länderspezifischen regionalen Begleitphänomene der Transformation aufzählen:

- Die konkrete Ausprägung der Rückstellung der Regionalstrukturen in die zweite Phase des FRIEDMANN-Modells war von zwei Faktoren, von der Ausprägung früherer, *vorsozialistischer Disparitäten* und von der Wirksamkeit der *staatlichen Eingriffe* in die Regionalentwicklung nach der Wende abhängig. Dabei lassen sich Ostdeutschland und Ungarn im Bezug auf den Eingriff des Staates als zwei charakteristische Typen einstufen. In Ostdeutschland wurden durch den *„Vereinigungskeynesianismus"* die regionalen Disparitäten - im Vergleich zu anderen Ländern Ostmitteleuropas - relativ abgemildert, hingegen waren sie in Ungarn durch eine *„Laisser faire" Regionalpolitik* sogar verstärkt. Die regionale Konsequenz dieser Unterschiede ist vor allem darin zu sehen, daß die Regionalentwicklung Ungarns - im Gegensatz zum ostdeutschen regionalen Strukturwandel - durch das Phänomen des „Comeback" vorsozialistischer Disparitäten stärker geprägt wurde.
- Im Hinblick auf den Abbruch der früher geschlossenen Grenzen läßt sich generell feststellen, daß die Entwicklung der Grenzregionen sowohl in Ostdeutschland als auch in Ungarn dem ostmitteleuropäischen Muster folgte. Ein wesentlicher Unterschied kommt aber darin zum Ausdruck, daß die Entwicklung der Grenzgebiete in Ungarn in die *West-Ost-Dichotomie* eingebettet ist, so daß hier die Westgrenzgebiete zu einer „Frontier-Grenzregion" wurden, während in Ostdeutschland - infolge der spezifischen Situation der Wiedervereinigung - eindeutig die *„Crossroads-Grenzregionen"* dominieren.
- Hinsichtlich des Vollzuges der Anpassungsprozesse lassen sich Ostdeutschland und Ungarn durch zwei charakteristische Sonderwege kennzeichnen. In diesem Kontext ist der *Sonderstatus Ostdeutschlands* im raschen Sprung in den Post-Fordismus auf der Basis der Transferleistungen Westdeutschlands, der *Sonderweg Ungarns* in der relativ früheren „Aufweichung" des Plansystems zu erkennen. Beide Sonderwege sind aber auch mit Gefahren belastet. Dabei liegt die Gefahr in Ostdeutschland in der Entfaltung einer weder arbeits- noch kapitalintensiven Wirtschaft, welche einen Hintergrund für eine *„Mezzogiornisierung"* darstellt. In Ungarn stellen hingegen die klare regionale Separierung der Anpassungsprozesse und besonders der Unterschied zwischen dem Einsetzen der fordistischen Reindustrialisierung im Westen Ungarns und dem Einsetzen zunehmender Peripherisierungstendenzen infolge des Fehlens an nötiger Anpassung im Osten Ungarns eine große Gefahr für die Entwicklung der Regionalstruktur dar, die sich als unmittelbarer Hintergrund für die Metapher *„Dreiteilung Ungarns"* einstufen läßt.

3. MAKROANALYTISCHE STRUKTURMUSTER DES WANDELS AUF DEM ARBEITSMARKT

„Mit dem Wechsel des politischen Systems ist auch ein synchroner Strukturwandel von einer Planwirtschaft zu einer Marktwirtschaft gekoppelt, d.h. Abbau der Landwirtschaft, Rückbau des industriellen Bereichs und Ausbau des Dienstleistungssektors. In den westlichen Staaten erfolgte sowohl die Herausbildung einer marktorientierten Wirtschaftsweise als auch der Wandel der wirtschaftlichen Struktur über einen langen Zeitraum.“

Heinz FASSMANN[43]

Nach der politischen Wende in den Jahren 1989/1990 erfolgte sowohl in Ostdeutschland als auch in Ungarn eine historisch vorher beispiellose rasche Umwandlung auf dem Arbeitsmarkt, die gleichzeitig auf mehreren Ebenen zu beobachten ist. Der markanteste Wandel ist dabei der drastische Abbau der Erwerbstätigkeit, dessen Problematik das *Unterkapitel 3.1.* gewidmet ist. In ähnlicher Weise stellt die Arbeitslosigkeit, die während der Zeit des Sozialismus in Ostmitteleuropa völlig unbekannt war, ein weiteres auffallendes Phänomen im Abbau der früheren Strukturen dar, das im *Unterkapitel 3.2.* erörtert wird. Die durch den dramatischen Beschäftigungsrückgang und die hohe Arbeitslosigkeit gekennzeichnete massenhafte Entlassung konnte aber durch den neuen Unternehmenssektor nicht aufgefangen werden. Deswegen wurde in beiden Ländern ein breites Instrumentarium direkter arbeitsmarktpolitischer Maßnahmen eingesetzt, die in Form eines sogenannten zweiten Arbeitsmarktes eine temporäre Beschäftigung für eine Vielzahl früherer Arbeitnehmer ohne Arbeit sicherten. Die Problematik dieses zweiten Arbeitsmarktes wird im *Unterkapitel 3.3.* behandelt. Das *Unterkapitel 3.4.* wurde den Prozessen des sektoralen Wandels in der Ökonomie gewidmet, die sich auch unter den Oberbegriffen, wie Deindustrialisierung, Tertiärisierung und Gründungsboom der Privatunternehmen zusammenfassen lassen. Schließlich wird im *Unterkapitel 3.5.* der Versuch unternommen, diese Umstrukturierungsphänomene auf dem Arbeitsmarkt in ihrem komplexen Zusammenhang darzustellen. In den Analysen werden für Ostdeutschland 1989, das Jahr der Vereinigung und gleichzeitig der letzten Bestandsaufnahme über die DDR-Zeit, für Ungarn 1990, das Jahr der letzten Volkszählung in der Zeit des Sozialismus als Basisjahre genommen.

---

43 FASSMANN, H. 1995, 110.

3.1. RÜCKGANG DER ERWERBSTÄTIGKEIT

Der seit 1990 rapide beschleunigte Rückgang der Erwerbstätigkeit stellt sowohl in Ostdeutschland als auch in Ungarn vermutlich die höchst dramatische Folge des Abbaus von sozialen und regionalen Überhängen aus der Zeit des Sozialismus dar. Es genügt, nur einen Blick auf die Entwicklung der Erwerbstätigkeit in beiden Ländern seit der Anfangsphase der Transformation zu werfen, um diesen gewaltigen Prozeß zu verdeutlichen. Wie die *Tabelle 1* belegt, erfuhr die *Erwerbsquote*, d.h. das Verhältnis der Zahl der Erwerbspersonen zur Zahl der Wohnbevölkerung im erwerbsfähigen Alter, in beiden Ländern einen drastischen Rückfall.

Tabelle 1. Erwerbsquote in Ostdeutschland und in Ungarn im Jahre 1989/1990 und 1994 (in Prozent)[44]

	1989/1990	1994
Ostdeutschland	89,7	73, 0
Ungarn	93,3	77,1

Quelle: Eigene Berechnung nach NATIONAL BANK OF HUNGARY 1995, 191, EUROPÄISCHE KOMMISSION 1995, 2-3.

Der Prozeß der Schrumpfung der Erwerbstätigkeit wurde in beiden Ländern durch zwei charakteristische Phänomene, durch eine rasche Produktivitätssteigerung und einen *drastischen Rückzug der Arbeitnehmer aus dem Arbeitsmarkt* begleitet. Wie aus den *Tabellen 2 und 3* zu entnehmen ist, war der Rückfall des BIPs sowohl in Ostdeutschland als auch in Ungarn weit geringer als der Rückgang der Zahl der Erwerbstätigen. Im Klartext bedeutet dies, daß während der Schrumpfung der Beschäftigungsmöglichkeiten gleichzeitig eine rasche *Produktivitätssteigerung* stattfand. Allerdings soll bereits an dieser Stelle hinzugefügt werden, daß die Produktion - trotz ihres Wachstums nach der Krise der ersten Jahre der Transformation - den Stand der Jahre unmittelbar vor der Wende bis Mitte der 1990er Jahre immer noch nicht erreicht hat.

Tabelle 2. Wandel des Bruttoinlandsproduktes und der Zahl der Erwerbstätigen in Ostdeutschland zwischen 1989 und 1994 (in Prozent, 1989 = 100%)[45]

	1989	1990	1991	1992	1993	1994
Bruttoinlandsprodukt	100,0	71,5	71,9	78,1	82,6	89,9
Beschäftigtenzahl	100,0	83,1	69,4	63,0	62,3	63,7

Quelle: EUROPÄISCHE KOMMISSION 1995, 2-3.

44 Dabei ergibt sich die Erwerbsquote anhand folgender Berechnungsmethode: Erwerbspersonen (Erwerbstätige + Arbeitslose + Arbeitspendler ins Ausland) / Wohnbevölkerung im erwerbsfähigen Alter * 100. Für Ostdeutschland bezieht sich die Erwerbsquote auf 1989(1. Hj.).

45 Die Daten für 1989 beziehen sich auf das erste Halbjahr, die weiteren auf das zweite Halbjahr.

Tabelle 3. Wandel des Bruttoinlandsproduktes und der Zahl der Erwerbstätigen in Ungarn zwischen 1980 und 1994 (in Prozent, 1980=100%)

	1980	1989	1990	1991	1992	1993	1994
Bruttoinlandsprodukt	100,0	115,9	111,8	98,5	95,5	94,7	96,6
Beschäftigtenzahl	100,0	96,0	95,4	92,4	83,6	75,9	72,1

Quelle: NATIONAL BANK OF HUNGARY 1995, 170, 192.

Dieser Unterschied zwischen dem Abbau der Erwerbstätigkeit und dem Produktionsrückgang stellt eines der größten Konfliktfelder der Transformation vom Plan zum Markt dar, das in der öffentlichen Problemwahrnehmung gewöhnlich mit dem Etikett „Wirtschaftspolitik versus Beschäftigungspolitik" versehen wird (FRANZ, W. 1993, KOLLER, M. 1994, OECD 1994). Erfordert die Wettbewerbsfähigkeit der modernen Weltwirtschaft durch das Motto „mit weniger Menschen mehr produzieren" eine unaufhaltsame Produktivitätssteigerung, sprechen die sozialen Überlegungen eher für einen Erhalt der Arbeitsplätze. Im Lichte des ökonomischen Zwangs der Produktivitätssteigerung ist aber leicht einzusehen, daß in der Zukunft in beiden Ländern eine niedrigere Erwerbstätigkeit etabliert werden wird. Es läßt sich ohne besonderes Wagnis prophezeien, daß eine so hohe Erwerbsquote, wie sie in der Zeit des Sozialismus der Normalfall war - trotz eines Wirtschaftswachstums - nie wieder vorkommen wird.

Die Konsequenzen dieser ökonomischen Notwendigkeit für den Arbeitsmarkt sind eindeutig: für eine Vielzahl der Arbeitslosen in den Trasformationsländern bleibt keine andere Wahl, als sich *endgültig aus dem Arbeitsmarkt zurückzuziehen*. Die Angaben sprechen sowohl in Ostdeutschland als auch in Ungarn markant für diesen Prozeß. Vergleicht man bloß die Differenz zwischen der Zahl der Erwerbstätigen in den Jahren 1990 und 1994 mit der Zahl der registrierten Arbeitslosen an ihrem Höhepunkt, ergibt sich ein riesiger Unterschied. In Ungarn erfolgte zwischen 1990 und 1994 ein Abbau von 1,335 Mio. Erwerbstätigen, während die Zahl der registrierten Arbeitslosen an ihrem Höhepunkt am Ende des Jahres 1992 die Höhe von 650.000 Arbeitslosen nur knapp überschritten hatte. In ähnlicher Weise nahm die Zahl der Erwerbstätigen in Ostdeutschland zwischen 1989 und 1994 von 9,621 Mio. auf 6,128 Mio. ab, demgegenüber betrug die Zahl der registrierten Arbeitslosen an ihrem Höhepunkt Ende 1993 1,175 Mio.

Wie diese Daten für Ostdeutschland und für Ungarn prägnant zeigen, umfaßte die registrierte Arbeitslosigkeit in beiden Ländern nur den kleineren Teil der Entlassung des Arbeitsmarktes nach der Wende. Die Mehrheit der entlassenen Arbeitnehmer befand sich hingegen in verschiedenen Phasen eines Rückzugs aus der Nachfrageseite des Arbeitsmarktes. An diesem Punkt lassen sich bereits bedeutende Unterschiede zwischen den einzelnen Transformationsländern beobachten. Während der massenhafte Rückzug der Arbeitnehmer vom Arbeitsmarkt als ein allgemeiner Trend der Transformation vom Plan zum Markt zu betrachten ist, der in beiden Ländern prägnant hervortritt, lassen sich in bezug auf das Ausmaß und die Struktur des Rückzugs markante Unterschiede zwischen Ostdeutschland und

Ungarn erkennen, und es läßt sich gleichzeitig auf die Auswirkungen der nationalen Besonderheiten im Umgang mit der Bewältigung der Transformation hinweisen.

In Form einer *Bilanzrechnung* kann die Wohnbevölkerung im erwerbsfähigen Alter in den Transformationsländern nach der Wende in vier größere Gruppen aufgeteilt werden. Die erste Gruppe bildet sich durch die *Erwerbstätigen auf dem regulierten Arbeitsmarkt*, also durch die Personen, die auch in der Zeit des Beschäftigungsrückgangs noch eine Stelle haben. Die zweite Gruppe umfaßt die durch die *Entlassung aus dem Arbeitsmarkt* direkt betroffenen Personen, die sich dementsprechend bereits *in* verschiedenen Stadien eines eventuellen Rückzugs aus dem regulierten Arbeitsmarkt befinden. Zur dritten Gruppe gehören jene Erwerbstätigen, die eine *Arbeit im Ausland*, d.h. außerhalb des Arbeitsmarktes der Transformationsländer finden. Obwohl auch hinter dieser Art der Arbeit sicherlich der Schub der Entlassungen in den Transformationsländern steht, läßt sich dieser Schub anhand der offiziellen statistischen Erhebungen kaum beweisen, und deswegen sind diese Arbeitnehmer als durch die Entlassungen *nicht direkt* betroffene Personen einzustufen. Schließlich ergibt sich die Gruppe der *nicht erwerbstätigen Wohnbevölkerung* im erwerbsfähigen Alter.

Die Komplexität der Umstrukturierung des Arbeitsmarktes während der Transformation vom Plan zum Markt kommt vor allem darin zum Ausdruck, daß sich auch diese Gruppen noch in weitere Untergruppen aufgliedern. So gliedert sich die Hauptgruppe „Entlassung aus dem Arbeitsmarkt" - in Abhängigkeit davon, inwieweit der Prozeß des Rückzugs vorangegangen ist - wiederum in drei Untergruppen, nämlich: in die Gruppe der *registrierten Arbeitslosen*, in die Gruppe der *temporär beschäftigten Erwerbstätigen* auf dem „zweiten" Arbeitsmarkt, die in den durch direkte arbeitsmarktpolitische Maßnahmen geförderten Arbeitsplätzen tätig sind, und in die Gruppe jener nichterwerbstätigen Personen, die durch arbeitsmarktpolitische Maßnahmen zwar gefördert werden, aber sich bereits in einer *Endphase des Rückzugs aus der Nachfrageseite des Arbeitsmarktes* befinden. In ähnlicher Weise spaltet sich die Hauptgruppe der „nicht erwerbstätigen Wohnbevölkerung" auf weitere Untergruppen auf. Die eine umfaßt jene Personen, die aus verschiedenen Gründen (Mutterschaft, Studium etc.) nicht in den Arbeitsmarkt integriert sind. Obwohl die Größe dieser Untergruppe zum Teil auch durch die Entlassungen auf dem Arbeitsmarkt beeinflußt ist - z.B. der Eintritt in die Arbeitswelt läßt sich auch durch eine Verlängerung des Studiums zeitlich verschieben -, ist der direkte Zusammenhang auch in diesem Fall statistisch kaum nachweisbar. Demgegenüber bildet sich die andere Untergruppe durch jene Personen, die nach der Entlassung bzw. Abschaffung des Arbeitsplatzes keine neue Stelle gefunden hatten, und weder in die registrierten Arbeitslosen noch in die durch arbeitsmarktpolitische Maßnahmen geförderten Personen einzuordnen sind. Sie befinden sich also in der *Endstation des Rückzugs* aus dem Arbeitsmarkt bzw. in der Phase einer *Reintegration* in die nicht erwerbstätige Wohnbevölkerung[46].

---

46 Allerdings stellt diese Gruppe für die offizielle Statistik, aber auch für die Politik ein wahres „Niemandsland" dar. So ist in den nachstehenden Tabellen 4 und 5 die Kategorie

Dabei läßt sich die Herausbildung der vier Hauptgruppen als eine allgemeingültige Tendenz der Umstrukturierung des Arbeitsmarktes im Prozeß der Transformation vom Plan zum Markt einstufen, während bezüglich der Ausprägung dieser Hauptgruppen bereits bedeutende Unterschiede zwischen den einzelnen Transformationsländern zu beobachten sind. Die Sonderstellung Ostdeutschlands kommt vor allem darin zum Ausdruck, daß hier der Überführung des früheren Beschäftigungsüberschusses in einen externen Arbeitsmarkt, nämlich in den westdeutschen Arbeitsmarkt und der temporären Beschäftigung auf dem zweiten Arbeitsmarkt eine besonders große Rolle zukommt. Dagegen ist in Ungarn das Ausweichen der Beschäftigungsprobleme in einen externen Arbeitsmarkt fast bedeutungslos, und auch der zweite Arbeitsmarkt ist nur äußerst schwach ausgeprägt.

Tabelle 4. Arbeitsmarktbilanz für Ostdeutschland 1989 und 1994 (Personen in Tausend)

	1989	1994
1. nicht erwerbstätige Wohnbevölkerung im erwerbsfähigen Alter, davon	1.100	2.014
1.1. Reintegration in die nicht erwerbstätige Wohnbevölkerung	-	1.095
2. „Auslandsarbeit", davon	-	1.188
2.1. Nettoabwanderung nach Westdeutschland	-	638
2.2. Pendler nach Westdeutschland	-	550
3. Entlassung aus dem Arbeitsmarkt, davon	-	2.206
3.1. Arbeitslose	-	1.015
3.2. Erwerbstätige im „zweiten" Arbeitsmarkt (ABM, Kurzarbeit,"Lohnkostenzuschuß Ost")	-	358
3.3. Nichterwerbstätige in arbeitsmarktpolitischen Maßnahmen (Weiterbildung und Vorruhestand)	-	883
4. Erwerbstätige im regulierten Arbeitsmarkt	9.621	5.770
5. Erwerbstätige im regulierten und im „zweiten" Arbeitsmarkt (3.2. + 4.)	9.621	6.128
6. Wohnbevölkerung im erwerbsfähigen Alter (1. + 2.2. + 3. + 4.)	10.721	10.540

Quelle: Eigene Berechnung nach EUROPÄISCHE KOMMISSION 1995, 2-3.

Wie die *Tabelle 4* anhand Ostdeutschlands für die Jahre 1989 und 1994 belegt, reduzierte sich die Zahl der Erwerbstätigen um fast 3,5 Millionen. Mehr als ein Viertel dieses Verlustes gehörte auch im Jahre 1994 immerhin zu den registrierten Arbeitslosen, deren Problematik separat im Unterkapitel 3.2. behandelt

„Reintegration in die nicht erwerbstätige Wohnbevölkerung" als das Ergebnis eines rein rechnerischen Kalküls zu betrachten. Die Berechnungsmethode war dabei: Zahl der Personen „Reintegration in die nicht erwerbstätige Wohnbevölkerung" = (Zahl der Erwerbstätigen im Jahre 1990) - (Zahl der Erwerbstätigen auf dem regulierten Arbeitsmarkt im Jahre 1994 + Zahl der Personen in der Entlassung aus dem Arbeitsmarkt im Jahre 1994 + Zahl der im Ausland arbeitenden Personen im Jahre 1994).

wird. In ähnlicher Weise wurde in Ostdeutschland mehr als ein Viertel des Rückgangs der Erwerbstätigkeit durch arbeitsmarktpolitische Mittel, wie die Arbeitsbeschaffungsmaßnahmen, Kurzarbeit, Weiterbildung und Vorruhestand aufgefangen. Allerdings läßt sich dabei ein rascher Bedeutungsverlust dieser Beschäftigungsmöglichkeiten beobachten. Waren am Höhepunkt im Jahre 1991 fast eine Million (984.000) Erwerbstätige in Arbeitsbeschaffungsmaßnahmen und in Kurzarbeit tätig, betrug ihre Zahl im Jahre 1994 nur noch 358.000. Genau so hatte die Zahl der Personen in Weiterbildung und Vorruhestand im Jahre 1992 mit 1,268 Mio. ihren Spitzenwert erreicht, und sich bis 1994 auf 833.000 reduziert. Ein weiteres Viertel des Beschäftigungsrückgangs, insgesamt 1,188 Mio. Personen, wurden in den externen, d.h. den westdeutschen Arbeitsmarkt überführt. So pendelten im Jahre 1994 immerhin 550.000 Arbeitnehmer von Ostdeutschland nach Westdeutschland und die Nettoabwanderung betrug von der Wende bis 1994 bereits 638.000 Personen im erwerbsfähigen Alter. Schließlich ist in Ostdeutschland wiederum ein Viertel der entlassenen Arbeitnehmer (1,095 Mio.) zu jenem Personenkreis zuzuordnen, der sich im Jahre 1994 bereits in der Endstation des Rückzugs aus dem Arbeitsmarkt befand. Zusammenfassend läßt sich also feststellen, daß der enorm hohe Rückgang der Erwerbstätigkeit in Ostdeutschland durch das Einsetzen einer Vielzahl von arbeitsmarktpolitischen Maßnahmen und durch die Ausnützung der Möglichkeiten zu einer Überführung der Erwerbstätigen in die externen Arbeitsmärkte relativ erfolgreich in vielen kleineren Problembereichen verstreut wurde. Die Konsequenzen dieses Umgang mit dem Problem des Rückgangs der Erwerbstätigkeit sind eindeutig in einer Abmilderung der negativen sozialen und regionalen Folgen zu sehen.

Im Gegensatz zu Ostdeutschland fand die Überführung des früheren Überschusses in der Erwerbstätigkeit in Ungarn sehr konzentriert statt, und die Aufgabe eines sozial und regional verträglichen Rückzugs der entlassenen Personen aus dem Arbeitsmarkt wurde dem Problembereich Arbeitslosigkeit zugeschoben. Wie aus der *Tabelle 5* für die Jahre 1990 und 1994 zu entnehmen ist, erfuhr die Zahl der Erwerbstätigen in Ungarn eine Reduzierung um 1,335 Mio. Davon gehört immerhin ein Drittel zu den Arbeitslosen, während die übrigen zwei Drittel der entlassenen Personen im Jahre 1994 bereits in der Phase der „Reintegration in die nicht erwerbstätige Wohnbevölkerung" zu finden war[47]. Demgegenüber sind die Auslandsarbeit und die temporäre Beschäftigung im zweiten Arbeitsmarkt vollkommen bedeutungslos[48].

---

47 Diese Größenordnung des Rückzugs aus dem Arbeitsmarkt läßt sich auch anhand einiger Fallstudien bestätigen. Beispielsweise kamen GY. LÁZÁR und J. SZÉKELY (1993) anhand einer Pilotstudie, in deren Rahmen das Schicksal der Arbeitslosen vom Zeitpunkt der Entlassung an verfolgt worden war, zur Feststellung, daß mehr als die Hälfte der ehemaligen Arbeitslosen zum Empfänger der sogenannten „einkommensersetzenden Förderung" wurde, die gemäß der deutschen Arbeitslosenunterstützung mit der Arbeitslosenhilfe identisch ist. Etwa 15% von ihnen hatten weder eine Arbeit noch irgendeine Förderung, und bloß 15% von ihnen fanden einen neuen Job.

48 In Ungarn ist eine exakte Differenzierung zwischen dem zweiten und dem regulierten Arbeitsmarkt infolge der statistischen Erhebungsmethoden praktisch unmöglich. Obwohl mitt-

Tabelle 5. Arbeitsmarktbilanz für Ungarn im Jahre 1990 und 1994 (in Tausend Personen)

	1990	1994
1. nicht erwerbstätige Wohnbevölkerung im erwerbsfähigen Alter, davon	401	1.387
1.1. Reintegration in die nicht erwerbstätige Wohnbevölkerung		815
2. Auslandsarbeit	4	27
3. Entlassung aus dem Arbeitsmarkt, davon		
3.1. Arbeitslose	80	520
4. Erwerbstätige im regulierten Arbeitsmarkt	5.472	4.137
5. Wohnbevölkerung im erwerbsfähigen Alter (1. + 2. + 3.1. + 4.)	5.957	6.071

Quelle: Eigene Berechnung nach NATIONAL BANK OF HUNGARY 1995, 191-192.

Im Lichte der Entwicklung des ungarischen Arbeitsmarktes lassen sich einige Phänomene der Umwandlung der Erwerbstätigkeit in Ostdeutschland noch deutlicher erfassen. Obwohl die Pendelaktivität und die Abwanderung der ostdeutschen Arbeitnehmer nach Westdeutschland oft als ein Schreckbild interpretiert wurde, läßt sich durch den Vergleich zwischen Ostdeutschland und Ungarn auf die eindeutigen Vorteile der Externalisierung der Beschäftigungsprobleme hinweisen. Die Zahl der im Ausland beschäftigten ungarischen Arbeitnehmer hat nach der Wende zwar rasch zugenommen, sie betrug aber im Jahre 1994 nur 27.000 Personen. Nimmt man noch die Zahl der im Ausland beschäftigten nicht registrierten Arbeitnehmer hinzu, die schätzungsweise eine ähnliche Größenordnung wie die registrierte Beschäftigung hat, ergibt sich für die Auslandsarbeit immer noch eine geringe Summe. Dagegen umfaßt die „Auslandsarbeit" der ostdeutschen Arbeitnehmer eine Größenordnung, die fast so hoch ist, wie die Gesamtzahl der Arbeitslosen in Ungarn. Ohne die Möglichkeiten der Externalisierung wäre also der ostdeutsche Arbeitsmarkt sicherlich mit größeren Spannungen konfrontiert worden. In ähnlicher Weise ist ein krasser Unterschied zwischen Ostdeutschland und Ungarn bezüglich der Ausprägung des zweiten Arbeitsmarktes zu beobachten. In Ungarn umfaßte die Zahl der Personen, die auf dem zweiten Arbeitsmarkt (inklusive gemeinnützige Arbeit und Umschulung) zwischen 1990 und 1994 im Jahresdurchschnitt weniger als 90.000. So waren etwa 7% der entlassenen Personen durch diese Förderungsarten betroffen. Demgegenüber wurden in Ostdeutschland im Jahresdurchschnitt fast ein Drittel der Entlassenen durch den zweiten Arbeitsmarkt aufgefangen.

Wie die oben angeführten Daten für Ostdeutschland und für Ungarn prägnant zeigen, stellt die Arbeitslosigkeit, die gewöhnlich als kollektives Feindbild Num-

lerweile auch in Ungarn ein relativ breites Instrumentarium der arbeitsmarktpolitischen Maßnahmen entwickelt und eingesetzt wurde, sind die Förderungen eindeutig dem Status als Arbeitslose zugeordnet, und deswegen ist eine Trennung zwischen den Arbeitslosen mit Förderung bzw. den Arbeitslosen ohne Förderung aus Seiten der ungarischen Statistik nur schwer zu erfassen.

mer Eins gesehen wird, nur die Spitze des Eisberges dar. Die generelle Tendenz in den Transformationsländern ist im Rückzug der Arbeitnehmer vom Arbeitsmarkt und dadurch in der Entstehung eines neuen, den Marktverhältnissen entsprechenden Niveaus der Erwerbstätigkeit zu sehen, wobei sich selbst die Arbeitslosigkeit als ein untergeordnetes Begleitphänomen einstufen läßt. Deswegen läßt sich allein die Zahl der Arbeitslosen oder die Ziffer Arbeitslosenquote als keine vertrauenswürdige Meßlatte für den Erfolg oder Mißerfolg der Transformation verwenden. Ein brauchbarer Maßstab ist eher darin zu sehen, inwieweit der Arbeitsmarkt und die Ökonomie fähig waren, die Differenz zwischen der Zahl der aus dem Arbeitsmarkt Entlassenen und der Zahl der registrierten Arbeitslosen zu absorbieren, bzw. inwieweit der Staat fähig war, einen sozial verträglichen Rückzug der Arbeitnehmer aus dem Arbeitsmarkt zu gewähren. Der Erfolg der Umstrukturierung und der Arbeitsmarktpolitik ist in den Transformationsländern weniger in der Reduzierung der Zahl der Arbeitslosen, sondern vielmehr in der Reduzierung der Nachfrageseite des Arbeitsmarktes, d.h. in der Überführung der ehemaligen Arbeitnehmer in einen sozial gesicherten Zustand zu sehen.

3.2. DIE ENTWICKLUNG DER ARBEITSLOSIGKEIT

Aufgrund der Zahl und der Struktur der Arbeitslosen nach Beruf und Qualifikation sind in beiden Ländern in der ersten Hälfte der 1990er Jahre zwei Phasen in der Entwicklung der Arbeitslosigkeit zu unterscheiden. Diese differieren gleichzeitig auch in Hinblick auf die Ursachen der Arbeitslosigkeit und die regionale Ausprägung des Phänomens sehr prägnant. Die erste Phase zwischen 1989 und 1992/93 ist durch eine rasante Vermehrung der Zahl der registrierten Arbeitslosen bis zu ihrem Höhepunkt sowie einen relativ hohen Anteil an minderqualifizierten Arbeitslosen gekennzeichnet. Demgegenüber ist in der zweiten Phase nach 1993 bereits eine Stabilisierung der Zahl der registrierten Arbeitslosen auf einem hohen Niveau - am Ende der Periode sogar ein leichter Rückgang - sowie ein Zuwachs an qualifizierten Arbeitslosen zu beobachten.

In bezug auf die Entwicklung der Zahl der Arbeitslosen läßt sich in Ungarn die Zäsur zwischen der ersten und der zweiten Phase, wie die *Tabelle 6* belegt, zwischen 1992 und 1993 legen. So erreichte die Arbeitslosigkeit ihren Höhepunkt Ende 1992 mit 663.000 Arbeitslosen, danach erfuhr die Zahl der registrierten Arbeitslosen bis Ende des Jahres 1995 eine Verringerung auf 496.000, und dementsprechend nahm auch die Arbeitslosenquote von 12,3% auf 10,4% ab. In Ostdeutschland erfolgte dieser Rückgang, wie dies aus der *Tabelle 7* zu entnehmen ist, um ein Jahr später, zwischen 1993 und 1994. Der Höhepunkt ist in Ostdeutschland Ende 1993 mit einer Arbeitslosenzahl von 1,175 Mio. Personen festzustellen, danach fand eine Abmilderung der Zahl der Arbeitslosen bis Mitte 1995 auf 1,003 Mio. Personen statt. In ähnlicher Weise verringerte sich die Arbeitslosenquote in diesem Zeitraum von 16,2% auf 14,7%.

Tabelle 6. Wandel der Zahl der Arbeitslosen und der Arbeitslosenquote in Ungarn zwischen 1990 und 1995

	1990	1991	1992	1993	1994	1995
Arbeitslose (in Tausend)	80	406	663	632	520	496
Arbeitslosenquote (%)	1,9	7,5	12,3	12,1	10,4	10,4

Quelle: NATIONAL BANK OF HUNGARY 1996, 59.

Tabelle 7. Wandel der Zahl der Arbeitslosen und der Arbeitslosenquote in Ostdeutschland zwischen 1990 und 1995

	1990	1991	1992	1993	1994	1995
Arbeitslose (in Tausend)	642	1.038	1.101	1.175	1.015	1.003
Arbeitslosenquote (%)	7,3	11,8	13,9	16,2	14,2	14,7

Quelle: EUROPÄISCHE KOMMISSION 1995, 2-3.

Im Hinblick auf die Berufs- und Qualifikationsstruktur der Arbeitslosen läßt sich durch den Wandel von der ersten in die zweite Phase in beiden Ländern eine markante Veränderung des Anteils der unqualifizierten bzw. der qualifizierten Berufsgruppen beobachten. Während in Ungarn der Anteil der Hilfsarbeiter an allen Arbeitslosen Ende des Jahres 1990 30,7% betrug, sank er im Jahre 1995 auf 23,2%. Demgegenüber nahm der Anteil der Facharbeiter an allen Arbeitslosen im gleichen Zeitraum von 27,5% auf 35,2% zu. Die wachsende Betroffenheit der Arbeitnehmer mit höherer Qualifikation ist auch in Ostdeutschland in der Entwicklung der Arbeitslosigkeit deutlich zu erkennen. Gehörten im Jahre 1990 in Ostdeutschland 70,1% der Arbeitslosen zur statistischen Kategorie „Arbeiter/innen", sank der Anteil dieser Gruppe an allen Arbeitslosen im Jahre 1994 bereits auf 61,2% (STATISTISCHES BUNDESAMT 1991, 132; 1995, 124).

In der *ersten Phase* läßt sich die Zunahme der Zahl der Arbeitslosen grundsätzlich auf drei Prozesse zurückführen: auf die strukturelle Krise altindustrieller Regionen, den Abbau der Überbeschäftigung aus der Zeit des Sozialismus und die konjunkturellen Auswirkungen des Zusammenbruchs des COMECONs. Diese Liste der Prozesse stellt sogar eine zeitliche Reihenfolge dar, obwohl ihre Auswirkungen und Überlappungen von Region zu Region verschieden waren (CSÉFALVAY, Z. 1993). Zwischen 1989 und 1990 trat die Arbeitslosigkeit nur in einigen wenigen Gebieten mit Bergbau und Schwerindustrie konzentriert auf, und dies war sogar zunächst Anlaß zu dem offiziellen Optimismus, die Transformation vom Plan zum Markt könne durch eine beschränkte Arbeitslosigkeit überwunden werden. Dieser Optimismus erwies sich aber im Jahre 1991 rasch als haltlos, da sich die Zahl der Arbeitslosen infolge der ökonomischen Transformationskrise und der „Freilassung" früherer „verschleierter" Arbeitslosigkeit hinter den Fabrikstoren weiterhin enorm vermehrte. Die räumlichen Konsequenzen dieser Veränderung bestanden darin, daß sich die Arbeitslosigkeit von den Krisengebieten stufenweise auf die Regionen mit Arbeitnehmern niedriger Qualifikation verbreitete. Schließlich wandelte sich die Arbeitslosigkeit durch den endgültigen Zusammenbruch des COMECONs und die fortlaufende Privatisierung im Jahre 1992 zu einem Massenphänomen. In diesem Jahr waren durch den Arbeitsplatzabbau bereits alle Bereiche der Ökonomie und des Arbeitsmarktes betroffen, was sich vor allem in der Zunahme der Facharbeiter an den Arbeitslosen widerspiegelte. Die Arbeitslosenquote erhöhte sich rasch in allen Regionen beider Länder und wurde so zu einem regional verbreiteten Phänomen, obwohl die altindustriellen Gebiete und die Regionen geprägt durch minderqualifizierte Arbeitnehmer weiterhin durch überdurchschnittliche Quoten gekennzeichnet waren.

In der *zweiten Phase* stehen vor dem Hintergrund der Stagnation bzw. Verringerung der Zahl der Arbeitslosen vor allem zwei ökonomische Prozesse: die Beendigung des Abbaus der Überbeschäftigung sowie das allmähliche Einsetzen der Aufholprozesse. Nach dem Abbau der Überbeschäftigung aus der Zeit des Sozialismus und dem Zusammenbruch des COMECONs erfuhr der Arbeitsmarkt sowohl in Ostdeutschland als auch in Ungarn keine schockartige Veränderung dieser Größenordnung mehr. Als erstes Zeichen des Wandels nahm die Zahl der freien Stellen ab 1994 in beiden Ländern allmählich zu, obwohl diese Zunahme nur einen Bruchteil des Beschäftigungsrückgangs früherer Jahre darstellte. Die langsam einsetzenden ökonomischen Aufholprozesse forderten nämlich - entsprechend dem bereits zitierten Motto der Weltwirtschaft „mit weniger Arbeitskräften mehr produzieren" - nur eine geringere Nachfrage nach Arbeitskräften. Besonders hart ist der ostdeutsche Arbeitsmarkt mit dieser Problematik konfrontiert, weil hier der Einführung modernster Technik ein Vorrang in der Umstrukturierung eingeräumt wurde[49].

Als ein weiteres charakteristisches Merkmal setzte in der zweiten Phase - im Gegensatz zur ersten - auch eine zunehmende *Abschottung* jener Gruppen vom Arbeitsmarkt ein, die ihren Lebensunterhalt zum Teil außerhalb des regulierten Arbeitsmarktes absichern und dadurch eine *Alternativrolle* gegenüber der Arbeitswelt einnehmen können. Dieses aus den marktwirtschaftlich geprägten Ökonomien bekannte Phänomen betrifft vor allem Frauen, Jugendliche, ältere Arbeitnehmer und Gastarbeiter (OFFE, C. 1977). Infolge einer immer stärkeren Tendenz zur Bewahrung vorhandener Arbeitsplätze waren davon in Ostdeutschland vor allem die Frauen und in Ungarn die Berufsanfänger am stärksten betroffen.

Im Hinblick auf die *Frauenarbeitslosigkeit* läßt sich feststellen, daß die Benachteiligung der Frauen auf dem ostdeutschen Arbeitsmarkt während der Entfaltung der Arbeitslosigkeit ständig zunahm. Als ein Zeichen dafür waren die Frauen im Zeitraum von 1990 bis 1995 fortwährend durch eine deutlich höhere Arbeitslosenquote als die Männer gekennzeichnet. Beispielsweise lag die Frauenarbeitslosenquote im Jahre 1990 bei 8,2%, die Männer konnten hingegen eine Quote von 6,2% aufweisen (EUROPÄISCHE KOMMISSION 1995, 2-3). Am Höhepunkt der Zahl der Arbeitslosen, im Jahre 1993, hatte auch die Frauenarbeitslosenquote ihren

49 Zum Beispiel geben die Siemens-Chipfabrik in Dresden und der Suzuki-Betrieb in Esztergom trotz bzw. gerade wegen ihres hohen technischen Niveaus jeweils bloß 1.500 Menschen eine Arbeit.

Spitzenwert von 21,5% erreicht, während die Männer nur durch eine Quote von 11,2% gekennzeichnet waren. Obwohl sich die Arbeitslosenquote in Ostdeutschland bis Mitte 1995 auf 14,3% verringerte, wiesen die Frauen immerhin eine Arbeitslosenquote von 18,7% und die Männer eine Quote von 10,1% auf. Die wachsende Benachteiligung der Frauen kommt auch anhand des Anteils der Frauen an allen Arbeitslosen deutlich zum Ausdruck. Umfaßten die Frauen in Ostdeutschland Ende 1990 nur 55,3% der Arbeitslosen, betrug der Anteil der weiblichen Arbeitslosen an allen Arbeitslosen Mitte 1995 bereits 63,7%. Demgegenüber schwankte der Anteil der Frauen an allen Arbeitslosen in Ungarn sowohl in der ersten als auch in der zweiten Phase des Vollzugs der Arbeitslosigkeit nur zwischen 45 und 55%.

Während sich die Abschottung der Frauen vom Arbeitsmarkt als ein typisches Phänomen der ostdeutschen Transformation einstufen läßt, ist der ungarische Arbeitsmarkt durch die zunehmende Abschottung der Berufsanfänger gekennzeichnet. Dementsprechend nahm in Ungarn der Anteil der Arbeitslosen unter 25 Jahren an allen Arbeitslosen im Zeitraum zwischen 1992 und 1994 von 24,8% auf 27,7% zu. Anhand der Berechnung des ungarischen Statistischen Zentralamtes tritt dieses Phänomen noch markanter hervor: in Ungarn lag am Ende des Jahres 1994 die Arbeitslosenrate, d.h. die Zahl der Arbeitslosen im Verhältnis zu den arbeitsfähigen Jahrgängen bei 9,7%, bei den Alterskohorten 15-24 Jahre wurde eine Rate von 16,7% registriert. Im Gegenteil zur Entwicklung in Ungarn ist in Ostdeutschland sogar eine Abnahme der jugendlichen Arbeitslosigkeit zu beobachten. Während im Jahre 1990 der Anteil der Jugendlichen unter 20 Jahren an allen Arbeitslosen bei 6% lag, betrug diese Ziffer im Jahre 1994 nur 1,7% (STATISTISCHES BUNDESAMT 1991, 132, STATISTISCHES BUNDESAMT 1995, 124).

Mitte der 1990er Jahre wandelte sich die Arbeitslosigkeit sowohl in Ostdeutschland als auch in Ungarn von einem Massenphänomen zu einer Sockelarbeitslosigkeit. Nach dem Ende des Transformationsschocks in den ersten Jahren der Transformation erfolgte durch den fortschreitenden Rückzug der Arbeitnehmer aus dem Arbeitsmarkt eine Stabilisierung der Zahl der Arbeitslosen, und gleichzeitig entfaltete sich ein den Marktverhältnissen entsprechendes Beschäftigungsniveau. Als ein *Residuum* blieb aber in beiden Ländern ein relativ hoher Sockel der Arbeitslosen übrig. Diese ehemaligen Arbeitnehmer sind noch zu jung, um sich aus der Nachfrageseite des Arbeitsmarktes endgültig zurückzuziehen. Sie verfügen aber infolge ihrer niedrigen Qualifikation über immer weniger Chancen, sich wieder in der Arbeitswelt etablieren zu können. In Anbetracht der geringen Nachfrage nach Arbeitskräften und der hohen Qualifikationsanforderungen der neuen Betriebe, ist damit zu rechnen, daß dieser Sockel in beiden Ländern die künftige Entwicklung der Arbeitslosigkeit noch lange prägen wird.

3.3. ZWEITER ARBEITSMARKT

Die massenhafte Entlassung der Arbeitskräfte nach der Wende ist in den Transformationsländern mit dem fundamentalen Widerspruch der Entfaltung des sogenannten zweiten Arbeitsmarktes belastet (KAISER, M. et al. 1993, SIEBERT, H. 1993). Vereinfacht formuliert läßt er sich als jener Bereich des Arbeitsmarktes definieren, auf dem die Arbeitsplätze durch direkte arbeitsmarktpolitische Förderungen und Subventionen, wie Arbeitsbeschaffungsmaßnahmen, Umschulung, Kurzarbeit und gemeinnützige Arbeit abgesichert sind. Der zweite Arbeitsmarkt weist eine Vielzahl von gemeinsamen Zügen mit dem ersten, regulierten und durch die Marktkräfte geprägten Arbeitsmarkt auf. Auf dem zweiten Arbeitsmarkt stehen sich in der Regel Arbeitnehmer und Arbeitgeber gegenüber, und die Beschäftigten führen eine geregelte Arbeitstätigkeit gegen regelmäßige Entlohnung durch. Demgegenüber sind hier die Lohnverhältnisse durch die Ausschaltung der Marktkräfte gestaltet, und ein Arbeitsplatz auf dem zweiten Arbeitsmarkt stellt „ex ovo" keine dauerhafte Bindung zur Arbeitswelt dar. Darüber hinaus sind die Beschäftigten auf dem zweiten Arbeitsmarkt nicht in die offiziellen Arbeitslosenstatistiken eingeordnet - dies stellt wohl einen wichtigen Vorteil für die Politik dar - , obwohl die Situation dieser Erwerbstätigen als vollkommen unsicher einzustufen ist und für eine Vielzahl von ihnen nur der endgültige Austritt aus dem Arbeitsmarkt als letzte Lösung übrig bleibt. Dadurch ist der grundlegende Widerspruch des zweiten Arbeitsmarktes gekennzeichnet: er bindet zwar die ehemaligen Arbeitnehmer durch direkte arbeitsmarktpolitische Maßnahmen an die Arbeitswelt, aber gleichzeitig hält er sie davon fern.

In der Praxis erfüllt der zweite Arbeitsmarkt zwei wichtige Funktionen. Zum einen soll er - besonders durch die Fortbildungsprogramme - der Abwertung oder gar *der Verschwendung des Humankapitals entgegenwirken*. Dieser Funktion kommt vor allem in den Regionen mit hoher Arbeitslosigkeit eine enorme Bedeutung zu, und sie kann einen wichtigen Anstoß zu einer erfolgreichen Umstrukturierung bzw. zu einem erneuten Aufschwung ausüben. Die andere Funktion ist darin zu sehen, daß der zweite Arbeitsmarkt den Prozeß der Ausgliederung aus der Arbeitswelt durch die Gewährung einer Beschäftigung *zeitlich verlängert* und ihn dadurch sozial verträglicher macht. So ist es kein Zufall, daß die Arbeitslosen, bevor sie den Arbeitsmarkt endgültig verlassen, in der Regel alle Förderungsmöglichkeiten „ausprobieren".

Die konkreten Dimensionen des zweiten Arbeitsmarktes sind vor allem von zwei Faktoren abhängig: von den zur Verfügung stehenden finanziellen Ressourcen und von den Beschäftigungsillusionen. Resultiert der erste Faktor aus einem exakt nachvollziehbaren sozialpolitischen Konsens - die eingesetzten finanziellen Ressourcen werden in der Regel durch das Parlament im Rahmen des Staatsbudgets festgelegt und kontrolliert -, beruht der zweite Faktor auf einem wirtschaftspolitischen Konsens von Politikern, Ökonomen, Arbeitgebern und Arbeitnehmern. Schlicht formuliert, läßt sich die *Beschäftigungsillusion* als eine Erwerbsquote, die durch die Arbeitsmarktpolitik als erwünschtes Ziel bzw. als ein Bezugspunkt gesetzt wird, definieren. Selbst die Arbeitslosenquote, die wichtigste Ziffer des Phänomens, vergleicht die Zahl der Arbeitnehmer ohne Arbeit mit einem früheren Stadium der Beschäftigung - der Zähler dieser Ziffer ist die Zahl der Arbeitslosen, der Nenner ergibt sich aus der Summe der Erwerbstätigen und der Arbeitslosen - und setzt dadurch implizit die Erwartung eines früheren Beschäftigungsniveaus voraus. Die grundlegende Problematik stellt aber nicht die Existenz der Beschäftigungsillusionen - ohne diese wäre praktisch keine Arbeitsmarktpolitik durchführbar -, sondern das Vorhandensein falscher Illusionen dar, welche die erwünschte Erwerbsquote aufgrund fehlender Entschlüsselung der Ursachen oder aus rein politischen Gründen entweder zu hoch oder zu niedrig setzen. Die sozialen und ökonomischen Konsequenzen falscher Beschäftigungsillusionen sind eindeutig: eine zu niedrige Illusion kann die sozialen Spannungen verstärken, eine zu hohe Illusion kann zu einem ineffektiven Aufwand der eingesetzten finanziellen Mittel führen.

Der Transformationsprozeß von der Planwirtschaft in eine funktionsfähige Marktwirtschaft ist besonders stark mit den Beschäftigungsillusionen belastet (STADERMANN, H. J. 1995). In diesem Prozeß geht es um die Umwandlung eines durch Überbeschäftigung geprägten Systems in ein durch streng effektive Arbeitsmarktpolitik geprägtes Wirtschaftssystem. Die Problematik liegt darin, daß sowohl die wahren Dimensionen der Überbeschäftigung aus der Zeit des Sozialismus als auch das den neuen Marktverhältnissen angepaßte Beschäftigungsniveau durch exakte ökonomische Überlegungen und Indikatoren nur schwer zu erfassen sind. Beispielsweise lag die Überbeschäftigung in den Ländern Ostmitteleuropas entsprechend der damaligen Schätzungen bei ca. 20%, aber sowohl in Ostdeutschland als auch in Ungarn erfolgte nach der Wende - wie die Tabellen 2 und 3 darstellen - ein stärkerer Rückgang der Erwerbstätigkeit. In ähnlicher Weise wird das den neuen Marktverhältnissen angepaßte Beschäftigungsniveau weder durch wirtschaftspolitischen Konsens, noch durch sozialpartnerschaftliche Verhandlungen und nicht einmal durch ökonomische Überlegungen, sondern grundsätzlich durch die Praxis, d.h. durch den Markt festgelegt.

Die *Dimensionen des zweiten Arbeitsmarktes* lassen sich durch zwei Indikatoren dokumentieren. Der eine erfaßt die Bedeutung des zweiten Arbeitsmarktes in der Arbeitsmarktpolitik, d.h. sein *Gewicht* innerhalb der arbeitsmarktpolitischen Ausgaben[50]. Der andere Indikator erfaßt die *Zahl* der durch die direkten arbeitsmarktpolitischen Maßnahmen geförderten Personen. Diese Indikatoren spiegeln sowohl die Ressourcen und Spielräume staatlicher Arbeitsmarktpolitik, als auch

50 Im Konkreten umfaßt der zweite Arbeitsmarkt in Ostdeutschland die sogenannten „zukunfsorientierten Maßnahmen der aktiven Arbeitsmarktpolitik" (allgemeine Arbeitsbeschaffungsmaßnahmen, pauschalierte Lohnkostenzuschüsse, Fortbildung und Umschulung, Förderung der Arbeitsaufnahme) sowie die sogenannten „beschäftigungsstabilisierenden Maßnahmen" (Kurzarbeit). Im Falle von Ungarn sind dem zweiten Arbeitsmarkt die folgenden Förderungsarten zuzuordnen: gemeinnützige Arbeit, Teilzeitarbeit, Umschulung, Förderung der Arbeitsplatzbeschaffung für Arbeitslose, Förderung der Arbeitslosen zur Gründung selbständiger Unternehmen und Lohnergänzung für Unternehmen, die Arbeitslose anstellen.

die Auswirkungen der Beschäftigungsillusionen wider. Das Einsetzen direkter arbeitsmarktpolitischer Maßnahmen basiert stillschweigend auf einer als erstrebenswert definierten Erwerbsquote, und die wichtigste Zielsetzung ist dabei eindeutig die Förderung einer erneuten Integration der Arbeitslosen in die Arbeitswelt.

Für die Erfassung der Bedeutung des zweiten Arbeitsmarktes in den Transformationsländern nach der Wende bietet sich die Arbeitsmarktpolitik entwickelter Industrieländer in den 80er Jahren als ein Bezugspunkt an. Laut CS. MAKÓ und T. GYEKICZKY (1990) rangierte der *Anteil direkter arbeitsmarktpolitischer Maßnahmen an allen Ausgaben der Arbeitsmarktpolitik* in Westeuropa am Ende der 80er Jahre zwischen 19% in Spanien und 58% in Norwegen und in der Bundesrepublik Deutschland und in Österreich lag der Durchschnitt zwischen 30% und 40%. Der Unterschied zwischen Ostdeutschland und Ungarn kommt darin deutlich zum Ausdruck, daß der Anteil dieser Maßnahmen an allen arbeitsmarktpolitischen Ausgaben in Ostdeutschland nach der Wende *über* dem westeuropäischen Durchschnittswert, in Ungarn hingegen *weit darunter* lag. So wurden in Ostdeutschland im Jahre 1995 immerhin 46,1% aller Ausgaben der Arbeitsmarktpolitik für den zweiten Arbeitsmarkt eingesetzt. Dagegen läßt sich die geringe Rolle des zweiten Arbeitsmarktes in Ungarn daraus ablesen, daß dieser Anteil nach der Wende - laut des ungarischen Arbeitsministeriums - zwischen 17% und 26% schwankte. In ähnlicher Weise ist der Unterschied zwischen Ostdeutschland und Ungarn bezüglich der *Zahl der durch direkte arbeitsmarktpolitische Maßnahmen geförderten Personen* deutlich zu erkennen. In Ungarn waren am Ende des Jahres 1994 bei einer Arbeitslosenzahl von 520.000 nur knapp 90.000 Personen auf dem zweiten Arbeitsmarkt tätig. In Ostdeutschland umfaßte hingegen der zweite Arbeitsmarkt (inklusive Weiter- und Fortbildung) zum gleichen Zeitpunkt bei einer Arbeitslosenzahl von 1,015 Mio. bereits 622.000 Personen.

Obwohl die Ausbreitung des zweiten Arbeitsmarktes größtenteils durch politische Faktoren bestimmt ist - die Förderungsarten und das Förderungsvolumen sind „par excellence“ durch politische Entscheidungen festgelegt -, läßt sich in Ostdeutschland in einer zeitlichen Perspektive ein klarer Zusammenhang zwischen der Entwicklung der Arbeitslosigkeit und der Ausprägung des zweiten Arbeitsmarktes beobachten. Während in der ersten Phase der Arbeitslosigkeit, im Zeitraum von 1990 bis 1993 dem zweiten Arbeitsmarkt eine wichtige Rolle zukam, verlor er in der zweiten Phase nach 1993 stark an Bedeutung. In der Phase der rasanten Vermehrung der Zahl der Arbeitslosen wurde der Schwerpunkt in der Arbeitsmarktpolitik eindeutig auf die Gewährung einer temporären Arbeitsmöglichkeit gelegt, um dadurch den Prozeß des Rückzugs aus dem Arbeitsmarkt länger und gleichzeitig sozial verträglicher zu machen. Nachdem sich die Zahl der Arbeitslosen in der zweiten Phase reduzierte und die Arbeitslosigkeit als eine Sockelarbeitslosigkeit stabilisierte, wurden auch die Förderungen im zweiten Arbeitsmarkt stark zurückgenommen.

Der Bedeutungsverlust des zweiten Arbeitsmarktes während der Entwicklung der Arbeitslosigkeit ist sowohl bezüglich des Anteils der direkten arbeitsmarktpolitischen Förderungen an allen Ausgaben der Arbeitsmarktpolitik als auch hinsichtlich der Zahl der geförderten Personen klar zu erkennen. Beispielsweise betrugen die arbeitsmarktpolitischen Ausgaben in Ostdeutschland im Jahre 1991 29,8 Mrd. DM, am Höhepunkt der Arbeitslosigkeit im Jahre 1993 waren sogar Förderungen von 50,6 Mrd. DM registriert, in der zweiten Phase der Arbeitslosigkeit im Jahre 1995 sanken sie auf das Niveau von 38,3 Mrd. DM (BUNDESFORSCHUNGSANSTALT FÜR LANDESKUNDE UND RAUMORDNUNG 1995c). Gleichzeitig nahm aber auch der Anteil der direkten arbeitsmarktpolitischen Maßnahmen an allen Ausgaben der Arbeitsmarktpolitik steil ab. Waren im Jahre 1991 noch 59,8% aller arbeitsmarktpolitischen Ausgaben auf dem zweiten Arbeitsmarkt eingesetzt, sank dieser Anteil im Jahre 1993 auf 40,3% und im Jahre 1995 wurde ein Anteil von 46,1% registriert. Im Hinblick auf die Zahl der geförderten Personen auf dem zweiten Arbeitsmarkt ist der Bedeutungsverlust des zweiten Arbeitsmarktes noch deutlicher ablesbar. Während in der ersten Phase der Arbeitslosigkeit, im Jahre 1991 die Zahl der geförderten Personen in ABM-Maßnahmen, Kurzarbeit, Fortbildung und Umschulung 1,294 Mio. betrug, reduzierte sich diese Zahl in der zweiten Phase, im Jahre 1994 um die Hälfte auf das Niveau von 622.000.

Darüber hinaus läßt sich in Ostdeutschland in der Entwicklung der Arbeitslosigkeit auch bezüglich der Funktionen des zweiten Arbeitsmarktes eine markante Schwerpunktverlagerung beobachten. Während in der ersten Phase der Arbeitslosigkeit der Verlängerung des Prozesses der Ausgliederung aus der Arbeitswelt die dominierende Rolle eingeräumt wurde, rückte in der zweiten Phase der Arbeitslosigkeit die Bewahrung des Humankapitals in den Mittelpunkt der Förderungen. Beispielsweise lag im Jahre 1991 der Anteil der Förderungen im Bereich der Fortbildung und der Umschulung an allen direkten arbeitsmarktpolitischen Ausgaben nur bei 23,9%, im Jahre 1994 betrug er bereits 43,9%. In ähnlicher Weise vollzog sich ein Wandel bezüglich der geförderten Personen: umfaßten die Umschulungsprogramme im Jahre 1991 nur 23,9% der geförderten Personen auf dem zweiten Arbeitsmarkt, waren im Jahre 1994 schon 42,4% der geförderten Personen an den Fortbildungsprogrammen beteiligt.

Wie diese Angaben markant zeigen, *ist die Existenz eines stark ausgeprägten zweiten Arbeitsmarktes als eine typische Begleiterscheinung der Transformation vom Plan zum Markt in Ostdeutschland einzustufen*, während sie in den Ländern Ostmitteleuropas, unter anderem in Ungarn, nur schwach ausgeprägt ist. So liegt die Antwort nahe, daß die Ursachen dafür in der äußerst günstigen finanziellen Ausrüstung der ostdeutschen Arbeitsmarktpolitik zu finden sind. Dies ist ohne Zweifel wahr, es können aber in Ostdeutschland noch weitere Faktoren für die starke Ausbreitung des zweiten Arbeitsmarktes verantwortlich gemacht werden. Die rasche Einleitung des Post-Fordismus - die im Unterkapitel 2.3. als Absturz in die Moderne etikettiert wurde - machte nämlich nicht nur den früheren Beschäftigungsüberschuß überflüssig, sondern sie bewirkte auf der anderen Seite des Arbeitsmarktes nur eine extrem geringe Nachfrage nach Arbeitskräften. Darüber hinaus konnten nach der Wende auch die Existenzgründungen nur äußerst geringe

Sogeffekte auf den ostdeutschen Arbeitsmarkt ausüben, da die Entfaltung privatwirtschaftlicher Initiativen in der DDR-Zeit infolge der außerordentlich großen Dominanz des Staatssektors sehr stark blockiert wurde. Durch das Zusammenspiel dieser Faktoren kam dann der sozial verträglichen Überführung des Beschäftigungsüberschusses aus den DDR-Zeiten eine enorme Bedeutung zu, die eine starke Ausweitung des zweiten Arbeitsmarktes nicht nur legitim, sondern auch notwendig machte.

Die oben angeführten Daten deuten aber auch darauf hin, daß sich der zweite Arbeitsmarkt selbst in Ostdeutschland als ein zeitlich beschränktes Phänomen erwies. Er nahm in der Anfangsphase der Transformation eine bedeutende Rolle ein, trug maßgebend zu einem sozial verträglichen Rückzug der Arbeitnehmer aus dem Arbeitsmarkt bei, danach verlor er aber schnell an Bedeutung. Die Befürchtungen vor der Etablierung eines zweiten Arbeitsmarktes mit massenhaft besetzten und dauerhaft auf staatliche Subventionen angewiesenen Arbeitsplätzen erwiesen sich Mitte der 90er Jahre als haltlos (SCHILLER, K. 1994, STADERMANN, H. J. 1995). Trotz der zeitlichen Beschränkung dieses Phänomens, ist die positive Rolle des zweiten Arbeitsmarktes in der Transformation nicht zu unterschätzen. Das Paradebeispiel zeigt Ungarn, wo der zweite Arbeitsmarkt infolge der mangelnden finanziellen Ressourcen des Staates nur schwach ausgeprägt war. Die negativen Konsequenzen des Fehlens eines breiten zweiten Arbeitsmarktes sind in Ungarn vor allem darin zu sehen, daß ein beträchtlicher Teil der Entlassenen in den statistisch nicht-registrierten Bereich der Ökonomie, d.h. in die Schattenwirtschaft drängte. In Ungarn ist sogar eine verblüffende zeitliche Übereinstimmung zwischen der rasanten Zunahme der Zahl der Arbeitslosen und dem Wachstum des statistisch nicht-registrierten Bereiches der Ökonomie zu beobachten. Während in Ungarn zwischen 1990 und 1992 die Zahl der Arbeitslosen von 80.000 auf 663.000 zunahm, wuchs im selben Zeitraum der Anteil des statistisch nicht-registrierten Bereiches der Ökonomie zum Vergleich des statistisch registrierten BIPs von 19% auf 27% (ÁRVAY, J. - VÉRTES, A. 1994, 220). Für diesen Zuwachs ist sicherlich eine Vielzahl von weiteren Faktoren verantwortlich zu machen, wie die rasche Liberalisierung der Ökonomie, die extrem hohen Steuersätze oder die geringe staatliche Kontrolle; aber auch die drastischen Entlassungen ohne eine Abfederung durch einen zweiten Arbeitsmarkt trugen maßgebend dazu bei. Das Beispiel Ungarns weist deutlich darauf hin, *daß die Alternative zur Ausbreitung des zweiten Arbeitsmarktes eine Verstärkung der illegalen, informellen Ökonomie ist.* Deswegen trug der zweite Arbeitsmarkt in Ostdeutschland nicht nur zum sozial verträglichen Rückzug der Arbeitnehmer aus dem Arbeitsmarkt enorm bei, sondern er wirkte auch der Entfaltung einer breiten Schattenwirtschaft effektiv entgegen.

3.4. SEKTORALE VERÄNDERUNGEN AUF DEM ARBEITSMARKT

Durch den Rückgang der Erwerbstätigkeit und die Entlassungen aus dem Arbeitsmarkt vollzog sich in den Transformationsländern nach der Wende auch ein markanter Wandel in der sektoralen Struktur der Ökonomie. Die wichtigsten Prozesse stellten dabei die rasch zunehmende Tertiärisierung in der Erwerbsstruktur sowie der Gründungsboom der Privatunternehmen dar.

Zunehmende Tertiärisierung in der Erwerbsstruktur

Im Hinblick auf die Tertiärisierung läßt sich eine generelle Tendenz festhalten, daß der Anteil des tertiären Sektors die Fünfzig-Prozent-Marke sowohl in Ostdeutschland als auch in Ungarn bereits in den ersten Jahren der Transformation überschritten hat. Während in Ostdeutschland im Jahre 1989 nur 43,2% der Erwerbstätigen auf den tertiären Sektor entfielen, lag dieser Anteil im Jahre 1994 schon bei 59,8%. In ähnlicher Weise ist ein gewaltiger Zuwachs in Ungarn zu beobachten, wo im Jahre 1990 45,4% der Erwerbstätigen im tertiären Sektor arbeiteten, hingegen im Jahre 1994 bereits ein Anteil von 58,6% registriert wurde. Nimmt man also bloß den Prozentanteil der Erwerbstätigen im tertiären Sektor im Zeitraum von 1989/90 bis 1994, bekommt man ein durchaus überraschendes Ergebnis: Ostdeutschland und Ungarn überholten innerhalb von vier Jahren viele hochentwickelte Länder im Hinblick auf die Tertiärisierung der Erwerbsstruktur. Beispielsweise lag der Durchschnitt der zwölf EU-Länder im Jahre 1991 bei 60,2%, und die Spitzenwerte rangierten zwischen den Benelux-Staaten (Niederlande: 69,6%, Luxemburg: 67,6%, Belgien: 66,8%) und den südeuropäischen Ländern (Portugal: 48,5%, Griechenland: 52,1%). Aber selbst das vereinigte Deutschland wies in diesem Jahr einen Anteil von 55,5% der tertiären Erwerbstätigen auf (EUROPÄISCHE KOMMISSION 1994, 198ff.).

Um eine voreilige Euphorie über einen raschen Aufholprozeß in den Transformationsländern zu ersparen, soll an dieser Stelle sofort hinzugefügt werden, daß der Zuwachs des Anteils der tertiären Erwerbstätigen durch eine drastische Reduzierung der Zahl der Erwerbstätigen in der Landwirtschaft und in der Industrie begleitet und gleichzeitig auch verursacht wurde. Die *Tertiärisierung der Erwerbsstruktur stellt nämlich in den Transformationsländern keinen selbsttragenden Prozeß dar*, sondern sie ist - wie aus den *Tabellen 8 und 9* zu entnehmen ist - eine Folge der dramatischen Deindustrialisierung nach der Wende. Während in Ungarn die Zahl der Erwerbstätigen im tertiären Sektor im Zeitraum von 1990 bis 1994 fast unverändert blieb, erfuhr im gleichen Zeitraum die Zahl der Erwerbstätigen in der Landwirtschaft eine Reduzierung um 583.000 und in der Industrie um 693.000 Personen. In Ostdeutschland war der Zuwachs des Prozentanteils der Erwerbstätigen im tertiären Sektor sogar mit einer starken Abnahme der Zahl der tertiären Erwerbstätigen verbunden. So erfuhr die Zahl der im tertiären Sektor

Erwerbstätigen zwischen 1989 und 1994 eine Reduzierung um 493.000 Personen. Allerdings entfiel der Löwenanteil dieser Reduzierung auf die Schrumpfung der Zahl der Erwerbstätigen im staatlichen Dienstleistungsbereich, der während der DDR-Zeit aus politischen Gründen neben der Industrie zum größten Arbeitgeber wurde. Während im Jahre 1989 noch 2,040 Mio. Erwerbstätige beim Staat tätig waren, wurden im Jahre 1994 nur 1,299 Mio. Erwerbstätige im staatlichen Dienste registriert. Die anderen Wirtschaftssektoren mußten aber noch größere Verluste an Erwerbstätigen einbüßen. Zwischen 1989 und 1994 nahm in Ostdeutschland die Zahl der Erwerbstätigen im sekundären Sektor um 2,020 Mio., im primären Sektor um 980.000 Personen ab.

Tabelle 8. Wandel der Zahl und des Prozentanteils der Erwerbstätigen nach Wirtschaftssektoren in Ungarn zwischen 1990 und 1994

	1990	%	1992	%	1994	%
Primär	955	17,4	647	13,5	372	9,0
Sekundär	2034	37,2	1728	30,0	1341	32,4
Tertiär	2483	45,4	2420	50,5	2424	58,6
Ungarn	5472	100,0	4795	100,0	4137	100,0

Quelle: KÖZPONTI STATISZTIKAI HIVATAL 1994, 25, KÖZPONTI STATISZTIKAI HIVATAL 1995a, 26.

Tabelle 9. Wandel der Zahl und des Prozentanteils der Erwerbstätigen nach Wirtschaftssektoren in Ostdeutschland zwischen 1989 und 1994

	1989	%	1992	%	1994	%
Primär	1.326	13,8	419	6,9	346	5,6
Sekundär	4.138	43,0	2.055	33,9	2.118	34,6
Tertiär	4.157	43,2	3.584	59,2	3.664	59,8
Ostdeutschland	9.621	100,0	6.058	100,0	6.128	100,0

Quelle: EUROPÄISCHE KOMMISSION 1995, 2-3.

Wie bereits im Unterkapitel 1.3. angesprochen wurde, verwenden die sozialwissenschaftlichen Studienbücher seit J. FOURASTIE (1979) und D. BELL (1985) mit großer Vorliebe die Standardthese, daß zwischen dem Anteil der Erwerbstätigen im tertiären Sektor und dem ökonomischen Entwicklungsgrad eines Landes ein klarer Zusammenhang besteht. So vermitteln beispielsweise auch die Regionalstudien der Europäischen Kommission die mehr oder weniger explizit formulierte Kausalität: je höher der Anteil der tertiären Erwerbstätigen liegt, um so höher ist das BIP in dem betreffenden Land. Mittlerweile hat sich sogar das Dogma in die Sozialwissenschaften tief eingebrannt, daß der Zuwachs des Anteils der Erwerbstätigen im tertiären Sektor als ein allgemeingültiger und äußerst wünschenswerter Prozeß zu betrachten ist, der sich schrittweise auf die ganze Erde verbreitet. Dagegen steht die empirische Erfahrung, und das Beispiel von Ostdeutschland und Ungarn verstärken dies, daß die Erde nicht als ein Schauplatz allgemeingültiger globaler Prozesse, sondern vielmehr als ein buntes Mosaik von

Regionen mit recht unterschiedlichen Entwicklungschancen und recht unterschiedlichen Kräftepotentialen in einem Wettbewerb der Regionen anzusehen ist. In diesem Wettbewerb der Regionen kann die Industrie in den weniger entwickelten Ländern in einen völligen Bankrott geraten und dadurch der Dienstleistungssektor prozentual eine Aufwertung erleben, wie dies in den Transformationsländern der Fall ist, oder es kann die Industrie in die Schwellenländer verlagert werden und dadurch der tertiäre Sektor wiederum eine Aufwertung erleben, wie dies in den entwickelten Industrieländern der Fall ist.

Die Tertiärisierung in den Transformationsländern nach der Wende weist drei wichtige Merkmale auf, die von der Tertiärisierung in den entwickelten Industrieländern markant abweichen. Zum einen läßt sich der Zusammenhang zwischen dem hohen Anteil der Erwerbstätigen im tertiären Sektor und dem hohen ökonomischen Entwicklungsgrad im Falle der Transformationsländer empirisch nicht belegen. Obwohl sich der Anteil der tertiären Erwerbstätigen in den Ländern Ostmitteleuropas bereits dem EU-Durchschnitt annähert, beträgt die Ziffer BIP pro Einwohner nur ein Viertel des EU-Durchschnitts. Zum zweiten steht in den Transformationsländern - wie am Beispiel Ostdeutschlands und Ungarns bereits detailliert angesprochen wurde - im Hintergrund des Zuwachs des Anteils der tertiären Erwerbstätigen eine drastische Deindustrialisierung. Die rasche Tertiärisierung der Erwerbsstruktur vollzog sich in beiden Ländern nicht durch die Umschichtung der Erwerbstätigen in Richtung auf den tertiären Sektor - wie dies in den entwickelten Industrieländern der Fall war -, sondern in erster Linie durch den raschen Verlust an Erwerbstätigen im ehemals stark verstaatlichten primären und sekundären Sektor. Demgegenüber läßt sich die Tertiärisierung in den entwickelten Industrieländern in hohem Maße - bei einem Verbleiben der tertiären Funktionen, wie Verwaltungs-, Forschungs- und Marketingfunktionen - auf die Verlagerung der industriellen Produktionstätten in die Billiglohnländer zurückführen. Infolge dieser Verlagerung der Industrie bei einem gleichzeitigen Verbleiben der tertiären Funktionen fand in den entwickelten Industrieländern eine turbulente Umschichtung der Erwerbstätigen aus dem sekundären in den tertiären Sektor statt, die aber in den Transformationsländern weitgehend fehlt. Zum dritten vollzog sich die Tertiärisierung in den Transformationsländern innerhalb von wenigen Jahren, während diese - mit den Worten von J. FOURASTIE (1979) - *„révolution invisible"* in den entwickelten Industrieländern knapp drei Jahrzehnte der Nachkriegszeit benötigte. Die Wirtschaftsgeschichte kennt aber eine Fülle von Beispielen dafür, daß durch die zeitliche Verkürzung historisch gewachsener Prozesse diese Vorgänge enorm deformiert werden können. Die Konsequenzen der zeitlichen Verkürzung und des Fehlens der Umschichtungen aus dem sekundären in den tertiären Sektor sind darin zu sehen, daß die sozialen Kosten der Teritärisierung in den Transformationsländern viel höher liegen als in den entwickelten Industrieländern. In dieser kurzen Zeitspanne wenige Jahre nach der Wende konnte sich eine Vielzahl der Erwerbstätigen dem neuen Trend der Tertiärisierung nicht anpassen und wurde deswegen aus dem Arbeitsmarkt hinausgedrängt. Infolge dieser Unterschiede zwischen den Transformationsländern und den entwickelten Industrieländern ist sehr fragwürdig, inwieweit sich die Tertiärisierung in den Ländern Ostmitteleuropas fortsetzen wird. Es gibt bereits immer mehr Zeichen dafür, daß in den Transformationsländern nach der raschen Tertiärisierung und Deindustrialisierung in der ersten Hälfte der 1990er Jahre wieder ein Prozeß der Reindustrialisierung - allerdings auf einem höheren technischen Niveau - in Gang geraten wird.

Gründungsboom der Privatunternehmen

In ähnlicher Weise ist auch der andere wichtige sektorale Umstrukturierungsprozeß der Ökonomie, der *Zuwachs der Zahl der Erwerbstätigen im Privatsektor* in den Transformationsländern nur mit Vorbehalt zu interpretieren. Bezüglich des statistisch dokumentierbaren Trends, daß der Beitrag des Privatsektors zum BIP und zur Erwerbsstruktur bereits Mitte der 90er Jahre die symbolische Fünfzig-Prozent-Marke überschritt, ist die Übereinstimmung zwischen den Ländern Ostmitteleuropas noch weitgehend gegeben[51]. Zieht man aber die Hintergründe und die Faktoren dieses Wandels in die Analyse mit ein, treten die Unterschiede zwischen den einzelnen Transformationsländern sofort ins Licht. Im Gegensatz zu den weit verbreiteten neoklassischen Vorstellungen, die im vagen Glauben an die Zauberkraft des Marktes allein das Wegräumen der sozialistischen Eigentumsverhältnisse für die Entfaltung des Privatsektors als ausreichend halten, ist dieser Trend eher ein Ergebnis der komplexen Verkoppelung einer Vielzahl von Faktoren und Prozessen, wie der Privatisierung, des ausländischen Kapitalzuflusses, der Mittelstandsförderung und der unternehmerischen Traditionen. Deswegen sagt allein der Beitrag des Privatsektors zum BIP bzw. zur Erwerbsstruktur noch wenig über den Erfolg bzw. den Mißerfolg der Transformation aus. Um zwei extrem hypothetische Beispiele zu nehmen: ein Zunahme des Privatsektors im BIP und in der Erwerbsstruktur kann genauso aus einer totalen Dominanz der ausländischen Betriebe, wie aus einer totalen Dominanz der einheimischen Kleinunternehmen resultieren. Rein statistisch gesehen wird das Ergebnis das gleiche sein, eine Zunahme des Privatsektors in der Erwerbsstruktur und im BIP bzw. die Reduzierung des staatlichen Sektors. Es ist aber auch leicht einzusehen, daß diese extremen

---

51 Der Durchbruch erfolgte dabei sogar in den ersten Jahren der Transformation. Beispielsweise betrug der Beitrag des Privatsektors zum BIP im Jahre 1993 Schätzungen zufolge 50-55% in Ungarn und in Polen, 37% in der Slowakei und 30% in Tschechien (ÁRVAY, J. - VÉRTES, A. 1994, 232-235). Zur Interpretation dieser Werte bieten die EU-Staaten einen Bezugspunkt, in denen der Beitrag des Privatsektors zum BIP am Ende der 1980er Jahre zwischen 65% in Italien und 81% im Vereinigten Königreich rangierte. In ähnlicher Weise ist auch die Zunahme der Zahl der Erwerbstätigen im Privatsektor sehr markant. Zum Beispiel lag der Anteil der Erwerbstätigen im Privatsektor an der Gesamtzahl der Erwerbstätigen in Ungarn im Jahre 1989 Schätzungen zufolge nur bei 14%, betrug aber im Jahre 1993 schon 43% (FÁBIÁN, Z. 1994, 365). Eine exakte Erfassung des Beitrags verschiedener Eigentumsformen zum BIP bzw. ihrer Anteile an der Zahl der Erwerbstätigen stößt aber auf die schwierige methodische Problematik, daß diese Eigentumsformen infolge der Vielzahl der Unternehmen mit gemischten Eigentümern in der modernen Wirtschaft durch die offizielle Statistik praktisch nicht nachvollziehbar sind.

Beispiele zwei unterschiedliche Arten von Marktwirtschaft bedeuten, und diese Systeme nicht nur sozial, sondern auch ökonomisch sehr instabil wären.

Wie diese extremen Beispiele zeigen, liegt eine der grundsätzlichen Fragen der Transformation vom Plan zum Markt gerade in der Art und Weise, wie und durch welche ökonomischen Kräfte und Sozialschichten sich der neue Privatsektor entfaltet. Dabei kommt der Entwicklung eines einheimischen Mittelstandes die entscheidende Rolle zu. Ein ökonomischer Aufholprozeß kann, trotz des Fehlens eines Mittelstands und einer Mittelklasse, zwar durchgeführt werden, aber dieser Aufholprozeß wäre - worauf bereits anhand der Beispiele von Südostasien und Lateinamerika hingewiesen wurde - gerade wegen dieses Mangels sowohl politisch als auch ökonomisch sehr instabil. Dadurch läßt sich auch eines der brennendsten Probleme der Transformation vom Plan zum Markt formulieren, nämlich: ob sich die Transformationsländer - mit den Worten von A. LIPIETZ - zu einem „bloody taylorism“ bzw. „peripheral fordism“ hin entwickeln werden oder ob es in Ostmitteleuropa gelingt, ein erfolgreiches ökonomisches Akkumulationsregime und eine sozial gerechte Regulationsweise zu implementieren?

Zu einer detaillierten Erfassung der Entfaltung des Mittelstandes in den Ländern Ostmitteleuropas bieten sich die Angaben bezüglich des Wandels der Zahl der Unternehmen bzw. des Wandels der Unternehmensstruktur nach Rechtsformen als - mit Einschränkungen - relativ taugliche Instrumente an[52]. Dabei stellen rein statistisch gesehen sowohl in Ostdeutschland als auch in Ungarn der drastische Bedeutungsverlust des Staates, d.h. die Reduzierung der Zahl der staatlichen Unternehmen und der rasche Bedeutungsgewinn des Privatsektors, d.h. die enorme Neugründung der Privatunternehmen die schlaggebenden Tendenzen dar. Demgegenüber sind zwischen Ostdeutschland und Ungarn Unterschiede in der markant abweichenden Dynamik der Entfaltung des neuen Privatsektors zu sehen.

Wie aus der *Tabelle 10* zu entnehmen ist, weisen in Ostdeutschland die Daten aus den Gewerbeanzeigen unmittelbar nach der Wende zwar auf ein dynamisches Gründungsgeschehen hin, dieses erfuhr aber nach kurzer Zeit einen starken Einbruch. Während im Jahre 1991 auf eine Einstellung des Gewerbebetriebs fast drei (2,93) Neugründungen entfielen, betrug diese Ziffer im Jahre 1994 nur noch 1,44. Es ist in Ostdeutschland also nicht nur eine steile Abnahme der Neugründungen, sondern gleichzeitig auch ein rascher Zuwachs der Betriebschließungen zu beobachten. Im Hintergrund dieser Wellen der Gewerbean- und abmeldungen sind gleichzeitig auch prägnante Zeichen für die gegenläufigen Tendenzen der Entwicklung des ostdeutschen Mittelstandes deutlich zu erkennen, die ihre Ursachen in den speziellen Rahmenbedingungen der Vereinigung und im vagen Sprung in den Post-Fordismus finden. Einerseits wurden in Ostdeutschland durch die sofortige Übernahme des gut funktionierenden westdeutschen Förderungssystems

52 Die Einschränkungen sind vor allem darin zu sehen, daß die Gesamtzahl der Unternehmen selbstverständlich alle Betriebsgrößenkategorien beinhaltet. Zahlenmäßig ist aber der überwiegende Teil der Unternehmen den klein- und mittelständischen Unternehmen zuzurechnen; dadurch ergibt sich auch die Gesamtzahl der Unternehmen als ein relativ gut anwendbares Mittel zu einer Schätzung der Größe des Mittelstandes.

enorme Mittel in die Förderung des Mittelstandes und besonders in die Gründung neuer Privatunternehmen investiert[53]. Gleichzeitig wurden aber diese neuen Unternehmen, die ohne frühere, praktisch anwendbare Erfahrungen mit einer Marktwirtschaft da standen, dem harten Wettbewerb mit den westdeutschen Großfirmen ausgeliefert. Die Konsequenzen kommen besonders deutlich im Bereich des Handels zum Ausdruck, wo die großen westdeutschen Warenhausketten - im wahrsten Sinne des Wortes - den ostdeutschen mittelständischen Unternehmen die Luft wegnahmen. Das Endergebnis dieses ungleichen Kampfes ist aus der *Tabelle 10* leicht zu entnehmen: die rasche Abnahme der Neugründungen und die Zunahme der Betriebschließungen.

Tabelle 10. Wandel der Gewerbean- und abmeldungen in Ostdeutschland zwischen 1990 und 1994 (Angaben in Tausend)[54]

	1990	1991	1992	1993	1994
Gewerbeanmeldung	281	293	214	190	171
Gewerbeabmeldung	27	100	121	114	119

Quelle: STATISTISCHES BUNDESAMT 1991, 136, 1995, 129.

Im Gegensatz zu Ostdeutschland ist in Ungarn - wie *Tabelle 11* belegt - ein fast unaufhaltsamer Aufmarsch der Privatunternehmen und besonders der selbständigen Unternehmer zu beobachten. Als eine Konsequenz dieser Entwicklung wurde im Jahre 1993 bereits eine weit über dem EG-Durchschnitt liegende Unternehmehmensdichte registriert, und es entfielen in Ungarn 85 Unternehmen auf Tausend Einwohner des Landes[55]. So scheint Mitte der 90er Jahre für das Land sogar die ehemals optimistische Vision einer Million Unternehmer eine fast erfüllte Hoffnung zu sein. Die Ursachen für diesen raschen Boom sind wohl bekannt und randlich bereits angesprochen. Wie im Kapitel 1.4. kurz dargestellt wurde, entfaltete sich in Ungarn schon in den 1980er Jahren ein quasi-privatwirtschaftlicher Sektor innerhalb des sozialistischen Wirtschaftssystems, der eine Vielzahl gemeinsamer Merkmale mit einem Privatsektor in den Marktwirtschaften aufwies (RUPP, K. 1983, GALASI, P. - SZIRÁCZKY, GY. 1985, CSÉFALVAY, Z. - ROHN, W. 1991, GÁBOR, R. I. 1985, 1994). Diese Vorbedingungen und Vorgeschichte hatten aber nicht nur zum eindrucksvollen Boom der Neugründungen privater Firmen geführt, sondern sie haben auch den Charakter des neuen ungarischen Mittelstandes geprägt. Das auffallendste ist dabei die enorme

53 Dabei bietet sich eine interessante Parallelität zwischen Ostdeutschland und Ungarn. Während in Ostdeutschland seit der Wende eine sehr großzügige Mittelstandsförderung stattfand, wurde in Ungarn im Zeitraum von 1990 bis 1994 nur ein zinsgünstiger Kredit, nämlich der durch die deutsche Staatshilfe von 100 Millionen DM errichtete sogenannte „Start-Kredit" eingesetzt.

54 Gewerbeanmeldung = Beginn/Übernahme eines Gewerbes oder Verlegung des Gewerbebetriebs aus einem anderen Meldebezirk; Gewerbeabmeldung = Einstellung des Gewerbebetriebs, Übergabe an einen Nachfolger oder Verlegung in einen anderen Meldebezirk.

55 Die Vergleichszahl für Deutschland ist 36 (CSÉFALVAY, Z. 1995b, 230).

Ausbreitung der *Selbstbeschäftigung* (LAKY, T. 1994)[56]. Die überwiegende Mehrheit der selbständigen Unternehmen funktioniert in Ungarn als ein Familienbetrieb, der keine externen Arbeitskräfte anstellt, sondern eine Beschäftigung nur für den Unternehmer selbst bzw. die engsten Familienmitglieder sichert. Dementsprechend ist in Ungarn der Beitrag der selbständigen Unternehmen zum BIP - trotz ihrer hohen Zahl - relativ gering.

Tabelle 11. Wandel der Zahl der Unternehmen nach Rechstform in Ungarn 1989-1995 (Angaben in Tausend)

Unternehmen	1989	1990	1991	1992	1993	1994	1995
insgesamt	391.2	495.3	658.7	795.2	925.9	1,060.2	1,095.8
davon u.a.:							
Staatsunternehmen	2.4	2.3	2.2	1.7	1.1	0.8	0,8
GmbHs	4.5	18.3	41.2	57.3	72.9	87.9	102.7
AGs	0.3	0.6	1.1	1.7	2.4	2.9	3.2
Selbständige	320.6	393.4	510.5	606.2	688.8	778.0	791.5

Quelle: NATIONAL BANK OF HUNGARY 1996, 61.

Dieser Widerspruch zwischen dem raschen Boom der durch Selbstbeschäftigung geprägten Privatunternehmen auf der einen Seite, und ihr niedriger Beitrag zur statistisch meßbaren Wirtschaftsleistung auf der anderen Seite stellt aber nicht nur ein ungarisches, sondern gleichzeitig auch ein allgemeines Problemfeld in den Ländern Ostmitteleuropas dar. Zur Erklärung dieses Problemfeldes lassen sich wiederum zwei, ein neoklassisches und ein historisches Erklärungsmuster anführen. Im Sinne einer rein neoliberalen Betrachtungsweise weist der hohe Grad der Selbstbeschäftigung eindeutig auf die Schwächen des neuen Unternehmersektors hin, die vor allem auf die generelle Unterentwicklung der Transformationsländer zurückzuführen sind. In einem europäischen Vergleich läßt sich sogar feststellen, daß der hohe Grad der Selbstbeschäftigung gerade für die wenig entwickelten, einstigen semi-peripheren Länder, z.B. für die südeuropäischen Länder der Europäischen Union kennzeichnend ist. Laut dieser Betrachtungsweise sind das große Gewicht der Kleinunternehmen und die Selbstbeschäftigung im neuen Privatsektor als eine Kinderkrankheit in der ökonomischen Entwicklung der Transformationsländer zu betrachten, die die „Zentralstaaten" durch das Einsetzen der modernen Massenproduktion bereits längst hinter sich haben.

Legt man aber eine historische Perspektive zugrunde, erscheint dieses Phänomen nicht mehr als eine vorübergehende Kinderkrankheit der anfänglichen Marktwirtschaften, sondern eher als der Ausdruck des kulturellen Erbes einer starken historischen Tradition in den Ländern Ostmitteleuropas. Die wirtschaftshistorischen Untersuchungen weisen nämlich eindeutig darauf hin, daß es in Ungarn

56 Darüber hinaus besteht ein weiteres Problem darin, daß Schätzungen zufolge mehr als ein Viertel der registrierten Gesellschaften und selbständigen Unternehmen als bloße „Scheinfirmen" einzustufen sind, die in der Regel nur aus steuerlichen Gründen gegründet wurden.

- aber auch in der Tschechei und in Süddeutschland, darunter in Sachsen und in Thüringen - während der Zeit der Industrialisierung keine starke, massenhafte Arbeiterklasse gab[57]. So waren beispielsweise in Ungarn in der Zwischenkriegszeit immerhin „ca. 45 % der Industriebeschäftigten in der Kleinindustrie tätig, und dieser Sektor stellte mehr als ein Viertel der gesamten Industrieproduktion her (BEREND, T. I. - RÁNKI, GY. 1972, 170). Diese historische Tradition hatte während der Zeit des Sozialismus - trotz der drastischen physischen Auflösung des Privatsektors in den 50er und 60er Jahren -, in Form einer Unternehmermentalität relativ unberührt überlebt, und sie ließ sich nach der Wende wieder revitalisieren. Der Geist, der während der letzten vier Jahrzehnte in der Flasche verschlossen wurde, war also nicht der Geist der Marktkräfte im allgemeinen - wie dies laut der neoklassischen Betrachtungsweise angenommen wird -, sondern der Geist der kulturellen Traditionen einer relativ stark individualisierten Gesellschaft und eines kleinhandwerklich geprägten ökonomischen Milieus.

Zur geographischen Bestimmung der Ausbreitung dieses kulturellen Milieus ist sehr vielsagend, daß M. J. PIORE und CH. F. SABEL (1985) für die Wiederbelebung des „handwerklichen Paradigmas" während der Transition vom Fordismus in den Post-Fordismus in den entwickelten Industrieländern nur eine Beispielregion, nämlich Mitteleuropa benennen konnten. Wie früher bereits angesprochen war, wurde er in den 80er Jahren in den entwickelten Industrieländern immer offensichtlicher, daß die fordistische Massenproduktion und die keynesiansche Globalsteuerung an ihre inneren Grenzen gestoßen waren. Bei der Suche nach den neuen Standorten eines post-fordistischen Akkumulationsregimes stellte aber die große Anpassungsfähigkeit einiger Regionen mit traditionell geprägten kleinhandwerklichen und kleinbetrieblichen Traditionen eine unerwartet große Überraschung dar. M. J. PIORE und CH. F. SABEL bemerkten dazu: „Einige der Erfolgsgeschichten sind sicher leicht zu erklären: Unternehmen in Entwicklungsländern oder in zurückgebliebenen Gebieten der Industrienationen machten sich die niedrigen Löhne und die Fügsamkeit der Arbeiter zunutze, um sich einen Anteil auf den Massenmärkten der Metropolen zu sichern. Aber einige der *erfolgreichsten* Unternehmen waren in voll entwickelten industriellen Regionen angesiedelt: das „Dritte Italien", das sich von den venezianischen Provinzen durch das Landesinnere bis zur Region Marche erstreckt, die Region um Salzburg in Österreich und Teile von Baden-Württemberg in der Bundesrepublik" (PIORE, M. J. - SABEL, CH. F. 1985, 229). Der Schlüssel zum Rätsel der Prosperität dieser Gebiete inmitten der Krise des Fordismus ist laut M. J. PIORE und CH. F. SABEL darin zu finden, daß in diesen Regionen eine funktionsfähige Kooperation und eine rationale Arbeitsteilung zwischen den Großunternehmen und den mittelständischen Unternehmen entstand,

57 Diese historische Tatsache stellte für die kommunistische Ideologie, die den Sieg der mehrheitlichen, massenhaft organisierten Arbeiterklasse gegenüber dem „minderheitlichen" Bürgertum predigte, allerdings ein sehr schwer zu bewältigendes Faktum dar. Nicht zuletzt deswegen „mußte" die sozialistische Wirtschaftsführung nach dem Zweiten Weltkrieg in den Ländern Ostmitteleuropas durch eine rasche Industrialisierung und durch die Bildung der Großbetriebe diese massenhafte Arbeiterklasse zeitversetzt „künstlich" herstellen.

und sich dadurch diese Regionen selbst zu einem organischen Wirtschaftssystem hin entwickelten.

Diese regional klar abgrenzbare Wiederbelebung des „handwerklichen Paradigmas“, die einen möglichen Fluchtweg aus der Krise des Fordismus darstellt, ist im Hinblick auf die Anpassung der Transformationsländer an den regionalen und ökonomischen Umstrukturierungsprozeß der entwickelten Industrieländer von grundlegender Bedeutung. Die handwerklichen und kleinbetrieblichen Traditionen wurden nämlich gerade in jener Großregion Europas am erfolgreichsten reaktiviert, mit der Ungarn und auch die südlichen Regionen Ostdeutschlands historisch seit langer Zeit die intensivsten ökonomischen Kontakte unterhalten (BEREND, T. I. - RÁNKI, GY. 1976, SZÛCS, J. 1990). Im Gegensatz zu der wenig einsichtigen amerikanischen Betrachtungsweise von M. J. PIORE und CH. F. SABEL umfaßt aber diese durch kleinhandwerkliche Traditionen geprägte Großregion Europas nicht nur jene Gebiete, die sie auflisteten, sondern ein größeres regionales Gebilde. Dazu gehören Norditalien, Österreich, Süddeutschland mit Bayern und Baden-Württemberg aber auch Sachsen und Thüringen, Teile von Böhmen sowie die westlichen Regionen Ungarns, also mit einem Wort jene Regionen, die gewöhnlich unter dem Oberbegriff Mitteleuropa erwähnt werden. In diesem Zusammenhang läßt sich der rasche Boom der kleinen Privatunternehmen und die Verbreitung der ökonomischen Mentalität der Selbstbeschäftigung als eine *Reintegration* der durch den Sozialismus getrennten Regionen einiger Transformationsländer in ihrem ursprünglichen, kleinbetrieblich geprägten mitteleuropäischen Milieu betrachten[58]. Dabei läßt sich sogar die These formulieren, daß die Entwicklung eines erfolgreichen Akkumulationsregimes und einer sozial gerechten Regulationsweise, die nicht die schwarzen Seiten einer „bloody taylorization“ oder eines „peripher fordism“ aufweisen, in großem Ausmaß von dem Erfolg dieser Reintegration abhängig ist. Falls es eine typisch ungarische Version der Transformation, und man soll im Hinblick auf Ostdeutschland sofort hinzufügen, falls es eine typische Version der Transformation im Süden Ostdeutschlands gibt, sind sie sicherlich in diesem Boom der Kleinunternehmen und dadurch in der Reintegration in die kleinbetrieblich geprägte mitteleuropäische Unternehmenskultur zu sehen.

Während die Bedeutung der Selbstbeschäftigung in Ungarn makroökonomisch als gering einzustufen ist, kommt ihr bezüglich der Umstrukturierung des Arbeitsmarktes nach der Wende eine entscheidende Rolle zu. In Ungarn spielen nämlich in diesem Phänomen - im Gegensatz zu den südeuropäischen Ländern der Europäischen Union - nicht nur der Entwicklungsrückstand, sondern auch die äußerst vereinfachten juristischen und finanziellen Zugangsbedingungen eine bedeutende Rolle, die den Eintritt in die Unternehmerschicht weitgehend erleich-

58 Als ein Zeichen für diese Reintegration lassen sich im internationalen Netzwerk der ungarischen Unternehmen bereits zwei charakteristische Richtungen, eine Budapest-Wien-München- und eine Budapest-Plattensee-Venedig-Achse erkennen (CSÉFALVAY, Z. 1994, 1995d).

tern[59]. Die Konsequenz dieser vereinfachten Zugangsbedingungen ist vor allem darin zu sehen, daß sich die Unternehmerschicht in Ungarn nach der Wende zu einem breiten Sammelbecken aller Gruppen wandelte, die weder im verstaatlichten Sektor noch in dem durch die ausländischen Großfirmen geprägten Sektor arbeiten wollen oder können. Darüber hinaus stellte die Möglichkeit der Gründung eines Privatunternehmens infolge der einfachen Eintrittsbedingungen auch für eine Vielzahl der Arbeitnehmer eine Chance für die Beschäftigung nach dem Verlust eines geregelten Arbeitsplatzes dar. Beispielsweise weist T. LAKY eindeutig darauf hin, daß sich die selbständigen Kleinunternehmen in der Phase der rasanten Vermehrung der Zahl der Arbeitslosen am Anfang der 1990er Jahre als einziger Sektor der Wirtschaft erwiesen, in dem neue Arbeitsplätze geschaffen wurden. In Ungarn entstanden durch die Selbständigen und Kleinunternehmen zwischen 1990 und 1993 fast 300.000 neue Arbeitsplätze und der Anteil der Erwerbstätigen dieses Sektors an allen Erwerbstätigen betrug im Jahre 1993 bereits 20% (LAKY, T. 1994, 531). Die einfachen Zugangsbedingungen und das frühere Erlernen der Marktkenntnisse durch den „quasi-privatwirtschaftlichen Sektor" während der Zeit des Sozialismus machten es also in Ungarn den Arbeitnehmern massenweise möglich, nach der Entlassung aus einem regulierten Arbeitsplatz relativ rasch in die Unternehmerschicht einzutreten.

An diesem Punkt läßt sich wieder auf einen grundlegenden länderspezifischen Unterschied zwischen Ostdeutschland und Ungarn hinweisen. In Ostdeutschland wurde die massenhafte Entlassung - wie oben detailliert angedeutet - im breiten Umfang durch eine Ausbreitung des zweiten Arbeitsmarktes aufgefangen. Der Sektor der Selbständigen ist hingegen bis zum heutigen Zeitpunkt - trotz enormer Existenzgründungsförderungen - relativ gering ausgeprägt (KÖNIG, H. - STEINER, V. 1994, SCHMUDE, J. 1994). In Ungarn wurde durch den zweiten Arbeitsmarkt - infolge der mangelnden finanziellen Mittel des Staates - nur ein Bruchteil der Entlassung des Arbeitsmarktes nach der Wende aufgefangen. Demgegenüber stellte der Sektor der selbständigen Unternehmer für eine Vielzahl der entlassenen Arbeitnehmer eine Chance zu einem erneuten Eintritt in den Arbeitsmarkt dar.

Die Ursachen für diese länderspezifischen Unterschiede sind eindeutig in den unterschiedlichen Startbedingungen der Transformation zu finden. In Ostdeutschland wurde bis zum letzten Zeitpunkt des sozialistischen Systems die Entfaltung privatwirtschaftlicher Initiativen durch die außerordentlich große Dominanz des Staatssektors vollkommen blockiert, weswegen die Existenzgründungen nach der Wende nur äußerst geringe Sogeffekte auf dem ostdeutschen Arbeitsmarkt ausüben konnten. Das Fehlen dieser Sogeffekte wurde in Ostdeutschland durch den starken Ausbau des zweiten Arbeitsmarktes ersetzt. Dagegen fand in Ungarn nach der Wende aufbauend auf der Entfaltung eines „quasi-privatwirtschaftlichen" Sektors innerhalb des Plansystems ein enormer „Boom" an Unternehmensgründungen statt und wurde infolge der äußerst einfachen Eintrittsbedingungen in die-

59 Das offiziell vorgeschriebene Mindeststartkapital beträgt bei der Gründung einer GmbH eine Million HUF (ca. 10.000 DM), während bei der Gründung selbständiger Unternehmen praktisch nur die Kosten des administrativen Verfahrens anfällig sind.

sen Sektor eine Vielzahl der Arbeitslosen und potentieller Arbeitsloser nicht durch den zweiten Arbeitsmarkt, sondern durch den Unternehmenssektor aufgefangen. Obwohl sich dieser Wandel im Hinblick auf die Arbeitsmarktspannungen als positiv einstufen läßt, sind auch die negativen Konsequenzen nicht zu leugnen. Diese Entwicklung führte zu einem raschen Zuwachs der Selbstbeschäftigung, und durch die Vielzahl kurzlebiger Zwangsunternehmungen wurde selbst der Unternehmenssektor enorm deformiert. Der Sonderweg Ungarns ist im Umgang mit dem Beschäftigungsrückgang gerade darin zu sehen, daß die Problematik des zweiten Arbeitsmarktes durch den „Boom" privater Kleinfirmen aufgrund früherer Voraussetzungen aus den 1980er Jahren zum Teil in den Unternehmenssektor verlagert wurde.

3.5. GRUNDZÜGE DER MAKRONALYTISCHEN MUSTER DES WANDELS AUF DEM ARBEITSMARKT

Aufgrund der oben kurz dargestellten Analyse der wichtigsten Umstrukturierungsprozesse auf dem Arbeitsmarkt läßt sich eine Vielzahl von Phänomenen unterscheiden, die als allgemeine Begleiterscheinungen bzw. als typisch länderspezifische Phänomene der Transformation von der Planwirtschaft in eine Marktwirtschaft einzustufen sind. Als *allgemeine Begleiterscheinung der Umstrukturierung* auf dem Arbeitsmarkt sind die folgenden Prozesse und Phänomene zu nennen:

Zusammenfassende Darstellung der allgemeinen regionalen Begleiterscheinungen der Umstrukturierung auf dem Arbeitsmarkt

- Nach der Wende wurde in den Ländern Ostmitteleuropas nur eine Minderheit der Entlassungen durch die registrierte Arbeitslosigkeit aufgefangen. Die Mehrheit der entlassenen Personen befand sich hingegen in verschiedenen Phasen eines Rückzugs aus dem Arbeitsmarkt. Sie fanden eine Arbeit im externen/ausländischen Arbeitsmarkt und in den staatlich geförderten temporären Arbeitsplätzen, oder sie zogen sich aus der Nachfrageseite des Arbeitsmarktes endgültig zurück. Das wichtigste Phänomen in der Umstrukturierung auf dem Arbeitsmarkt stellt also nicht die registrierte Arbeitslosigkeit, sondern *der Rückzug der Arbeitnehmer aus dem Arbeitsmarkt* dar. Dadurch entsteht ein den marktwirtschaftlichen Verhältnissen entsprechendes Beschäftigungsniveau, welches im Verhältnis zur ideologisch determinierten und künstlich erhaltenen „Vollbeschäftigung" in der Zeit des Sozialismus auf einer niedrigen Basis liegt. Deswegen wurde die Gewährung eines sozial verträglichen Rückzugs der Arbeitnehmer aus dem Arbeitsmarkt zu einem der heikelsten Problemfelder in den Transformationsländern. Das Schreckbild Nummer Eins stellt in den Transformationsländern nicht die Arbeitslosigkeit selbst, sondern eher ein unregulierter Rückzug der Arbeitnehmer aus dem Arbeitsmarkt mit seinen schweren sozialen Kosten dar.

- Zum Zwecke eines sozial verträglichen Rückzugs der Arbeitnehmer aus dem Arbeitsmarkt entfaltete sich in den Transformationsländern ein *zweiter Arbeitsmarkt*, der temporäre Beschäftigungsmöglichkeiten durch staatliche Subventionen gewährte. Die Ausbreitung dieses zweiten Arbeitsmarktes war stark von den finanziellen Ressourcen des Staates abhängig, und deswegen war er in den Transformationsländern eher schwach ausgeprägt. Eine Ausnahme stellt Ostdeutschland dar, wo der zweite Arbeitsmarkt durch externe Ressourcen aus den alten Bundesländern gefördert wurde. Allerdings erwies sich der zweite Arbeitsmarkt auch hier als ein zeitlich beschränktes Begleitphänomen der Transformation, das nach dem Höhepunkt der Arbeitslosigkeit stufenweise an Bedeutung verlor.
- Selbst die registrierte *Arbeitslosigkeit* gliedert sich in den Transformationsländern in der ersten Hälfte der 90er Jahre nach der Zahl der Arbeitslosen in zwei Phasen. Zwischen 1990 und 1993 *vermehrte sich die Zahl der Arbeitslosen infolge des Transformationsschocks rasant*, in der zweiten Phase nach 1993 ist hingegen infolge der langsam eingesetzten Aufholprozesse eine Stabilisierung der Zahl der Arbeitslosen und die Entfaltung einer *Sockelarbeitslosigkeit* zu beobachten. Diese Phasen differieren auch im Hinblick auf die Struktur der Arbeitslosen. Während in der ersten Phase die Arbeitslosen mit niedriger Qualifikation dominierten, nahm in der zweiten Phase der Anteil der Arbeitslosen mit höherer Qualifikation sehr rasch zu.
- Der Rückgang der Erwerbstätigkeit vollzog sich in den Transformationsländern sektoral deutlich selektiv, durch ihre Auswirkungen wurden vor allem die Arbeitsplätze in der Industrie am stärksten betroffen. Die Konsequenz ist darin zu sehen, daß der Anteil der Beschäftigten im tertiären Sektor nach der Wende in fast allen Transformationsländern rasch über die Fünfzig-Prozent-Marke stieg. Die *Tertiärisierung* in den Transformationsländern war also mit einer drastischen und *einmaligen Deindustrialisierung* verbunden. Diese Tertiärisierung ist eher als eine Konsequenz des Zusammenbruchs der nicht wettbewerbsfähigen sozialistischen Industrie und des Rückzugs der Industriebeschäftigten aus dem Arbeitsmarkt anzusehen, als eine Folge des Wachstums des tertiären Sektors und der Umschichtung der Arbeitnehmer vom sekundären in den tertiären Sektor zu betrachten.
- Ein weiteres allgemeines Merkmal des sektoralen Wandels auf dem Arbeitsmarkt ist im „Boom" des Privatsektors bzw. des Mittelstandes zu sehen. Im Hintergrund dieses Prozesses steht eine rasche Umschichtung der Arbeitnehmer vom früheren verstaatlichten Sektor in den *Sektor der Selbständigen*. Allerdings war diese Umschichtung bis Mitte der 90er Jahre nur schwach dafür, um die durch die drastische Entlassung des Arbeitsmarktes verlorenen Arbeitsplätze zu ersetzen.

Abbildung 4. Muster der Umstrukturierung des Arbeitsmarktes in den Ländern Ostmitteleuropas durch die Transformation vom Plan zum Markt

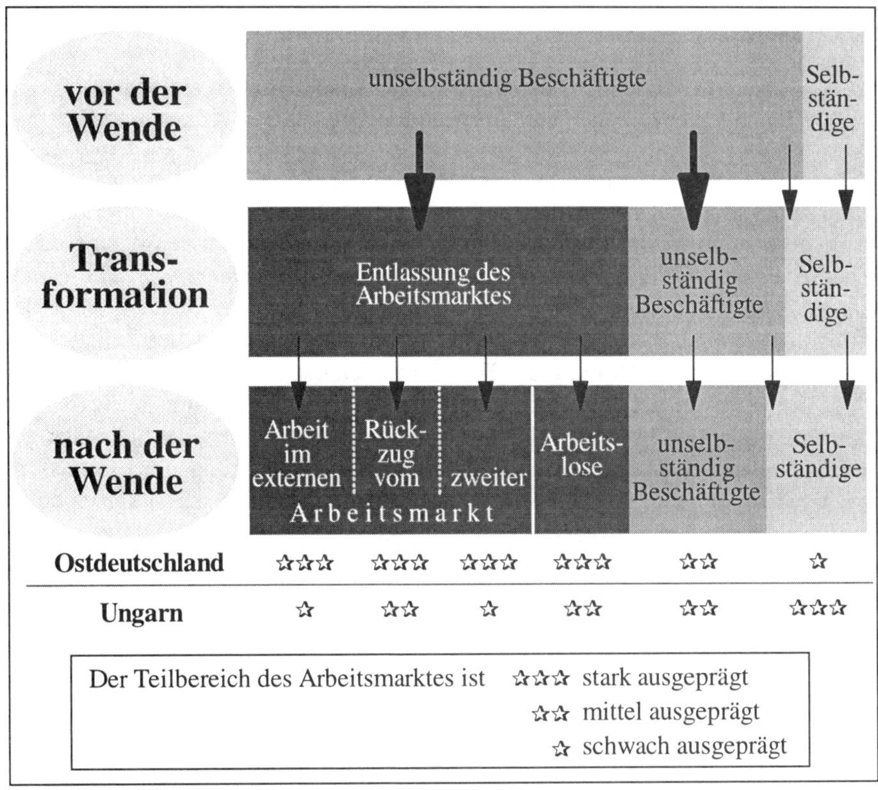

Die allgemeinen Begleiterscheinungen der Umstrukturierung auf dem Arbeitsmarkt lassen sich im Rahmen einer modellhaften Darstellung - wie *Abbildung 4* schematisch darlegt - als Prozeß der Auflösung einer monolithischen Arbeitsmarktstruktur und der Entfaltung eines komplexen Arbeitsmarktsystems zusammenfassen. In der Zeit des Sozialismus war die überwiegende Mehrheit der Beschäftigten als unselbständig einzustufen, die Selbständigen hingegen stellten eine schmale Minderheit oder eine Randgruppe dar. Untermauert mit der Ideologie bezüglich einer Herrschaft der Arbeiterklasse wurden alle Beschäftigungsgruppen - unabhängig von dem sozial-ökonomischen Status der Erwerbstätigkeit - als „Arbeiter" bzw. unselbständige Arbeitnehmer eingeordnet. Infolge der Transformation von der Planwirtschaft in die Marktwirtschaft fand aber in den Ländern Ostmitteleuropas innerhalb weniger Jahre eine drastische Entlassung auf dem Arbeitsmarkt statt. Dadurch spaltete sich der frühere monolithische Arbeitsmarkt unmittelbar nach der Wende in drei große Bereichen auf; die unselbständig Beschäftigten, die Selbständigen und die Entlassung des Arbeitsmarktes. Selbst die Entlassung des Arbeitsmarktes gliedert sich aber wiederum in mehrere Gruppen der ehemaligen Arbeitnehmer auf; die registrierten Arbeitslosen, die temporär beschäftigten Personen auf dem zweiten Arbeitsmarkt, die im externen Arbeitsmarkt beschäftigten Personen und die Personen, die sich aus dem Arbeitsmarkt endgültig zurückgezogen haben.

Zusammenfassende Darstellung der länderspezifischen regionalen Begleiterscheinungen der Umstrukturierung auf dem Arbeitsmarkt

Während die oben schematisch dargestellte Aufspaltung des früheren monolitischen Arbeitsmarktes als ein allgemeiner Trend der Transformation vom Plan zum Markt zu betrachten ist, lassen sich im Hinblick auf die Zusammensetzung dieser neuen Elemente auf dem Arbeitsmarkt bereits markante *länderspezifische Unterschiede* in den einzelnen Transformationsländern erkennen. Dabei kommt den nationalen Besonderheiten bezüglich der Startbedingungen aus der Zeit des Sozialismus und der Bewältigung der Transformation nach der Wende eine entscheidende Rolle zu. In der Praxis bedeutet dies, daß sowohl die drei maßgebenden Elemente des neuen Systems - die unselbständig Beschäftigten, die Selbständigen und die Entlassung des Arbeitsmarktes - als auch die Untergruppen der Entlassung des Arbeitsmarktes in verschiedenen Transformationsländern durch verschiedene Anteile vertreten sind. So lassen sich aufgrund der Analyse der wichtigsten Umstrukturierungsprozesse auf dem Arbeitsmarkt in Ostdeutschland und in Ungarn die folgenden länderspezifischen Begleitphänomene der Transformation aufzählen:

- Der grundlegende Unterschied zwischen Ostdeutschland und Ungarn bezüglich der Umstrukturierung des Arbeitsmarktes besteht darin, daß der Prozeß des Rückzugs der Arbeitnehmer aus dem Arbeitsmarkt in Ostdeutschland *durch den Eingriff des Staates in einen regulierten Rahmen* gesetzt wurde, während er in Ungarn stark *durch die Marktkräfte* gesteuert war. Demzufolge traten die negativen sozialen und räumlichen Konsequenzen dieses Prozesses, wie der Zuwachs der sozialen und regionalen Unterschiede in Ungarn stärker als in Ostdeutschland hervor.
- Im Prozeß des Beschäftigungsrückgangs kam in Ostdeutschland der *Externalisierung der Entlassung des Arbeitsmarktes* eine entscheidende Rolle zu, demgegenüber stellt die Arbeit im Ausland in Ungarn nur für einen Bruchteil der Arbeitnehmer eine Möglichkeit für die Lösung der Beschäftigungsprobleme dar. Die Ursachen dafür sind eindeutig in dem Unterschied zwischen Ostdeutschland und Ungarn bezüglich der politischen Gestaltungsmöglichkeiten der Transformation zu finden, und deswegen läßt sich die Externalisierung der Entlastung des Arbeitsmarktes als typisches Phänomen des ostdeutschen Transformationsprozesses einordnen.
- Ein weiteres länderspezifisches Charakteristikum für Ostdeutschland besteht in der *Entfaltung eines breiten zweiten Arbeitsmarktes.* Demgegenüber ist diese Unterklasse der Entlassung des Arbeitsmarktes in Ungarn äußerst schwach ausgeprägt. Deswegen wurde in Ungarn ein Teil der Entlassung durch den in-

formellen, nicht registrierten Sektor der Ökonomie bzw. durch die Schattenwirtschaft aufgefangen.

- Im Hinblick auf die sektorale Umstrukturierung des Arbeitsmarktes läßt sich in Ungarn als ein länderspezifisches Merkmal auf das rasche *Wachstum des Sektors der Selbständigen* hinweisen. Dieser Sektor war in Ungarn in der ersten Hälfte der 90er Jahre sogar in der Lage, einen beträchtlichen Teil der Entlassungen aus dem Arbeitsmarkt aufzufangen, wobei den Frühformen der Privatwirtschaft während des Sozialismus eine große Rolle zukam. Dagegen ging die Entfaltung des Mittelstandes in Ostdeutschland in der ersten Hälfte der 90er Jahre nur zögernd voran. Deswegen waren hier die entlassenen Arbeitnehmer massenhaft auf die staatlichen Förderungen auf dem zweiten Arbeitsmarkt angewiesen.

4. REGIONALMUSTER DES STRUKTURWANDELS AUF DEM ARBEITSMARKT

„Da eine kapitalistische Weltwirtschaft im wesentlichen akkumuliertes Kapital, inklusive menschliches Kapital, höher belohnt als „rohe“ Arbeitskraft, hat die ungünstige geographische Verteilung der anspruchsvollen Tätigkeiten einen starken Trend, sich selbst zu erhalten.“

Immanuel WALLERSTEIN[60]

Es gehört zu den wichtigsten Phänomenen der Transformation, daß sich der bereits kurz dargestellte makrostrukturelle Wandel auf dem Arbeitsmarkt *regional deutlich selektiv* vollzog. Durch den Rückgang der Erwerbstätigkeit, die Arbeitslosigkeit, den zweiten Arbeitsmarkt und die sektorale Umstrukturierung waren einige Regionen stärker als die anderen betroffen. Obwohl diese Aussage für die Regionalwissenschaften kein besonderes Novum sein dürfte, stellten die wachsenden regionalen Unterschiede für die Entscheidungsträger und die „Designer“ der Transformation trotzdem ein höchst unerwartetes Ereignis dar. Während es für die Durchführung der Transformation eine Vielzahl von wohlwollenden Rezepten, Vorschlägen und Vorstellungen aus den Kreisen von Politikern und Wissenschaftlern verschiedener Provenienz gab, waren die „Moderatoren“ der Transformation auf die neu einsetzenden regionalen Unterschiede fast unvorbereitet, und sie blieben in der falschen, ideologisch verbrämten Konzeption der regionalen Gleichheit aus der Zeit des Sozialismus befangen. Dies gilt besonders für Ungarn, aber auch zum Teil - trotz rascher Übernahme des regionalpolitischen Instrumentariums der BRD - für Ostdeutschland. Darüber hinaus setzte sich die Erkenntnis, daß jede makrostrukturelle Veränderung gleichzeitig tiefgreifende regionale Konsequenzen verursacht, im Kreis der Entscheidungsträger der Transformation nur sehr langsam durch. Deswegen steht, in Form einer retrospektiven Betrachtungsweise, die Untersuchung der regionalen Ausprägung des Beschäftigungsrückgangs (*Unterkapitel 4.1.*), der Arbeitslosigkeit (*Unterkapitel 4.2.*) sowie der sektoralen Umstrukturierung des Arbeitsmarktes (*Unterkapitel 4.3.*) im Mittelpunkt dieses Kapitels. Infolge des Mangels an vertrauenswürdigen und flächendeckenden Daten wird die Regionalstruktur der Arbeitslosigkeit schwerpunktmäßig in Ungarn, die sektorale Umstrukturierung hingegen vorwiegend in Ostdeutschland erörtert. Die Regionalstruktur des zweiten Arbeitsmarktes wird nicht im Detail behandelt. Die Ursachen dafür liegen darin, daß die Regionalstruktur des zweiten Arbeitsmarktes - im Gegensatz zu den oben genannten Phänomenen des Strukturwandels

60 WALLERSTEIN, I. 1968, 521.

auf dem Arbeitsmarkt - fast ausschließlich durch politische Faktoren beeinflußt ist. Die arbeitsmarktpolitischen Förderungen konzentrieren sich sowohl in Ostdeutschland als auch in Ungarn eindeutig auf die Regionen mit den höchsten Arbeitslosenquoten, um dadurch die Spannungen auf dem lokalen Arbeitsmarkt abzumildern. Schließlich bietet das *Unterkapitel 4.4.* aufgrund der Analyse dieser Phänomene eine Zusammenfassung der wichtigsten regionalen Konsequenzen des Strukturwandels auf dem Arbeitsmarkt in Ostdeutschland und in Ungarn.

4.1. REGIONALSTRUKTUR DES RÜCKGANGS IN DER ERWERBSTÄTIGKEIT

Der Beschäftigungsrückgang ist sowohl in Ostdeutschland als auch in Ungarn durch das Auftreten von zwei unterschiedlichen regionalen Mustern gekennzeichnet. Aufgrund der massenhaften Entlassungen in der Wirtschaft erwies sich der Rückgang der Erwerbstätigen als *ein großflächig ausgeprägtes Phänomen.* Es gibt in beiden Ländern nur eine winzige Zahl von Kleinregionen, die durch den Rückgang nur randlich betroffen waren, die Mehrzahl von Kleinregionen weist einen Rückgang an Erwerbstätigen auf, der weit über dem Landesdurchschnitt liegt. Andererseits konzentrierte sich der Beschäftigungsrückgang mit den höchsten Werten sowohl in Ostdeutschland als auch in Ungarn auf die ehemaligen Hochburgen der sozialistischen Industrie, so daß dadurch im Hinblick auf den Beschäftigungsrückgang auch *ein mosaikhaftes Regionalmuster* entstand.

In Ostdeutschland kommt - wie die *Karte 1* belegt - diese Dualität des großflächigen und des mosaikhaften Musters deutlich zum Ausdruck. Zum einen tritt eine fast zusammenhängende Großregion mit einer Vielzahl von Kreisen in Thüringen, in Sachsen-Anhalt und in Mecklenburg-Vorpommern markant hervor, in der die Werte des Beschäftigungsrückgangs zwischen 1991 und 1993 über dem Durchschnitt Ostdeutschlands liegen. Zum anderen mußten die südlichen Industrieregionen die größten Verluste an Erwerbstätigen erfahren. Die höchsten Werte des Beschäftigungsrückgangs wiesen vier kleinere räumliche Konzentrationen auf, wie die Oberlausitz mit den Kreisen Löbau-Zittau (Rückgang =-32,5%), der Niederschlesische Oberlausitzkreis (-25,2%) und Görlitz Stadt (-25,0%), in der Kleinregion nördlich von Erfurt mit den Kreisen Kyffhäuserkreis (-24,8%), Sömmerda (-31,9%) und Merseburg-Querfurt (-25,2%), im Gebiet zwischen Leipzig und Dresden mit den Kreisen Döbeln (-29,3%) und Riese-Großenhain (-24,6%) sowie in der an Tschechien angrenzenden Grenzregion mit den Kreisen Klingenthal (-25,8%), Aue-Schwarzenberg (-27,2%), Mittlerer Erzgebirgekreis (-24,0%) und Weißeritz-Kreis (-25,1%). Demgegenüber sind die traditionell großstädtischen Zentren, wie die Großregionen von Berlin, Leipzig, Erfurt und Chemnitz durch einen relativ geringen Verlust an Erwerbstätigen gekennzeichnet. Es gibt sogar zwei Kreise, den Landkreis Plaunen und den Saalkreis, in denen die Zahl der Erwerbstätigen in diesem Zeitraum eine Zunahme aufwies.

Karte 1. Der Wandel der Zahl der Erwerbstätigen in Ostdeutschland zwischen 1991 und 1993 auf Kreisbasis

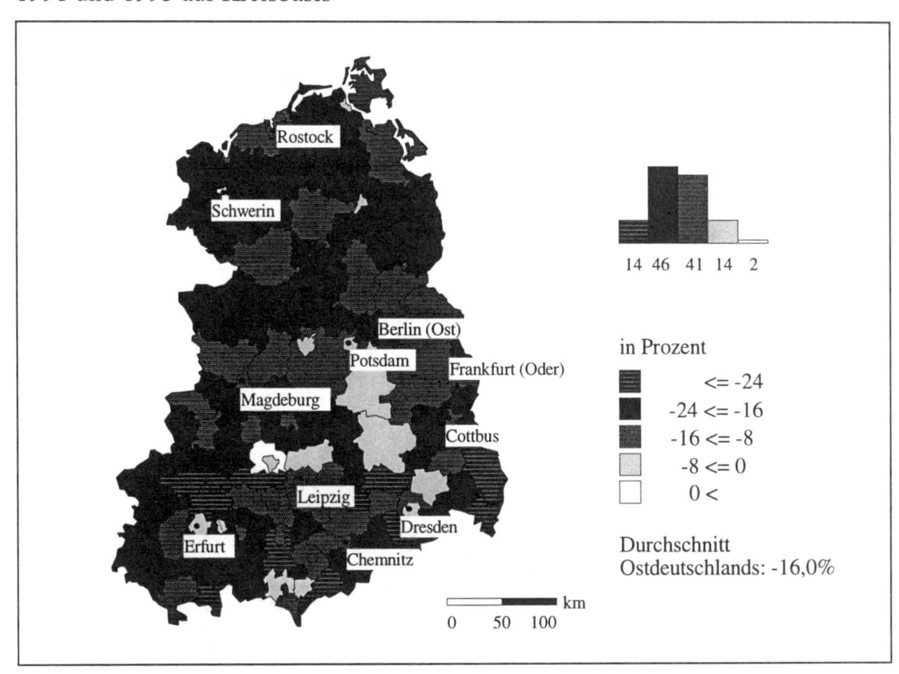

Quelle: unveröffentlichte Daten der BUNDESFORSCHUNGSANSTALT FÜR LANDESKUNDE UND RAUMORDNUNG, Laufende Raumbeobachtungen.

In ähnlicher Weise ist diese Dualität der verschiedenen regionalen Muster - wie sie die *Karte 2* darstellt - in Ungarn anhand des Rückgangs der Industriebeschäftigten zu erkennen[61]. Durch die überdurchschnittlichen Werte des Beschäftigungsrückgangs bildet sich in Ungarn eine Großregion heraus, die sich vom Nordosten nach Südwesten erstreckt. Dabei treten zwei Konzentrationen hervor. Die eine liegt im Süden Transdanubiens mit der Krisenregion des Bergbaus in Komló (Rückgang = -55,2%). Die andere Region umfaßt im Norden Ungarns die wichtigsten Standorte der bereits erwähnten Energie- und Industrieachse, wie Ózd (-57,0%), Miskolc (-38,9%) im Komitat Borsod-Abaúj-Zemplén, Salgótarján (-40,0%), Bátonyterenye (-54,3%) im Komitat Nógrád sowie Dorog (-45,8%) und Oroszlány (-45,4%) im Komitat Komárom-Esztergom. Dagegen weisen die Kleinregionen mit den höchsten Werten bezüglich des Rückgangs der Industriebeschäf-

61 Infolge des Fehlens an zuverlässigen Daten über den Rückgang der Zahl der Erwerbstätigen auf Kleinregionenbasis wurde in Ungarn der Rückgang der Industriebeschäftigten in die Analyse einbezogen. Die Tatsache, daß in beiden Ländern die Industriestandorte die größten Verluste an Erwerbstätigen erfahren mußten, macht aber - mit Einschränkungen - einen Vergleich zwischen Ostdeutschland und Ungarn bezüglich der Regionalstruktur des Beschäftigungsrückgangs möglich.

tigten ein sehr mosaikhaftes Muster auf. Zu dieser Gruppe der Kleinregionen sind sowohl in Transdanubien als auch östlich der Donau die ländlich geprägten Kleinregionen zu zählen, in welche in den 70er und 80er Jahren industrielle Zweigbetriebe aus der Zentrumsregion von Budapest verlagert wurden, wie die Kleinregion von Balatonalmádi (-93,6), Monor (-81,9%), Kiskõrös-Kecel (-75,7%), Ráckeve (-72,4%), Enying (-70,2%), Edelény (-66,6%), Kisbér (-65,1%), Polgár (-60,2%), Pasztó (-60,8%). Am geringsten waren durch den Beschäftigungsrückgang hingegen Nordwest-Transdanubien und einige Kleinregionen im Süden der Tiefebene betroffen. Auch in Ungarn gibt es drei Kleinregionen, Encs, Vásárosnamény und Nagykáta, in denen sogar ein Zuwachs der Zahl der Beschäftigten in der Industrie registriert wurde.

Karte 2. Der Wandel der Zahl der Industriebeschäftigten in Ungarn zwischen 1990 und 1993 auf Kleinregionenbasis

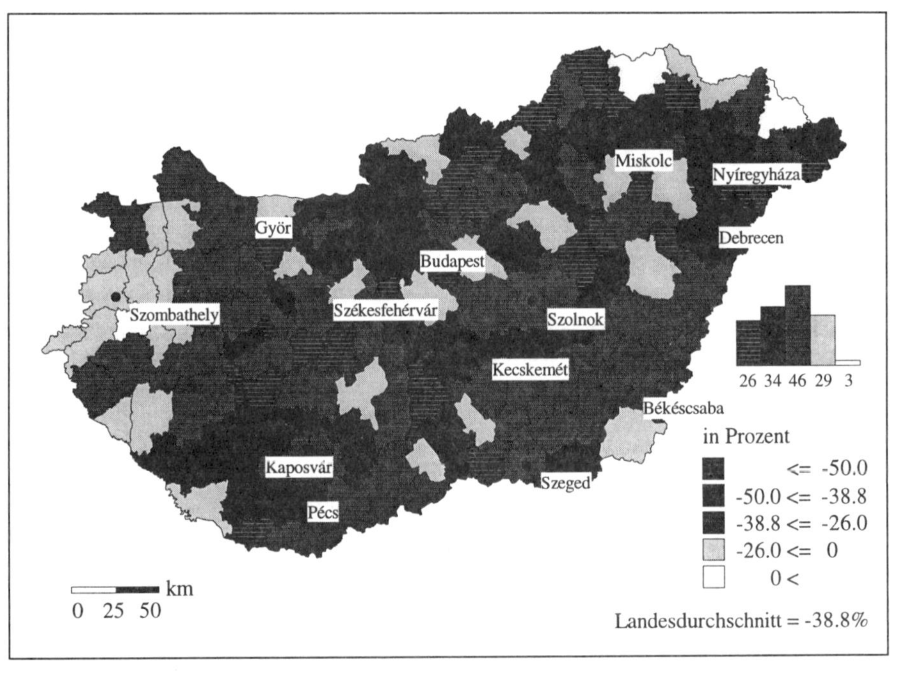

Quelle: KÖZPONTI STATISZTIKAI HIVATAL 1995b.

Obwohl sich das Auftreten dieser regionalen Muster in beiden Ländern als ein charakteristisches Merkmal im Beschäftigungsrückgang einstufen läßt, sind dabei zwei wesentliche Unterschiede zwischen Ostdeutschland und Ungarn zu erkennen. Einerseits wurden in Ostdeutschland die monostrukturell geprägten industriellen Zentren, in Ungarn hingegen die Zweigbetriebe in den ländlichen Kleinregionen am stärksten durch den Verlust an Erwerbstätigen betroffen. Andererseits konzentrierte sich der geringste Rückgang an Erwerbstätigen in Ostdeutschland eindeutig in den großstädtischen Zentren, in Ungarn läßt sich dagegen eine ganze Großregion, nämlich Nordwest-Transdanubien durch dieses Merkmal kennzeichnen. Zusammenfassend läßt sich also feststellen: während der Beschäftigungsrückgang in Ungarn durch die Entfaltung krasser großräumiger Disparitäten geprägt wurde, fand in Ostdeutschland während des Beschäftigungsrückgangs eine Vertiefung der regionalen Unterschiede auf der Ebene der zentralen Orte statt.

4.2. REGIONALSTRUKTUR DER ARBEITSLOSIGKEIT

Während der Beschäftigungsrückgang durch eine Dualität zwischen dem großflächigen und dem mosaikhaften Muster geprägt ist, weist die Regionalstruktur der Arbeitslosigkeit in beiden Ländern eindeutig markante großräumige Unterschiede auf. Die Ursachen dafür sind im bereits im Unterkapitel 3.2. erwähnten Wandel der Arbeitslosigkeit von einem Massenphänomen zu einer Sockelarbeitslosigkeit zu finden. Die erste Phase der Arbeitslosigkeit zwischen 1989 und 1993 war durch die strukturelle Krise altindustrieller Gebiete, die Entlassung der früheren Überbeschäftigung der Ökonomie aus der Zeit des Sozialismus und die konjunkturellen Auswirkungen des Zusammenbruchs der COMECON-Staaten geprägt. Demzufolge wurde die Arbeitslosigkeit zu einem Massenphänomen, das sich in beiden Ländern rasch verbreitete und eine hohe Konzentration in den altindustriellen Gebieten sowie in den Regionen mit niedrig qualifizierten Arbeitskräften aufwies. Nach 1993 kam aber in der Entwicklung der Arbeitslosigkeit den langsam einsetzenden ökonomischen Aufholprozessen eine immer größere Bedeutung zu. Diese hatten zwei wichtige Auswirkungen. Einerseits nahm dadurch die Zahl der Arbeitslosen allmählich ab, andererseits blieb sie in Form einer Sockelarbeitslosigkeit immer noch auf einem relativ hohen Niveau. Die regionale Konsequenz dieser Veränderung ist darin zu sehen, daß sich die Arbeitslosigkeit in der zweiten Phase eindeutig zu einem Phänomen der peripheren Regionen wandelte. Die ökonomischen Aufholprozesse konzentrierten sich nämlich sehr stark auf einige wenige Verdichtungsräume mit guter Humankapitalausstattung, günstigen Verkehrsverbindungen und bürgerlich-kleinhandwerklichen Traditionen. Dadurch entstand in diesen Regionen ein Wirtschaftsklima, welches sich bereits in einer wachsenden Nachfrage nach Arbeitskräften niederschlug. Diese Prozesse gingen aber in den peripheren Regionen verständlicherweise nur zögernd voran, weswegen in diesen die Arbeitslosigkeit weiterhin auf einem hohen Niveau blieb.

Diese Konzentration der Arbeitslosigkeit in den peripheren Regionen ist in Ostdeutschland - wie dies der *Karte 3* zu entnehmen ist - recht deutlich zu erkennen[62]. Die vom Nordosten nach Südwesten verlaufende Achse, welche durch die Bundesländer Mecklenburg-Vorpommern, Sachsen-Anhalt und Thüringen gebildet wird, verzeichnet Arbeitslosenquoten, die weit über dem Durchschnitt Ost-

62 Ein unmittelbarer flächendeckender Vergleich zwischen der Regionalstruktur der Arbeitslosigkeit in der ersten Phase und der in der zweiten Phase auf Kreisbasis war in dieser Studie infolge der fast ständigen Veränderungen der territorialen Gliederung Ostdeutschlands leider nicht möglich.

deutschlands liegen. Auch die durch die extrem hohen Arbeitslosenquoten geprägten Kreise - mit der Ausnahme vom Kreis Altenburger Land (19,1%) - liegen entlang dieser Achse, wie die Kreise Köthen (23,3%), Bernburg (21,3%), Demmin (21,1%), Kyffhäuserkreis (20,5%), Schönebeck (20,2%) und Uecker-Randow (19,8%).

Karte 3. Die regionale Struktur der Arbeitslosigkeit in Ostdeutschland im Jahre 1994 auf Kreisbasis

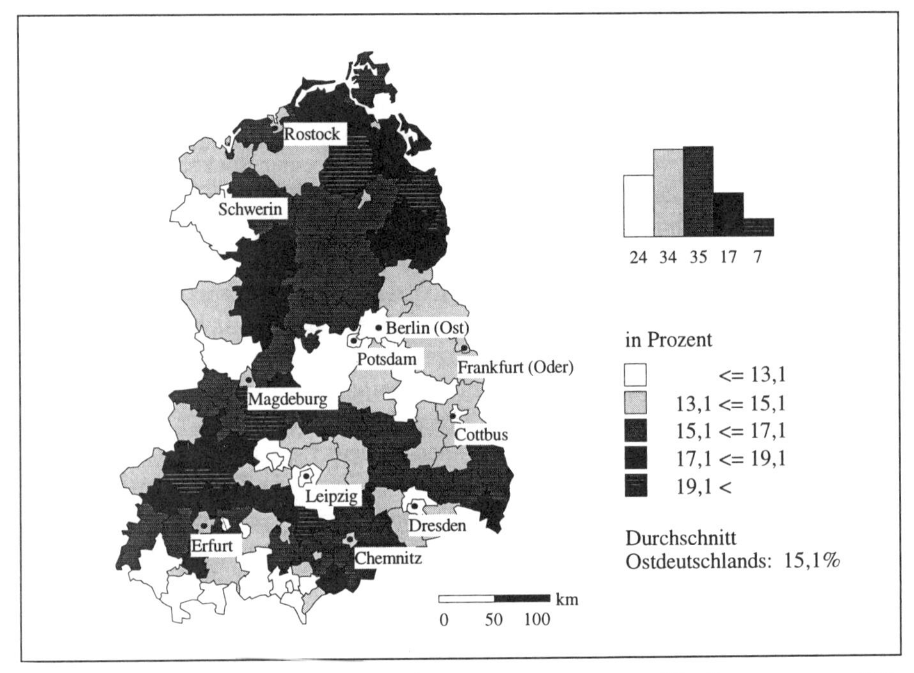

Quelle: unveröffentlichte Daten der BUNDESFORSCHUNGSANSTALT FÜR LANDESKUNDE UND RAUMORDNUNG, Laufende Raumbeobachtungen.

Dagegen lagen die Arbeitslosenquoten in den städtischen Zentren - mit Ausnahme von Magdeburg - sowohl im Süden als auch im Norden Ostdeutschlands unter dem Durchschnitt Ostdeutschlands. Hinsichtlich der niedrigsten Arbeitslosenquoten bilden sich zwei zusammenhängende Kleinregionen heraus. Die eine befindet sich südlich von Berlin und setzt sich aus den Kreisen Potsdam (7,9%), Potsdam-Mittelmark (10,0%) und Dahme-Spreewald (10,2%) zusammen, die andere liegt entlang der Südgrenze des Bundeslandes Thüringen mit den Kreisen Schmalkalden-Meiningen (12,7%), Hildburghausen (10,2%), Sonneberg (9,6%) und Saale-Orla-Kreis (11,9%) sowie in der Südgrenze des Bundeslandes Sachsen mit den Kreisen Auerbach (12,1%), Oelsnitz (10,1%), Plauen Land (10,9%) und Plauen Stadt (10,9%). Köthen (23,3%), der Kreis mit der höchsten Arbeitslosenquote, hatte eine fast dreimal so hohe Arbeitslosigkeit wie Potsdam (7,9%), der Kreis mit der niedrigsten Arbeitslosigkeit.

Im Gegensatz zu Ostdeutschland ist in Ungarn die regionale Ausprägung des Wandels von einer Massenarbeitslosigkeit in eine Sockelarbeitslosigket mittels einer flächendeckenden Analyse markant zu erfassen. Wie die *Karte 4* darstellt, wurde das Land in der ersten Phase durch die Arbeitslosigkeit gleichsam überflutet. Die Arbeitslosigkeit stellte eine regionale Massenerscheinung dar, wobei Arbeitslosenquoten über dem Landesdurchschnitt in einer Vielzahl von Arbeitsamtbezirken sowohl im Westen, als auch im Osten Ungarns registriert wurden. Allerdings wiesen dabei die Arbeitsamtbezirke in den altindustrialisierten Krisengebieten die höchsten Quoten auf, was den neoklassischen Erwartungen entspricht.

Karte 4. Regionale Struktur der Arbeitslosigkeit in Ungarn im Juni 1992 auf Arbeitsamtbezirkbasis

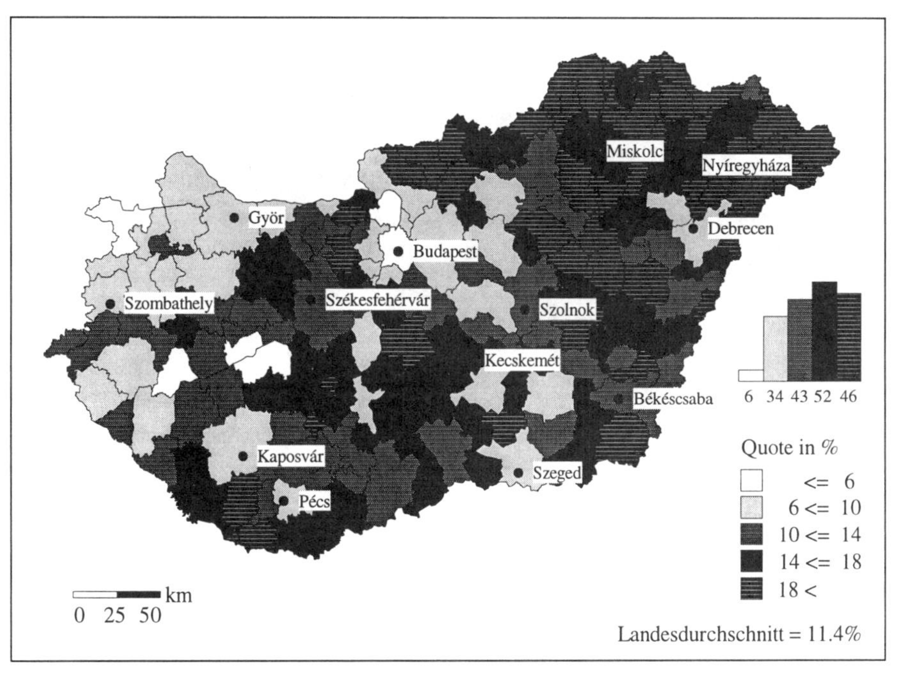

Quelle: unveröffentlichte Daten des UNGARISCHEN ARBEITSMINISTERIUMS.

Demgegenüber zog sich die *„Flut der Arbeitslosigkeit“* in der zweiten Phase zurück, so daß Arbeitslosigkeit, wie *Karte 5* belegt, in einer klaren West-Ost-Disparität zu einem typischen Phänomen der Peripherie wurde. In dieser Phase waren die niedrigsten Arbeitslosenquoten in den Arbeitsamtbezirken Budaörs (4,0%) und Szigetszentmiklós (4,9%) in der Agglomeration Budapest, in Balatonfüred (3,3%) am Plattensee und in Sopron (4,3%) an der Westgrenze registriert. Die höchsten Quoten traten - entsprechend der regionalwissenschaftlich begründeten Tendenz des „Comeback“ alter regionalen Disparitäten - in den nordöstlich gelegenen peripheren Regionen mit den Arbeitsamtbezirken Gönc (27,0%), Csenger (27,1%), Hajdúhadháztéglás (27,9%) und Nagyecsed (34,2%) in Nordost-

Ungarn auf. Der Unterschied zwischen den durch die niedrigsten Quoten gekennzeichneten Arbeitsamtbezirken sowie den durch die höchsten Arbeitslosenquoten geprägten Arbeitsamtbezirken beträgt dabei mehr als das Sieben- bis Zehnfache.

Karte 5. Regionalstruktur der Arbeitslosigkeit in Ungarn im Juni 1995 auf Arbeitsamtbezirkbasis

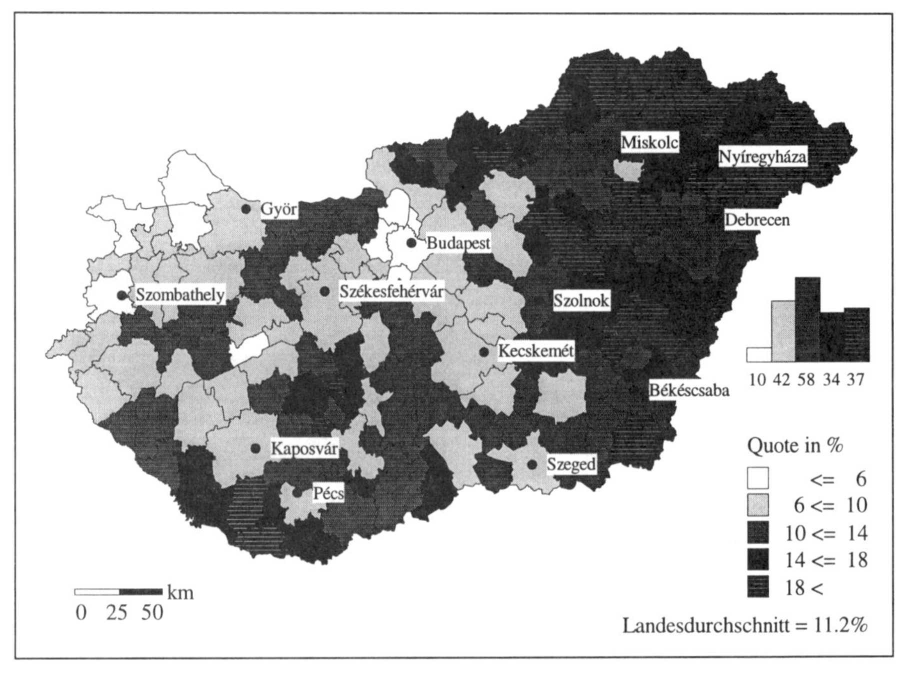

Quelle: unveröffentlichte Daten des UNGARISCHEN ARBEITSMINISTERIUMS.

Der Wandel der Arbeitslosigkeit von einer regionalen Massenerscheinung zu einem Phänomen der peripheren Regionen läßt sich aber nicht nur durch den Vergleich der Regionalstrukturen in der ersten und der zweiten Phase erkennen, sondern er läßt sich gleichzeitig auch durch eine Vielzahl von weiteren räumlichen Phänomenen, wie der Zunahme großräumiger Disparitäten, der wachsenden Konzentration in den peripheren Regionen, der starken zeitlichen Persistenz dieser regionalen Unterschiede sowie der Entfaltung der Disparitäten gemäß der Siedlungsgrößentypen deutlich verfolgen.

Die Zunahme großräumiger Disparitäten in der Regionalstruktur der Arbeitslosigkeit

Die Entfaltung großräumiger Disparitäten in der Regionalstruktur gehört in beiden Ländern wohl zu den auffallendsten Phänomenen der Transformation, und sie stellt gleichzeitig den wichtigsten Hintergrund für die Metapher dar, welche in Ostdeutschland mit dem Stichwort Süd-Nord-Gefälle und in Ungarn mit dem Etikett „Koordinatenwechsel regionaler Ungleichheiten“ versehen wurde. Nimmt man allein die großräumige Verteilung der Wohnbevölkerung und der Arbeitslosen, so sind die regionalen Konturen dieser Metapher auf dem Arbeitsmarkt sofort deutlich erkennbar. So läßt sich in Ostdeutschland die großräumige Struktur der Arbeitslosigkeit durch eine klare Nordwest-Südost-Dichotomie kennzeichnen. Wie aus der *Tabelle 12* zu entnehmen ist, weisen nur Berlin und Sachsen einen niedrigeren Anteil an Arbeitslosen auf, als nach der Bevölkerungszahl zu erwarten wäre. Das Gegenbeispiel zeigt das Bundesland Sachsen-Anhalt, wo 16% der ostdeutschen Bevölkerung wohnhaft sind, aber gleichzeitig 19% der Arbeitslosen registriert wurden.

Tabelle 12. Die Verteilung der Bevölkerung und der Arbeitslosen in Ostdeutschland auf Bundesländerebene im Jahre 1994

	Bevölkerung		Arbeitslose		Anteil der Arbeitslosen an der Bevölkerung
	Zahl (1000)	%	Zahl (1000)	%	%
Berlin	3.475	20	199	15	5,7
Brandenburg	2.538	14	191	15	7,5
Mecklenburg-Vorpommern	1.843	10	146	11	7,9
Sachsen-Anhalt	2.778	16	238	19	8,6
Sachsen	4.608	26	326	25	7,1
Thüringen	2.533	14	196	15	7,1
Ostdeutschland	17.775	100	1.296	100	7,3

Quelle: Bundesforschungsanstalt für Landeskunde und Raumordnung 1995b, 53, Statistisches Bundesamt 1995, 47.

Tabelle 13. Die großräumige Verteilung der Bevölkerung und der Arbeitslosen in Ungarn im Jahre 1994

	Bevölkerung		Arbeitslose		Anteil der Arbeitslosen an der Bevölkerung
	Zahl (1000)	%	Zahl (1000)	%	%
Zentrum	2.961	29	89	17	3,0
Nord-Transdanubien	1.811	18	84	16	4,6
Süd-Transdanubien	1.306	13	67	13	5,1
Süd-Tiefebene	1.376	13	77	15	5,6
Nord-Tiefebene	1.529	15	112	22	7,3
Nord-Ungarn	1.294	12	91	17	7,0
Ungarn	10.277	100	520	100	5,1

Quelle: unveröffentlichte Daten des Ungarischen Arbeitsministeriums.

Während die großräumige Struktur der Arbeitslosigkeit in Ostdeutschland durch eine Nordwest-Südost-Dichotomie geprägt ist, läßt sich in Ungarn - wie die

Tabelle 13 belegt - eine klare Ost-West-Disparität erkennen. Waren im Jahre 1994 in der Zentrumsregion Ungarns (in Budapest und im Komitat Pest) 29% der Bevölkerung wohnhaft, lebten in dieser Region nur 17% der Arbeitslosen. In ähnlicher Weise war der Anteil Transdanubiens an den Arbeitslosen niedriger als dessen Anteil an der Gesamtbevölkerung. Die Regionen östlich der Donau lassen sich hingegen durch eine gegenläufige Tendenz kennzeichnen: während dort 40% der Gesamtbevölkerung Ungarns wohnten, konzentrierten sich 54% der Arbeitslosen in diesen Regionen.

Diese großräumigen Verteilungsmuster weisen sowohl in Ostdeutschland als auch in Ungarn seit dem Erscheinen des Phänomens eine feste zeitliche Persistenz auf. Dies gilt besonders für Ostdeutschland, wo die Verteilung der Arbeitslosen auf die Bundesländer zwischen 1990 und 1994 praktisch unverändert blieb, den einzigen Unterschied stellen Berlin und Mecklenburg-Vorpommern dar, wo im Jahre 1990 noch 18% und 13%, im Jahre 1994 nur 15% und 11% aller Arbeitslosen Ostdeutschlands registriert wurden. Im Gegensatz zu Ostdeutschland ist in Ungarn in der Entwicklung der Arbeitslosigkeit ein Rückfall der Zentrumsregion zu beobachten. Waren im Jahre 1990 nur 7% der Arbeitslosen in Budapest und im Komitat Pest registriert, wuchs dieser Anteil im Jahre 1994 auf 17%. Parallel zu dieser Entwicklung nahm der Anteil Nord-Ungarns an den Arbeitslosen im genannten Zeitraum von 30% auf 17% ab. Die Ursache für diesen verspäteten Rückfall der Zentrumsregion in Ungarn liegt darin, daß in Budapest und im Komitat Pest die Auswirkungen der Transformationskrise - infolge der Agglomerationsvorteile - nur mit einer Zeitverzögerung zur Geltung kam.

Wachsende Konzentration in den entwicklungsschwachen peripheren Regionen

In der DDR wurde infolge der Schönfärberei der damaligen politischen Führung nicht einmal die Existenz entwicklungsschwacher Regionen anerkannt, und dementsprechend sind die regionalen Ungleichheiten anhand offizieller Daten nur schwer zu rekonstruieren. Um diese Schwierigkeiten bei der Erfassung peripherer Regionen zu DDR-Zeiten zu bewältigen, wurde in dieser Studie als Indikator der Industriebesatz, d.h. die Zahl der Industriebeschäftigten je 1.000 Erwerbsfähigen (15- bis unter 65jährige) im Jahre 1989 für die Analyse herangezogen. Der Industriebesatz bietet sich an, da die DDR-Wirtschaftsführung den Aufbau eines starken Industriestaates als höchstrangiges Ziel ihrer Politik betrachtete. Jene Gebiete, in denen dieses Ziel also nicht erfüllt wurde und wo der Industriebesatz somit niedrig war bzw. unter dem Landesdurchschnitt lag, können gleichzeitig als benachteiligte periphere Regionen eingestuft werden.

Wie aus der *Karte 6* zu entnehmen ist, lassen sich in Ostdeutschland am Höhepunkt der Arbeitslosigkeit im Jahre 1993 drei zusammenhängende Großregionen mit überdurchschnittlicher Arbeitslosenquote erkennen. Die erste Großregion umspannt die sächsische Industrieachse mit den Endpunkten Chemnitz und Cottbus. In ähnlicher Weise spielte in Nordthüringen und in Sachsen-Anhalt die Industrie bis zur Endphase des Sozialismus eine sehr starke Rolle auf dem Arbeitsmarkt, und die Schließung dieser Industriebetriebe führte nach der Wende auch hier zu einer hohen Arbeitslosigkeit. Dagegen läßt sich die dritte Großregion mit überdurchschnittlicher Arbeitslosenquote, die fast das ganze Bundesland Mecklenburg-Vorpommern sowie die nördlichen Kreise der Bundesländer Brandenburg und Sachsen-Anhalt umfaßt, anhand des Indikators Industriebesatz als eine der während der DDR-Zeit am meisten vernachlässigten peripheren Regionen einstufen. Darüber hinaus ist fällt in der Karte 6 auf, daß die großstädtischen Zentren, die während des Sozialismus durch einen unterdurchschnittlichen Industriebesatz gekennzeichnet waren, die ersten Jahre der Transformation mit einer relativ niedrigen Arbeitslosigkeit bewältigt hatten.

Karte 6. Regionale Struktur des Industriebesatzes im Jahre 1989 und der Arbeitslosigkeit im Jahre 1993 in Ostdeutschland auf Kreisbasis

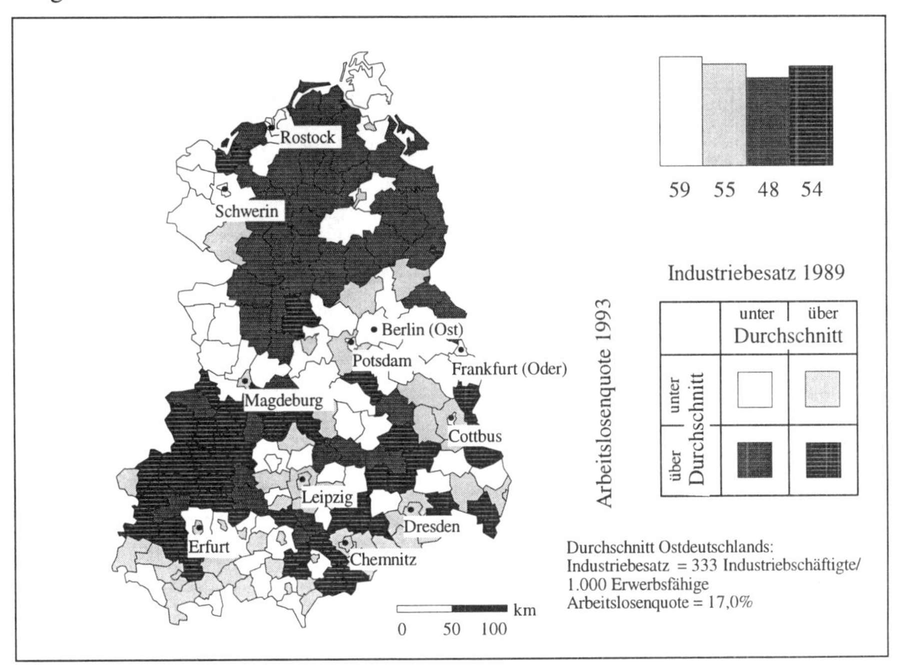

Quelle: BUNDESFORSCHUNGSANSTALT FÜR LANDESKUNDE UND RAUMORDNUNG, 1992a, 1995a.

Im Gegensatz zu Ostdeutschland lassen sich in Ungarn die Auswirkungen der regionalen Ungleichheiten aus der Zeit des Sozialismus durch einen unmittelbaren Vergleich der Regionalstruktur der ehemals als peripher eingestuften Gebiete auf der einen Seite und der gegenwärtigen Regionalstruktur der Arbeitslosigkeit auf der anderen Seite prägnant verfolgen. Wie im Unterkapitel 2.1. schon angedeutet wurde, wurde in Ungarn die Existenz entwicklungsschwacher Regionen durch die offizielle Politik schon in den 80er Jahren eingeräumt; damals wurden 19% aller Gemeinden als förderungswürdig ausgewiesen (KÖZPONTI STATISZTIKAI HIVATAL,

1985). Zur Abgrenzung der peripheren Regionen wurden eine Vielzahl von Indikatoren herangezogen, wie das ungünstige landwirtschaftliche Produktionspotential, der Mangel an Arbeitsplätzen, ein hoher Auspendler- und Abwandereranteil, überalterte Bevölkerungsstruktur, niedriges Einkommensniveau, eine durch Zwergdörfer geprägte Siedlungsstruktur, verkehrstechnische Randlage, der Mangel an qualifizierten Arbeitskräften und unterentwickelte Infrastruktur. Obwohl diese Gemeinden im Nordosten und Südwesten Ungarns jeweils zusammenhängende Regionen bildeten, wurde ihre Problematik aufgrund der Vielzahl von Kleingemeinden - knapp die Hälfte der eingestuften Gemeinden verfügten über weniger als 500 Einwohner - bloß als eine regionale Benachteiligung der Kleindörfer thematisiert.

Karte 7. Die Regionen mit den höchsten Arbeitslosenquoten in Ungarn im Jahre 1995 und die im Jahre 1985 als peripher eingestuften Regionen auf Arbeitsamtbezirkbasis[63]

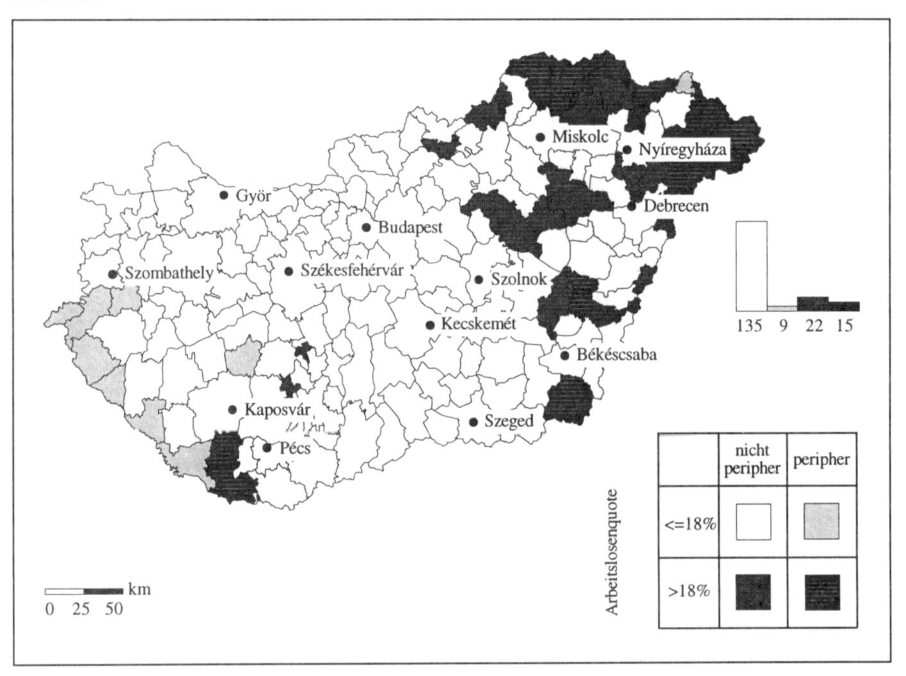

Quelle: KÖZPONTI STATISZTIKAI HIVATAL 1985, unveröffentlichte Daten des UNGARISCHEN ARBEITSMINISTERIUMS.

63 Die Abgrenzung der peripheren Regionen erfolgte in Ungarn im Jahre 1985 auf Gemeindebasis. Für eine retrospektive Erfassung dieser Gemeinden auf Arbeitsamtbezirkbasis vom Jahre 1995 wurde in der Untersuchung ein Arbeitsamtbezirk als peripher eingestuft, wenn im Jahre 1985 im betreffenden Bezirk mehr 33% der Gemeinden den peripheren Gemeinden zugeordnet waren.

Legt man eine Karte der peripheren Regionen Ungarns aus dem Jahre 1985 und eine Karte über regionale Unterschiede der Arbeitslosigkeit aus dem Jahre 1995 zugrunde, wird die regionale Übereinstimmung - wie *Karte 7* zeigt - deutlich erkennbar. Die schon im Sozialismus am meisten unterentwickelten Regionen hatten 1995 die höchsten Arbeitslosenquoten. In der nordöstlichen Grenzregion läßt sich sogar eine zusammenhängende, im Jahre 1985 als peripher eingestufte Region mit extrem hoher Arbeitslosenquote erkennen. Es lassen sich aber auch zwei Gebiete beobachten, in denen der frühere „periphere Status" nicht mit einer hohen Arbeitslosigkeit bzw. die hohe Arbeitslosigkeit mit dem früheren peripheren Status gepaart wurde. Daß die ehemals als peripher eingestufte Region Transdanubiens, im Viereck der Städte von Szentgotthárd, Vasvár, Zalaegerszerg und Lenti an der Westgrenze Mitte der 90er Jahre durch niedrige Arbeitslosenquoten gekennzeichnet war, hängt mit der Aufwertung des westlichen Grenzgürtels zusammen. Dagegen wurden - als ein Zeichen für das Einsetzen der großräumigen Peripherisierungsprozesse nach der Wende - in einer Vielzahl von Arbeitsamtbezirken in Nordost-Ungarn, die im Jahre 1985 noch als nicht peripher eingestuft worden waren, extrem hohe Arbeitslosenquoten registriert.

Die zeitliche Persistenz und der Wandel regionaler Unterschiede der Arbeitslosigkeit

Die starke Verkoppelung zwischen der Arbeitslosigkeit und der peripheren Lage tritt auch dadurch hervor, daß die Regionalstruktur der Arbeitslosigkeit im Zeitraum von 1990 bis 1995 - trotz staatlicher Eingriffe und trotz des raschen ökonomischen Wandels - ein zeitlich höchst persistentes Muster aufwies. Dies kommt anhand eines Vergleichs der Regionalstrukturen in der ersten und in der zweiten Phase besonders in Ungarn zum Ausdruck, wo dieses Phänomen infolge der gleichbleibenden Grenzen der räumlichen Erhebungseinheiten auch in einer Langzeitperspektive nachvollziehbar ist. Nimmt man eine Rangliste der Arbeitsamtbezirke aufgrund der Größe der Arbeitslosenquote, so ist bei der Untersuchung des Wandels der Positionen der Arbeitsamtbezirke zwischen 1992 und 1995 - wie *Abbildung 5* belegt - eine starke Stabilität zu erkennen. Dabei wurden zur Erfassung des Wandels der Positionen innerhalb der Rangliste die 181 Arbeitsamtbezirke in drei Klassen - oberes, mittleres und unteres Drittel - jeweils mit 60 bzw. 61 Bezirken gegliedert. Die *starke räumliche Stabilität* läßt sich daraus ablesen, daß mehr als zwei Drittel der Arbeitsamtbezirke (122) im genannten Zeitraum keine klassenüberschreitenden Veränderungen innerhalb der Rangliste aufwiesen und sich somit auch im Jahre 1995 in der gleichen Rangklasse wie im Jahre 1992 befanden. An den beiden Enden der Rangskala läßt sich sogar eine noch deutlichere Persistenz beobachten, da der Anteil der Arbeitsamtbezirke, die sich während dieser Periode ständig im oberen bzw. unteren Drittel befanden, mehr als drei Viertel betrug.

Abbildung 5: Das Muster der Veränderungen innerhalb der Rangliste der Arbeitsamtbezirke bezüglich der Arbeitslosenquote in Ungarn zwischen Juni 1992 und Juni 1995 (Angaben in der Zahl der Arbeitsamtbezirke)

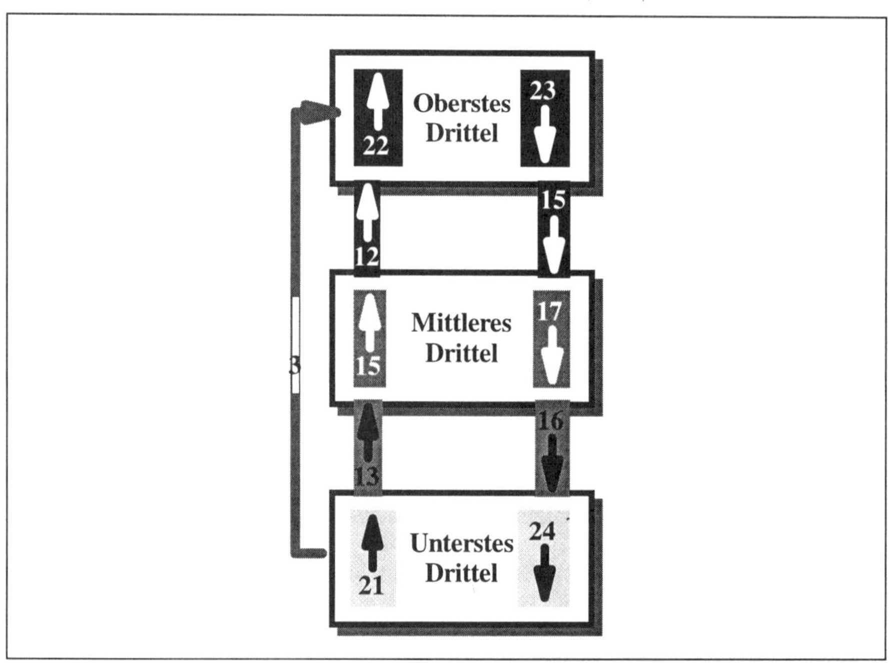

Die entscheidende Rolle früherer regionaler Ungleichheiten und der peripheren Lage in der Regionalstruktur der Arbeitslosigkeit kommt aber - wie *Karte 8* belegt - auch anhand der *Veränderungen* der Positionen der Arbeitsamtbezirke innerhalb dieser Rangliste markant zum Ausdruck. Besonders vielsagend ist der Rückfall jener Regionen, die trotz guter Voraussetzungen für eine erfolgreiche ökonomische Umstrukturierung den negativen Auswirkungen der peripheren Lage nicht entgegenwirken konnten. Das Paradebeispiel stellt hier die Großstadt Debrecen und ihre Umgebung im Osten Ungarns dar. Besaßen diese Arbeitsamtbezirke im Jahre 1992 noch gute Positionen im oberen und mittleren Drittel der Rangskala, so fielen sie bis 1995 jeweils um eine Klasse - z.B. Debrecen mit einem Abstieg um 45 Plätze - in das mittlere bzw. untere Drittel zurück. Die Großstadt Debrecen weist fast alle Faktoren, wie z.B. drei Universitäten, zahlreiche Forschungsinstitute, lebensfähige Großbetriebe und altbewährte bürgerliche Traditionen auf, die bezüglich der Wirtschaftsentwicklung Anlaß zum Optimismus geben könnten. Aber trotz der guten Voraussetzungen konnte diese Region dem Trend des „Comeback" früherer regionaler Ungleichheiten und der fortschreitenden Peripherisierung der östlichen Landesteile nicht entgegensteuern und fiel auf das Niveau ihrer peripheren Umgebung zurück.

Karte 8. Die regionale Struktur der Veränderung des Ranges der Arbeitsamtbezirke innerhalb der Rangliste bezüglich der Arbeitslosenquote in Ungarn zwischen Juni 1992 und Juni 1995

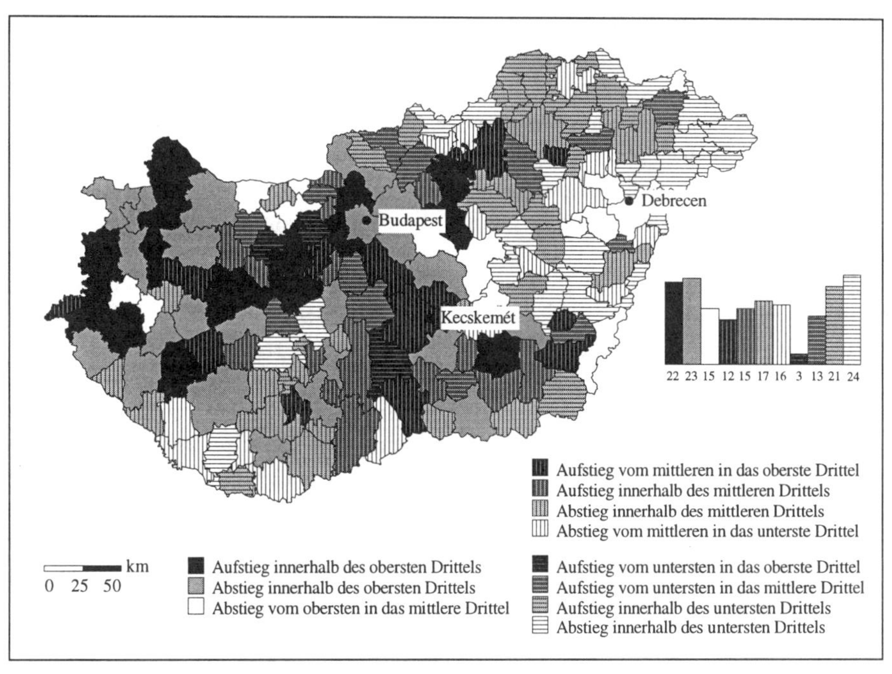

Quelle: unveröffentlichte Daten des UNGARISCHEN ARBEITSMINISTERIUMS.

Die Gegenbeispiele, d.h. die aufsteigenden Arbeitsamtbezirke, sind hingegen - fast ohne Ausnahmen - in den westlichen Landesteilen Ungarns zu finden. Ein positiver Wandel der Position der Arbeitsamtbezirke innerhalb des oberen Drittels der Rangskala läßt sich in der Agglomeration von Budapest und im breiten westlichen Grenzgürtel, im Komitat Győr-Moson-Sopron und im Komitat Vas registrieren. Weiterhin ist festzustellen, daß in den Arbeitsamtbezirken in der Mitte des Landes mit dem Komitatszentrum Kecskemét bereits ein markanter Aufholprozeß im Gange ist. Kecskemét konnte einen Aufstieg um 52 Plätze vom mittleren in das obere Drittel der Rangskala verzeichnen. Letztlich gelang es den drei Arbeitsamtbezirken, Kiskörös, Mór und Bicske sogar, vom unteren Drittel in das obere Drittel der Rangskala aufzusteigen. In fast allen Beispielen der positiven Rangveränderungen lassen sich die Auswirkungen früherer Regionalstrukturen klar belegen. Die Agglomeration von Budapest genießt seit langer Zeit die Vorteile und die Bevorzugung einer Metropole, der westliche Grenzgürtel gehörte vor der sozialistischen Epoche zu den hochentwickelten Regionen Ungarns mit guter Humankapitalausstattung, und die Region von Kecskemét war sowohl in der Zwischenkriegszeit als auch in der Zeit des Sozialismus durch eine Vorreiterrolle bezüglich der innovativen Umstrukturierung der Landwirtschaft auf der Basis bäuerlicher Kleinbetriebe bekannt. Die Rolle geographischer Faktoren und historischer Traditionen läßt sich auch im Falle jener Regionen markant erkennen, die den Sprung vom unteren in das obere Drittel geschafft hatten, wie Köskörös mit einem Aufstieg um 67 Plätze, Mór um 95 und Bicske um 95 Plätze. Zwei von ihnen, Mór und Bicske, liegen entlang der sich rasch entwickelnden Achse Budapest-Székesfehérvár-Gyõr, eine von ihnen, Kiskõrös gehört zu der wieder prosperierenden Region Kecskeméts.

Aufgrund des regionalen Musters der Auf- und Abstiege der Arbeitsamtbezirke innerhalb der Rangliste ist sogar festzustellen, daß sich die durch die früheren räumlichen Unterschiede vorprogrammierte regionale Schere in den letzten Jahren noch weiter geöffnet hat. Jene Regionen, die bereits in der Anfangsphase der ökonomischen Transformation gute Positionen besaßen, wie Nordwest-Transdanubien und die Agglomeration von Budapest, haben ihre Positionen weiter verbessert. In jenen Regionen hingegen, die schon in der Zeit des Sozialismus als peripher eingestuft waren, ist eine weitere Verstärkung der Peripherisierungsprozesse zu beobachten. Schließlich erfolgte in den Arbeitsamtbezirken des breiten Bereiches zwischen den Zentrumsregionen und den peripheren Gebieten in der Mitte des Landes - je nach der geographischen Entfernung vom Zentrum und der Peripherie - ein Aufholprozeß wie in Kecskemét bzw. ein Rückfall wie in Debrecen. So liefert die Regionalstruktur der Arbeitslosigkeit in Ungarn einen der prägnantesten Beweise für die kummulativen Peripherisierungsprozesse, die - in den Worten von G. GORZELAK (1996, 119) „The strong became stronger, the weake became weaker“ - zum maßgebenden Kennzeichen der regionalen Dimension der Transformation vom Plan zum Markt wurde.

Disparitäten nach Siedlungsgrößentypen und der Stadt-Land-Gegensatz in der Entwicklung der Arbeitslosigkeit

Die Nachteile peripherer Regionen in der Entwicklung der Arbeitslosigkeit wurden in beiden Ländern noch durch die Auswirkungen der Hierarchie des Siedlungssystems und der Stadt-Land-Gegensätze verstärkt. Generell ist festzuhalten, daß die Arbeitslosigkeit in der zweiten Phase zu einem typischen Phänomen der Dörfer bzw. der ländlichen Regionen wurde und dadurch die Verlierer der Transformation überproportional in den ländlichen Siedlungen zu finden sind. So läßt sich in Ostdeutschland anhand der Daten der Arbeitslosigkeit nach Regionstypen eine wachsende Verfestigung des Phänomens in den ländlichen Gebieten erkennen. Wie die *Tabelle 14* belegt, waren die ländlich geprägten Regionen im Zeitraum von 1990 bis 1994 fortwährend durch eine Arbeitslosenquote über dem Durchschnitt Ostdeutschlands gekennzeichnet. Darüber hinaus ist aus dieser Tabelle ablesbar, daß sich die Situation in den Regionen mit Verdichtungsansätzen während der Entwicklung der Arbeitslosigkeit ständig verschlechterte. Sie konnten in der ersten Phase der Arbeitslosigkeit infolge der Agglomerationsvorteile dem rasanten Anstieg der Arbeitslosigkeit zwar entgegenwirken, fielen aber in der zweiten Phase auf das Niveau zurück, das die ländlichen Regionen Ostdeutschlands in der ersten Phase hatten. So waren die Regionen mit Verdichtungsansätzen im Jahre 1994 bereits durch eine Arbeitslosenquote über dem Durchschnitt Ostdeutschlands gekennzeichnet.

Tabelle 14. Wandel der Arbeitslosenquote in Ostdeutschland nach Regionstypen zwischen 1990 und 1994

Regionstyp	Arbeitslosenquote (%)		
	1990	1992	1994
Regionen mit großen Verdichtungsräumen	7,4	13,6	14,7
Regionen mit Verdichtungsansätzen	7,0	14,7	16,1
Ländlich geprägte Regionen	8,4	16,7	17,3
Ostdeutschland	7,5	14,7	15,7

Quelle: BUNDESFORSCHUNGSANSTALT FÜR LANDESKUNDE UND RAUMORDNUNG 1995b, 58.

Tabelle 15. Verteilung der Erwerbstätigen im Jahre 1990 und der Arbeitslosen im Jahr 1994 sowie die Arbeitslosenquote im Jahre 1994 nach Siedlungsgrößentypen in Ungarn

Siedlungsgrößentypen (nach Einwohnerzahl)	Erwerbstätige 1990 (%)	Arbeitslose 1994 (%)	Arbeitslosenquote 1994 (%)
Budapest	20,3	10,9	5,9
Komitatzentren	18,4	16,3	9,2
Städte (> 20.000)	13,0	12,6	10,8
Dörfer (> 5.000)	7,8	7,7	12,4
Städte (19.999 -10.000)	9,0	10,2	12,5
Dörfer (4.999 - 2.000)	13,1	16,7	14,4
Städte (< 10.000)	2,9	4,6	14,7
Dörfer (1.999 - 1.000)	8,5	11,3	15,2
Dörfer (< 1.000)	6,9	9,7	16,6
Ungarn	100,0	100,0	10,4

Quelle: unveröffentlichte Daten des UNGARISCHEN ARBEITSMINISTERIUMS.

Eine Benachteiligung der ländlichen Regionen und der Dorfbewohner in der Entwicklung der Arbeitslosigkeit tritt auch in Ungarn prägnant hervor. Laut den Volkszählungsdaten lebten im Jahre 1990 nur 38% der Bevölkerung in Dörfern, in diesem Siedlungstyp konzentrierten sich aber im Jahre 1991 bereits 51% der Arbeitslosen. Obwohl dieser Anteil im Verlauf des Beschäftigungsabbaus eine leichte Abmilderung erfuhr, lag der Anteil der Dorfbewohner an allen Arbeitslosen auch im Jahre 1994 immer noch überproportional hoch bei 45,4%. Die Verteilung der Erwerbstätigen zum Zeitpunkt der Wende einerseits und der Arbeitslosen im Jahre 1994 andererseits nach Siedlungsgrößentypen bringt aber noch weitere Disparitäten innerhalb des Stadt-Land-Gegensatzes ans Licht. Wie die *Tabelle 15* andeutet, stellt in Ungarn die Siedlungsgröße mit 20.000 Einwohner einen markanten Grenzwert dar. Verfügt eine Siedlung über mehr als 20.000 Einwohner, wird sie einen niedrigeren Anteil an Arbeitslosen als an der Bevölkerung aufweisen. Verfügt sie aber über weniger als 20.000 Einwohner, wird ihr Anteil an Arbeitslosen größer sein als an der Bevölkerung. Als besonders benachteiligter Siedlungstyp innerhalb dieses krassen Gefälles sind die Kleindörfer mit weniger als 5.000 Einwohner einzustufen. Die Bedeutung des Grenzwertes von 20.000 Einwohnern kommt anhand der Ziffer Arbeitslosenquote nach Siedlungsgrößentypen auch zum Ausdruck. Es läßt sich sogar eine generelle Tendenz festhalten: je kleiner eine Siedlung ist, desto höher ist die Arbeitslosenquote. Dabei ist besonders auffallend, daß auch die Kleinstädte eine ähnlich hohe Arbeitslosenquote aufweisen wie die Dörfer. Die große Bedeutung des Grenzwertes von 20.000 Einwohnern deutet darauf hin, daß die Städte im ungarischen Städtesystem nur oberhalb dieser Größenordnung jene städtischen Funktionen haben, die einem Beschäftigungsabbau bereits entgegenwirken können.

Die hohe Arbeitslosigkeit in den Dörfern ist eindeutig auf das besonders niedrige Ausbildungsniveau der dort lebenden Bevölkerung zurückzuführen. So kommt P. MEUSBURGER (1995b) aufgrund der Analyse der Volkszählungsdaten zu der Feststellung, daß in Ungarn das Ausbildungsniveau der Bevölkerung mit abnehmender Einwohnerzahl der Gemeinden extrem steil abnimmt. Die Konsequenz dieses zentral-peripheren Gefälles des Ausbildungsniveaus für das regionale Muster der Arbeitslosigkeit ist eindeutig: wenn ein starker Zusammenhang zwischen Ausbildungsniveau und Arbeitslosigkeit besteht - wie dies im Unterkapitel 3.2. ausführlich belegt wurde - werden die Dörfer infolge des niedrigen Ausbildungsniveaus ihrer Bewohner durch die Arbeitslosigkeit am härtesten getroffen. Darüber hinaus ist auch die enorme Pendelaktivität in der Zeit des Sozialismus für die hohe Arbeitslosenquote in den Dörfern verantwortlich zu machen. Beispielsweise pendelte in Ungarn im Jahre 1990 jeder Zweite der in den Dörfern wohnhaften Erwerbstätigen - insgesamt 875.000 Arbeitnehmer - in die städtischen Zentren. Dadurch wurde ein erheblicher Teil der Beschäftigungsprobleme der Städte in die Dörfer verlagert, und die Dorfbewohner mußten sich nach der Wende nicht nur mit den Schwierigkeiten des lokalen Arbeitsmarktes, sondern zusätzlich auch mit den Problemen der städtischen Zentren auseinandersetzen.

4.3. REGIONALSTRUKTUR DES SEKTORALEN WANDELS DER ÖKONOMIE UND DES ARBEITSMARKTES

Die eigenartige *Tertiärisierung in den Transformationsländern*, die durch eine drastische Deindustrialisierung begleitet und gleichzeitig verursacht wurde, kommt in der Regionalstruktur Ostdeutschlands mit all ihren Widersprüchen deutlich zum Ausdruck. Nimmt man nur den Prozentanteil der im tertiären Sektor Erwerbstätigen - wie dies in der *Karte 9* dargestellt ist - so lassen sich den Erwartungen entsprechend die höchsten Werte in den Großstädten und die niedrigsten Werte in den Industrieregionen im Süden Ostdeutschlands beobachten. Es ist aber sehr überraschend, daß eine zusammenhängende Großregion der Bundesländer Mecklenburg-Vorpommern, Brandenburg, Sachsen-Anhalt und Thüringen immer noch Werte über dem Durchschnitt Ostdeutschlands und sogar über dem Durchschnitt des vereinten Deutschlands aufweist. Nimmt man also bloß den Prozentanteil der im tertiären Sektor Erwerbstätigen, könnte man in Ostdeutschland leicht zu einer Dichotomie zwischen dem tertiär geprägten Nordwesten und dem industriellen Südosten gelangen. Man könnte sogar - im Einklang mit den Propheten des globalen Tertiärisierungsprozesses - das optimistische Bild malen, daß der Prozeß der Entfaltung der post-industriellen Gesellschaft in Ostdeutschland durch die Transformation vom Plan zum Markt zu einem großflächig ausgeprägten Phänomen wurde.

Karte 9. Der Anteil der Erwerbstätigen im tertiären Sektor in Ostdeutschland im Jahre 1993 auf Kreisbasis.

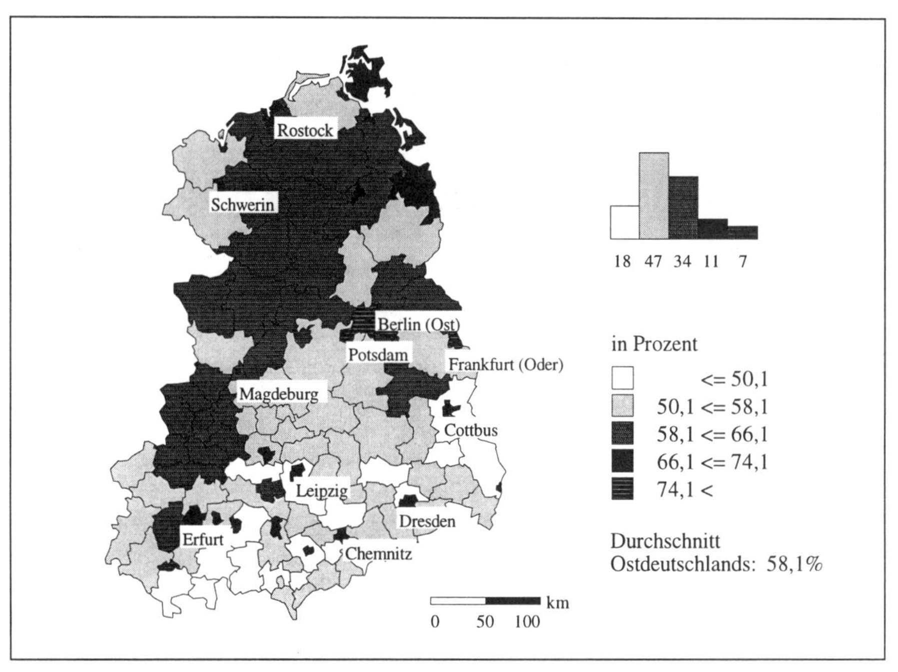

Quelle: unveröffentlichte Daten der BUNDESFORSCHUNGSANSTALT FÜR LANDESKUNDE UND RAUMORDNUNG, Laufende Raumbeobachtungen.

Um einen nicht gerechtfertigten Optimismus über den Erfolg des Sprunges in die Moderne zu vermeiden, lohnt es sich aber, auch nach den Hintergründen dieses Wandels zu fragen. Analysiert man nämlich den Rückgang der Zahl der Erwerbstätigen - wie dies in der *Karte 10* vorgenommen wurde - treten die Widersprüche der „eigenartigen Tertiärisierung" in den Transformationsländern sofort zutage.

Karte 10. Der Wandel der Zahl der Erwerbstätigen im tertiären Sektor in Ostdeutschland zwischen 1991 und 1993 auf Kreisbasis.

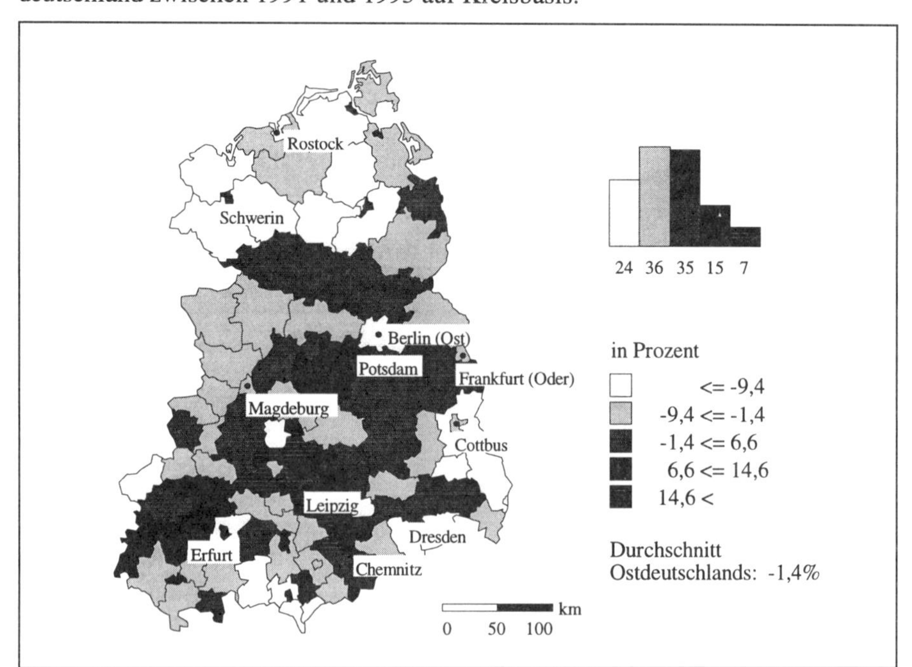

Quelle: unveröffentlichte Daten der BUNDESFORSCHUNGSANSTALT FÜR LANDESKUNDE UND RAUMORDNUNG, Laufende Raumbeobachtungen.

Generell läßt sich feststellen, daß in Ostdeutschland der hohe Anteil der Erwerbstätigen im tertiären Sektor von 58,1% im Jahre 1993 gleichzeitig mit einer leichten Abnahme der Zahl der im Dienstleistungssektor Erwerbstätigen von 1,4% im Zeitraum von 1991 bis 1993 begleitet wurde. Dabei wurde ein absoluter Zuwachs der Zahl der tertiären Erwerbstätigen von mehr als 10% nur im Großraum Berlin (Potsdam 14,4%, Potsdam-Mittelmark 10,2%) sowie im Dreieck von Erfurt, Magdeburg und Chemnitz (Weimar Stadt 18,4%, Leipziger Land 17,2%, Merseburg-Querfurt 16,2%, Chemnitz-Land 15,0%, Chemnitz-Stadt 12,5%, Gotha 12,5%, Erfurt Stadt 11,8%) registriert. Darüber hinaus fand in wenigen ehemaligen industriellen Hochburgen aus der DDR-Zeit im Süden Ostdeutschlands eine extrem hohe Zunahme der Zahl der tertiären Erwerbstätigen statt - beispielsweise im Saalkreis mit 37,1% und in Bitterfeld mit 32,3%. Sie stellen aber eher die Ausnahmen dar, die meisten Industrieregionen im Süden Ostdeutschlands weisen bezüglich der Zahl der tertiären Erwerbstätigen nur eine leichte Zunahme auf. Dagegen erfolgte im Norden Ostdeutschlands eine sehr starke Reduzierung der Zahl der im tertiären Sektor Erwerbstätigen. Als Beispiele dafür sind die Kreise im Bundesland Mecklenburg-Vorpommern zu nennen, wie Demmin, Mecklenburg-Strelitz, Müritz und Parchim, in denen der Anteil der Erwerbstätigen im tertiären

Sektor zwar über der Sechzig-Prozent-Marke liegt, die aber im Zeitraum von 1991 bis 1993 im tertiären Sektor mehr als 10% der Erwerbstätigen einbüßten.

Vergleicht man schließlich die Regionalstruktur der Tertiärisierung mit der Regionalstruktur der Arbeitslosigkeit - wie dies in der *Karte 11* dargestellt wurde - bekommt man sogar das überraschende Ergebnis, daß im Norden Ostdeutschlands, in einer fast zusammenhängenden Großregion der Bundesländer Mecklenburg-Vorpommern, Sachsen-Anhalt und Thüringen der überdurchnittlich hohe Anteil des tertiären Sektors mit einer überdurchschnittlich hohen Arbeitslosenquote gepaart ist. Eine gegenläufige Tendenz kommt - den Erwartungen entsprechend - nur im stark industrialisierten Süden, vor allem in Sachsen zum Ausdruck, wo die Tertiärisierung Werte unter dem Durchschnitt Ostdeutschlands, die Arbeitslosigkeit hingegen Werte über dem Durchschnitt Ostdeutschlands aufweist.

Karte 11. Regionalstruktur der Tertiärisierung (1993) und der Arbeitslosigkeit (1994) in Ostdeutschland auf Kreisbasis.

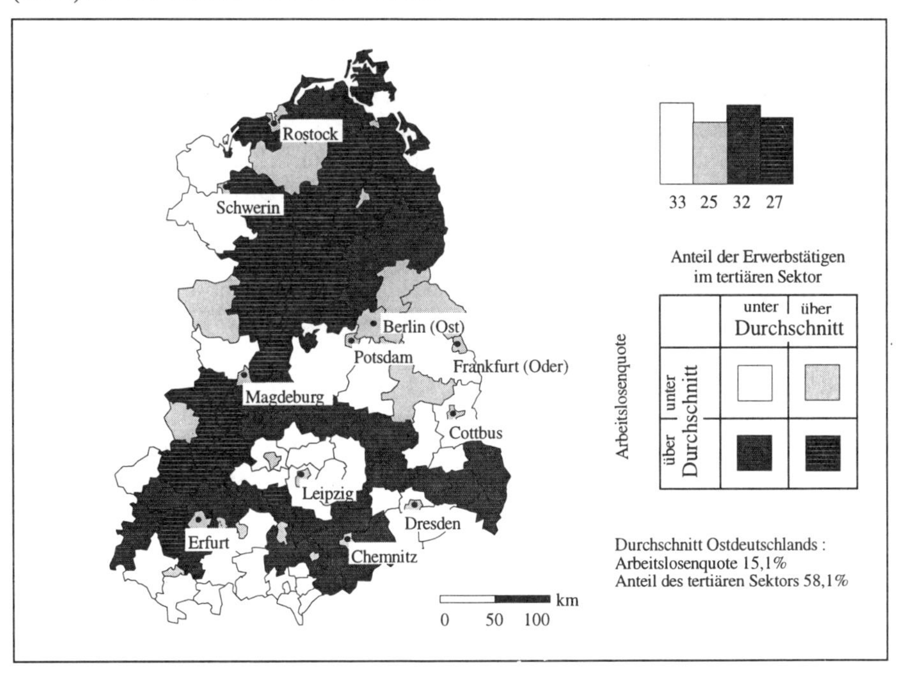

Quelle: unveröffentlichte Daten der BUNDESFORSCHUNGSANSTALT FÜR LANDESKUNDE UND RAUMORDNUNG, Laufende Raumbeobachtungen.

Die Ursachen für diese widersprüchlichen Tendenzen liegen darin begründet, daß die Tertiärisierung in den Transformationsländern nicht nur durch die Deindustrialisierung, sondern - der regionalwissenschaftlichen Betrachtungsweise entsprechend - auch durch die Entwicklung der Regionen während des Sozialismus bestimmt ist. So lassen sich in Ostdeutschland anhand einer Vielzahl von Merkmalen - wie des Anteils der Erwerbstätigen im tertiären Sektor, des Wandels der

Zahl der im tertiären Sektor Erwerbstätigen und der Arbeitslosigkeit nach der Wende sowie der Regionalstruktur der Erwerbstätigkeit und des Industriebesatzes vor der Wende - drei charakteristische regionale Typen hinsichtlich des Tertiärisierungsprozesses während der Transformation vom Plan zum Markt erkennen.

Der erste Typ der Tertiärisierung ist als eine *periphere Tertiärisierung* einzustufen. Diese periphere Tertiärisierung setzte in den während des Sozialismus schwach industrialisierten Regionen im Norden Ostdeutschlands ein. In diesen Regionen resultiert die Tertiärisierung nur aus einem raschen Beschäftigungsabbau im industriellen Sektor, der hier bereits in der Zeit des Sozialismus einen niedrigen Anteil hatte. Wie die Karte 6 im Unterkapitel 4.2. belegt, war eine Vielzahl der Kreise in den Bundesländern Mecklenburg-Vorpommern und Sachsen-Anhalt während der DDR-Zeit durch einen sehr niedrigen Industriebesatz gekennzeichnet. So führte in diesen schon in der Zeit des Sozialismus entwicklungsschwachen Regionen der Rückgang der Erwerbstätigen in der Industrie und der Landwirtschaft zu einer relativ starken Zunahme des Anteils des tertiären Sektors, obwohl die Zahl der im tertiären Sektor Erwerbstätigen sogar abgenommen hat. Der zweite Typ der Tertiärisierung könnte eine *nachholende Tertiärisierung* genannt werden. Sie fand in den früher extrem stark industrialisierten Städten im Süden Ostdeutschlands statt, wobei die Zunahme der Zahl der im tertiären Sektor Erwerbstätigen nur auf den enormen Nachholbedarf zurückzuführen ist. Der tertiäre Sektor war in diesen Industriestädten während der DDR-Zeit zu schwach entwickelt, um richtige städtische Funktionen erfüllen zu können. Deshalb können die z.T. sehr hohen Zunahmen im Anteil des tertiären Sektors (in Bitterfeld um +32,3%) nur als Aufholen eines Rückstandes aber wohl nicht als „Sprung in die Moderne“ bezeichnet werden. Schließlich läßt sich der dritte Typ der Tertiärisierung als eine *modernisierungsbedingte Tertiärisierung* einordnen, die entsprechend den klassischen Modellen bereits als ein Zeichen für die Einleitung einer post-industriellen Entwicklungsphase zu begrüßen ist. Die maßgebenden Kennzeichen sind dafür die rasche Zunahme der Zahl der Erwerbstätigen im tertiären Sektor sowie - besonders in den Großstädten - der hohe Anteil des tertiären Sektors an der Erwerbsstruktur. Allerdings tritt dieser Typ der Tertiärisierung nur inselhaft, in den Großräumen Berlin und Leipzig auf.

Wie das Beispiel der regionalen Ausprägung des Tertiärisierungsprozesses in Ostdeutschland belegt, wurden die Transformationsländer - im Gegensatz zu den Erwartungen der Propheten der Globalisierung - nicht zu einem Schauplatz des hochgelobten Siegeszuges der globalen Tertiärisierung. Der hohe Prozentanteil der Erwerbstätigen im tertiären Sektor resultierte in den meisten Kreisen Ostdeutschlands nämlich nicht aus der Umschichtung der Arbeitnehmer in den tertiären Sektor, sondern aus dem dramatischen Verlust der Erwerbstätigen im sekundären und primären Sektor. So fand zwar während der Transformation vom Plan zum Markt eine markante Zunahme des Prozentanteils der Erwerbstätigen im tertiären Sektor statt, diese setzte aber dadurch noch nicht den Prozeß der Entfaltung der post-industriellen ökonomischen und sozialen Strukturen in Gang. Das Beispiel Ostdeutschlands weist aber auch darauf hin, daß sich die verschiedenen Typen der Tertiärisierungsprozesse in den Transformationsländern regional sehr stark separieren. Während die nachholende und die periphere Tertiärisierung großflächige Muster aufwiesen, konzentrierte sich die modernisierungsbedingte Tertiärisierung nur auf wenige städtische Zentren. Deswegen ist zu vermuten, daß die Träume über einen Sprung in die post-moderne Gesellschaft in den Transformationsländern nur jene Erwartungen verkörpern, die noch lange nicht erfüllt werden können.

In ähnlicher Weise erwiesen sich in den Transformationsländern die neoklassisch begründeten Hoffnungen bezüglich der *Entfaltung des Privatsektors* und insbesondere des Mittelstandes - wie dies das nachstehende Beispiel Ungarns belegt - als höchst unzutreffend. In den Transformationsländern fand zwar ein markanter Boom des Privatsektors statt, dieser ist jedoch durch das Einsetzen großräumiger Disparitäten und extrem starker Konzentrationsprozesse gekennzeichnet. Anstatt des erwarteten, regional verbreiteten Siegeszuges der Marktwirtschaft, entstanden in den Transformationsländern in der ersten Phase nur wenige Brükkenköpfe des Privatsektors. Die neoliberal orientierten Transformationsmaßnahmen - wie die Privatisierung oder die Implementierung einer marktkonformen juristischen Regelung der Ökonomie, die selbstverständlich keine regionalen Akzente hatte - sind alleine nämlich noch ungenügend, um dadurch den Privatsektor in allen Regionen der Transformationsländer anzukurbeln. Deswegen kam im Prozeß der Entfaltung des neuen Privatsektors den geographisch determinierten Standortfaktoren, wie der Nähe der Absatzmärkte, der Erreichbarkeit, der Infrastrukturausstattung etc. eine besonders große Rolle zu.

Die extreme Aufwertung der geographischen Faktoren im Prozeß der Entfaltung des neuen Privatsektors läßt sich auch in Ungarn nachweisen, wo der Privatsektor während der Zeit des Sozialismus am stärksten von allen Transformationsländern ausgeprägt war. Wie die *Karte 12* darlegt, ist in Ungarn anhand der Ziffer Selbständige je 10.000 Einwohner sowohl die West-Ost-Disparität als auch die starke Konzentration des Privatsektors in den entwickelten Regionen zu beobachten. Während in Transdanubien in einer Vielzahl von Kleinregionen Werte über dem Landesdurchschnitt registriert wurden, lag diese Ziffer in Nordost-Ungarn weit unter dem Landesdurchschnitt. Der Rückstand Nordost-Ungarns ist auch darin zu erkennen, daß hier die Ziffer Selbständige je 10.000 Einwohner nicht einmal in den Großstädten den Landesdurchschnitt erreicht hat. Vergleicht man diese großräumige Struktur der selbständigen Unternehmer mit den großräumigen Disparitäten bezüglich der Arbeitslosigkeit (vgl. Karte 5), so kommt die schwierige Situation des nordöstlichen Grenzgürtels, in dem die niedrigsten Werte mit der höchsten Arbeitslosenquoten gepaart sind, deutlich zum Ausdruck[64].

64 Infolge der Differenzen bezüglich der Regionsgrenzen - die Daten für die Arbeitslosigkeit sind auf Arbeitsamtbezirkbasis, die Daten für die Selbständigen auf Kleinregionenbasis zu erhalten - ist ein unmittelbarer Vergleich dieser Regionalstrukturen nicht möglich.

Karte 12. Regionalstruktur der selbständigen Unternehmer in Ungarn im Jahre 1993 auf Kleinregionenbasis.

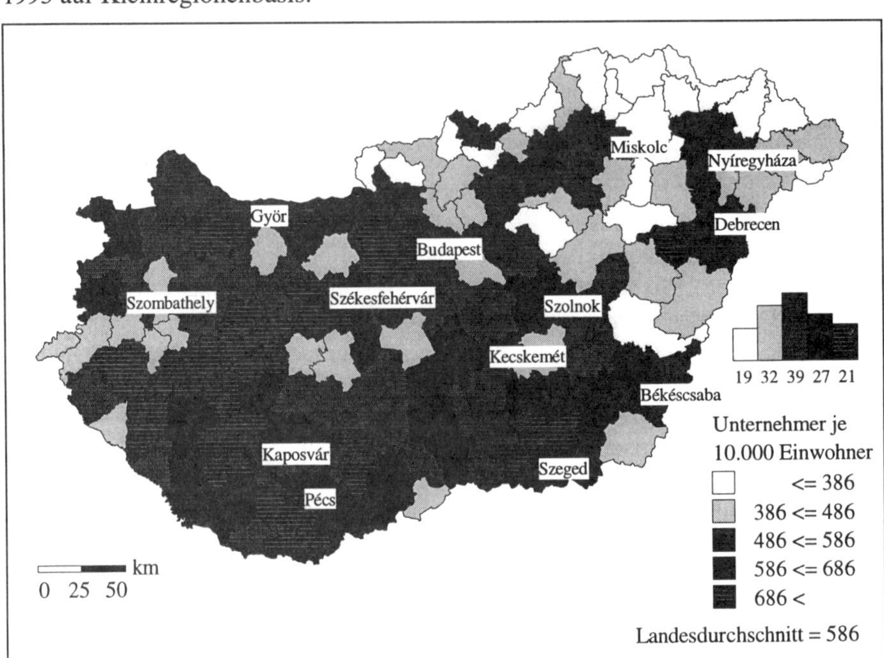

Quelle: KÖZPONTI STATISZTIKAI HIVATAL 1995b.

Im Rahmen dieser West-Ost-Disparität sind drei regionale Konzentrationen zu nennen, in denen die Ziffer selbständiger Unternehmer je 10.000 Einwohner die höchsten Werte aufweist, nämlich: der Verdichtungsraum von Budapest, die Budapest-Győr-Achse und die Budapest-Plattensee-Achse mit den Großstädten in Süd-Transdanubien. In all diesen Fällen läßt sich eine Vielzahl von günstigen geographischen Standortfaktoren erkennen. Die Hauptstadt stellt den größten Absatzmarkt im Land und gleichzeitig den durch die wirtschaftsorientierten Dienstleistungen am günstigsten versorgten Standort Ungarns dar. Die Budapest- Győr-Achse profitiert seit langer Zeit von den Vorteilen der günstigen Verkehrsverbindungen und der geographischen Nähe zu den Absatzmärkten in Österreich und in Süddeutschland. Die Aufwertung der Budapest-Plattensee-Achse und der Großstädte Süd-Transdanubiens ist nicht nur dem hohen Fremdenverkehrspotential, sondern auch der günstigen geographischen Lage zwischen Budapest und Nord-Italien zu verdanken.

4.4. ZUSAMMENFASSENDE DARSTELLUNG DER REGIONALEN KONSEQUENZEN DES STRUKTURWANDELS AUF DEM ARBEITSMARKT

Aufgrund der oben dargestellten Analyse lassen sich mehrere Phänomene erkennen, die sich in Ostdeutschland und in Ungarn als allgemeine bzw. länderspezifische Begleiterscheinungen der regionalen Umstrukturierung auf dem Arbeitsmarkt einstufen lassen.

- Der *Beschäftigungsrückgang* erwies sich sowohl in Ostdeutschland als auch in Ungarn als ein *großflächiges Phänomen*. In Ostdeutschland bildete sich in den Bundesländern Mecklenburg-Vorpommern, Sachsen-Anhalt und Thüringen eine fast zusammenhängende Großregion, die durch überdurchschnittlichen Verlust an Arbeitsplätzen gekennzeichnet war. In ähnlicher Weise ist in Ungarn eine Großregion nachzuweisen, die sich vom Nordosten nach Südwesten erstreckt und einen überdurchschnittlichen Beschäftigungsrückgang erfahren hat. Die höchsten Werte des Beschäftigungsrückgangs lassen sich in beiden Ländern in den ehemaligen Hochburgen der sozialistischen Industrie und die niedrigsten Werte in den städtischen Zentren beobachten.
- Die *Arbeitslosigkeit* wandelte sich in der Mitte der ersten Hälfte der 1990er Jahre sowohl in Ostdeutschland als auch in Ungarn zu einer Sockelarbeitslosigkeit, die eine *starke Konzentration* in den schon früher schwach industrialisierten peripheren Regionen aufweist. Darüber hinaus ist bei einer Längsschnittanalyse festzuhalten, daß die Kluft zwischen den Regionen mit hoher Arbeitslosenquote und den Regionen mit niedriger Arbeitslosenquote sogar vertieft wurde. Der wesentliche Unterschied zwischen Ostdeutschland und Ungarn besteht darin, daß diese regionalen Disparitäten in Ungarn viel stärker ausgeprägt sind als in Ostdeutschland.
- Die *Tertiärisierung* setzte in Ostdeutschland zwar in Form eines großflächig ausgeprägten Phänomens ein, dabei dominierte aber vor allem die *nachholende* und die *periphere Tertiärisierung*. Die *modernisierungsbedingte* Tertiärisierung, die bereits als die Einleitung einer post-industriellen Entwicklung einzustufen ist, konzentrierte sich dagegen nur auf wenige Städte.
- Auch der *Boom des Privatsektors* und die Entwicklung eines Mittelstandes vollzogen sich in Ungarn als ein großflächig ausgeprägtes Phänomen, welches aber gleichzeitig tiefe großräumige Disparitäten und starke Konzentrationen aufwies. Dieser Prozeß fand vorwiegend in den Regionen mit einer relativ günstigen Arbeitsmarktsituation statt, ging aber in den entwicklungsschwachen peripheren Regionen nur zögernd voran.
- Zusammenfassend läßt sich festhalten: Der gemeinsame Nenner der regionalen Konsequenzen des Strukturwandels auf dem Arbeitsmarkt sind die Entfaltung krasser großräumiger Disparitäten und das Einsetzen großflächig ausgeprägter Peripherisierungsprozesse in der Regionalstruktur von Ostdeutschland und Un-

garn. Während zum Zeitpunkt der Wende die Regionalstruktur - im Rahmen des „regionalen Überhanges“ - durch die kleinräumigen Ungleichheiten beherrscht wurde, dominieren seit der Wende eindeutig die großräumigen regionalen Disparitäten. Dies ist wohl als der markanteste Wandel auf dem Arbeitsmarkt im Vollzug des Transformationsprozesses vom Plan zum Markt einzustufen.

5. DIE HISTORISCHE ENTWICKLUNG DES ARBEITSMARKTES UND DER REGIONALSTRUKTUR IN OSTMITTELEUROPA

„Regionalwirtschaftlich relevante Kategorien der Arbeitsmarktorganisation ergeben sich aus dem Zusammenspiel der folgenden Konzepte: primäre und sekundäre Arbeitsmärkte, Aktions- und Anpassungsbetriebe, interne und externe Arbeitsmärkte, primäre und sekundäre Wirtschaftsbereiche, zentrale und periphere Regionen. Das Zusammenspiel ist - dies ist unsere These - systematisch im Sinne einer regionalen Dualisierung strukturiert."

Friedrich BUTTLER et al.[65]

„Ostmitteleuropa ist räumlich von Westen nach Osten differenziert, soziale Prozesse und ökonomische Innovationen haben sich stets - paradoxerweise auch in der sozialistischen Nachkriegsperiode - von Westen nach Osten ausgebreitet, hierbei wurden komplexe räumliche Organisationssysteme vereinfacht, formale physische Strukturen polarisiert, soziale Substitute und informelle Organisationsstrukturen entstanden als Puffer im sozialen und räumlichen System".

Elisabeth LICHTENBERGER[66]

Rückblickend ist es erstaunlich, daß sich die Erkenntnis, daß die Transformation vom Plan zum Markt von der Entfaltung krasser großräumiger Disparitäten und großflächig ausgeprägter Peripherisierungsprozesse begleitet ist, sowohl im Kreis der Entscheidungsträger als auch im Kreis der Experten nur überraschend langsam durchgesetzt hat. Viele erwarteten nach der Wende einen raschen Aufschwung in den traditionellen großstädtischen Zentren auf der einen Seite und eine tiefgreifende Krise in den Standorten der konkursanfälligen sozialistischen Industrie auf der anderen Seite. Es wurden also regionale Phänomene für die Transformationsländer prophezeit, die anhand der Umwandlung der Regionalstruktur in den entwickelten Industrieländern während der Transition vom Fordismus in einen Post-Fordismus schon längst vertraut und bekannt waren. Demgegenüber wurde in den

---

65 BUTTLER, F. - GERLACH, K. - LIEPMANN, P. 1977, 110.
66 LICHTENBERGER, E. 1991, 37.

Transformationsländern - wie dies im Kapitel 4 ausführlich dargestellt wurde - die Entfaltung der großräumigen Disparitäten zum wichtigsten Merkmal der regionalen Umstrukturierung in der Ökonomie und auf dem Arbeitsmarkt, deren Ursachen dieses Kapitel in Form einer retrospektiven Spurensuche gewidmet wird.

Die unmittelbaren Ursachen für diese realitätsfernen Erwartungen liegen in den bereits im Kapitel 1 erwähnten theoretischen Hindernissen, die einer Erfassung der regionalen Umstrukturierungprozesse in den Ländern Ostmitteleuropas im Wege stehen, nämlich: in der Überbetonung der Einzigartigkeit der Phänomene der Transformation, in der Dominanz der neoklassischen Betrachtungsweise und in der Überschätzung der Leistungen der sozialistischen Regionalpolitik bezüglich einer ausgeglichenen Regionalstruktur. Demgegenüber vertritt dieses Kapitel die Auffassung, daß *die regionale Umstrukturierung auf dem Arbeitsmarkt nach der Wende sehr tief in den historischen Wurzeln verankert ist, die bis in die vorsozialistischen Epochen zurückreichen.* Der Beschäftigungsrückgang und die Arbeitslosigkeit sind in den Ländern Ostmitteleuropas zwar neue Phänomene, aber sie kommen nicht ohne Vorgeschichte aus dem „Nichts". Diese Phänomene sind entsprechend der neoklassischen Betrachtungsweise zwar als die Folge des Einsetzens der Marktverhältnisse einzustufen, aber diese neuen Marktverhältnisse werden durch seit langem bestehende Arbeitsmarkt- und Regionalstrukturen beeinflußt. Schließlich sind sie auch keine „Weihnachtsgeschenke" der „böswilligen Kapitalisten", die durch die Aggressivität einer „kapitalistischen Erschließungsgesellschaft" die Ergebnisse der idealistisch verschönten sozialistischen Regionalpolitik dem Verfall ausgeliefert haben.

Diese theoretischen Hindernisse weisen aber auch darauf hin, daß bei einer Spurensuche nach den Ursachen der regionalen Umstrukturierungsprozesse auf dem Arbeitsmarkt während der Transformation vom Plan zum Markt - anstatt der herrschenden neoklassischen Betrachtungsweise - andere theoretische und methodische Ansätze angewendet werden sollen. Dazu bieten sich die historisch orientierten regionalwissenschaftlichen Erklärungsmuster, die Theorien bezüglich der Dualisierung der Ökonomie, der organisationstheoretische Ansatz sowie die Segmentationstheorien in der Arbeitsmarktforschung fast von selbst an. Die *historische Perspektive* hebt die zeitliche Persistenz der regional ausgeprägten Arbeitsmarktstrukturen hervor. Die *Theorien der dualen Ökonomie* weisen - anstatt einer einfachen Etikettierung der Wirtschaftssysteme mit Begriffen wie Marktwirtschaft bzw. Planwirtschaft - auf das komplexe Zusammenleben eines dominanten, primären und eines peripheren, sekundären Bereiches innerhalb des herrschenden Wirtschaftssystems hin, welches sich auch in der Regionalentwicklung markant niederschlägt. Der *organisationstheoretische Ansatz* erklärt die Entstehung und die historisch überraschend lange andauernde räumliche Persistenz der zentral-peripheren Disparitäten des Ausbildungs- und Qualifikationsniveaus der Arbeitsbevölkerung. Die *Segmentationstheorien* rücken ebenfalls die Existenz der mehr oder weniger abgesonderten Teilbereiche auf dem Arbeitsmarkt in den Mittelpunkt der Argumentationen.

Eine möglichst detaillierte retrospektive Erfassung des regionalen Musters der dualen Strukturen der Ökonomie und des Arbeitsmarktes vor der Wende stellt aber eine der schwierigsten methodischen Aufgaben in der Transformationsforschung dar, und es gibt wohl schwerwiegende Ursachen dafür. Einerseits sind regional relevante Daten aus den vorsozialistischen und sozialistischen Epochen äußerst spärlich zu erhalten, andererseits ist auch die Anzahl der Daten, die für eine Langzeitperspektive verwendet werden können, wegen der Veränderungen der Staats- bzw. Regionengrenzen, sehr gering. Generell läßt sich in der Transformationsforschung sogar feststellen: je tiefer eine Untersuchung auf die Problematik der regionalen Umstrukturierung in den Transformationsländern eingeht, um so weniger zuverlässige Daten stehen einer Analyse besonders auf der Ebene der Kleinregionen zur Verfügung. Deswegen kann es in diesem Kapitel lediglich darum gehen, anhand einiger Indikatoren und Beispiele die Konturen und die wichtigsten Kennzeichnen der regionalen Ausprägung der Entwicklung der dualen Arbeitsmarktstrukturen vor und nach der Wende aufzuzeigen.

Das *Unterkapitel 5.1.* dient als ein räumlicher Bezugsrahmen bezüglich der regionalen Umstrukturierungsprozesse nach der Wende und bietet so eine kurze Einführung in die Problematik der räumlichen Disparitäten in Ostdeutschland und in Ungarn im Zeitraum seit dem letzten Drittel des 19. Jahrhunderts bis zur Mitte des 20. Jahrhunderts. Das *Unterkapitel 5.2.* erörtert aufgrund einer kurzen Zusammenfassung der wichtigsten Ansätze der Segmentationstheorien die Problematik des Dualismus der Ökonomie und des Arbeitsmarktes während des Sozialismus in Ostdeutschland und in Ungarn. Auf eine detaillierte Analyse der regionalen Ausprägung der dualen Strukturen während der Zeit des Sozialismus wird im *Unterkapitel 5.3.* eingegangen. Im Mittelpunkt des *Unterkapitels 5.4.* steht die Problematik der Auflösung dieses Dualismus nach der Wende. Das *Unterkapitel 5.5.* behandelt anhand von zwei Beispielen die regionale Ausprägung der Auflösung der dualen Strukturen nach der Wende. Schließlich faßt das *Unterkapitel 5.6.* die wichtigsten Grundzüge der historischen Entwicklung des Arbeitsmarktes und der Regionalstruktur in Ostdeutschland und in Ungarn in Form von Thesen zusammen.

5.1. DIE ENTWICKLUNG DER REGIONALSTRUKTUR IN DEN VORSOZIALISTISCHEN EPOCHEN

Die Entstehungsgeschichte jener *vorsozialistischen Disparitäten* der Ökonomie und der Regionalstruktur, die ihre Auswirkungen auch in der Gegenwart ausüben, ist historisch auf die Industrialisierung der Transformationsländer *im letzten Drittel des 19. Jahrhunderts* zurückzuführen. In den Ländern Ostmitteleuropas setzte der Prozeß der kapitalistischen Industrialisierung - im Gegensatz zu Westeuropa - mit einer zeitlichen Verzögerung von mehr als einem Jahrhundert ein. Diese Verzögerung kann aber nicht mit einem bloßen Zeitunterschied gleichgesetzt werden. Im Osten Europas erfolgte nämlich keine „Neuauflage“ der westlichen Industrialisierung, sondern durch die zeitliche Verspätung wurden auch die Modernisierungsprozesse enorm modifiziert. Entwickelten sich die Modernisierungsprozesse in den westlichen Zentrumsregionen Europas grundsätzlich organisch *von unten,* wurden sie in den Ländern östlich der Elbe größtenteils *von oben* eingeleitet.

Die regionale Konsequenz dieser verspäteten Industrialisierung ist darin zu sehen, daß *in den Ländern Ostmitteleuropas an der Jahrhundertwende extrem stark ausgeprägte Zentrum-Peripherie-Strukturen entstanden.* Infolge des Mangels an inneren Ressourcen, vor allem an Kapital und Technologie, konzentrierte sich die Industrialisierung in einigen wenigen Zentren, in der Regel in den Hauptstädten. Sie wurden zu den wahren Brennpunkten und Bindegliedern der Modernisierung: sie verknüpften die Länder Ostmitteleuropas mit den entwickelten Industrieländern, sie vermittelten die Entwicklungsimpulse entwickelter Industrieländer in die ostmitteleuropäischen Länder, sie verbreiteten diese Entwicklungsimpulse in den restlichen Landesteilen, und sie zogen aber gleichzeitig auch die Ressourcen der restlichen Landesteile extrem stark an sich. Der nationale Stolz und die Bildung bzw. Verstärkung des Nationalstaates waren zwar wichtige Elemente in diesem Prozeß - beispielsweise sind die Folgen einer gezielten Verstärkung der Zentren im Gebäudebestand von allen Hauptstädten Ostmitteleuropas auch heute noch prägnant zu verfolgen -, aber sie konnten die Auswirkungen der Arbeitsteilung des kontinentalen Wirtschaftssystems nur modifizieren. Als Motor der Regionalentwicklung galt in den Ländern Ostmitteleuropas an der Jahrhundertwende grundsätzlich das „Kanalsystem des Ressourcenflusses" durch die Kettenglieder, d.h. die Zentrumsregionen in Westeuropa, die Zentrumsregionen in Ostmitteleuropa und die inneren Peripherien in Ostmitteleuropa, und diese Kettenglieder stellten gleichzeitig die Stationen eines kontinentalen West-Ost-Entwicklungsgefälles dar.

Diese durch die Arbeitsteilung des kontinentalen Wirtschaftssystems bestimmte Zentrum-Peripherie-Struktur wurde sowohl in Ostdeutschland als auch in Ungarn durch einen zusätzlichen Faktor geprägt, da beide in der Zeit der Industrialisierung *Teilregionen größerer Reichsgebilde* waren. Die Regionalstruktur der Ökonomie im Deutschen Reich war nach 1871 durch zwei große industrielle Kerngebiete - durch die rheinisch-westfälische Kernregion mit dem großbetrieblich geprägten Ruhrgebiet und durch das sächsisch-thüringische Industrierevier mit starker mittelständischer Struktur - gekennzeichnet. Darüber hinaus bekam die Großregion Berlin seit der Jahrhundertwende besonders in der Verwaltung und dem Dienstleistungssektor eine immer größere Bedeutung. Diese Regionalstruktur blieb in der Zwischenkriegszeit fast unverändert, den einzigen Unterschied zu früheren Epochen stellte nur der wachsende Bedeutungsgewinn Berlins dar.

Legt man das Territorium der DDR zugrunde, ist also das Süd-Nord-Gefälle bereits Ende des 19. Jahrhunderts deutlich erkennbar. Während im Jahre 1895 der Anteil der in der Industrie tätigen Erwerbstätigen an der Bevölkerung des *Deutschen Reiches* 39,1% betrug, wurden in dem sächsisch-thüringischen Industrierevier im Süden Ostdeutschlands fast doppelt so hohe Werte zwischen 60 und 80% registriert. Demgegenüber lag der Anteil der industriellen Erwerbstätigen an der Bevölkerung in den Regionen nördlich von Magdeburg und Berlin deutlich unter dem Durchschnittswert des Deutschen Reiches und in einigen Kreisen des heutigen Bundeslandes Mecklenburg-Vorpommern sogar unter 20%. Nicht geringer waren aber die regionalen Disparitäten zu diesem Zeitpunkt auch in Westdeutschland. Während der rheinisch-westfälische Industriebezirk einen Anteil der Industriebeschäftigten zwischen 60 und 80% und einige industrielle Kerne, wie die Region um Stuttgart, Mannheim, Frankfurt am Main, Mainz, Saarbrücken und Hannover etc., Werte zwischen 40 und 60% aufwiesen, waren weite Teile von Bayern und Niedersachsen durch eine Industriebeschäftigtenquote von weniger als 20% gekennzeichnet (KAISERLICHES STATISTISCHES AMT 1899).

Allerdings widersprechen diese regionalen Disparitäten den historisch geprägten Vorstellungsbildern von jüngeren Wissenschaftlern. Die Teilung Deutschlands nach dem Zweiten Weltkrieg vermittelte nämlich das trügerische Bild einer Dichotomie zwischen dem regional relativ homogenen und entwickelten Westen, der praktisch das Territorium der BRD umfaßte, und dem regional eher heterogenen und rückständigen Osten, der praktisch das Territorium der DDR umfaßte. Wie den bereits zitierten statistischen Daten zur Erwerbstätigkeit um die Jahrhundertwende zu entnehmen ist, handelt es sich aber bei diesem Vorstellungsbild um eine rückschauende Projektion der regionalen Strukturen aus der Nachkriegszeit in die früheren Epochen, da vor der Jahrhundertwende sowohl das künftige Territorium der BRD, als auch das künftige Territorium der DDR durch starke regionale Disparitäten gekennzeichnet waren. So ist der folgenden Aussage von H. KAELBLE und R. HOHLS voll zuzustimmen: „Die Vorstellung vom wirtschaftlichen West-Ost-Gefälle in Deutschland, das unser historisches Bewußtsein so stark prägt, führt hier in einen Irrtum: Das Territorium der heutigen Bundesrepublik war während des Kaiserreichs in seiner regionalen Industrialisierung nicht weniger disparat als das Deutsche Reich. Auch auf diesem Territorium gab es Regionen, die in ihrer wirtschaftlichen Rückständigkeit den östlichen hochagrarischen Gebieten keineswegs nachstanden. [...] Die Teilung Deutschlands hat also keineswegs einen wirtschaftlich entwickelten und in sich einheitlichen Westen von einem rückständigen Osten abgetrennt und damit schwere innere Widersprüche des einstigen Deutschen Reiches gleichsam gelöst. Die Bundesrepublik trat das gleiche Erbe an regionalen Disparitäten an wie die DDR oder der Westen des heutigen Polens“ (KAELBLE, H. - HOHLS, R. 1989, 353).

In ähnlicher Weise war Ungarn in der Zeit der Industrialisierung in das große Reich der *Habsburger Monarchie* eingebettet. Den wesentlichen Unterschied in Hinblick auf die Analogie zur Entwicklung Ostdeutschlands stellt aber die historische Tatsache dar, daß Ungarn innerhalb der k.u.k. Monarchie, trotz erheblicher Beschränkungen der Unabhängigkeit bezüglich der sogenannten gemeinsamen Bereiche (Finanzwesen, Außenpolitik und Militär), seit 1867 den Status eines selbständigen Landes besaß. Die Konsequenz der Selbständigkeit kam vor allem darin zum Ausdruck, daß die Modernisierungsprozesse auch erheblich durch die internen Kräfte und die inneren Zentren Ungarns bestimmt waren. Hinsichtlich der Analogie zu Ostdeutschland ergibt sich aber noch ein weiterer Unterschied dadurch, daß die besser entwickelten Industrieregionen sowie das Zentrum des Reiches außerhalb des ungarischen Territoriums lagen. Die Habsburger Monarchie war durch ein markantes West-Ost-Gefälle geprägt: die wichtigsten Industrieregionen lagen in der westlichen Reichshälfte mit Wien, Niederösterreich, Obersteiermark, Böhmen und Vorarlberg, die Reichshälfte östlich der Leitha war hingegen - und dies galt trotz rascher Industrialisierung in der Gründerzeit auch für Ungarn - durch eine agrarisch geprägte Wirtschaftsstruktur gekennzeichnet.

Die regionalen Konsequenzen dieser Strukturen, die Einbettung in die Habsburger Monarchie auf der einen Seite und der Status eines selbständigen Staates auf der anderen Seite, sind darin zu erkennen, daß die Regionalstruktur Ungarns an der Jahrhundertwende gleichzeitig durch ein West-Ost-Gefälle und einen Zentrum-Peripherie-Gegensatz geprägt wurde. Infolge der Einbettung in das West-Ost-Gefälle der k.u.k. Monarchie profitierten die westlichen Regionen Ungarns allein aufgrund ihrer geographischen Lage mehr vom Entwicklungsvorsprung der westlichen Reichshälfte der Monarchie als die östlichen, von den Zentren des Reiches entfernt gelegenen Regionen des Landes. Dadurch wurde die Ausprägung des *West-Ost-Gefälles Ungarns*, welches sich historisch bis auf die Entwicklungen in der Zeit des Feudalismus zurückführen läßt (SZÛCS, J. 1990), im letzten Drittel des 19. Jahrhunderts enorm verstärkt. Andererseits führte der selbständige Status Ungarns innerhalb der k.u.k. Monarchie zu einem raschen Bedeutungsgewinn Budapests, und die ungarische Hauptstadt wurde an der Jahrhundertwende zum Mittelpunkt der Modernisierung des Landes. Dabei kam auch der damaligen ungarischen Politik eine nicht zu vernachlässigende Rolle zu, da sich diese die Entwicklung Budapests zu einem konkurrierenden Gegenpol zur Reichshauptstadt Wien explizit als Ziel gesetzt hatte.

Diese regionalen Zusammenhänge kommen - wie *Karte 13* belegt - mittels des *Bildungsniveaus der Bevölkerung* in der Habsburger Monarchie und in Ungarn vor der Jahrhundertwende markant zum Ausdruck. Einerseits läßt sich in der k.u.k. Monarchie feststellen, daß der Anteil der Analphabeten an der Bevölkerung von Westen nach Osten stetig zunimmt. Dabei deutet P. MEUSBURGER anhand der Analyse der Alphabetisierung in der Donau-Monarchie sogar eindeutig darauf hin, daß sich dieses Gefälle - trotz einer allgemeinen Verbesserung der Schulbildung und der diversen historischen Ereignisse - weit über die Existenz der Habsburger-Monarchie hinaus als persistent erwies. „Ende des 19. Jahrhunderts verzeichneten die östlichen und südöstlichen Kronländer der Monarchie noch Analphabetenquoten, die in Westösterreich schon 200-300 Jahre früher überwunden worden waren. [...] Auch im 20. Jahrhundert haben sich diese regionalen Disparitäten der Analphabetenquoten noch relativ lange gehalten. [...] daß beispielsweise in Jugoslawien nach dem 2. Weltkrieg erst Slowenien jene niedrige Analphabetenquote erreicht hatte, die in Vorarlberg schon zu Beginn des 19. Jahrhunderts festzustellen war. Serbien, Bosnien, die Herzegovina und Makedonien hatten 1948 noch Analphabetenquoten, die Vorarlberg schon 150-200 Jahre vorher überwunden hatte“ (MEUSBURGER, P. 1991, 98-99).

Karte 13. Anteil der Analphabeten an der Gesamtbevölkerung der Gebietseinheiten in der österreich-ungarischen Monarchie im Jahre 1880

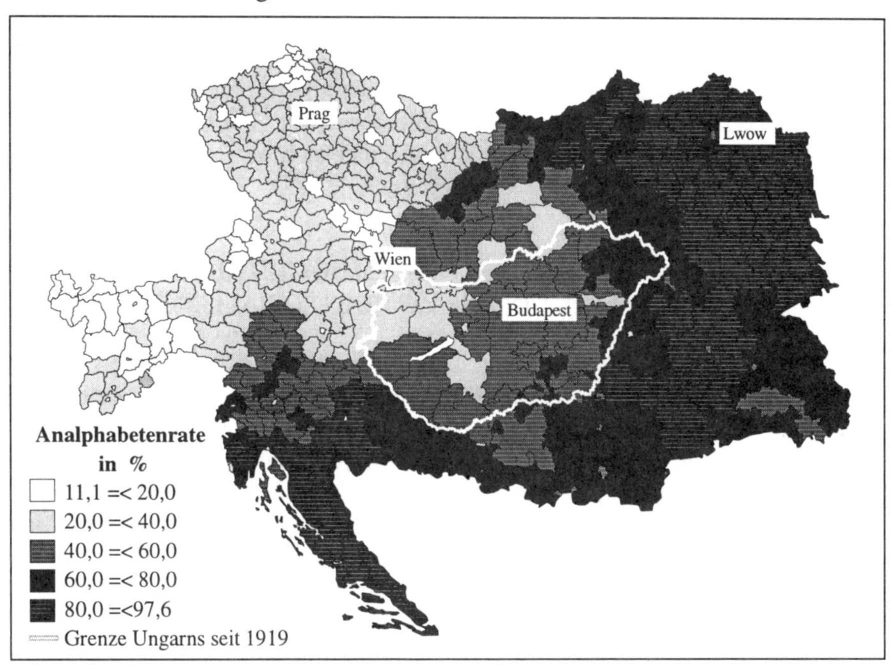

Quelle: verändert nach MEUSBURGER, P. 1991, 96.

Andererseits ist dieses West-Ost-Gefälle auch im früheren und gegenwärtigen Territorium Ungarns deutlich zu erkennen. Dabei wiesen die Komitate Nordwest-Transdanubiens im Jahre 1880 Analphabetenquoten zwischen 20 und 40% auf, in den nordöstlichen Komitaten wurden hingegen rund doppelt so hohe Werte zwischen 60 und 80% registriert. Auch diese Disparität erwies sich während der Existenz der Donau-Monarchie als sehr stabil. Es ist aber mehr als verblüffend, daß sich diese Dichotomie sogar am Ende des 20. Jahrhunderts immer noch deutlich erkennen läßt. Vergleicht man beispielsweise das regionale Muster der Alphabetisierung zum Zeitpunkt 1880 mit der Regionalstruktur der Arbeitslosigkeit zum Zeitpunkt 1995, so ist es sehr erstaunlich, eine wie starke Kontinuität die entwikkelten und die rückständigen Regionen in Ungarn über ein Jahrhundert hinaus aufweisen.

In der *Zwischenkriegszeit* wandelte sich diese Regionalstruktur durch den weiteren Bedeutungsgewinn Budapests zu einem äußerst *krassen Zentrum-Peripherie-Gegensatz*. Die Ursachen dafür sind aber nicht in einem ökonomischen Aufschwung Budapests, sondern in den Grenzveränderungen nach dem ersten Weltkrieg zu finden, die eine Reduzierung der Bevölkerungszahl um ein Drittel und des Territoriums um zwei Drittel zur Folge hatten. Innerhalb der neuen Grenzen erwies sich Budapest mit anderthalb Millionen Einwohnern zwangsläufig zu überdimensioniert für das Land, wodurch langfristig eine starre Zentrum-Peripherie-Struktur in die Regionalstruktur Ungarns implementiert wurde. Nicht zuletzt deswegen fand bereits in der Zwischenkriegszeit eine gezielte Entwicklung der Großstädte Győr, Pécs, Szeged, Debrecen und Miskolc statt, die gegenwärtig mit einer Einwohnerzahl von jeweils ca. 200.000 nach Budapest die zweite Stufe im ungarischen Städtesystem darstellen. In ähnlicher Weise führte die Bestrebung, die durch die Grenzveränderungen außerhalb der neuen Grenzen gebliebenen Industriestandorte zu ersetzen, zur Entfaltung einer sich auf Nord-Transdanubien und Nord-Ungarn erstreckenden Industrieachse hin.

5.2. DUALISMUS IN DER ÖKONOMIE UND AUF DEM ARBEITSMARKT IN DER ZEIT DES SOZIALISMUS

Während die vorsozialistischen Disparitäten, als regionale Konsequenzen der verspäteten Industrialisierung in Ostmitteleuropa, historisch gewachsene Phänomene darstellten, forderte die Standortpolitik der sozialistischen Wirtschaftsführung - wenigstens in ihrer Ideologie - eine *Zäsur* in die Kontinuität der Regionalstruktur zu setzen. Diese Forderung war aber weit weniger erfolgreich, als es die ideologische Selbstdarstellung verkündete oder die westliche Beobachtung annahm. Dem Enthusiasmus über die Errungenschaften der sozialistischen Standortpolitik stand nämlich die Realität einer starken Ausnützung und Ausbeutung bereits vorhandener regionaler Ressourcen sowie der Auswirkungen der zeitlich sehr persistenten Regionalstrukturen gegenüber. Die Ursachen dafür liegen vor allem in einer komplexen Verkoppelung zwischen der Dualisierung der Ökonomie und des Arbeitsmarktes auf der einen Seite und den regionalen Peripherisierungsprozessen während der Zeit des Sozialismus auf der anderen Seite.

Theorien zur Dualisierung der Ökonomie und des Arbeitsmarktes

Wie bereits im Kapitel 1. angesprochen wurde, vertritt diese Studie die These, daß der Schlüssel zu den regionalen Disparitäten nach der Wende großenteils in der Dualisierung der Ökonomie und des Arbeitsmarktes während des Sozialismus zu finden ist. Deswegen ist es notwendig, zuerst einen kurzen Überblick bezüglich der wichtigsten Begriffe und Theorien der Arbeitsmarktforschung vorzunehmen.

Laut der *neoklassischen Wirtschaftstheorien* kann der Arbeitsmarkt durch Eigenschaften aller anderen Märkte beschrieben werden, das Zusammenspiel von Angebot und Nachfrage tendiert auch hier zu einem Gleichgewichtszustand und eventuelle Störungen - seien es Arbeitslosigkeit oder regionale Unterschiede - werden nur als kurzfristige Abweichungen von dem globalen Gleichgewichtszustand betrachtet. Während die Neoklassik dem ökonomischen Gleichgewicht den Vorrang einräumt und sich ihre theoretischen Aussagen mit den Worten VON I. ISARD auf ein „Wunderland ohne räumliche Dimension" beziehen, deuten die Segmentationstheorien aufgrund der Einbeziehung sozialer und institutioneller

Faktoren auf die Existenz von mehreren zum Teil abgeschlossenen Teilmärkten bzw. Segmenten hin (SENGENBERGER, W. 1978, SESSELMEIER, W. - BLAUERMEL, G. 1990).

Rückgreifend auf P. M. DOERINGER und M. PIORE (1971) gliedern die *dualen Arbeitsmarkttheorien* den Arbeitsmarkt in zwei Teilmärkte, in ein primäres und ein sekundäres Segment auf. Das *primäre* Segment läßt sich durch Merkmale, wie überdurchschnittliches Einkommen, geregelte Aufstiegsmöglichkeiten und stabile Beschäftigungsverhältnisse kennzeichnen, den *sekundären* Teilmarkt beherrschen hingegen die Arbeitsplätze mit niedrigem Lohnniveau, schlechten Arbeitsbedingungen und unsicheren Beschäftigungsverhältnissen. Durch die Einbeziehung weiterer Faktoren - wie vor allem die Anerkennung der Rolle institutioneller Regelungen anstatt der Marktkräfte - läßt sich anhand von C. KERR (1954) sogar ein *dreigeteiltes Arbeitsmarktmodell* aufzeichnen. Der Ausgangspunkt dieses Modells ist die Spaltung des Arbeitsmarktes in ein unstrukturiertes und ein strukturiertes Segment. Den *unstrukturierten* Teilmarkt charakterisieren Merkmale wie niedriger Lohn (oft nur Gelegenheitsarbeit für Tagelohn), niedrige Qualifikationsanforderungen und die Tatsache, daß die Beschäftigungsverhältnisse sowohl von der Seite der Arbeitgeber wie auch von der Seite der Arbeitnehmer durch keine verbindlichen Regelungen beeinflußt sind. Die Mehrheit der Arbeitsplätze gehört aber zum *strukturierten* Segment, auf dem die Beschäftigungsverhältnisse durch eine Vielzahl von Normen, Regeln und Institutionen gestaltet werden. Dieser Teilmarkt läßt sich wiederum in zwei Segmente - nämlich in einen externen und einen internen Teilmarkt - gliedern. Der *externe* Teilmarkt stellt ein Arbeitskräftereservoir für die Betriebe dar und fängt wie ein Sammelbecken die Arbeitnehmer auf, die aus einem geregelten Arbeitsverhältnis, d.h. aus dem internen Teilmarkt herausfallen. Schließlich erfährt auch der *interne* Teilmarkt eine Spaltung in zwei Segmente. Auf dem einen spielt die formale Ausbildung und die Zugehörigkeit zu den Gewerkschaften eine Rolle („craft labour market"), hingegen gewinnen auf dem anderen Segment die betriebsspezifischen Kenntnisse und die starken Bindungen an den Betrieb eine Bedeutung („plant labour market").

Unter Berücksichtigung der Eigenschaften des Arbeitsmarktes Westeuropas und insbesondere Deutschlands sowie durch die starke Beachtung des Faktors Qualifikation als ein erklärendes Element verfeinerten B. LUTZ und W. SENGENBERGER (1974) die Aufteilung von C. KERR in Form des sog. ISF-Modells. Der unstrukturierte Teilmarkt des ISF-Modells läßt sich als ein *„Jedermann-Arbeitsmarkt"* bezeichnen, auf dem die Stellen praktisch durch jedermann ohne Qualifikationsanforderungen besetzbar sind und zwischen den Arbeitnehmern und Arbeitgebern keine verbindliche Regelung existiert, sondern allein der Spruch „only nexus is cash" regiert. Obwohl dieses Segment nur einen geringeren Anteil innerhalb des Arbeitsmarktes umfaßt, kommen hier die ökonomischen Prämissen der Neoklassik, wie die unbeschränkte Auswirkung der Angebot-Nachfrage-Relation paradoxerweise vollkommen zur Geltung, was sich auch in der hohen Fluktuation niederschlägt. Auf dem strukturierten Teilmarkt des ISF-Modells erfolgt - ähnlich wie bei C. KERR - wiederum eine Aufgliederung in zwei Segmente, in einen Teilmarkt für fachspezifische Qualifikationen und in einen Teilmarkt für betriebsspezifische Qualifikationen. Der *Teilmarkt für fachspezifische Qualifikationen*, auf dem der formalen Ausbildung und den standardisierten Fachkenntnissen die entscheidende Rolle zukommt, ist überwiegend durch die Facharbeiter besetzt, die aufgrund standardisierter Fachkenntnisse zu den flexibelsten und mobilsten Gruppen des Arbeitsmarktes gehören. Dagegen ist der *Teilmarkt für betriebsspezifische Qualifikationen* ein streng geschlossenes Segment. Der Erwerb der betriebsspezifischen Kenntnisse stellt sowohl für die Arbeitgeber als auch für die Arbeitnehmer erhebliche zusätzliche Kosten dar, deswegen sind beide an einer dauerhaften und präferierten Anstellung interessiert.

Die Segmentationstheorien finden leicht eine Verbindung sowohl zu den Theorien der dualen Ökonomie als auch zu den regionalen Polarisierungsthesen. Die Grundidee der *dualen Ökonomie* greift auf R. T. AVERITT (1968) und J. K. GALBRAITH (1968) zurück, die innerhalb der Privatwirtschaft aufgrund der Unterschiede bezüglich der Marktmacht zwei Bereiche der Wirtschaft unterscheiden: einen primären, monopolisierten *Kernbereich* mit standardisierter Massenproduktion („Core Economy") und einen sekundären, peripheren *Wettbewerbsbereich* mit stark konjunkturabhängigen Produkten („Peripheral Economy"). Durch eine Erweiterung dieser Gedanken ergeben sich zwei große Sektoren in der Ökonomie, ein von den Auswirkungen des Marktes zum Teil geschützter, vorwiegend großbetrieblich strukturierter Sektor und ein ungeschützter, den Auswirkungen des Marktes vollkommen ausgesetzter, durchgehend kleinbetrieblich strukturierter Sektor (LICHTENBERGER, E. - FASSMANN, H. 1988). Darüber hinaus erfährt die Ökonomie in den entwickelten Industrieländern am Ende des 20. Jahrhunderts eine weitere Spaltung durch den Wandel vom Fordismus in den Post-Fordismus, bzw. durch die Globalisierung der Weltwirtschaft und die rasche Entwicklung der Informationstechnik. Obwohl eine Prophezeiung der künftigen Wirtschaftsstruktur im Informationszeitalter noch mit großer Unsicherheit und riskantem Wagnis belastet ist, läßt sich laut M. CASTELLS (1989) bereits in unseren Jahrzehnten eine markante Trennung zwischen den kapital- und wissensintensiven Boom-Branchen („information-based formal economy") und den traditionellen, arbeitsintensiven Branchen mit niedrigen Qualifikationsanforderungen („down-graded labor-based informal economy") erkennen.

Die *regionalen Polarisationstheorien* betonen wiederum eine Spaltung, nämlich eine Dichotomie zwischen den Zentrumsregionen und den peripheren Gebieten (HIRSCHMANN, A. O. 1958, MYRDAL, G. 1959, PERROUX, F. 1964). Die Ursache dafür ist ein asymmetrisches Zusammenspiel zwischen den *Sogeffekten* („backwash effects") und den *Ausbreitungseffekten* („spread effects"). Die Sogeffekte beziehen sich auf den Entzug der Ressourcen der Peripherie, wie Ersparnisse, Kapital, Rohstoffe und Arbeitskräfte in die Zentren, die Ausbreitungseffekte umfassen hingegen die Verbreitungsprozesse der Ressourcen der Zentren, wie Kapital, Güter und Technologie in die Peripherie. Laut der Polarisationsthesen kommen die Sogeffekte infolge der Unterschiede hinsichtlich der ökonomischen Macht zwischen dem Zentrum und der Peripherie stärker zur Wirkung als die

Ausbreitungseffekte, und das System tendiert dadurch zu einem Zuwachs an regionalen Ungleichheiten. Im Gegensatz zu den neoklassischen Wirtschaftstheorien, nach denen langfristig in der Regel ein regionaler Gleichgewichtszustand entstehen müsse, setzt gemäß den Polarisationsthesen der teuflische Kreis des kumulativen Peripherisierungsprozesses ein.

Die *Verbindung* zwischen den Segmentationstheorien und den Theorien der dualen Ökonomie sowie den regionalen Polarisierungsthesen liegt auf der Hand. F. BUTTLER et al. betonen: „Regionalwirtschaftlich relevante Kategorien der Arbeitsmarktorganisation ergeben sich aus dem Zusammenspiel der folgenden Konzepte: primäre und sekundäre Arbeitsmärkte, Aktions- und Anpassungsbetriebe, interne und externe Arbeitsmärkte, primäre und sekundäre Wirtschaftsbereiche, zentrale und periphere Regionen. Das Zusammenspiel ist - dies ist unsere These - systematisch im Sinne einer regionalen Dualisierung strukturiert" (BUTTLER, F. - GERLACH, K. - LIEPMANN, P. 1977, 110). Eine mechanische Gleichsetzung der Dichotomien, beispielsweise die Gleichstellung des Zentrums mit dem primären Wirtschaftsbereich und dem primären Teilarbeitsmarkt bzw. eine Gleichsetzung der Peripherie mit dem sekundären Wirtschaftsbereich und dem sekundären Teilarbeitsmarkt erweist sich aber eher als irreführend und verdeckt dadurch die komplexe Überlagerung der dualen Strukturen. Selbst F. BUTTLER et al. fügten der obigen These eine distanzierte Unterthese hinzu: „In primären Wirtschaftsbereichen (Kernbereichen) sind im Vergleich zu sekundären (Randbereichen) primäre Arbeitsmärkte gegenüber sekundären überrepräsentiert" (BUTTLER, F. - GERLACH, K. - LIEPMANN, P. 1977, 110). In ähnlicher Weise warnt auch H. FASSMANN davor, den Arbeitsmarkt in peripheren Regionen simplifizierend mit dem sekundären Segment gleichzusetzen. „Denn auch in peripheren Räumen läßt sich ein primäres Segment feststellen: Man denke nur an die gesetzten Dienste der öffentlichen Hand, die alle charakteristischen Eigenschaften des primären Segments aufweisen" (FASSMANN, H. 1993, 59).

Anstatt einer mechanischen Gleichstellung der Dichotomien geht es sowohl in den Zentrumsregionen wie auch in den peripheren Gebieten eher um einen *unproportionalen* Dualismus von Gegensatzpaaren der Ökonomie und des Arbeitsmarktes. Die Zentrumsregionen sind durch eine *Dominanz* der durch die Auswirkungen der Marktkräfte zum Teil geschützten Großbetriebe mit großer Marktmacht gekennzeichnet, auf ihrem Arbeitsmarkt ist ein *Übergewicht* des primären/strukturierten Arbeitsmarktsegments mit guter Entlohnung, hohen Qualifikationsanforderungen und stabilen Beschäftigungsverhältnissen zu beobachten, und deswegen ziehen die Zentrumsregionen die Ressourcen der Peripherie durch die Sogeffekte enorm an. Demgegenüber lassen sich die peripheren Regionen durch eine Dominanz der den Auswirkungen des Marktes vollkommen ausgesetzten Klein- und Mittelbetriebe mit stark konjunkturabhängigen Produkten charakterisieren, auf dem Arbeitsmarkt herrscht ein Übergewicht des sekundären/unstrukturierten Arbeitsmarktsegments mit schlechter Entlohnung, geringen Qualifikationsanforderungen und instabilen Beschäftigungsverhältnissen, so daß diese Regionen deswegen ständig an Ressourcen zugunsten der Zentrumsregionen verlieren.

Dualismus zwischen dem verstaatlichten und dem privaten Bereich der Ökonomie

Die Ökonomie und der Arbeitsmarkt waren auch in den ehemaligen sozialistischen Ländern durch duale Strukturen geprägt, obwohl die in der westlichen Welt etablierten Segmentationstheorien auf die Verhältnisse der Planwirtschaft nur mit Vorbehalt übertragbar sind. Der wesentliche Unterschied zu den entwickelten Industrieländern liegt darin, daß die dualen Strukturen der Ökonomie und des Arbeitsmarktes in den ehemaligen sozialistischen Ländern Ostmitteleuropas sogar auf zwei Ebenen zu beobachten waren. Zum einen gab es eine Dualität in Form der Spaltung der Ökonomie in einen dominierenden, verstaatlichten Bereich und in einen peripheren, nicht-staatlichen, zum Teil marktwirtschaftlich strukturierten privaten Bereich. Während diese Trennung die Gesamtwirtschaft der sozialistischen Länder in zwei Teilbereiche spaltete, entstand die zweite Dualität innerhalb des verstaatlichten Bereiches der Ökonomie. Die Trennungslinie lag dabei zwischen den Zentrumsregionen mit einem Übergewicht von Kernbetrieben und primären/strukturierten Arbeitsmarktsegmenten auf der einen Seite sowie den peripheren Regionen mit der Dominanz von durch geringe Marktmacht geprägten Klein- und Mittelbetrieben und sekundären/unstrukturierten Arbeitsmarktsegmenten auf der anderen Seite.

Die Ausprägung der *Dualität verstaatlichter und privater Bereiche der Ökonomie* schwankte in den Ländern Ostmitteleuropas je nach historischen Gegebenheiten und politisch-ideologischen Kompromissen zwischen recht unterschiedlichen Grenzwerten. Beispielsweise kam dem Privatsektor in der polnischen Landwirtschaft eine besonders große Rolle zu (JUCHLER, J. 1992, 1994), dagegen war sein Gewicht in der DDR infolge der Monopolposition des verstaatlichten Sektors fast bedeutungslos. In Ostdeutschland lag der Prozentanteil der Selbständigen (inklusive mithelfender Familienangehöriger) an den Erwerbstätigen im Jahre 1950 noch um 25,7%, aber im Jahre 1989 waren nur 1,8% der Erwerbstätigen als Selbständige tätig (STATISTISCHES BUNDESAMT 1994, 56, BLIEN, U. - HIRSCHENAUER, F. 1994, 330, HERMSEN, T. 1995, 266). In ähnlicher Weise wurde der Privatsektor auch in Ungarn zwar drastisch reduziert, trotzdem nicht spurlos eliminiert. So betrug der Prozentanteil der Selbständigen an den Erwerbstätigen im Jahre 1949 50,7%, im Jahre 1990 wurde immer noch ein Prozentanteil von 5,2% registriert (KÖZPONTI STATISZTIKAI HIVATAL 1989, 23, Sonderauswertung der Volkszählungen).

Die *Auflösung des aus ideologischen Gründen als unerwünscht betrachteten Privatsektors* fand in Ostdeutschland unmittelbar nach der Gründung der DDR statt. Dementsprechend wurde die Zahl der Selbständigen zwischen 1950 und 1964 von 2,177.000 auf 357.000 reduziert, und der Privatsektor betrug unmittelbar vor der Wende nur noch 154.000 Erwerbstätige einschließlich mithelfender Familienangehöriger. „Lediglich in Bereichen des Handwerks, des Gaststättengewerbes und des Einzelhandels wurden, um negative Auswirkungen auf das Versorgungsniveau zu vermeiden, private Betriebe als notwendige Residuen geduldet" (HERMSEN, T. 1995, 259). Gemäß des ständigen Zickzackkurses der DDR-Politik, die immer zwischen den ideologischen Ansprüchen des Aufbaus des Sozialismus und der ökonomischen Notwendigkeit der Kooperation mit den kapitalistischen Industriestaaten zu balancieren versuchte, wurde der Privatsektor bei Versorgungskrisen sogar von obersten Stellen zu einer größeren Aktivität aufgefordert. Beispielsweise erklärte die politische Führung der DDR sofort nach der drastischen Auflösung des Mittelstandes schon im Jahre 1953 einen neuen Kurs zur Ermutigung des Mittelstandes. Die Ansicht der Parteiführung war: „Wenn Geschäftseigentümer, die in letzter Zeit ihre Geschäfte geschlossen oder abgegeben haben, den Wunsch äußern, diese wieder zu öffnen, so ist diesem Wunsche unverzüglich Rechnung zu tragen" (zit. nach WEBER, H. 1986, 235). Den Regelfall stellte aber das tiefe Mißtrauen gegen eine soziale Schicht, die in das Bild der ideologisch vorgestellten sozialistischen Gesellschaft einfach nicht hineinpaßte. Es ist sehr vielsagend, daß sogar die letzten ökonomischen Reformversuche der DDR-Wirtschaftsführung unmittelbar vor der Wiedervereinigung im Herbst 1989 nicht einmal die Öffnung in Richtung des Privatsektors als Ziel setzten (DEUTSCHLANDSARCHIV 1992).

Mit einer Zeitverzögerung von anderthalb Jahrzehnten erfolgte auch in Ungarn eine dramatische Abschaffung des selbständigen Sektors der Wirtschaft. Obwohl der Mittelstand im zwischenkriegszeitlichen Ungarn - im Gegensatz zu Ostdeutschland im ehemaligen Deutschen Reich - eine geringere Rolle spielte, überschritt der Anteil der Selbständigen infolge der Bodenreformen unmittelbar nach dem Zweiten Weltkrieg sogar die Fünfzig-Prozent-Grenze. Dieser Anteil blieb - trotz brutaler Kollektivierung der Landwirtschaft in den 50er Jahren - bis zum Anfang der 60er Jahre immerhin relativ hoch, dann setzte aber auch in Ungarn rasch der Prozeß der drastischen Reduzierung des Privatsektors ein. Ein markanter Unterschied zu Ostdeutschland läßt sich dadurch erkennen, daß in Ungarn in der Endphase des Sozialismus in den 80er Jahren als ein Zeichen früherer Aufweichung des Plansystems bereits ein neuer Zuwachs der Zahl der Selbständigen eingeleitet wurde.

Der fundamentale Unterschied zwischen Ostdeutschland und Ungarn in der Entfaltung der Dualität verstaatlichter und privater Bereiche der Ökonomie liegt aber darin, daß im spätsozialistischen Ungarn - bei einem Fortbestand einer niedrigen Zahl an Selbständigen - in Form der sogenannten „zweiten Wirtschaft" neue Wege für die nicht-staatlich regulierten, privaten Wirtschaftsaktivitäten eröffnet wurden. Um begriffliche Verwirrungen zwischen dem dominierenden, verstaatlichten Bereich der Ökonomie, d.h. der *„ersten Wirtschaft"*, und dem peripheren, nicht-staatlichen, zum Teil marktwirtschaftlich strukturierten Bereich, d.h. der *„zweiten Wirtschaft"* zu vermeiden, soll hier die wohl akzeptierte Definition von R. I. GÁBOR angeführt werden, die er wie folgt festlegte: „der zweiten Wirtschaft können (generell) jene wirtschaftlich relevanten Aktivitäten zugeordnet werden, durch die sich die Bevölkerung außerhalb des sozialistischen Sektors mittels ihrer Arbeitskraft ein finanzielles oder naturelles Einkommen verschafft“ (GÁBOR, R. I. 1985, 21). Der Begriff „zweite Wirtschaft“" ist also weit breiter als die statistische Kategorie „Selbständige“. Er schließt die traditionellen Selbständigen (Kleinbauern, Kleinhandwerker und Kleinhändler) zwar ein, umspannt aber gleichzeitig ein ausgedehntes Spektrum privater Wirtschaftsaktivitäten, wie landwirtschaftliche Nebenerwerbstätigkeit, „Arbeitsaustausch“ beim Hausbau, Vermietung privater Fremdenzimmer und seit Anfang der 80er Jahre auch die Gründung privater Kleinunternehmen. Die Trennungslinie liegt dabei nicht in erster Linie zwischen den ökonomischen Eigentumsformen, sondern eher zwischen der Art und Weise der Wirtschaftsaktivitäten.

Diese Aktivitäten wiesen Züge wie Selbsthilfe und Selbstversorgung durch die Mobilisierung sozialer Netzwerke auf, sie wurden im Rahmen einer „Familienwirtschaft“ (SZELÉNYI, I. 1987, 1990a) oder eines selbständigen Betriebs ausgeübt, lassen sich aber mit den in der westlichen Welt etablierten Begriffen wie „Schattenwirtschaft“, „informelle Ökonomie“, „second economy“ und „underground economy“ nicht völlig gleichsetzen. Die „zweite Wirtschaft“ stellte eher eine mit dem dominierenden Plansystem verbundene Ökonomie dar, und sie läßt sich deswegen durch diverse Merkmale, wie Privateigentum und kapitalistisches Profitdenken, kleinbetriebliche Struktur und Wettbewerbsposition, niedriges technisches Niveau aber gleichzeitig hohe Innovationsfähigkeit, hohe Autonomie der Arbeitnehmer und informelle innerbetriebliche Organisation, geringe Bedeutung formaler Ausbildung aber eine überdurchschnittliche Rolle fachspezifischer Kenntnisse, geringe Arbeitsplatzstabilität aber eine marktwirtschaftliche Regulierung der Lohnverhältnisse, geringe soziale Sicherheit und geringe Legitimation charakterisieren (CSÉFALVAY, Z. - ROHN, W. 1991).

Infolge der Entfaltung der „zweiten Wirtschaft“ erfolgte in Ungarn in den 1970er Jahren rasch eine markante Schwerpunktverlagerung vom regulierten, durch einen rechtlichen Rahmen abgesicherten Privatsektor in die durch marktwirtschaftliche Züge geprägten Wirtschaftsaktivitäten. Beispielsweise waren im Jahre 1972 in Ungarn bereits 1,681 Mio. landwirtschaftliche Nebenerwerbsbetriebe registriert, während die statistische Kategorie „Selbständige“ einschließlich mithelfender Familienangehöriger auch im Jahre 1980 bloß 116.000 Erwerbstätige umfaßte (OROS, I. 1974, 501, Sonderauswertung der Volkszählungen). Dementsprechend nahm auch die ökonomische Bedeutung der „zweiten Wirtschaft“ rasch zu, und im Jahre 1988 wurden schon 13,4% des BIPs in diesem Wirtschaftsbereich erwirtschaftet (KÖZPONTI STATISZTIKAI HIVATAL 1989, 61). Dadurch zeichnet sich wohl der größte Unterschied zwischen Ostdeutschland und Ungarn ab. Obwohl der formale Privatsektor sowohl in Ostdeutschland wie auch in Ungarn im Spielraum politischer Duldung und ideologischer Restriktion zwar in eine marginale Rolle abgedrängt war, wurde in Ungarn durch die „zweite Wirtschaft“ ein erneuter Aufschwung privater Wirtschaftsaktivitäten eingeleitet, die in der theoretischen Fachliteratur oft mit den Etiketten „interrupte Verbürgerlichung“

(JUHÁSZ, P. 1975) oder „Rückkehr zur Verbürgerlichung" (SZELÉNYI, I. 1983, 1990b) versehen wurden.

Durch die Trennung der verstaatlichten „ersten Wirtschaft" und der nichtstaatlichen „zweiten Wirtschaft" entfaltete sich in Ungarn ein ausgeprägter Dualismus der Ökonomie und des Arbeitsmarktes, dessen Interpretation hinsichtlich der Thesen klassischer Segmentationstheorien allerdings eine Modifizierung benötigt (GALASI, P. 1982, GALASI, P. - SZIRÁCZKY, GY. 1985). Die Ökonomie und der Arbeitsmarkt lassen sich in Ungarn in den 70er und 80er Jahren als duale Strukturen interpretieren, weil die Arbeitnehmer die Dualität der dominierenden ersten und der peripheren zweiten Wirtschaft in Form von rationalen ökonomischen Handlungsstrategien bei ihren Entscheidungen ins Kalkül zogen. Im Hinblick auf die Charakteristiken der Segmente ist aber - im Gegensatz zu den klassischen Segmentationstheorien - bereits ein eigenartiger Rollenwechsel zu beobachten. Laut der dualen Arbeitsmarkttheorien sind die hohe Entlohnung und die hohe Qualifikation als fundamentale Merkmale für den vor den Markteinflüssen geschützten, staatlich-großbetrieblichen Wirtschaftsbereich bzw. für das primäre/strukturierte Arbeistmarktsegment einzustufen. Demgegenüber war in Ungarn eher die ungeschützte, kleinbetrieblich strukturierte, periphere „zweite Wirtschaft" durch diese Merkmale geprägt, da beispielsweise die Arbeitsleistungen in diesem Segment etwa doppelt so gut honoriert wurden wie im staatlich-großbetrieblichen Sektor (ÉKES, I. 1986, FALUSNÉ SZIKRA, K. 1986).

Ein weiterer Unterschied liegt darin, daß die Wirtschaftsbereiche „erste" und „zweite Wirtschaft" nicht streng voneinander getrennt waren, wie in den Segmentationstheorien angenommen wird. Es existierten zwischen den beiden Ökonomien eher Übergänge, „weil der größte Teil der Erwerbstätigen die zweite Wirtschaft als eine Möglichkeit des Doppelverdienstes benützte" (CSÉFALVAY, Z. - ROHN, W. 1991, 12). Waren die Arbeitnehmer - trotz des niedrigeren Lohns - auf die zusätzlichen Vorteile eines Arbeitsplatzes in der verstaatlichten ersten Wirtschaft, wie z.B. auf die Sozial- und Rentenversicherung sowie das stabile Beschäftigungsverhältnis angewiesen, so wollten sie aber gleichzeitig auf die Vorteile des höheren Einkommens in der zweiten Wirtschaft nicht verzichten. Dies führte zu einer sehr komplizierten „Personalunion der Arbeitskräfte", und darin liegt der größte Unterschied zu den westlichen Ökonomien. Darüber hinaus waren die „erste" und die „zweite Wirtschaft" nicht nur durch die Doppelexistenz der Arbeitnehmer verknüpft, sondern diese Wirtschaftsbereiche wurden auch bezüglich ihrer ökonomischen Funktionen durch gegenseitige Abhängigkeit miteinander verbunden. „Einerseits stellt die erste Wirtschaft eine Mangelwirtschaft dar, in der immer neue Engpässe an Ressourcen, Waren oder Arbeitskräften auftreten. Die zweite Wirtschaft kann also in diese Engpässe, die als Marktlücke interpretiert werden können, eindringen und ihre Marktposition mit überdurchschnittlichem Gewinn ausnützen. Andererseits weist die zweite Wirtschaft aus politischen und makroökonomischen Gründen ein beträchtliches Defizit an legistischer Verankerung und wirtschaftlicher Stabilität auf, deshalb ist die Zahl der Vollbeschäftigten in der zweiten Wirtschaft auch verhältnismäßig gering" (CSÉFALVAY, Z. - ROHN, W. 1991, 15).

Dualismus zwischen dem primären und dem sekundären Bereich der Ökonomie

In ähnlicher Weise war in den Ländern Ostmitteleuropas in der Spätphase des Sozialismus seit Ende der 60er Jahre ein markanter Dualismus zwischen dem primär/großbetrieblichen und dem sekundär/kleinbetrieblichen Segment in der Ökonomie und auf dem Arbeitsmarkt zu beobachten. Paradoxerweise stehen in beiden Untersuchungsregionen gegensätzliche Tendenzen hinter dieser Spaltung, in Ostdeutschland eine verstärkte regionale Zentralisierung der Wirtschaft, in Ungarn hingegen eine regionale Dezentralisierung der Ökonomie. In Ostdeutschland wurde durch die Errichtung der Kombinate die kleinbetriebliche Struktur der Ökonomie zerschlagen und gleichzeitig ein enormer regionaler Konzentrationsprozeß des großbetrieblich strukturierten primären Segments eingeleitet. Demgegenüber führte in Ungarn die Verlagerung der Produktionsstätten von den Zentren in die rückständigen Regionen zu einer Erweiterung des kleinbetrieblich geprägten sekundären Teilmarktes. Als Ergebnis ist aber in beiden Fällen, in Ostdeutschland durch die Verstärkungen des primären Bereiches und in Ungarn durch die Verstärkung des sekundären Bereiches, eine zunehmende Segmentierung des Arbeitsmarktes zu konstatieren.

Infolge einer übertrieben perfekten Verwirklichung der ökonomischen Spezialisierungsphilosophie wurde Ostdeutschland, abgesehen von der ideologischen Selbstbestimmung der damaligen Wirtschaftsführung, zu einem *gehorsamen Musterknaben des tayloristischen Produktkonzepts*. Dabei kam den sogenannten Kombinaten eine Schlüsselrolle zu, die sowohl gemäß ihrer internen Organisation wie auch im Hinblick auf ihre Größenordnung - Kombinate mit mehr als 10.000 Beschäftigten zählten nicht zu den Seltenheiten in der DDR - wahre „fordistische Dinosaurier" der „sozialistischen Massenproduktion" verkörperten. Das gesamtwirtschaftliche Gewicht dieser Riesenbetriebe läßt sich beispielsweise daraus ablesen, daß bereits im Jahre 1974 fast die Hälfte (45,1%) der Industrieproduktion des Landes durch 232 Kombinate mit jeweils mehr als 2.500 Beschäftigten erwirtschaftet wurde (ECKART, K. 1981, 132). Neben der Wirtschaftsideologie der DDR-Führung gab die Anpassung an die COMECON-Arbeitsteilung durch die Absicherung eines breiten und konkurrenzlosen Absatzmarktes besonders seit 1971 sogar noch einen zusätzlichen Anstoß zur Entwicklung der Kombinatestruktur[67]. Es ist kein Zufall, daß der letzte Reformversuch der DDR-Wirtschaftsführung im

67 Die 25. Tagung des „Rates für gegenseitige Wirtschaftshilfe" (RGW) verkündete im Jahre 1971 ein langfristiges sogenanntes Komplexprogramm, welches sich - im Gegensatz zur bilateralen Zusammenarbeit in den früheren Epochen - eine multilaterale Kooperation und Spezialisierung der Länder zum Ziel setzte. Dies machte u.a. möglich, daß die spezialisierten Kombinate ihre Produkte - ohne Konkurrenten aus anderen sozialistischen Staaten - in den COMECON-Ländern absetzen konnten.

Jahre 1989 an einer der ersten Stellen der „sofort wirksamen Maßnahmen" vorschlug: „Die Übernahme von Klein- und Mittelbetrieben durch Kombinate bzw. ihre Auslastung durch zentral bilanzierte Auflagen ist einzustellen bzw. zu prüfen, wo sie wieder ausgegliedert werden können" (DEUTSCHLANDSARCHIV 1992, 1118). Die Arbeitsteilung als Effektivitätsprinzip, die Zersplitterung und die Routinisierung der Arbeitsvorgänge waren aber nicht nur auf die Betriebe selbst, sondern sogar auf die ganze Ökonomie und Wirtschaftslenkung übertragen worden. Es ist bezeichnend, daß die DDR - allerdings gemäß ihrer Größenordnung - das einzige Land in der Welt war, in dem gleichzeitig *zehn* Industrieministerien existierten. Der Rückfall der DDR-Ökonomie in den 1980er Jahren ist nicht zuletzt darauf zurückzuführen, daß die Wirtschaftsführung - wegen der Fixierung auf diese Spezialisierungsphilosophie - mit der ökonomischen Trendwende vom Fordismus in den Post-Fordismus seit Anfang der 1980er Jahre nicht mehr schritthalten konnte.

Die Entwicklung der chemischen Industrie, untermauert mit der Losung „Chemie gibt Brot, Wohlstand und Schönheit", liefert prägnante Beweise für die regionalen Folgen der Spezialisierungsphilosophie, die vor allem in der *starken räumlichen Konzentration* sowie in der *Herausbildung monostrukturell geprägter Industrieregionen* zu sehen sind. Im Rahmen des Ende der 1950er Jahre verabschiedeten Chemieprogramms wurden Kombinate mit einer Belegschaft von 15.000 bis 33.000 Beschäftigten wie Leuna II, Chemisches Kombinat Bitterfeld, Buna-Werke, Schwarze Pumpe und Petrochemisches Kombinat Schwedt aufgebaut bzw. modernisiert, und sie konzentrierten sich - mit der Ausnahme von Schwedt - im Süden Ostdeutschlands. Dieses regionale Verteilungsmuster läßt sich gleichzeitig als eine generelle Tendenz der Standortpolitik der DDR-Wirtschaftsführung einstufen. Anhand der Analyse der Standorte von neugeschaffenen Industriebetrieben kommt K. ECKART zu der Feststellung, daß ein Süd-Nord-Gefälle bezüglich der Industriedichte besteht, „das in erster Linie wirtschaftsgeschichtlich bedingt und zum großen Teil durch die Rohstoffvorkommen und -verteilung vorgezeichnet ist". Weiterhin deutet er darauf hin, „daß neben der Gründung neuer Industriestandorte Berlin(Ost) mit seiner starken Konzentration von verarbeitender Industrie eine Sonderstellung einnimmt" (ECKART, K. 1981, 135).

Diese Kombinate wiesen aber nicht nur eine großräumige Konzentration auf, sondern sie bildeten gleichzeitig höchst spezialisierte, monostrukturell geprägte und deswegen sehr inflexible industrielle Kleinregionen. Beispielsweise nahm das Kombinat Schwarze Pumpe in Hoyerswerda-Neustadt, das als die zweite sozialistische Stadt gegründet wurde, eine Monopolposition nicht nur auf dem lokalen Arbeitsmarkt ein, sondern die Stadt war auch bezüglich weiterer Funktionsbereiche, wie z.B. der Fernheizung, stark mit dem ökonomischen Schicksal des Kombinats verbunden. Darin liegt wohl eines der größten Dilemmas des ökonomischen Strukturwandels in Ostdeutschland. Zum einen besitzen diese Kombinate eine derartige Größenordnung, daß sie nicht schlicht stillgelegt werden können, zum anderen weisen sie einen maroden technischen Zustand auf, so daß sie wahre Subventionsgräber werden. Trugen diese „fordistischen Dinosaurier“ zur Dualisierung der Ökonomie und des Arbeitsmarktes in primären und sekundären Bereich in der Spätphase des Sozialismus bei, so sind sie heute mit den schwersten Anpassungsproblemen belastet.

Im Gegensatz zu Ostdeutschland erfolgte im verstaatlichten Sektor Ungarns eine Vertiefung des Dualismus durch die Erweiterung des sekundären Segments. Dabei kam der bereits im Unterkapitel 2.1. angesprochenen *Dezentralisierung der Industrie* eine entscheidende Rolle zu, die seit Mitte der 1970er Jahre sogar durch direkte staatliche Maßnahmen gefördert wurde. Obwohl in der offiziellen Begründung der Maßnahmen das Aufholen benachteiligter Regionen als ein politisches Ziel gesetzt wurde, bedeutete dieser Prozeß in der Praxis eher die Verlagerung der Produktionsstätten mit Massenproduktion und niedrigen Qualifikationsanforderungen von der Hauptstadt und den Komitatszentren in die innere Peripherie Ungarns. GY. BARTA (1987, 1991) wies markant darauf hin, daß die verlagerten Produktionen in den 1980er Jahren bereits in der Schrumpfungsphase des Produktlebenszyklus waren.

Die Konsequenz dieser Entwicklung läßt sich als das Musterbeispiel eines fortlaufenden Peripherisierungsprozesses beschreiben. Zum einen wurden die Produktionsfunktionen mit höheren Qualifikationsanforderungen, wie Innovation und Verwaltung, weiterhin in den Zentrumsregionen belassen. Zum anderen entstand dadurch eine stark von den Zentren abhängige und eine im weitesten Sinne des Wortes fast „kopflose“ Betriebsstruktur in der Peripherie, die besonders an qualifizierten Aktivitäten ein enormes Defizit aufwies. P. MEUSBURGER (1996b) stellt anhand der Volkszählungsdaten fest, daß die stärksten regionalen Konzentrationen und Ungleichheiten in der Zeit des Sozialismus eher in der Wirtschaftsführung, in der Innovation und im Management existierten. Entsprechend der Siedlungsgrößenstruktur wiesen die Siedlungen in Ungarn einen extrem steil abfallenden Anteil an Schlüsselberufen mit höherer Qualifikation in der Arbeitsbevölkerung auf. Beispielsweise schwankte im Jahre 1980 der Anteil Budapests und der 19 Komitatszentren an allen Arbeitsplätzen für Universitäts- und Hochschulabsolventen des Außenhandels, der geschäftlichen Dienstleistungen, der Forschung im Wohnungsbau und des Sozialversicherungswesens zwischen 98,7 und 91,2%. Die Spitze der ungarischen Siedlungshierarchie wies aber auch in der Industrie eine hohe Konzentration auf, da 79,9% aller Arbeitsplätze für Universitäts- und Hochschulabolventen des Maschinenbaus und 74,9% der Leichtindustrie in diesen Städten konzentriert waren. Dadurch entfaltete sich in Ungarn das wohl bekannte Bild der Überlappung von dualen Strukturen der Ökonomie und des Arbeitsmarktes auf regionaler Ebene. In den Zentren und vor allem in Budapest dominierten die Großbetriebe die Wirtschaftsstruktur, und der Arbeitsmarkt war durch das primäre Segment mit Arbeitsplätzen guter Entlohnung und höherer Qualifikationsanforderungen beherrscht. Dagegen wies die Wirtschaftsstruktur in den peripheren Regionen Merkmale wie abhängige Betriebe ohne Verwaltungs- und Innovationsfunktionen und eine Dominanz des sekundären Teilarbeitsmarktes mit minderqualifizierten Arbeitskräften auf.

5.3. REGIONALMUSTER DES DUALISMUS IN DER ÖKONOMIE UND AUF DEM ARBEITSMARKT WÄHREND DES SOZIALISMUS

Eine möglichst detaillierte Darstellung des regionalen Musters der dualen Strukturen der Ökonomie und des Arbeitsmarktes stößt wohl auf das Fehlen an zuverlässigen Daten auf einer kleinräumigen Ebene. Deswegen werden in diesem Unterkapitel nur einige ausgewählte Indikatoren, wie die *Ewerbsquote* und das *Ausbildungsniveau* der Bevölkerung sowie die *Intensität des Privatsektors* in die Analyse einbezogen. Die Ursachen dafür liegen darin begründet, daß die Segmentationstheorien, die Theorien der dualen Ökonomie und die regionalen Polarisierungsthesen die geringeren Beschäftigungsmöglichkeiten und die niedrige Qualifikation fast einstimmig als charakteristische Merkmale für das sekundär/periphere Arbeitsmarktsegment identifizieren. Dabei erweist sich besonders das Ausbildungsniveau als aussagekräftig, und es läßt sich sogar als ein Schlüssel zu Segmentierungsprozessen auf dem Arbeitsmarkt einstufen. In ihm spiegeln sich nämlich sowohl die Ursachen wie auch die Konsequenzen ökonomischer und sozialer Umstrukturierungsprozesse wider, es bildet über das Schulwesen ein Bindeglied zwischen der Bevölkerung und der staatlichen Strukturpolitik, es stellt - z.B. im Gegensatz zum Standortmuster der Wirtschaft - ein durchaus persistentes Element in der Regionalstruktur dar, und „last but not least" läßt es sich statistisch exakt erfassbar über längere Zeitabschnitte zurückverfolgen. So wird in der folgenden Analyse das primäre Segment der Ökonomie und des Arbeitsmarktes vereinfacht mit den Merkmalen wie hoher Erwerbsquote und hohem Ausbildungsniveau, das sekundäre Segment mit den Merkmalen wie niedriger Erwerbsquote und niedrigem Ausbildungsniveau gleichgesetzt. Der Dualismus der Ökonomie zwischen dem verstaatlichten und dem privaten Bereich wird ebenfalls vereinfacht anhand der Regionalstruktur des Privatsektors analysiert.

Auswirkungen der regionalen Wirtschaftspolitik in der Frühphase des Sozialismus

Die *Frühphase des Sozialismus* in den 50er und 60er Jahren war in den Ländern Ostmitteleuropas durch eine rücksichtslose *Ausbeutung bereits vorhandener regionaler Ressourcen* gekennzeichnet. Sogar die vielfach beachteten sogenannten *sozialistischen Städte* - die aus westlicher Betrachtungsweise oft als typische Phänomene sozialistischer regionaler Wirtschaftspolitik eingestuft werden - stellten in den Ländern Ostmitteleuropas eher die Ausnahmen als den Regelfall im Städtesystem dar. Waren diese Städte oft mit hochkarätigen Namen sowjetischer und marxistischer politischer Idole versehen, wie die „Stalinstadt" (Eisenhüttenstadt) in Ostdeutschland und „Sztálinváros" (Dunaújváros) in Ungarn, spielten sie im Verhältnis zur Gesamtzahl der Städte nur eine geringe Rolle[68]. Der wahre Charakter sozialistischer regionaler Wirtschaftspolitik war nämlich nicht in der Gründung neuer Städte, sondern eher darin zu sehen, daß sie die vorsozialistischen regionalen Ressourcen dem Verfall auf Gedeih und Verderb ausgeliefert hat.

Allerdings benötigt diese Aussage eine weitere ökonomische und geographische Differenzierung, denn je weniger ein Land vor der sozialistischen Machtergreifung ökonomisch entwickelt war, desto größere Spielräume gewann die sozialistische Wirtschafts- und Regionalpolitik, oder umgekehrt, je höher das Niveau eines Landes vor dem Sozialismus in der ökonomischen Entwicklung lag, als desto stärker erwiesen sich die früheren regionalen Strukturen. Setzte der Sozialismus in den asiatischen Sowjetrepubliken eine drastische Zäsur in der Regionalentwicklung, so waren die persistenten Strukturen in den Ländern Ostmitteleuropas viel stärker als die ideologischen Forderungen. Dadurch kommt die bereits erwähnte These, der real existierende Sozialismus sei ursprünglich als eine Modernisierungsstrategie für unterentwickelte Länder eingesetzt worden, wiederum zur Geltung.

Die Ursachen für die Ausbeutung der bereits vorhandenen regionalen Ressourcen liegen im chronischen Mangel an Kapital und Arbeitskräften in der Planwirtschaft, der die Wirtschaftsführung zu einer starken Ausnützung vorhandener Standorte gezwungen hat. Der Kapitalmangel machte die kostspieligen Gründungen neuer sozialistischer Standorte im größeren Umfang unmöglich bzw. wenig rentabel. In ähnlicher Weise wurden die Spielräume der Regionalpolitik durch die räumlichen Unterschiede bezüglich des Humankapitals, trotz dramatischer regionaler und sozialer Mobilitätsvorgänge in den ersten Jahrzehnten des Sozialismus, enorm beschränkt. Zudem wurden zwar in den Betrieben für Produktionsgüter im Zeichen einer Wachstumsphilosophie hohe Investitionen angelegt, aber die Investitionen in die Infrastruktur der Standorte wurden weitgehend vernachlässigt.

Eine unmittelbare Folge dieses Investitionskonzepts nach der Wende ist in Ostdeutschland anhand der ökologischen Sünden an Standorten des Bergbaus und der Schwerindustrie deutlich erkennbar. In Ungarn kam eine Ausbeutung vorhandener Ressourcen darin zum Ausdruck, daß die vom Nordosten nach Südwesten verlaufende Energie- und Industrieachse aus der Zwischenkriegszeit mit dem Mittelpunkt Budapest, trotz der Vernachlässigung der Investitionen in die Infrastruktur, in den 50er und 60er Jahren weiterhin eine Monopolrolle in der Industrieproduktion besaß. Die weitreichenden regionalen Konsequenzen sind nach der Wende aber sowohl in Ostdeutschland als auch in Ungarn in der schweren Erblast *altindustrialisierter Gebiete* zu sehen. Infolge der Vernachlässigung der Investitionen in den weiteren Infrastrukturbereich der Betriebe wurde eine Vielzahl von denen, die in den vorsozialistischen Epochen sogar noch klingende Namen hatten, zum Sorgenkind der ökonomischen Transformation. Die Wurzeln massiver Krisen altindustrieller Gebiete, wie in der Schwerindustrieregion Ózd im Norden Un-

---

68 Offiziell gehörten in Ungarn in den 1960er Jahren Ajka, Dunaújváros, Kazincbarcika, Komló, Oroszlány, Ózd und Várpalota zu den sozialistischen Städten, demgegenüber umfaßte das Städtesystem 63 Städte im Jahre 1960 und 166 Städte im Jahre 1990 (BARTKE, I. 1991).

garns, und in den Bergbaugebieten der Komitate Baranya und Komárom-Esztergom sowie dem Braunkohlerevier in der Oberlausitz und in Nordthüringen in Ostdeutschland, sind grundsätzlich in der Anfangsphase des Sozialismus zu suchen. Dadurch läßt sich bereits eine breite Gruppe der Verliererregionen der Transformation abgrenzen, die gegenwärtig mit schwierigsten Anpassungsproblemen konfrontiert sind.

Regionalstruktur des Dualismus zwischen dem primären und dem sekundären Bereich der Ökonomie in der Spätphase des Sozialismus

Während die Frühphase des Sozialismus durch die Ausbeutung der bereits vorhandenen regionalen Ressourcen gekennzeichnet war, wurde die Spätphase, als regionale Konsequenz der Dualisierung der Ökonomie und des Arbeitsmarktes, durch eine Verschärfung der vorsozialistischen regionalen Disparitäten geprägt. Als eine generelle Tendenz läßt sich dabei feststellen, daß sich die regionalen Disparitäten aus der Jahrhundertwende infolge der Dualisierung der Ökonomie und des Arbeitsmarktes auch hundert Jahre später, in der Zeit unmittelbar vor der Wende als höchst persistent erwiesen.

Im Hinblick auf die Regionalstruktur des Dualismus zwischen dem primär/großbetrieblichen und dem sekundär/kleinbetrieblichen Bereich der Ökonomie läßt sich in Ostdeutschland das stark ausgeprägte Süd-Nord-Gefälle aus den vorsozialistischen Epochen - trotz der Veränderung der Staatsgrenzen und des ökonomisch-politischen Systems - kurz vor der Wende immer noch deutlich erkennen. Allerdings wurde das maßgebende Süd-Nord-Gefälle - wie die *Karte 14* anhand der regionalen Unterschiede bezüglich der Erwerbsquote zum Zeitpunkt 1989 belegt - bereits durch die Züge eines mosaikhaften Regionalmusters verfärbt. So stellt die Disparität zwischen dem Süden und dem Norden Ostdeutschlands nach wie vor das maßgebende Phänomen dar, es wurden aber in einer Vielzahl von Kreisen sowohl im Norden als auch im Süden Ostdeutschlands Werte über bzw. unter dem Durchschnitt Ostdeutschlands registriert. Dabei sind der Großraum Berlin und die großstädtischen Verdichtungsräume im Süden Ostdeutschlands durch die niedrigsten Werte gekennzeichnet, dagegen sind die höchsten Erwerbsquoten in den stark industrialisierten Regionen und Städten im Süden Ostdeutschlands zu beobachten.

Karte 14. Regionalstruktur der Erwerbstätigkeit in Ostdeutschland im Jahre 1989 auf Kreisbasis (Erwerbsquote = Erwerbstätige/100 Erwerbsfähige)

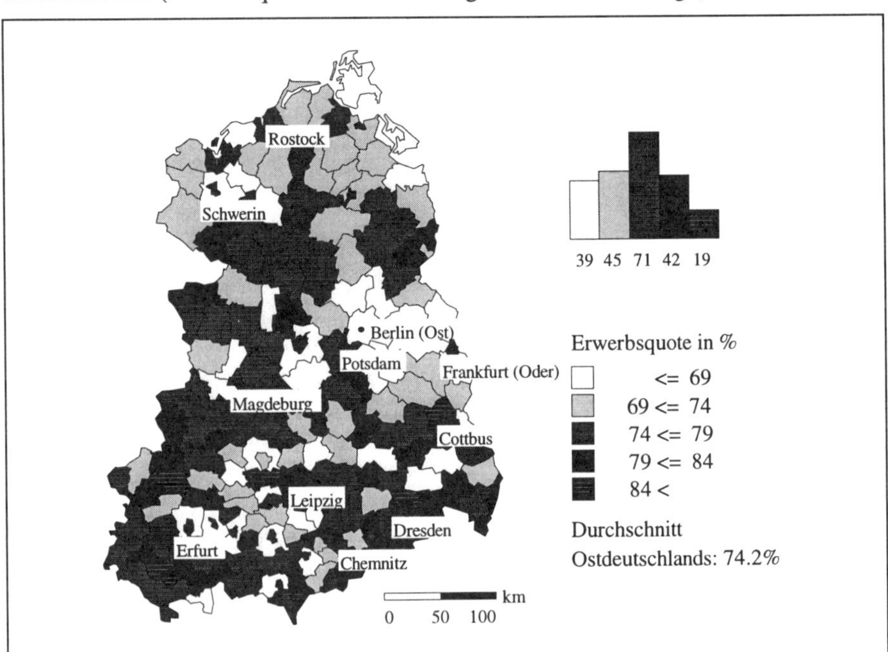

Quelle: BUNDESFORSCHUNGSANSTALT FÜR LANDESKUNDE UND RAUMORDNUNG, 1992a.

Die zeitliche Persistenz der regionalen Disparitäten kommt bezüglich des Ausbildungsniveaus der Bevölkerung - im Gegensatz zur Erwerbsquote - deutlicher zum Ausdruck. Wie *Karte 15* anhand der Volkzählungsdaten vom Jahre 1981 darstellt, weist der Anteil der Personen ohne Berufsausbildung an der Bevölkerung eine krasse Süd-Nord-Dichotomie auf. Während der Anteil der Personen ohne Berufsausbildung in den Großstädten, allen voran im Großraum Berlin und in den Industrieregionen im Süden Ostdeutschlands unter dem Landesdurchschnitt lag, sind die Kreise in Mecklenburg-Vorpommern und in Sachsen-Anhalt durch einen Anteil weit über dem Durchschnitt Ostdeutschlands gekennzeichnet.

Karte 15. Anteil der Personen ohne Berufsausbildung an der Bevölkerung ab 16 Jahre in Ostdeutschland im Jahre 1981 auf Kreisbasis.

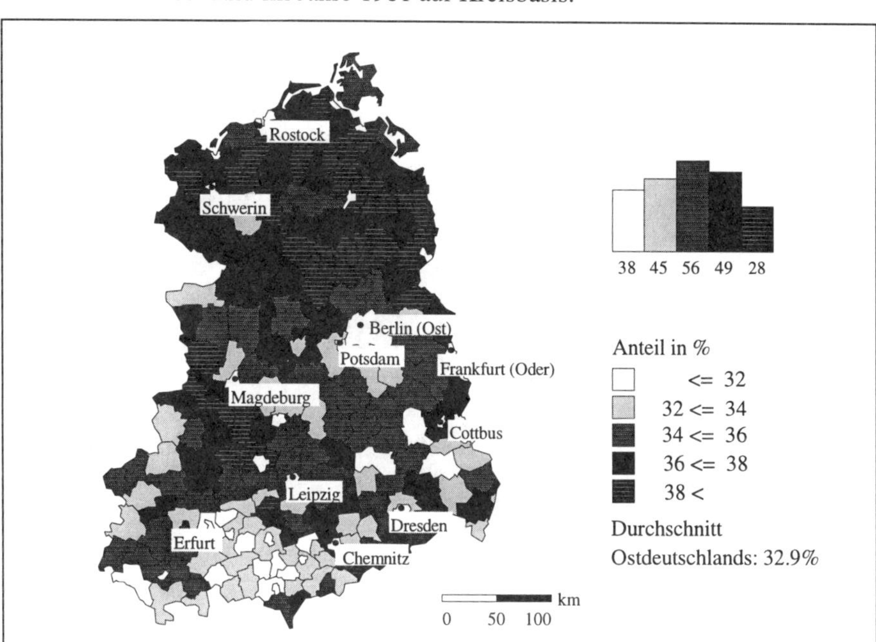

Quelle: STATISTISCHES BUNDESAMT 1994.

In ähnlicher Weise weist in Ungarn die markante West-Ost-Disparität aus der vorsozialistischen Epoche mehr als ein Jahrhundert später immer noch eine sehr starke zeitliche Persistenz bezüglich der Regionalstruktur des Dualismus zwischen dem primär/großbetrieblichen und dem sekundär/kleinbetrieblichen Bereich der Ökonomie auf. Wie die *Karte 16* mittels der Erwerbsquote belegt, ist die Existenz der West-Ost-Disparität im Jahre 1990 nach wie vor als das wichtigste Kennzeichen in der Regionalstruktur des Landes einzustufen. Besonders auffallend ist, daß die Erwerbsquote in zwei Großregionen, im Süden Transdanubiens und besonders im Grenzgürtel Nordost-Ungarns weit unter dem Landesdurchschnitt lag.

Karte 16. Regionalstruktur der Erwerbstätigkeit in Ungarn im Jahre 1990 auf Arbeitsamtbezirkbasis (Erwerbsquote = Erwerbstätige/100 Erwerbsfähige)

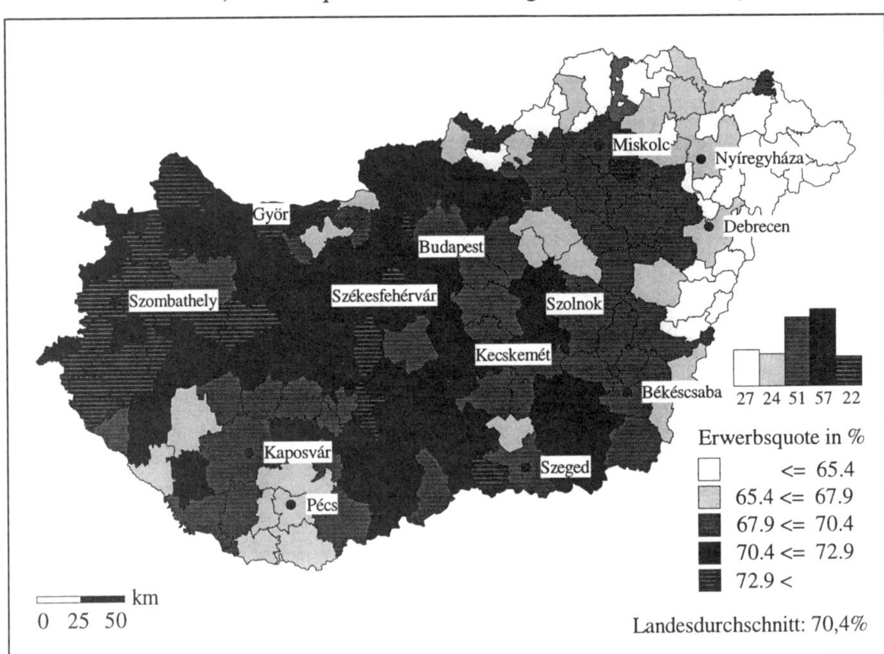

Quelle: Sonderauswertung der ungarischen Volkszählungen, Ungarn-Datenbank des GEOGRAPHISCHEN INSTITUTS DER UNIVERSITÄT HEIDELBERG.

Im Gegensatz zur Regionalstruktur der Erwerbstätigkeit, die eine markante zeitliche Persistenz besitzt, ist in Ungarn bezüglich des Ausbildungsniveaus bereits ein Wandel zu beobachten. Wie aus der *Karte 17* anhand des Anteils der Arbeitsbevölkerung ohne abgeschlossene Schulbildung an den Arbeitsplätzen zu entnehmen ist, gab es in Ungarn im Jahre 1990 eine klare Nordwest-Südost-Trennung zwischen den Arbeitsplätzen mit höheren bzw. mit niedrigeren Qualifikationsanforderungen. Lag der Landesdurchschnitt dieser Gruppe der Arbeitnehmer bei 3,1%, so wurden in einigen Arbeitsamtsbezirken der südlichen Landesteile und besonders in der östlichen Grenzregion zweimal so hohe Anteile registriert.

Karte 17. Der Anteil der Personen ohne abgeschlossene Schulbildung an der Arbeitsbevölkerung in Ungarn 1990 auf Arbeitsamtbezirkbasis

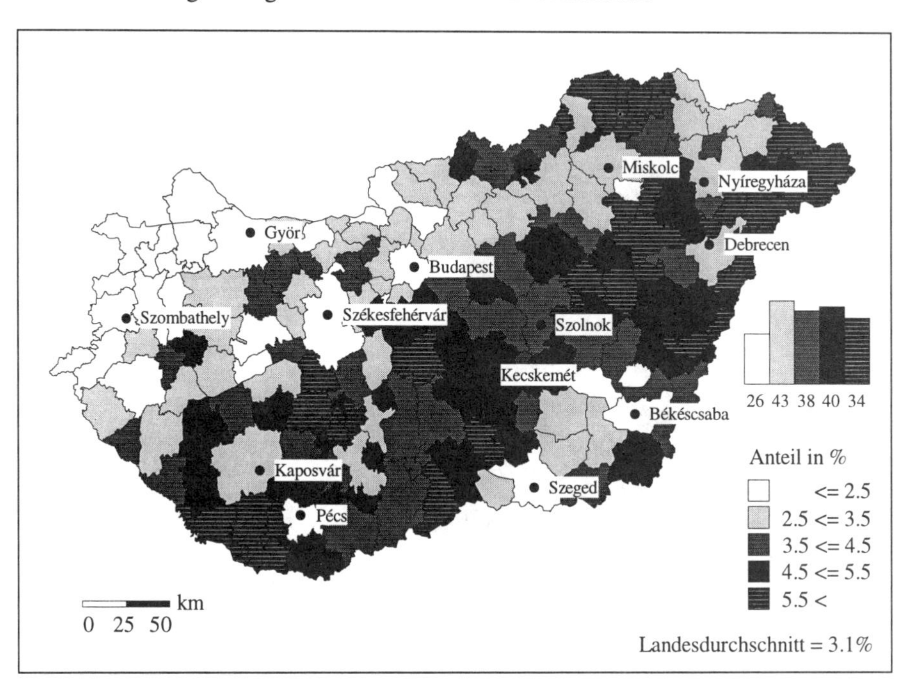

Quelle: Sonderauswertung der ungarischen Volkszählungen, Ungarn-Datenbank des GEOGRAPHISCHEN INSTITUTS DER UNIVERSITÄT HEIDELBERG.

Regionalstruktur des Dualismus zwischen dem verstaatlichten und dem privaten Bereich der Ökonomie in der Spätphase des Sozialismus

Während das regionale Muster bezüglich des Dualismus zwischen dem primär/großbetrieblichen und dem sekundär/kleinbetrieblichen Bereich der Ökonomie durch krasse großräumige Disparitäten gekennzeichnet war, ist bezüglich des Dualismus zwischen dem verstaatlichten und dem privaten Bereich eher ein ausgeprägtes Zentrum-Peripherie-Muster zu konstatieren. Obwohl der Privatsektor in Ostdeutschland, besonders im Vergleich zu Ungarn, äußerst schwach ausgeprägt war, ist im Hinblick auf seine Regionalstruktur - wie *Karte 18* zum Zeitpunkt 1981 darlegt - das Zentrum-Peripherie-Muster deutlich erkennbar. Dabei weist der Indikator Anzahl der Selbständigen je 1.000 Erwerbstätige besonders im Großraum Berlin hohe Werte auf. Darüber hinaus lassen sich Werte über dem Durchschnitt Ostdeutschlands auch in den traditionell kleinbetrieblich geprägten Regionen in den Bundesländern Sachsen und Thüringen beobachten. Demgegenüber wurden in den Bundesländern Mecklenburg-Vorpommern und Sachsen-Anhalt Werte weit unter dem Durchschnitt Ostdeutschlands registriert.

Karte 18. Anzahl der Selbständigen (inkl. mithelfender Familienangehöriger) an allen Erwerbstätigen in Ostdeutschland im Jahre 1981 auf Kreisbasis

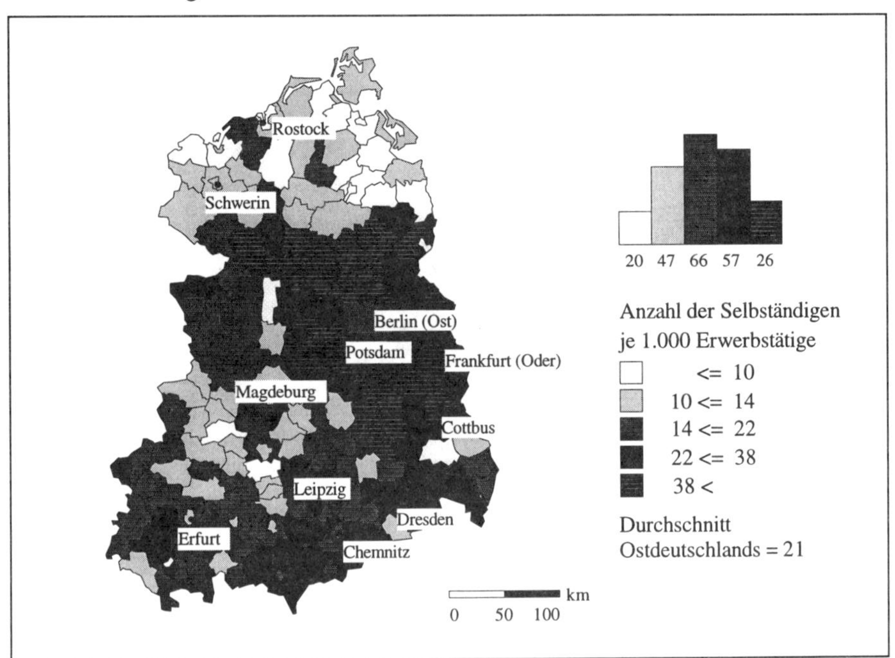

Quelle: STATISTISCHES BUNDESAMT 1994.

In Ungarn kommen die regionalen Disparitäten bezüglich des Dualismus zwischen dem verstaatlichten und dem privaten Bereich der Ökonomie noch deutlicher zum Ausdruck. Entsprechend ihrer ökonomischen Bedeutung waren in Ungarn sogar in der Zeit des Sozialismus mehrere regionale Schwerpunktverlagerungen in der Dualität zwischen dem verstaatlichen und dem privaten Sektor zu beobachten. Der traditionelle Privatsektor in Bereichen der Landwirtschaft, des Kleinhandwerks und des Kleinhandels besaß in den 50er und 60er Jahren - ähnlich wie in der DDR - einen marginalen Status in der Ökonomie Ungarns. Seit Anfang der 70er Jahre war er aber mit der „zweiten Wirtschaft" immer stärker konfrontiert, wobei sich letztere in der Auseinandersetzung als lebensfähiger erwies. Als Resultat dieser Entwicklung wurden die Privatbetriebe in der Landwirtschaft rasch in die peripheren Regionen, vor allem in die durch die Kleindörfer geprägten Gebiete Südwest-Transdanubiens und Nordost-Ungarns hinausgedrängt, während sich die landwirtschaftliche Nebenerwerbstätigkeit sehr stark im Donau-Theiß-Zwischenstromland in der Mitte des Landes sowie in Nord-Transdanubien konzentrierte. Den Dreh- und Angelpunkt in der Regionalentwicklung der „zweiten Wirtschaft" stellte aber die Einführung einiger „quasi-privatwirtschaftlicher" Organisationsformen Anfang der 80er Jahre dar. Diese machten eine private Wirtschaftsaktivität in Form von privaten Unternehmungen bereits in der Industrie und in dem Dienstleistungssektor möglich. Die regionale Konsequenz dieses Wandels bestand darin, daß sich die „zweite Wirtschaft“ schon Mitte der 1980er Jahre - durch die Konzentrationen in Budapest und in den Städten Transdanubiens - von einem ländlichen zu einem städtischen Phänomen entwickelte (POMÁZI, I. 1988, NEMES NAGY, J. - RUTKAY, É. 1989, CSÉFALVAY, Z. - ROHN, W. 1991). Paradoxerweise ist rückblickend sogar festzustellen, daß die Ermöglichung des Einstiegs der Stadtbewohner und - gemäß dem politischen Slogan - der Arbeiterklasse in die „zweite Wirtschaft“ auch durch die damalige Politik implizit zum Ziel gesetzt worden war.

Dieser Wandel der „zweiten Wirtschaft“ von einem ländlichen zu einem städtischen Phänomen ist anhand der *Karte 19* zur Endphase des Sozialismus deutlich erkennbar. Dabei wurde zur Darstellung der räumlichen Struktur der „zweiten Wirtschaft“ der Indikator regionale Intensität der sogenannten privaten Wirtschaftsarbeitsgemeinschaften herangezogen. Diese Organisationen basierten schon auf einer kollektiven Kapitalbeteiligung und auf einem kapitalistischen Profitdenken, und sie gehörten deswegen in den 80er Jahren wohl zu den bevorzugten „quasi-privatwirtschaftlichen“ Organisationsformen (ihre Zahl betrug im Jahre 1987 mehr als 11.000). Allerdings wiesen sie gleichzeitig auch enorme Beschränkungen, wie eine geringe politische Legitimation und eine begrenzte Beschäftigtenzahl (im Durchschnitt 4-6 Erwerbstätige) auf.

Wie die *Karte 19* über die Zahl privater Wirtschaftsarbeitsgemeinschaften pro 10.000 Einwohner zum Zeitpunkt 1987 belegt, ist eine hohe Intensität der „zweiten Wirtschaft“ besonders in der Zentrumsregion Budapest und in Transdanubien zu beobachten. So entfielen in der ungarischen Hauptstadt - bei einem Landesdurchschnitt von 14 Wirtschaftsarbeitsgemeinschaften pro 10.000 Einwohner, - 33 Organisationen auf 10.000 Einwohner. Weiterhin sind die über dem Landesdurchschnitt liegenden Werte der Budapest-Győr-Achse und der Budapest-Plattensee-Achse besonders auffallend. Die hohen Werte in der Budapest-Győr-Achse sind vor allem der zunehmenden Aufwertung der geographischen Nähe zu den westlichen Märkten zu verdanken. Die gute Position der Budapest-Plattensee-Achse läßt sich dagegen darauf zurückführen, daß diese Region durch den Plattensee bedeutende Dienstleistungsfunktionen erfüllte, die gleichzeitig ein wesentliches Betätigungsfeld für die privaten Wirtschaftsarbeitsgemeinschaften darstellten. Demgegenüber waren die nordöstlichen Regionen Ungarns durch eine weit unter dem Landesdurchschnitt liegende Intensität der „zweiten Wirtschaft“ gekennzeichnet. Sogar die städtischen Zentren, wie Miskolc, Nyíregyháza und Debrecen wiesen nur Werte unter dem Landesdurchschnitt auf.

Karte 19. Regionalstruktur der „ zweiten Wirtschaft " in Ungarn im Jahre 1987 auf Kleinregionenbasis. (Wirtschaftsarbeitsgemeinschaften/10.000 Einwohner)

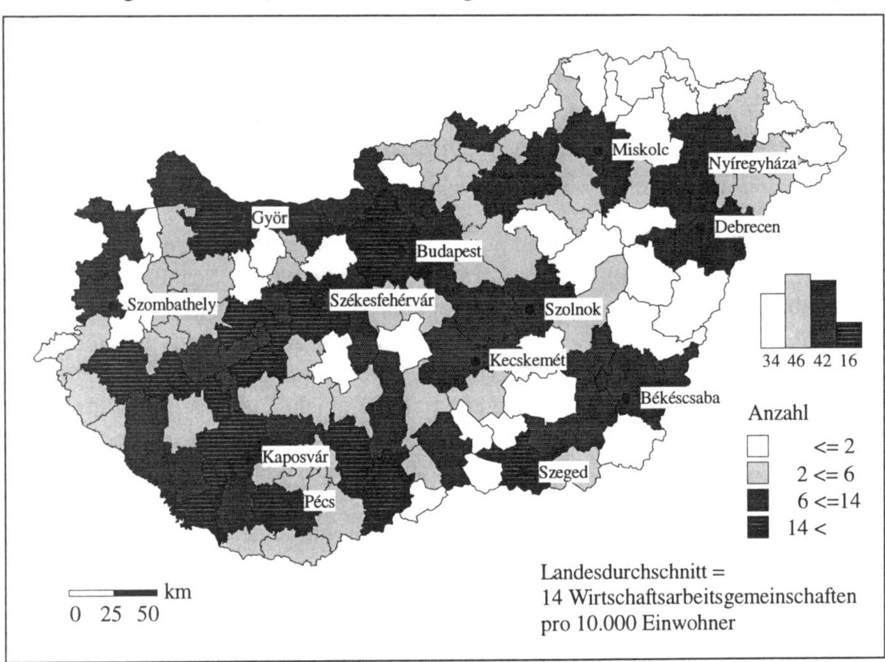

Quelle: Eigene Berechnung auf der Grundlage von NEMES NAGY, J. - RUTTKAY, É. 1989, 163-169.

Die Ursache für die markante Zentrum-Peripherie-Dichotomie des Privatsektors während der Zeit des Sozialismus liegt in Ostdeutschland und in Ungarn vor allem darin begründet, daß der Privatsektor in beiden Ländern durch die kommunistische Wirtschaftsführung als ein ergänzender Sektor betrachtet und geduldet wurde. So konnte der Privatsektor vor allem in die Marktnischen der verstaatlichten Ökonomie, in der Regel in den Dienstleistungssektor eindringen, der in den städtischen Zentren und allen voran in den Hauptstädten eine starke Konzentration aufwies. Neben dieser Zentrum-Peripherie-Struktur ist aber sowohl in Ostdeutschland als auch in Ungarn das Einsetzen großräumiger Disparitäten, eines Nord-Süd-Gefälles in Ostdeutschland und einer West-Ost-Disparität in Ungarn zu beobachten.

Persistenz der regionalen Disparitäten während der Zeit des Sozialismus

Aufgrund dieser Beispiele aus der Regionalentwicklung in Ostdeutschland und in Ungarn läßt sich bereits die These festhalten: Die krassen regionalen Disparitäten aus der Jahrhundertwende wurden während der Zeit des Sozialismus zwar abgeschwächt, die Dichotomie zwischen dem Süden und dem Norden in Ostdeutschland sowie zwischen dem Westen und dem Osten in Ungarn stellte unmittelbar vor der ökonomisch-politischen Wende immer noch das markanteste Kennzeichen der Regionalstruktur dar. Vergleicht man die Regionalstruktur der Erwerbstätigkeit und des Ausbildungsniveaus aus der Zeit des Sozialismus mit den räumlichen Disparitäten zur Jahrhundertwende, tritt diese zeitliche Kontinuität der großräumigen Unterschiede markant hervor. Während in Ostdeutschland an der Jahrhundertwende die regionalen Disparitäten bezüglich der Industrialisierung der Erwerbsstruktur durch ein Süd-Nord-Gefälle gekennzeichnet waren, war in den 1980er Jahren hinsichtlich des Ausbildungsniveaus nach wie vor eine Süd-Nord-Dichotomie zu erkennen. Während in Ungarn an der Jahrhundertwende die regionalen Disparitäten des Ausbildungsniveaus durch eine klare West-Ost-Spaltung geprägt wurden, gab es in der Endphase des Sozialismus im Hinblick auf die Erwerbstätigkeit immer noch ein ausgeprägtes West-Ost-Gefälle.

Im Hinblick auf die historische Tatsache, daß in diesen Ländern seit der Jahrhundertwende sowohl die Staatsgrenzen als auch die ökonomisch-politischen Systeme mehrmals in dramatischer Form verändert wurden, ist diese zeitliche Persistenz der regionalen Disparitäten als ein höchst überraschendes Ergebnis einzustufen. Es gehört zu den Standardthesen in den regional orientierten Sozialwissenschaften, daß der Wandel der ökonomischen und politischen Strukturen gleichzeitig einen Wandel in der Regionalstruktur auslöst. In ähnlicher Weise stützt sich jede Art regionaler Strukturpolitik auf die stillschweigende Annahme, daß durch die Veränderung der ökonomisch-politischen Rahmenbedingungen auch die Entwicklung der Regionen beeinflußt werden kann. Demgegenüber deutet die Regionalentwicklung seit der Jahrhundertwende in Ostdeutschland und in Ungarn darauf hin, daß das historisch gewachsene regionale Entwicklungsgefälle sogar in einem autoritären ökonomisch-politischen System wirksam bleibt. Das Beispiel Ostdeutschlands und Ungarns belegt, daß nicht einmal der real existierende Sozialismus, der theoretisch alle administrativen Mittel zu einer beliebigen Regionalpolitik besaß, den Auswirkungen des traditionellen Entwicklungsgefälles entgegenwirken konnte.

Die Ursachen für die zeitliche Persistenz der großräumigen Disparitäten und für die Unwirksamkeit der sozialistischen Regionalpolitik liegen im bereits erwähnten „regionalen Überhang" während des Sozialismus begründet. In diesem System wurde der Entfaltung einer ausgeglichenen Regionalstruktur der Vorrang zwar eingeräumt, der Schwerpunkt lag aber dabei in der bevölkerungsbezogenen sozialen Infrastruktur, wie z.B. in der Versorgung der Siedlungen mit Kinderkrippen und Kindergärten[69]. So konnte die sozialistische Regionalpolitik in diesen Bereichen sogar einige Erfolge buchen, sie war aber bezüglich der Veränderung der harten ökonomischen Standortfaktoren weitgehend erfolglos. Diese harten Standortfaktoren, wie die günstige Verkehrslage, die geographische Nähe zu den Absatzmärkten oder das Vorhandensein gut qualifizierter Arbeitskräfte hatten im

---

69 Es ist sehr symptomatisch, daß diese Regionalpolitik in Bereichen, die mit der Sozialpolitik nicht direkt verbunden waren, nur wenige Erfolge aufweisen konnte. So war beispielsweise die Versorgung der Siedlungen mit Pflichtschulen bereits durch erhebliche regionale Disparitäten gekennzeichnet.

Rahmen einer geschlossenen Ökonomie - wie des der sozialistischen Planwirtschaft - relativ geringe Bedeutung, und die historisch persistenten Unterschiede der Regionen bezüglich dieser Standortfaktoren wurden im System des „regionalen Überhanges" größtenteils verdeckt. Durch den Wandel der Ökonomie von der Planwirtschaft in eine Marktwirtschaft sowie die Öffnung zum Weltmarkt nach der Wende wurden aber gerade diese harten Standortfaktoren aufgewertet, was letztendlich zum bereits erwähnten „Comeback" alter regionaler Disparitäten geführt hat. So wurde der Zeitpunkt der Wende gleichzeitig zur „Stunde der Wahrheit", die in den Transformationsländern die ökonomische Bewertung der Standortqualitäten der Regionen wiederherstellte.

In Ostdeutschland fand das System des „regionalen Überhangs" sein Resultat - neben der regional ausgeglichenen Versorgung der Bürger mit sozialen „Wohlfahrtsleistungen" - in der Sicherung einer regionalen Chancengleichheit bezüglich des Zugangs zu Erwerbsmöglichkeiten. In der DDR-Zeit wurde aus ideologischen Gründen die Vollbeschäftigung als ein höchstes Ziel gesetzt, um auch dadurch die Überlegenheit des sozialistischen Systems gegenüber den kapitalistischen Industrieländern, die durch die Arbeitslosigkeit schwer belastet waren, beweisen zu können. Als Resultat dieser wirtschafts- und sozialpolitischen Bestrebung war aber nicht nur die DDR durch eine extrem hohe Erwerbstätigkeit gekennzeichnet, sondern es wurden auch in den traditionell peripheren Regionen Ostdeutschlands relativ hohe Erwerbsquoten registriert. Demgegenüber war der „regionale Überhang" im Hinblick auf die Veränderung der harten Standortfaktoren sehr erfolglos, und es war beispielsweise das traditionelle Entwicklungsgefälle bezüglich des Ausbildungsniveaus während der DDR-Zeit nach wie vor wirksam. Die unmittelbare Konsequenz dieser Entwicklung ist nach der Wende in der fortschreitenden Peripherisierung des Nordens Ostdeutschlands zu sehen, wo die relativ hohe Erwerbstätigkeit mit niedrigem Ausbildungsniveau gekoppelt war.

Die Unwirksamkeit der sozialistischen Regionalpolitik und des „regionalen Überhanges" kommt in Ungarn, wo das rigorose Plansystem bereits in den 1970er und 1980er Jahren abgeschwächt wurde, noch deutlicher zum Ausdruck. Infolge der früheren Liberalisierung der Ökonomie und der Gesellschaft erfuhren in Ungarn die harten Standortfaktoren bereits während der Zeit des Sozialismus eine Aufwertung. So war in Ungarn schon in den 1980er Jahren im Hinblick auf die Erwerbstätigkeit - trotz der Bestrebung der kommunistischen Wirtschaftsführung nach einer Vollbeschäftigung - die traditionelle West-Ost-Disparität zu beobachten. Der Wandel dieses traditionellen West-Ost-Gefälles in ein Nordwest-Südost-Gefälle bezüglich des Ausbildungsniveaus ist größtenteils auch auf die frühere Aufwertung der harten Standortfaktoren sowie auf die vom Nordosten nach Südwesten verlaufende „Energie- und Industrieachse" zurückzuführen. Trotz dieser Veränderung ist aber festzuhalten, daß die Region Nordwest-Transdanubien stets durch die höchsten, Nordost-Ungarn hingegen andauernd durch die niedrigsten Werte des Ausbildungsniveaus gekennzeichnet war.

Die *unmittelbare Konsequenz der zeitlichen Persistenz der regionalen Disparitäten ist* sowohl in Ostdeutschland als auch in Ungarn im *Einsetzen großräumi-*

ger Peripherisierungstendenzen, konkret in der Entfaltung der peripheren Problemgebiete im Norden Ostdeutschlands und im Nordosten von Ungarn zu sehen. Während in Ostdeutschland der Großraum Berlin und der Süden permanent durch höchste Werte des Ausbildungsniveaus gekennzeichnet waren, wurden im Norden andauernd die niedrigsten Werte registriert. In ähnlicher Weise waren in Ungarn der Verdichtungsraum von Budapest und Nordwest-Transdanubien durch die höchsten Werte des Bildungsniveaus geprägt, in Nordost-Ungarn waren hingegen die niedrigsten Werte zu beobachten. Der einzige Unterschied zwischen Ostdeutschland und Ungarn kommt dadurch zum Ausdruck, daß auf dem Arbeitsmarkt im Norden Ostdeutschlands die niedrige Qualifikation mit relativ hoher Erwerbstätigkeit, aber in Nordost-Ungarn mit niedriger Erwerbstätigkeit gepaart war.

Die kurze historische Analyse der regionalen Disparitäten auf dem Arbeitsmarkt in Ostdeutschland und in Ungarn weist aber auch darauf hin, daß bei der Interpretation der regionalen Unterschiede während der Transformation vom Plan zum Markt sowohl das neoklassische Argumentationsmuster als auch die populären Metaphern nur mit Vorbehalt anzuwenden sind. Laut der neoklassischen Betrachtungsweise läßt sich in Ungarn der Aufschwung der westlichen Landesteile nach der Wende durch Faktoren, wie die Nähe zu den Absatzmärkten in den westlichen Industrieländern, die günstige Verkehrsverbindung zum Westen Europas und die gute Infrastruktur erklären, der Rückgang der östlichen Landesteile ist hingegen auf das Fehlen dieser positiven Faktoren zurückzuführen. Die Auswirkungen dieser Faktoren ist ohne Zweifel nicht zu unterschätzen. Die historische Analyse der Entwicklung der regionalen Disparitäten auf dem Arbeitsmarkt liefert aber eindeutige Beweise dafür, daß die Verschärfung der West-Ost-Dichotomie in Ungarn nicht als ein Begleitphänomen der Transformation vom Plan zum Markt, sondern eher als Konsequenz bereits früher vorhandener, zeitlich sehr persistenter regionaler Disparitäten einzustufen ist.

In ähnlicher Weise läßt sich das Süd-Nord-Gefälle in Ostdeutschland nicht mit der wohl bekannten Metapher der Süd-Nord-Disparität im Westen Deutschlands gleichsetzen. Im Hintergrund dieser Strukturen mit ähnlichen regionalen Zügen stehen nämlich markant unterschiedliche Prozesse. Während die Süd-Nord-Disparität im Westen Deutschlands auf den Wandel vom Fordismus in den Post-Fordismus zurückzuführen ist, ist sie im Osten Deutschlands sehr tief im „regionalen Überhang“ während der Zeit des Sozialismus und in der Auflösung dieses „Überhanges“ nach der Wende verankert. Darüber hinaus kam dabei in Ostdeutschland - wie im Kapitel 5.1 detailliert angesprochen wurde - den historischen Faktoren und den Auswirkungen der vorsozialistischen Disparitäten eine große Rolle zu. Das Süd-Nord-Gefälle stellt in Ostdeutschland ein zeitlich sehr persistentes Regionalmuster dar, während es sich im Westen Deutschlands als ein Phänomen der letzten Jahrzehnte einstufen läßt.

5.4. DIE AUFLÖSUNG DER DUALEN STRUKTUREN DER ÖKONOMIE AUS DER ZEIT DES SOZIALISMUS NACH DER WENDE

Die dualen Strukturen der Ökonomie und des Arbeitsmarktes aus der Zeit des Sozialismus erfuhren nach der Wende eine rasche Auflösung (CSÉFALVAY, Z. 1991). Dabei erfolgte ein *asymmetrischer Abbau* der dualen Strukturen, d.h. einige Bereiche wurden stark reduziert, andere hingegen in die marktwirtschaftlichen Verhältnisse überführt. Generell läßt sich feststellen, daß im Hinblick auf die Spaltung der Ökonomie in einen verstaatlichten und in einen privaten Bereich eine umgreifende Reduzierung des Staatsektors erfolgte, während der Privatsektor einen eindrucksvollen Boom erlebte. Bezüglich der Spaltung der Ökonomie in einen primär/großbetrieblichen und in einen sekundär/kleinbetrieblichen Bereich ist festzustellen, daß im sekundären Segment eine rasche Reduzierung stattfand, der primäre Bereich hingegen in die marktwirtschaftlichen Verhältnisse überführt wurde.

Die konkrete Ausprägung dieses asymmetrischen Abbaus bzw. der konkrete Vollzug der Reduzierungs- und Überführungsprozesse ist durch eine Vielzahl von internen und externen Faktoren bestimmt. Zu den wichtigsten internen Faktoren gehören die nationalen Besonderheiten der dualen Strukturen aus der Zeit des Sozialismus und die spezifischen Lösungswege des Staates im Umgang mit der Transformation vom Plan zum Markt (insbesondere die Privatisierung). Unter den externen Einflußfaktoren kam dem ausländischen Kapitalzufluß und den ausländischen Investitionen die maßgebende Rolle zu. In diesem Unterkapitel wird auf eine detaillierte Analyse dieser internen und externen Faktoren bewußt verzichtet. Die Ursache dafür liegt darin begründet, daß eine umfassende Schilderung des Privatisierungsprozesses und der ausländischen Investitionen wohl den Rahmen dieser Studie sprengen würde. Deswegen ist der Schwerpunkt dieses Unterkapitels auf die *Darstellung der Grundzüge* der Auflösung des Dualismus der Ökonomie und des Arbeitsmarktes nach der Wende beschränkt.

Auflösung des Dualismus zwischen dem verstaatlichten und dem privaten Bereich der Ökonomie nach der Wende

Die *Auflösung des Dualismus zwischen dem verstaatlichten und dem privaten* Bereich läßt sich auf eine komplexe Überlappung von Prozessen, wie der allgemeinen ökonomischen Krise des Staatssektors, der Privatisierung, der ausländischen Investitionen und der Gründungswelle neuer Privatunternehmen zurückführen. Infolge dieser Prozesse wurde *der verstaatlichte Sektor unmittelbar nach der Wende in drei Bereiche zerschlagen*. Ein bedeutender Teil dieses Sektors wurde durch die Stillegungen und Betriebsschließungen schlicht *liquidiert*. Betroffen waren dadurch vor allem jene traditionell industrialisierten Standorte, die in der Zeit des Sozialismus von Seiten des Staates nur schwach modernisiert wurden und in den 90er Jahren das regionale Problemfeld altindustrieller Regionen darstellen.

Ein weiterer Bereich befindet sich - zum Teil wegen langsamer Privatisierung, zum Teil wegen nationaler strukturpolitischer Ursachen - weiterhin in *Staatsbesitz*. An diesem Punkt ist bereits ein wesentlicher Unterschied zwischen der ostdeutschen und der ungarischen Umstrukturierung zu beobachten. Wurde die Privatisierung in Ostdeutschland Ende 1994 mit dem Ablauf des Treuhandmandates offiziell beendet, standen in Ungarn Mitte der 90er Jahre noch bedeutende staatliche Vermögensteile, vor allem im Bereich des Bankwesens und der kommunalen Versorgung, vor der Privatisierung[70]. Schließlich ist der dritte Bereich zu unterscheiden, der die privatisierten, d.h. vom Staatssektor *in private Hände überführten Betriebe* enthält.

Während der verstaatlichte Sektor eine drastische Reduzierung erfuhr, wurde *der private bzw. „quasi-privatwirtschaftliche" Bereich* aus der Zeit des Sozialismus größtenteils in die Marktwirtschaft überführt. Von einer Reduzierung waren vor allem jene Teilbereiche des früheren Privatsektors betroffen, die mit dem Staatssektor am engsten verbunden waren oder - wie z.B. die privaten Wirtschaftsarbeitsgemeinschaften in Ungarn - nur eine beschränkte Unternehmensfreiheit hatten. Im Gegensatz zu diesem Abbau privatwirtschaftlicher Frühformen stellte der rasche Gründungsboom selbständiger Unternehmen nach der Wende den wichtigsten Trend dar.

Allerdings tritt dabei in einem vergleichenden Kontext zwischen Ostdeutschland und Ungarn die enorme Bedeutung der früheren Entfaltung des Privatsektors im Rahmen der Planwirtschaft wiederum markant hervor. Als Konsequenz der Abschottung des Privatsektors in einem geduldeten, marginalen Status in der DDR-Zeit, war die Zahl der Selbständigen und der Existenzgründer in Ostdeutschland - trotz massiver staatlicher Förderung - Mitte der 90er Jahre immer noch relativ gering (SCHMUDE, J. 1994). Demgegenüber wandelte sich Ungarn in der ersten Hälfte der 90er Jahre zu einem Land mit einer Millionen Selbständigen, wobei die Kontinuität zwischen der „zweiten Wirtschaft" und den neuen Selbständigen eine große Rolle spielte (CSÉFALVAY, Z. 1995b). Eine Überführung der „zweiten Wirtschaft" in die Marktwirtschaft nach der Wende läßt sich aber auch daran erkennen, daß jene typischen Phänomene der „zweiten Wirtschaft", wie die Doppelexistenz der Arbeitnehmer und die Selbstbeschäftigung weiterhin als ein fundamentales Charakteristikum des ungarischen Arbeitsmarktes existieren.

Die gemeinsamen Züge der Umwandlung bzw. Entfaltung des Privatsektors in Ostdeutschland und in Ungarn sind vor allem darin zu sehen, daß sich diese Prozesse in beiden Ländern größtenteils *getrennt* von der Umstrukturierung und der Privatisierung des verstaatlichten Sektors vollzogen. Der neue Privatsektor und

---

70 Darüber hinaus wurde in Ungarn eine großzügige Zahl der Betriebe abgegrenzt, die laut offizieller Erklärung aus volkswirtschaftlichen Interessen als nicht privatisierungsfähig eingestuft wurden. Im Jahre 1992 wurde sogar eine Superholding - Állami Vagyonkezelõ Rt. - gegründet, welche die Verwaltungsaufgaben über die langfristig im Staatsbesitz bleibenden Betriebe übernahm (vgl. VOSZKA, É. 1995). Mittlerweile wurde diese Superholding im Jahre 1995 aufgelöst bzw. in die ungarische Treuhand integriert, die bereits eine Privatisierung dieser Betriebe vorsieht.

besonders der neue Mittelstand wurden grundsätzlich nicht durch die Übernahme der Teile des früheren Staatssektors zum Eigentümer, was einen fundamentalen Unterschied zwischen der Entwicklung in Ostdeutschland und in Ungarn auf der einen Seite sowie der Transformation anderer Länder Ostmitteleuropas darstellt[71]. In Ostdeutschland spielte dabei die Abschottung des Privatsektors in der Zeit des Sozialismus eine entscheidende Rolle, die eine Akkumulation von Kapital und unternehmerischen Kenntnissen auf Seiten der DDR-Bürger im größeren Umfang verhinderte und dadurch eine nennenswerte Teilnahme der Vertreter des früheren Privatsektors an der Privatisierung unmöglich machte. Weiterhin soll an dieser Stelle darauf hingewiesen werden, daß es durch die Wiedervereinigung eine enorm starke Nachfrage von seiten westdeutscher Investoren gab und der frühere Privatsektor Ostdeutschlands in diesem Wettbewerb praktisch keine Chance hatte. In Ungarn gab es durch die frühe Entfaltung des Privatsektors zwar eine bedeutende Nachfrage nach einer Übernahme von Staatsbetrieben, der ökonomische Zwang der Außenverschuldung sowie die Tradition der „zweiten Wirtschaft" erwiesen sich jedoch als viel stärker. Das Grundprinzip der „zweiten Wirtschaft", des Vorfahren des neuen Privatsektors, bestand in den letzten zwei Jahrzehnten nämlich gerade darin, eine ökonomische Existenz *außerhalb* des Staatssektors aufzubauen. Die unmittelbare Konsequenz der Abkoppelung der Umwandlungsprozesse des früheren Privatsektors von den Auflösungstendenzen des Staatssektors ist darin zu sehen, daß sich sowohl in Ostdeutschland als auch in Ungarn ein neuer ausgeprägter Dualismus zwischen dem durch auswärtiges und dem durch einheimisches Kapital kontrollierten Bereich der Ökonomie entwickelte. Dabei sind unter dem Wort „auswärtiges" in Ostdeutschland vor allem die westdeutschen Investoren zu verstehen, wodurch dieser Dualismus eine neue Dimension erfuhr, die populär mit dem Konfliktfeld „westdeutscher Kapitalist versus ostdeutscher Arbeiter" etabliert wurde.

Auflösung des Dualismus zwischen dem primären und dem sekundären Bereich der Ökonomie nach der Wende

Im Hinblick auf die Auflösung des Dualismus der Ökonomie und des Arbeitsmarktes zwischen dem primär/großbetrieblichen Bereich und dem sekundär/kleinbetrieblichen Bereich sind wiederum mehrere Reduzierungs- und Überführungsprozesse zu erkennen. Die *Reduzierung* konzentrierte sich größtenteils

71 In der Praxis der Privatisierung kam dieser Unterschied darin zum Ausdruck, daß in Ostdeutschland und in Ungarn dem direkten Verkauf der Staatsbetriebe Vorrang eingeräumt wurde, während in anderen Ländern Ostmitteleuropas hingegen verschiedene Methoden, wie die Coupon-Methode in Tschechien, zum Zwecke einer Neuverteilung des Staatsvermögens für die Bürger eingeführt wurden. Die Ursachen dafür liegen weniger in einer Demokratisierung der Transformation, wie dies in der politischen Selbstdarstellung dieser Länder populär betont wurde, als vielmehr im Mangel an finanzstarker Nachfrage nach Staatsbetrieben auf der Seite der Bürger. Im Gegensatz dazu wurde die Nachfrage in Ostdeutschland durch die westdeutschen Investoren abgesichert, und im Falle von Ungarn machte die hohe Außenverschuldung eine Neuverteilung unmöglich.

auf den sekundären Teilarbeitsmarkt, und durch ihre Auswirkungen waren primär die Arbeitnehmer mit niedriger Qualifikation und schlechter Entlohnung am härtesten betroffen. Beispielsweise betrug in Ungarn der Anteil der Hilfsarbeiter an allen Erwerbstätigen im Jahre 1990 nur 7,5%, während im Jahre 1994 mehr als einer von fünf Arbeitslosen (23,3%) dieser Gruppe angehörte. Dagegen wurde durch die *Überführung* in beiden Ländern vor allem der primär/großbetriebliche Bereich betroffen, in dem der Privatisierung - unter dem Motto des raschen Verkaufs der Großbetriebe - eine große Rolle zukam.

Für die *Reduzierung des sekundär/kleinbetrieblichen Bereiches* steht wohl eine Vielzahl von theoretischen Überlegungen. So betonen die Humankapitaltheorien - unabhängig davon, ob sie sich auf neoliberale oder segmentationstheoretische Ansätze stützen - fast einstimmig, daß den ökonomischen Krisen und den Absatzproblemen der Betriebe zuerst und im größten Umfang in der Regel die minderqualifizierten Arbeitnehmer zum Opfer fallen. Laut dieser Theorien stellen die Qualifikation und besonders die betriebsspezifischen Kenntnisse („training on the job") eine Investition in das Humankapital dar, welche sowohl den Unternehmen wie auch den Arbeitnehmern zusätzliche Kosten verursachen (BECKER, G. 1964, SCHULTZ, TH. W. 1986)[72]. Deswegen entlassen die Unternehmen im Falle einer Krise zuerst immer jene Gruppen der Arbeitnehmer, bei denen keine zusätzliche Investition in das Humankapital getätigt wurde, in der Praxis also die Arbeitnehmer mit niedrigster Qualifikation. L. C. THUROW (1975, 1978) kommt in seinem „Arbeitsplatzwettbewerbsmodell" sogar zur Feststellung, daß die Unternehmen - wegen der Minimalisierung der Kosten des Erwerbs betriebsspezifischer Kenntnisse - schon bei der Aufnahme eine Präferenzliste erstellen, in der die Arbeitnehmer gemäß der Höhe der Qualifikation eingeordnet sind. Auf dem Arbeitsmarkt ensteht eine Warteschlange der Arbeitnehmer („labor queue") mit einer Spitze hochqualifizierter Arbeitnehmer, bei denen der Erwerb betriebsspezifischer Kenntnisse am billigsten ist, und mit einem Ende minderqualifizierter Arbeiter, bei denen die Aneignung dieser Kenntnisse die höchsten zusätzlichen Kosten verursacht. Dadurch zeichnen sich prägnant bereits jene Gruppen der Arbeitnehmer, die - entsprechend dem Slogan „last hired, first fired" - in konjunkturellen Phasen zwar angestellt, aber in einer Krise sofort entlassen werden.

Für die Abschottung und überproportionale Entlassung der Arbeitnehmer mit niedriger Qualifikation und schlechter Entlohnung sowie für die drastische Reduzierung des sekundären Bereiches auf dem Arbeitsmarkt stehen aber neben den erwähnten theoretischen Überlegungen auch noch weitere Faktoren, die aus der spezifischen Situation der Transformation vom Plan zum Markt resultieren. Der Beschäftigungsrückgang und die Arbeitslosigkeit in den Transformationsländern stellen nämlich sowohl im Hinblick auf ihre Ursachen wie auch bezüglich ihres Vollzugs ein Phänomen dar, welches sich durch wesentliche Züge von der Arbeitslosigkeit in den entwickelten Industrieländern unterscheidet. In den entwik-

72 Nicht zuletzt wegen dieser zusätzlichen Kosten des Erwerbs betriebsspezifischer Qualifikation ist das Unternehmen darin interessiert, die gut qualifizierten Arbeitnehmer auch durch gute Entlohnung an die Firma zu binden.

kelten Industrieländern ist die Arbeitslosigkeit grundsätzlich auf eine Störung des marktwirtschaftlichen Gleichgewichts zwischen dem Angebot und der Nachfrage zurückzuführen, die durch strukturellen, sektoralen oder konjunkturellen Wandel der Ökonomie verursacht wird. Weiterhin spielt dabei während der Transition vom Fordismus in den Post-Fordismus auch die Verlagerung der Produktionsstätten in die Schwellen- und Entwicklungsländer eine Rolle, die sich in Form einer hohen Arbeitslosigkeit in den altindustriellen Regionen niederschlug. Demgegenüber ist die Arbeitslosigkeit in den ehemaligen sozialistischen Ländern grundsätzlich auf zwei Ursachen, auf die enorme Überbeschäftigung und auf die Art und Weise der Segmentierung des Arbeitsmarktes in der Zeit des Sozialismus, zurückzuführen.

Die *Überbeschäftigung* läßt sich als *ein systemimmanentes Element der Planwirtschaft* einstufen. Sie ist ebenso ein ökonomischer Inhalt des bereits erwähnten „sozialen Überhanges", wie ein Resultat betriebswissenschaftlicher Anpassungen an die Verhältnisse einer Planwirtschaft. Die Planwirtschaft wies in den ehemaligen sozialistischen Ländern infolge der Knappheit an Ressourcen, wie Kapital und Technologie, die Züge einer Mangelwirtschaft auf, in der ständig auch ein Mangel an Arbeitskräften auftrat. Die Betriebe konnten diesen Mangel an Arbeitskräften - im Gegensatz zur kapitalistischen Marktwirtschaft, in der dieses Reservoir außerhalb der Fabrikstore gelagert ist - infolge des politisch motivierten Prinzips einer Vollbeschäftigung nur durch die Bildung einer *inneren Reserve an Arbeitnehmern* beseitigen.

Diese allgemeine Anpassungsstrategie der Betriebe wurde in Ungarn durch ein zusätzliches Element, durch die Auswirkungen des *zentralen Neuverteilungsmechanismus der Ressourcen,* verstärkt. Nach der Ablösung des rigorosen Plansystems am Anfang der 70er Jahre wandelten sich die Planvorschriften in Ungarn in der Praxis immer mehr zum Ergebnis einer Verhandlung zwischen den Regierungs- und Planbehörden sowie den Betrieben über die zentrale Ressourcenverteilung. Die Spielregeln dieses Verhandlungsprozesses waren weitgehend vereinfacht: je größer ein Betrieb war, je mehr Beschäftigte er hatte, um so bessere Chancen hatte er auch im Zugang zu Ressourcen des zentralen Neuverteilungssystems. Um gute Karten bei dieser Verhandlung in der Hand zu haben, waren die Betriebe daran interessiert, eine immer größere Belegschaften zu haben. Dies ist besonders nachvollziehbar im Falle von jenen Branchen, die gleichzeitig noch sozialpolitische Ziele erfüllten. Die verstaatlichte Bauindustrie liefert ein markantes Beispiel dafür: In Ungarn wurde im Jahre 1990 die Betriebsgrößenstruktur der Bauindustrie durch wenige Großbetriebe mit hoher Beschäftigtenzahl dominiert, da mehr als 40% der staatlichen Betriebe in der Bauindustrie über 1.000 Beschäftigte aufwiesen (CSÉFALVAY, Z. - ROHN, W. 1992, 8). Diese Großbetriebe besaßen eine außerordentlich starke Machtposition in den Planverhandlungen, weil der sozialistische Staat entsprechend den Erfordernissen des „sozialen Überhangs" im Prinzip eine fast unbeschränkte Verantwortung für die Versorgung der Bürger mit Wohnungen trug. Aufgrund dieser Machtposition konnten die Großbetriebe immer satte staatliche Subventionen erhalten, die eine Verschleierung des ineffizienten

Personalaufwands und dadurch die Erhaltung einer Überbeschäftigung ermöglichten.

In ähnlicher Weise läßt sich bezüglich der Überbeschäftigung in Ostdeutschland auf den enormen Einfluß der Sozialpolitik hinweisen. Durch die Abkehr von den Reformbestrebungen nach dem Sturz von W. ULBRICHT wurde in der HONECKER-Ära gleichzeitig die Politik der sogenannten *„Einheit von Wirtschafts- und Sozialpolitik"* eingeleitet (KOZIOLEK, H. 1995). Die „Hauptaufgaben" dieser Politik schrieben den Betrieben eine stärkere Konsumorientierung als früher vor, und bei der Erfüllung der „Hauptaufgaben" wurde auf die Effektivität des Personalaufwandes und die Relation von Aufwand und Leistung der Produkte nur ein geringes Augenmerk gerichtet. Die Beispiele dafür liefern auch hier die Wohnungsbauprogramme, die zwischen 1971 und 1980 eine Neubautätigkeit von knapp 1,2 Mio. Wohnungen ankündigten. Infolge der Ausschaltung der Marktmechanismen und privater Leistungen auf dem Wohnungsmarkt konnte dieses Ziel nur durch die Bildung der Großkombinate in der Bauindustrie, durch die Anwendung der Panelbau-Technologie und nicht zuletzt durch einen Zuwachs an Beschäftigten erfüllt werden.

Während sich die Überbeschäftigung als ein systemimmanentes und dementsprechend in allen ehemaligen sozialistischen Ländern beobachtbares Merkmal einstufen läßt, ist hinsichtlich der *Segmentierung des Arbeitsmarktes und der dualen Struktur der Ökonomie* auf die große Rolle nationaler Besonderheiten hinzuweisen. Der politisch motivierten Zielsetzung der damaligen Wirtschaftsführung zu einer ökonomisch, sektoral und regional ausgeglichenen Entwicklung des Landes stand in allen Transformationsländern die Realität ausgeprägter Ungleichheiten in der Wirtschaftsleistung und der Beschäftigung gegenüber. Allein die bereits im 5. Kapitel analysierten persistenten Strukturen aus den *vorsozialistischen* Epochen, wie die Unterschiede der Standorte hinsichtlich der Betriebsstruktur und des Humankapitals, machten diese politische Zielsetzung unmöglich. Darüber hinaus spielte dabei in Ostdeutschland als ein zusätzliches Element auch die *Spezialisierungsphilosophie* der DDR-Wirtschaftsführung eine große Rolle, die durch die Bildung von Kombinaten eine stark zentralisierte großbetriebliche Struktur verfestigte. In ähnlicher Weise muß im Falle Ungarns auf die Rolle eines Elements, nämlich auf die Auswirkungen der *Einführung marktwirtschaftlich relevanter Elemente* auf die Ökonomie seit den 1970er Jahren, hingewiesen werden, die die Dualisierungstendenzen der Wirtschaft und des Arbeitsmarktes wiederum verstärkten.

Obwohl die Überbeschäftigung und die Dualisierung der Ökonomie und des Arbeitsmarktes aus der Zeit des Sozialismus den Vollzug und das Ausmaß der Arbeitslosigkeit nach der Wende enorm beeinflußten, lassen sich bezüglich ihrer regionalen Auswirkungen bedeutende Unterschiede feststellen. Infolge ihrer systemimmanenten Eigenschaften erwies sich die Überbeschäftigung sowohl in Ostdeutschland als auch in Ungarn als ein regional eher homogen ausgebreitetes Phänomen. Betrachtet man bloß die Anzahl der überflüssig beschäftigten Arbeitnehmer, sind die höchsten Zahlen - entsprechend der Regionalstruktur der Ökonomie

- in den großen industriellen Verdichtungsräumen zu registrieren. Nimmt man aber das Phänomen der Überbeschäftigung, dann ist festzustellen, daß es keine Region ohne Überbeschäftigung gab und durch dieses Phänomen sowohl die Betriebe in den Zentrumsregionen wie auch die Betriebe in den peripheren Gebieten betroffen waren. Demgegenüber sind hinsichtlich der dualen Strukturen der Ökonomie und der Segmentierungstendenzen des Arbeitsmarktes in der Zeit des Sozialismus bereits erhebliche Unterschiede in der Regionalstruktur beider Länder zu erkennen. Beispielsweise rief in Ostdeutschland die Spezialisierungsphilosophie eine starke regionale Konzentration des großbetrieblichen Sektors hervor, in ähnlicher Weise führte in Ungarn die Einführung marktwirtschaftlicher Elemente zu einer räumlichen Konzentration des früheren „quasi-privatwirtschaftlichen" Sektors.

Im Gegensatz zum drastischen Abbau des sekundären Teilarbeitsmarktes dominierten im primären großbetrieblich geprägten Bereich der Ökonomie eher die Tendenzen einer *Überführung* des Sektors in die marktwirtschaftlichen Verhältnisse. Dabei kam der Art und Weise der Privatisierung eine Schlüsselrolle zu, die eine Bewahrung des großbetrieblichen Sektors ermöglichte. Die durch die Privatisierung beauftragten Behörden setzten in beiden Ländern den Schwerpunkt, allein wegen der enormen Menge angebotener staatlicher Vermögensstücke, auf den direkten Verkauf der Großbetriebe. Darüber hinaus waren diese allmächtigen Superbehörden - wie alle Organisationen dieser Art - an einem schnellen Erfolg interessiert, und es ist leicht einzusehen, daß unter diesem Zeitdruck der Vorrang dem Verkauf der Großbetriebe eingeräumt wurde. Es ist gar kein Zufall, daß beispielsweise die Nachfolgerinstitution der Treuhandanstalt in Ostdeutschland überwiegend eine Vielzahl kleinerer Betriebe von ihrem Vorgänger geerbt hatte. Weiterhin ist festzustellen, daß in beiden Ländern zwar Bestrebungen zu einer Abschaffung der durch Riesenbetriebe dominierten Betriebsstruktur aus der Zeit des Sozialismus zu beobachten waren, die sehr zeitaufwendige Umstrukturierung der Großbetriebe in funktionsfähige kleinere Einheiten aber durch den enormen Zeitdruck weit in den Hintergrund gedrängt wurde. Darüber hinaus waren die Großbetriebe - um die sozialen Spannungen auch dadurch zu bremsen - allzu oft von drastischen massenhaften Entlassungen verschont geblieben. Alle diese Faktoren führten schließlich dazu, daß die staatlichen Unternehmen meistens in Form eines Großbetriebs in private Hände überführt wurden.

Komplexes Muster der Reduzierungs- und Überführungstendenzen

Zusammenfassend läßt sich nach der Wende eine Vielzahl der Reduzierungs- und Überführungstendenzen bezüglich der Auflösung der dualen Strukturen der Ökonomie und des Arbeitsmarktes beobachten. Im Hinblick auf den Dualismus zwischen dem verstaatlichten und dem privaten Bereich sind folgende Prozesse festzustellen. Der früher dominierende Staatssektor wurde durch eine enorme Reduzierung auf drei Bereiche zerschlagen, wie: der Bereich der Schließungen, der in einer sehr stark reduzierten Form weitergeführte Staatssektor und der in private

Hände überführte Bereich. Im privaten Sektor dominieren hingegen - neben dem Verschwinden einiger nicht marktkonformer Frühformen des Privatsektors - die Überführungstendenzen, die letztendlich zu einem Boom des neuen Privatsektors und des Mittelstandes geführt hatten. Bezüglich des Dualismus zwischen dem primär/großbetrieblichen und dem sekundär/kleinbetrieblichen Segment der Ökonomie und des Arbeitsmarktes sind wiederum mehrere Prozesse zu beobachten. Durch die Abschottung und überproportionale Entlassung der Arbeitnehmer mit niedriger Qualifikation und schlechter Entlohnung fand eine drastische Reduzierung des sekundären Bereiches auf dem Arbeitsmarkt statt. Demgegenüber dominierten im primären großbetrieblich geprägten Bereich der Ökonomie und des Arbeitsmarktes eher die Tendenzen einer Überführung des Sektors in die marktwirtschaftlichen Verhältnisse, wobei der Privatisierung eine Schlüsselrolle zukam.

Diese Reduzierungs- bzw. Überführungstendenzen fanden aber nicht getrennt statt, sondern sie haben sich in einem sehr komplexen Muster überlagert. Nimmt man beispielsweise die Auflösung des Dualismus zwischen dem verstaatlichten und dem privaten Bereich aus der Zeit des Sozialismus, so ist festzustellen, daß die Reduzierung des Staatssektors gleichzeitig von der Reduzierung des sekundär/kleinbetrieblichen Bereiches bezüglich des Dualismus zwischen dem primären und dem sekundären Segment der Ökonomie und des Arbeitsmarktes begleitet wurde. Die Ursache für die Trennung dieser Reduzierungs- bzw. Überführungstendenzen in der oben angeführten Analyse liegt darin begründet, weil dadurch die Komplexität dieser Umstrukturierungsprozesse leichter erfaßt werden kann.

5.5. DAS REGIONALE MUSTER DER AUFLÖSUNG DER DUALEN STRUKTUREN DER ÖKONOMIE NACH DER WENDE

Infolge des Fehlens an einer reichen Auswahl an zuverlässigen Daten wird in diesem Unterkapitel das regionale Muster der Reduzierungs- bzw. Überführungstendenzen anhand von zwei charakteristischen Beispielen dargestellt werden[73]. Für eine Darstellung des regionalen Musters der Reduzierungstendenzen wird anhand des Beispiels Ostdeutschlands die Regionalstruktur des sekundären Bereichs vor der Wende mit der Regionalstruktur der Auflösung des sekundären Bereiches nach der Wende verglichen. Dabei wird der sekundär/kleinbetriebliche Bereich der Ökonomie und des Arbeitsmarktes vor der Wende mit dem Indikator Ausbildungsniveau und die Auflösung des sekundären Bereiches nach der Wende mit

73 Für Ostdeutschland sind Daten hinsichtlich des Privatisierungsprozesses auf der Kreisebene zwar zu erhalten, es fehlt aber weitgehend an Daten bezüglich der ausländischen, inklusive der westdeutschen Investitionen. Für Ungarn sind Daten sowohl bezüglich des Privatisierungsprozesses als auch der ausländischen Investitionen nur auf Komitatsebene zu erhalten, die aber eine tiefere Analyse der regionalen Disparitäten nicht ermöglichen.

dem Indikator Arbeitslosigkeit vereinfachend gleichgesetzt[74]. Für das Regionalmuster der Überführungstendenzen wird anhand des Beispiels von Ungarn die Regionalstruktur des „quasi-privatwirtschaftlichen" Sektors während der Zeit des Sozialismus mit der Regionalstruktur des Privatsektors nach der Wende verglichen. So stellt sich bei diesen Vergleichen die wichtigste analytische Frage; inwieweit eine Übereinstimmung zwischen der räumlichen Ausprägung der dualen Strukturen aus der Zeit des Sozialismus auf der einen Seite und dem Regionalmuster der Reduzierungs- bzw. Überführungstendenzen auf der anderen Seite besteht?

Regionalmuster der Reduzierung des sekundären Bereiches auf dem Arbeitsmarkt nach der Wende

Im Hinblick auf die Reduzierung des sekundären Bereiches der Ökonomie und des Arbeitsmarktes nach der Wende läßt sich in Ostdeutschland eine relativ starke regionale Übereinstimmung beobachten. Nimmt man das regionale Muster des Ausbildungsniveaus in der Spätphase des Sozialismus - wie dies im Unterkapitel 5.3. anhand der *Karte 16* dargestellt wurde - und die Regionalstruktur der Arbeitslosigkeit nach der Wende - wie dies im Unterkapitel 4.2. mittels der *Karte 5* dargelegt wurde - so kommt in beiden Regionalstrukturen das Süd-Nord-Gefälle markant zum Ausdruck. Legt man die Ergebnisse dieser Karten aufeinander - wie dies aus der *Karte 20* zu entnehmen ist - wird aber auch die starke regionale Übereinstimmung dieser Strukturen sofort erkennbar. Während im Jahre 1993 in insgesamt 102 Kreisen eine Arbeitslosenquote über dem Durchschnitt Ostdeutschlands registriert wurde, waren mehr als zwei Drittel dieser Kreise (72 Kreise) in der Zeit des Sozialismus durch ein niedriges Ausbildungsniveau der Bevölkerung gekennzeichnet[75]. Dabei sind zwei regionale Konzentrationen dieser Kreise zu beobachten: die eine liegt im Norden Ostdeutschlands im Bundesland Mecklenburg-Vorpommern und im Norden des Bundeslandes Brandenburg, die andere Konzentration erstreckt sich entlang der Erfurt-Magdeburg-Achse im Südosten Ostdeutschlands. Demgegenüber ist das hohe Ausbildungsniveau im Großraum Berlin und in den städtischen Verdichtungsräumen im Süden Ostdeutschlands mit niedriger Arbeitslosenquote gepaart. Dadurch läßt sich bereits die These festhalten, daß das erneute Einsetzen des Süd-Nord-Gefälles nach der Wende in der Regionalstruktur Ostdeutschlands größtenteils auf die regionale Ausprägung der Reduzierung des sekundären Bereiches der Ökonomie aus der Zeit des Sozialismus zurückzuführen ist.

---

74 Für diese Methode spricht die Tatsache, daß vertrauenswürdige Daten bezüglich der Arbeitslosen nach Qualifikation auf der Ebene der Kleinregionen sowohl für Ostdeutschland als auch für Ungarn nicht zu erhalten sind.

75 Ein Vergleich der Regionalstruktur des Bildungsniveaus aus der Zeit des Sozialismus mit der Regionalstruktur der Arbeitslosigkeit nach der Wende ist zu einem neueren Zeitpunkt als 1993 infolge der Veränderungen der Kreisgrenzen leider nicht möglich.

Karte 20. Regionale Struktur des Ausbildungsniveaus im Jahre 1981 und der Arbeitslosigkeit im Jahre 1993 in Ostdeutschland auf Kreisbasis

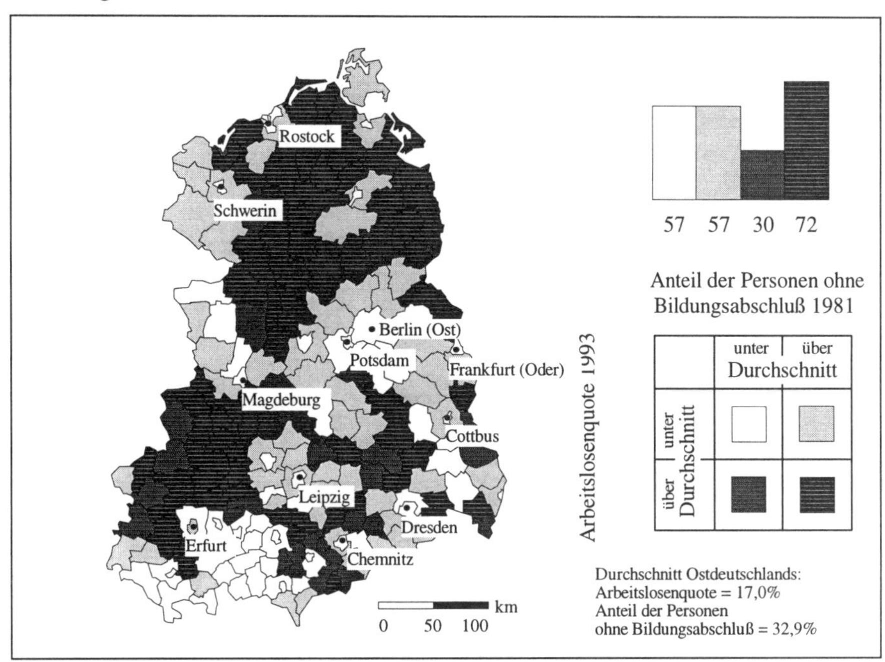

Quelle: BUNDESFORSCHUNGSANSTALT FÜR LANDESKUNDE UND RAUMORDNUNG 1995a, STATISTISCHES BUNDESAMT 1994.

Regionales Muster der Überführung des privaten Bereiches der Ökonomie nach der Wende

In ähnlicher Weise ist eine starke regionale Übereinstimmung bezüglich der Überführung des früheren Privatsektors nach der Wende in Ungarn zu erkennen. Nimmt man die Regionalstruktur der „zweiten Wirtschaft“ in den 1980er Jahren - wie dies im Unterkapitel 5.3. anhand der *Karte 19* illustriert wurde - und das regionale Muster der selbständigen Unternehmer nach der Wende - wie dies im Unterkapitel 4.3. aus der *Karte 12* zu entnehmen ist - so läßt sich bei beiden Strukturen eine markante West-Ost-Dichotomie beobachten. Legt man diese Karten aufeinander - wie dies in der *Karte 21* dargestellt wurde -, so ist aber eindeutig festzustellen: die Regionalstruktur des neuen Privatsektors nach der Wende ist - ähnlich wie ihre Vorgängerin - durch Phänomene, wie den Rückstand Nordost-Ungarns und die hohe Intensität in der Agglomeration Budapest und in Nordwest-Transdanubien gekennzeichnet. Wie diese Karte belegt, sind die Kleinregionen, die in den 80er Jahren eine überdurchschnittliche Intensität bezüglich der „zweiten Wirtschaft“ aufwiesen, auch nach der Wende - mit Ausnahme von drei Kleinregionen - mit einer überdurchschnittlichen Intensität hinsichtlich des Privatsektors gekennzeichnet. Die große Rolle der Frühformen des Privatsektors kommt aber auch darin zum Ausdruck, daß die Zahl selbständiger Unternehmer je 10.000 Einwohner in den Kleinregionen in einer unmittelbaren geographischen Nähe der früheren Konzentrationen der „zweiten Wirtschaft" - in insgesamt 30 Kleinregionen - bereits Werte über dem Landesdurchschnitt aufweist. Es liegt also die Erklärung nahe, dieses Phänomen als eine positive „Ausstrahlung" der früheren Zentren der „zweiten Wirtschaft" zu identifizieren.

Karte 21. Regionalstruktur der „zweiten Wirtschaft" Ungarns im Jahre 1987 und der selbständigen Unternehmer im Jahre 1993 auf Kleinregionenbasis

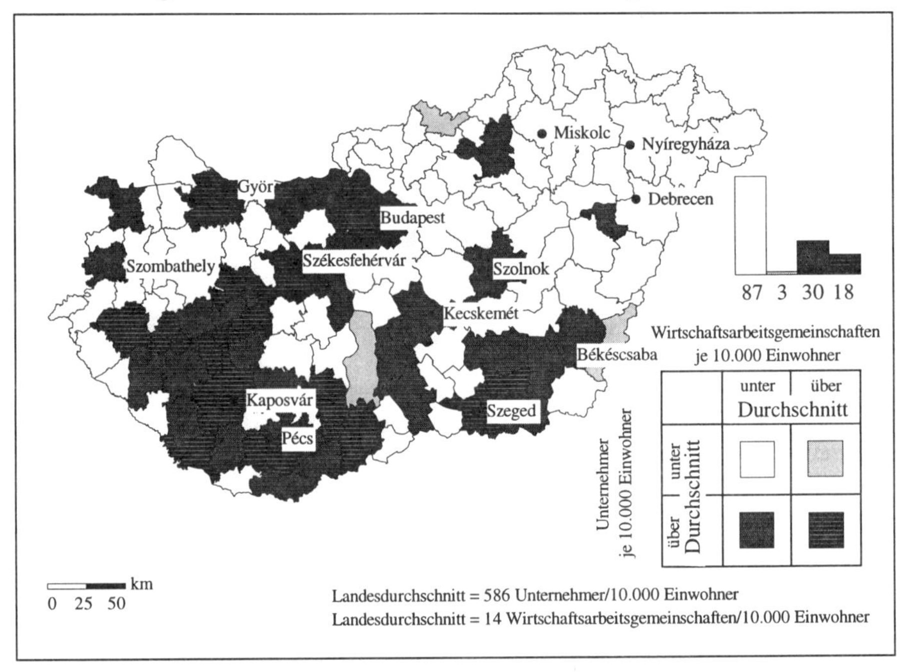

Quelle: KÖZPONTI STATISZTIKAI HIVATAL 1995b, und eigene Berechnung auf der Grundlage von NEMES NAGY, J. - RUTTKAY, É. 1989, 163-169.

Diese starke Überlappung der Regionalstrukturen der „zweiten Wirtschaft" aus der Zeit des Sozialismus und des Privatsektors nach der Wende weist auf zwei wichtige Charakteristika der Transformation Ungarns vom Plan zum Markt hin. Zum einen stützt sich der Prozeß der Entfaltung des Privatsektors in Ungarn auf die früheren Voraussetzungen aus der Zeit des Sozialismus, und zwar nicht nur hinsichtlich seiner ökonomisch-sozialen Wurzeln, sondern auch bezüglich seines regionalen Musters (CSÉFALVAY, Z. - NIKODÉMUS, A. 1991). Andererseits deutet die Konzentration in Budapest und in Transdanubien darauf hin, daß eine Aufwertung der für die Marktwirtschaften kennzeichenden Standortfaktoren, wie das

Vohandensein günstiger Infastrukturausstattung und hochqualifizierten Humankapitals, in Ungarn schon in den 1980er Jahren eingeleitet wurde.

5.6. ZUSAMMENFASSENDE DARSTELLUNG DER HISTORISCHEN ENTWICKLUNG DES ARBEITSMARKTES UND DER REGIONALSTRUKTUR

Zusammenfassend lassen sich zur Problematik der historischen Entwicklung des Arbeitsmarktes und der Regionalstruktur in Ostdeutschland und in Ungarn die folgenden Thesen ableiten:

- Infolge der *verspäteten Industrialisierung* setzten an der Jahrhundertwende durch die enorme Aufwertung der Hauptstädte in beiden Ländern *krasse Zentrum-Peripherie-Strukturen* ein. Darüber hinaus waren sowohl Ostdeutschland als auch Ungarn im frühen Industriezeitalter in ein größeres *Reichsgebilde* eingebettet und dementsprechend auch durch die regionalen Ungleichheiten dieser Reichsgebilde beeinflußt. Die Konsequenzen dieser Prozesse waren an der Jahrhundertwende in der *Entfaltung großräumiger Disparitäten*, in Ostdeutschland in der Entwicklung eines Süd-Nord-Gefälles, in Ungarn in der Entwicklung einer West-Ost-Dichotomie zu sehen.
- Diesen bereits vorgegebenen regionalen Disparitäten konnte die Wirtschafts- und Regionalpolitik während des Sozialismus - trotz ihrer explizit formulierten politischen Zielsetzungen - nicht entgegenwirken. So wurde die *Frühphase des Sozialismus* sowohl in Ostdeutschland als auch in Ungarn durch die *Ausbeutung* bereits vorhandener regionaler Ressourcen gekennzeichnet. Demgegenüber setzten in der Spätphase des Sozialismus seit Ende der 60er Jahre markante *Dualisierungsprozesse in der Ökonomie und auf dem Arbeitsmarkt* ein, die zu einer weiteren Verschärfung der regionalen Disparitäten maßgeblich beitrugen.
- Im Hinblick auf die Dualisierung der Ökonomie und des Arbeitsmarktes heben die *Segmentationstheorien* - im Gegensatz zu den neoklasssichen Theorien, die die Anforderung eines Gleichgewichtszustandes zwischen dem Angebot und der Nachfrage auch auf dem Arbeitsmarkt als allgemeines Ordnungsprinzip in den Mittelpunkt der Erklärungen rücken - die Spaltung des Arbeitsmarktes in mehrere Teilmärkte hervor. Vereinfacht formuliert werden dabei zwei Segmente auf dem Arbeitsmarkt unterschieden, nämlich: ein primär/strukturierter Bereich mit guter Entlohnung und hoher Qualifiaktionsanforderung sowie ein sekundär/unstrukturierter Bereich mit schlechter Entlohnung und niedriger Qualifikationsanforderung.
- Die Segmentationstheorien finden relativ leicht eine Verbindung sowohl zu den Theorien der dualen Ökonomie als auch zu den regionalen Polarisierungsthesen. So ist das primär/strukturierte Segment des Arbeitsmarktes mit dem Kernbereich der Wirtschaft („core economy") und den Zentrumsregionen gleichzusetzen. In ähnlicher Weise läßt sich das sekundär/unstrukturierte Segment des

Arbeitsmarktes mit dem Randbereich der Wirtschaft („peripheral economy“) und den peripheren Regionen in Verbindung setzen. Allerdings besteht hier eine äußerst komplexe Verknüpfung der ökonomischen und regionalen Strukturen, so daß ein mechanisches Gleichsetzen eher irreführend als erhellend ist.

- Das theoretische Instrument der Segmentationstheorien und der Theorien der dualen Ökonomie erweist sich - trotz der grundlegenden Differenzen zwischen der Marktwirtschaft und der Planwirtschaft - auch in der Entwicklung der Länder Ostmitteleuropas während der Zeit des Sozialismus als aussagekräftig. Es gab auch in den ehemaligen sozialistischen Ländern Ostmitteleuropas duale Strukturen in der Ökonomie und auf dem Arbeitsmarkt sogar auf zwei Ebenen, nämlich den Dualismus zwischen dem dominanten verstaatlichten und dem peripheren privaten Bereich sowie den Dualismus zwischen dem primär/strukturierten und dem sekundär/unstrukturierten Bereich.
- Während sich die Existenz dieser *dualen Strukturen in der Zeit des Sozialismus* als ein allgemeines Phänomen in den Ländern Ostmitteleuropas einstufen läßt, sind bezüglich der Ausprägung der dualen Strukturen bereits bedeutende länderspezifische Unterschiede zu erkennen. So liegt der fundamentale Unterschied zwischen Ostdeutschland und Ungarn darin, daß der Privatsektor in Ungarn in Form der „zweiten Wirtschaft“ deutlich stärker als in der DDR ausgeprägt war. Die „zweite Wirtschaft“ wurde in Ungarn sogar zu einem Sammelbecken aller nicht staatlich organisierten Wirtschaftsaktivitäten, und sie trug durch ihr dynamisches Wachstum auch zu der wohl bekannten Metapher des ungarischen „Gulaschkommunismus“ maßgebend bei.
- Im Gegensatz zu dieser Entwicklung dominieren bezüglich des Dualismus zwischen dem primär/strukturierten und dem sekundär/unstrukturierten Bereich der Wirtschaft eher die Ähnlichkeiten zwischen Ostdeutschland und Ungarn. Allerdings sind dafür gegensätzliche Tendenzen verantwortlich zu machen. Während in Ostdeutschland die Einführung des Systems der Kombinate zu einer enorm starken Konzentration des primären Segments geführt hatte, wurde in Ungarn durch die Dezentralisierung und Verlagerung der industriellen Produktionsstätten von den Zentrumsregionen in die peripheren Gebiete eine Erweiterung des kleinbetrieblich geprägten sekundären Segmentes eingeleitet. Die Konsequenzen sind in Ostdeutschland in der schweren Erblast der höchst spezialisierten und deswegen sehr inflexiblen Industrieregionen, in Ungarn in der Verschärfung der Peripherisierungsprozesse zu sehen.
- Die *regionale Ausprägung der dualen Strukturen* der Ökonomie und des Arbeitsmarktes weist eine markante Übereinstimmung mit den regionalen Disparitäten an der Jahrhundertwende auf. Waren die regionalen Unterschiede der Erwerbstätigkeit in Ostdeutschland an der Jahrhundertwende durch eine Süd-Nord-Disparität gekennzeichnet, ist in den 80er Jahren bezüglich des Ausbildungsniveaus nach wie vor ein Süd-Nord-Gefälle zu beobachten. Waren die regionalen Disparitäten des Bildungsniveaus in Ungarn an der Jahrhundertwende entsprechend des West-Ost-Gefälles in der Habsburger Monarchie durch eine klare West-Ost-Spaltung geprägt, ist in der Endphase des Sozialismus im Hin-

blick auf die Erwerbstätigkeit immer noch ein West-Ost-Gefälle zu erkennen. So ist die feste zeitliche Persistenz der regionalen Disparitäten als eines der wichtigsten Merkmale in der Entwicklung der Regionalstruktur während der Zeit des Sozialismus in den Ländern Ostmitteleuropas einzustufen.

- Nach der Wende erfolgte sowohl in Ostdeutschland als auch in Ungarn ein *asymmetrischer Abbau der dualen Strukturen der Ökonomie und des Arbeitsmarktes.* Bezüglich des Dualismus zwischen dem verstaatlichten und dem privaten Bereich der Ökonomie fand eine fundamentale Reduzierung des Staatssektors statt, der Privatsektor erlebte hingegen einen imposanten Boom. Im Hinblick auf den Dualismus zwischen dem primären und dem sekundären Segment des Arbeitsmarktes fand eine dramatische Reduzierung im sekundären Segment statt, während im primären Segment eher die Überführungstendenzen dominierten.
- *Das regionale Muster der Reduzierungs- und Überführungsprozesse nach der Wende* wies wiederum eine markante Übereinstimmung mit den regionalen Disparitäten aus der Jahrhundertwende und denen aus der sozialistischen Epoche auf. Die unmittelbare Konsequenz dieser zeitlichen Persistenz der großräumigen Disparitäten ist vor allem in einer Verschärfung der Peripherisierungsprozesse im Norden Ostdeutschlands und im Nordosten Ungarns zu sehen, und dadurch wurden in beiden Ländern bereits in der Spätphase des Sozialismus auch die künftigen Verliererregionen der Transformation vom Plan zum Markt vorbestimmt.
- Die *Ursachen* für die zeitliche Persistenz und sogar die Verschärfung der regionalen Disparitäten liegen in der Unwirksamkeit der sozialistischen Regionalpolitik und des Systems des „regionalen Überhangs“ begründet. In diesem System wurde hinsichtlich der bevölkerungsbezogenen Infrastruktur zwar eine relativ ausgeglichene Regionalstruktur ins Leben gerufen, es war aber im Hinblick auf die harten Standortfaktoren, wie z.B. das Qualifikationsniveau der Bevölkerung vollkommen erfolglos. Durch den Wandel der Ökonomie vom Plansystem in das Marktsystem und die Öffnung zum Weltmarkt wurden aber nach der Wende gerade diese harten Standortfaktoren aufgewertet, was letztendlich zu einer Rückkehr der vorsozialistischen und sozialistischen regionalen Disparitäten geführt hatte.
- Infolge der festen zeitlichen Persistenz der regionalen Ungleichheiten lassen sich die großräumigen Disparitäten in den Ländern Ostmitteleuropas weder aus einer neoklassischen Argumentationskette ableiten, noch durch die mehr oder weniger plausiblen Schaubilder und Metaphern erklären. So liefert in Ungarn die historische Analyse der Entwicklung der regionalen Disparitäten auf dem Arbeitsmarkt eindeutige Beweise dafür, daß die Verschärfung der West-Ost-Dichotomie nicht als ein Begleitphänomen der Transformation vom Plan zum Markt, sondern eher als Konsequenz bereits früher vorhandener, zeitlich persistenter regionaler Disparitäten einzustufen ist. In ähnlicher Weise läßt sich das Süd-Nord-Gefälle in Ostdeutschland, das sich auf die Reduzierung des sekundären Segments des Arbeitsmarktes nach der Wende zurückführen läßt, mit der

bekannten Metapher der Süd-Nord-Disparität der alten Bundesrepublik, die größtenteils aus dem Wandel vom Fordismus in einen Post-Fordismus resultiert, nicht gleichsetzen, weil diese trotz formaler Ähnlichkeiten inhaltlich recht unterschiedlich sind.

- Wie die Analyse dieses Kapitels belegt, stellen das Süd-Nord-Gefälle in Ostdeutschland und die West-Ost-Dichotomie in Ungarn historisch gewachsene Gebilde dar. Daraus folgt, daß sie nicht über Nacht abgeschafft werden können und das Aufholen dieser peripheren Regionen noch lange Zeit ein ernstes Problemfeld bleiben wird. Daraus folgt weiterhin, daß diese Disparitäten auch nicht einfach mit den regionalen Kosten der Transformation vom Plan zum Markt gleichgesetzt werden können. Diese Disparitäten kamen nach der Wende zwar deutlich zu Tage, sie sind aber nicht als Begleitphänomene der Transformation einzustufen. Es handelt sich hier um zeitlich sehr persistente regionale Disparitäten, die auch vor der Wende vorhanden waren, die aber nach der Wende durch die Transformation vom Plan zum Markt reaktiviert wurden.

6. MODELLE ZUR HISTORISCHEN ENTWICKLUNG DER REGIONALSTRUKTUR UND DES ARBEITSMARKTES IN DEN LÄNDERN OSTMITTELEUROPAS

„Es ist nicht möglich, mittels der Freisetzung von Preisen, durch Privatisierung, Freigabe der Wechselkurse etc. schnell (durch einen „big bang") eine marktwirtschaftliche Ordnung herzustellen."
Elmar ALTVATER, Birgit MAHNKOPF[76]

„[...] man muß im Auge behalten, daß Raumgefüge ein außerordentlich großes Beharrungsvermögen aufweisen. Räumliche Restrukturierung bedeutet insofern keine totale Umwälzung, sondern führt zu mehr oder weniger weitreichenden Modifikationen des vorhandenen Raumgefüges."
Stefan KRÄTKE[77]

Aufgrund der in den früheren Kapiteln dargestellten theoretischen Überlegungen und analytischen Ergebnisse läßt sich die Umwandlung der Regionalstruktur in den Ländern Ostmitteleuropas anhand mehrerer Modelle erfassen. Als vereinfachte Momentaufnahme können diese Modelle die Komplexität und die nationalen Besonderheiten der regionalen Umstrukturierungsprozesse natürlich nicht wiedergeben. Sie können aber in einer Langzeitperspektive - und dies ist das Ziel dieses abschließenden Kapitels - beim Verstehen der regionalen Umstrukturierungsprozesse in den Ländern Ostmitteleuropas behilflich sein.

Den Ausgangspunkt und den Bezugsrahmen der regionalen Umstrukturieungsprozesse stellt die verspätete Industrialisierung in den Ländern Ostmitteleuropas dar. Dabei ist festzustellen, daß die *Regionalstruktur an der Jahrhundertwende* sowohl in Ostdeutschland als auch in Ungarn durch eine Zentrum-Peripherie-Struktur und ein großräumiges Entwicklungsgefälle, ein Süd-Nord-Gefälle in Ostdeutschland und einen West-Ost-Gegensatz in Ungarn, gekennzeichnet war. So lassen sich in einer vereinfachten Darstellung, wie die *Abbildung 6* darlegt, drei große regionale Gebilde als fundamentale Bausteine in der Regionalstruktur unterscheiden und zwar: das Zentrum, die industrialisierte Kernregion und die agrarisch strukturierte Peripherie. Die *Zentren*, d.h. in beiden Untersuchungsgebieten dieser Studie die Hauptstädte, wiesen Merkmale wie ein hohes Maß an zentralen Funk-

76 ALTVATER, E. - MAHNKOPF, B. 1996, 437.
77 KRÄTKE, S. 1990, 8.

tionen in Verwaltung und Dienstleistungen, eine hochgradig industrialisierte Wirtschaftsstruktur, eine hohe Integration in die Weltwirtschaft und ein hohes Niveau an Humankapital auf. Die *industrialisierten Kernregionen* im Süden Ostdeutschlands sowie im Westen und Norden Ungarns umfaßten überwiegend die Industriestandorte von nationaler Bedeutung und waren durch eine gut ausgebaute Infrastruktur und eine relativ gute Humankapitalausstattung gekennzeichnet. Schließlich wiesen die peripher gelegenen Regionen eine durchaus agrarisch geprägte Wirtschaftsstruktur, ein niedriges Niveau an Infrastruktur und Humankapitalausstattung sowie ein beträchtliches Defizit an städtischen Zentren auf. Diese Regionalstruktur blieb in der Zwischenkriegszeit in beiden Untersuchungsgebieten - trotz der Veränderungen der Staatsgrenzen - im Hinblick auf ihre Gliederung fast unverändert. Den Unterschied zu den früheren Epochen stellen in diesem Zeitraum nur ein weiterer Bedeutungszuwachs des Zentrums sowie eine regionale Erweiterung der industrialisierten Kernregion dar.

Abbildung 6. Modell zur Regionalstruktur in den Ländern Ostmitteleuropas während der Industrialisierung

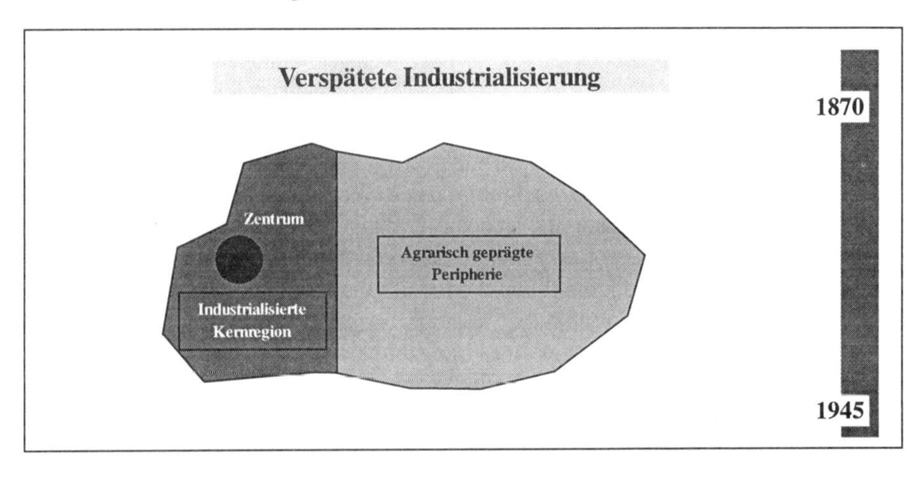

In der *Zeit des Sozialismus* wurde diese Regionalstruktur, trotz der ideologischen und politischen Forderung nach einer Zäsur, in ihren Grundzügen weiterhin kontinuierlich bewahrt. Besonders die *Frühphase des Sozialismus* war - infolge des Mangels an Ressourcen für die Durchführung einer großzügigen Neuorientierung der Regionalpolitik - durch eine Bewahrung früherer großräumiger Disparitäten gekennzeichnet. Eine Veränderung setzte durch die Implementierung des sozialen und regionalen Überhangs und das Aufholen weniger, früher als peripher eingestufter Kleinregionen erst in der *Spätphase des Sozialismus* ein. Im Rahmen verschiedener sozialpolitischer Zielsetzungen wurde sowohl in Ostdeutschland als auch in Ungarn der Verbesserung der Lebensverhältnisse der Bevölkerung ein Vorrang eingeräumt, der sich im Vergleich zur Frühphase des Sozialismus in einer verbesserten Versorgung der Siedlungen mit bevölkerungsbezogener Infrastruktur auch in der Regionalentwicklung niederschlug. Diese Entwicklung fand im Rahmen einer zentralen Neuverteilung der Entwicklungsressourcen statt, und die Verteilung dieser Ressourcen war streng mit der Rolle der jeweiligen Siedlungen in der Siedlungshierarchie - im Prinzip mit der Bevölkerungszahl der Gemeinden - verbunden. Die regionalen Konsequenzen sind darin zu sehen, daß diese Regionalpolitik zur Entstehung kleinräumig geprägter regionaler Unterschiede und zur Entfaltung neuer Disparitäten gemäß der Siedlungsgrößenordnung geführt hatte. In ähnlicher Weise führte das System des sozialen und regionalen Überhangs zu einer Überbeschäftigung in den Betrieben während des Sozialismus, die als ein systemimmantes Merkmal der Planwirtschaft ein regional homogenes Muster aufwies. Darüber hinaus konnte die sozialistische Regionalpolitik - durch die Forcierung der Ansiedlung neuer Industriestandorte - in wenigen früher agrarisch strukturierten Kleinregionen sogar zu einem Aufholprozeß beitragen. Dadurch wurde in der Zeit des Sozialismus - wie die *Abbildung 7* darlegt - neben dem Zentrum, der industrialisierten Kernregion und der Peripherie ein neuer Baustein, die aufholende Region, in die Regionalstruktur implementiert. Diese umfaßte in Ostdeutschland einige Kleinregionen in Sachsen-Anhalt und in Brandenburg sowie in Ungarn einige städtische Zentren im Donau-Theiß-Zwischenstromland in der Mitte des Landes.

Abbildung 7. Modell zur Regionalentwicklung in den Ländern Ostmitteleuropas während des Sozialismus

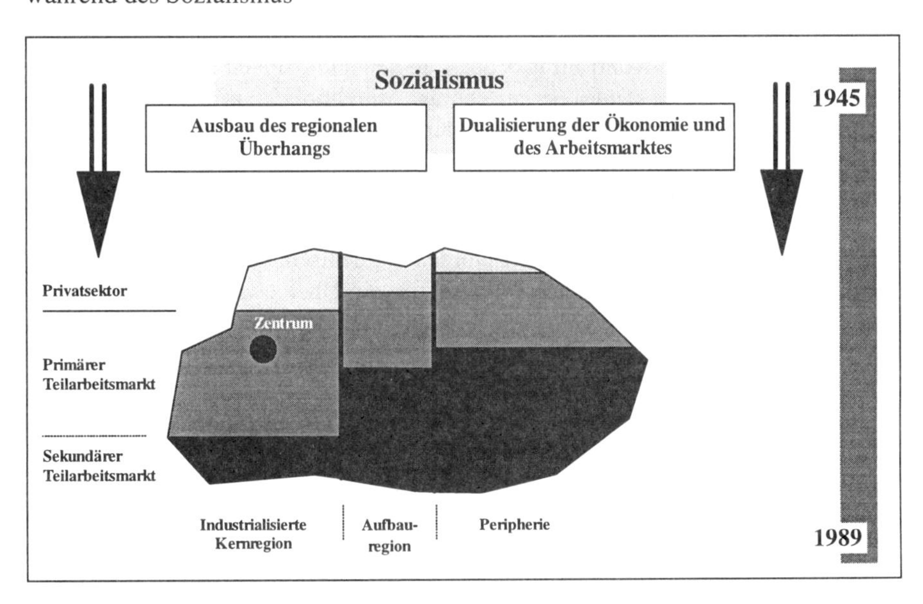

Trotz dieser Entwicklung konnte die Wirtschafts- und Regionalpolitik während der Zeit des Sozialismus den Auswirkungen der vorsozialistischen Disparitäten effektiv nicht entgegenwirken. Sie erwies sich besonders bezüglich der harten Standortfaktoren als weitgehend erfolglos, so daß - wie dies das Kapitel 5 ausführlich darstellt - die Persistenz der vorsozialistischen großräumigen Disparitäten in Bereichen wie dem Ausbildungsniveau und der Erwerbstätigkeit kurz vor der Wende immer noch das markanteste Kennzeichen der Regionalstruktur in den Ländern Ostmitteleuropas darstellte. Die Ursache dafür liegt in der Dualisierung der Ökonomie und des Arbeitsmarktes in der Spätphase des Sozialismus. Die Ökonomie und der Arbeitsmarkt waren in der Zeit des Sozialismus durch zwei Dualitäten, durch eine Dichotomie zwischen dem verstaatlichten und dem privaten Bereich sowie durch eine Dichotomie zwischen dem primär/großbetrieblichen und dem sekundär/kleinbetrieblichen Bereich, gekennzeichnet. Diese Dichotomien fanden ihren Niederschlag auch in der Regionalstruktur und führten zu großräumigen Spaltungen der einzelnen Bereiche.

Dadurch lassen sich die großräumigen Bausteine der Regionalstruktur in der Zeit des Sozialismus anhand der unterschiedlichen Ausprägung der dualen Strukturen charakterisieren. Die Zentrumsregionen, d.h. die Verdichtungsräume der Hauptstädte, waren sowohl in Ostdeutschland als auch in Ungarn durch einen ausgeprägten Privatsektor, die Dominanz eines primär/großbetrieblichen Teilarbeitsmarktes, eine Konzentration hochqualifizierter Arbeitskräfte sowie eine außerordentlich hohe Konzentration der Macht- und Kontrollfunktionen gekennzeichnet. Die industrialisierten Kernregionen im Süden Ostdeutschlands und im Westen Ungarns wiesen wiederum einen ausgeprägten Privatsektor, ein Übergewicht des großbetrieblich-primären Teilsarbeitsmarktes, eine günstige technische Infrastruktur und eine gute Humankapitalausstattung auf, sie verfügten aber - entsprechend dem übertriebenen Zentralismus in der Planwirtschaft - über ein enormes Defizit an Macht- und Kontrollfunktionen. In den aufholenden Regionen war hingegen der Privatsektor schwächer ausgeprägt, im Hinblick auf die technische Infrastruktur und die Humankapitalausstattung war ein durchschnittliches Niveau festzustellen, und auf dem Arbeitsmarkt waren die Elemente des primär/großbetrieblichen Segments zwar vorhanden, bekam aber auch der sekundäre Teilarbeitsmarkt eine große Bedeutung. Schließlich wiesen die entwicklungsschwachen peripheren Regionen im Norden Ostdeutschlands und im Nordosten Ungarns einen äußerst schwachen Privatsektor, ein Übergewicht des kleinbetrieblich-sekundären Teilarbeitsmarktes, eine relativ hohe Bedeutung des Agrarsektors, ein hohes Defizit an qualifizierten Arbeitskräften und - trotz Entstehung neuer Städte - einen Mangel an städtischen Funktionen auf.

Die Transformation von der Planwirtschaft in eine Marktwirtschaft löste unmittelbar nach der politischen Wende drei wichtige Prozesse aus - den tiefen Transformationsschock, die Abschaffung des regionalen Überhangs und die Auflösung der früheren dualen Strukturen der Ökonomie -, die die Regionalstruktur aus der Zeit des Sozialismus deutlich veränderten. Die tiefe Transformationskrise führte zur Entstehung altindustrialisierter Krisengebiete in der Regel in den ehemaligen „Hochburgen“ der sozialistischen Industrie und zu einer Aufwertung der Metropolen, die infolge der Agglomerationseffekte von dieser Krise zum Teil verschont waren.

Die regionalen Konsequenzen des Verschwindens des regionalen Überhangs sind darin zu sehen, daß die entwicklungsschwachen Gebiete aus der Zeit des Sozialismus ihren politischen und ökonomischen Schutzmantel über Nacht verloren hatten und gleichzeitig einem Wettbewerb der Regionen ausgesetzt wurden. In diesem Wettbewerb kam aber jenen räumlichen Unterschieden - besonders den Disparitäten bezüglich der Humankapitalausstattung -, die bereits vor dem Sozialismus in Kraft waren, eine enorm große Rolle zu. Infolge dieser Veränderungen waren die entwicklungsschwachen Regionen nach der Wende wieder mit allen negativen Konsequenzen einer peripheren Lage konfrontiert. Dies kommt vor allem darin zum Ausdruck, daß sich die Arbeitslosigkeit in den Transformationsländern nach ihrem Höhepunkt eindeutig zu einem Phänomen der Peripherie wandelte.

Abbildung 8. Modell zur Auflösung dualer Strukturen der Ökonomie und des Arbeitsmarktes aus der Zeit des Sozialismus nach der Wende

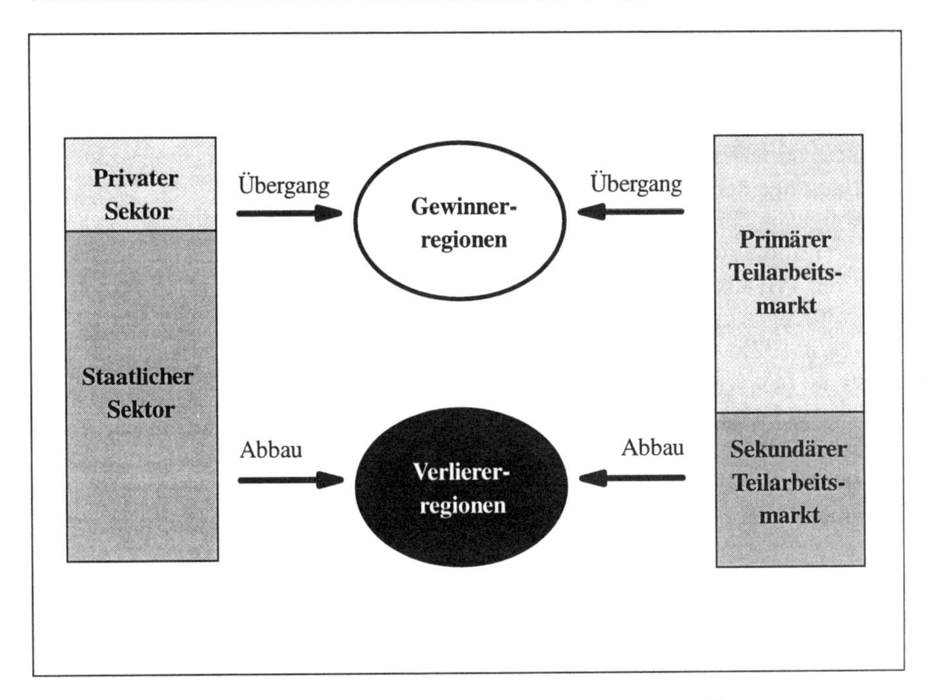

Schließlich führte die Auflösung der dualen Strukturen der Ökonomie und des Arbeitsmarktes aus der Zeit des Sozialismus wiederum zu einer Verschärfung der regionalen Polarisierungstendenzen. Diese dualen Strukturen wurden nach der Wende, wie die *Abbildung 8* darlegt, durch *asymmetrisch ablaufende Abbauprozesse* aufgelöst, d.h. einige Bereiche erfuhren einen starken Abbau, andere hingegen wurden nach der Wende in veränderter Form weitergeführt. Im Hinblick auf den *Dualismus zwischen dem verstaatlichten und dem privaten Bereich* vollzog sich im verstaatlichten Bereich ein rascher Abbau, hingegen erfuhr der private bzw. „quasi-privatwirtschaftliche" Bereich eine enorme Aufwertung. Die regionalen Konsequenzen sind darin zu sehen, daß die räumlichen Konzentrationen des

Privatsektors aus der Zeit des Sozialismus infolge der Kontinuität zwischen dem früheren und späteren Privatsektor, unter Mitwirkung von anderen Faktoren, gleichzeitig *die Gewinner-Regionen der Transformation* nach der Wende vorzeichnen.

In ähnlicher Weise war der Prozeß der *Auflösung des Dualismus zwischen dem primären und dem sekundären Segment* durch asymmetrisch ablaufende Abbauvorgänge und Überführungstendenzen geprägt. Obwohl der primär/großbetriebliche Bereich eine Reduzierung erfuhr, wurde sein größter Teil im Rahmen der Privatisierung in private Hände überführt und blieb dadurch weiterhin funktionsfähig. Demgegenüber erlitt der sekundär/kleinbetriebliche Bereich mit minderqualifizierten Arbeitskräften aus der Zeit des Sozialismus nach der Wende eine drastische Reduzierung. Die regionalen Konsequenzen sind daran abzulesen, daß in jenen Gebieten, die in der Zeit des Sozialismus durch einen starken sekundären Bereich geprägt waren, nach der Wende eine hohe Arbeitslosigkeit auftrat. Dadurch wurde das regionale Muster der *Verliererregionen der Transformation* größtenteils vorprogrammiert.

Infolge dieser asymmetrisch ablaufenden Abbau- bzw. Überführungsprozesse erfuhren nach der Wende - wie dies aus der *Abbildung 9* zu entnehmen ist - auch die Bausteine der großräumigen Struktur aus der Zeit des Sozialismus eine rasche Umwandlung. In den Zentrumsregionen dominieren die Überführungstendenzen die Transformation, d.h. sowohl der primär/großbetriebliche Teilarbeitsmarkt als auch der Privatsektor ließen ziemlich rasch die Talsohle hinter sich. Infolge der Überführungstendenzen sind sie heute bereits als Wachstumsregionen einzustufen, und diese Rolle wurde durch die rasche Anknüpfung an die Weltwirtschaft noch verstärkt. In den industrialisierten Kernregionen erfolgte durch die Krise der altindustriellen Gebiete zwar ein Abbau des primär/großbetrieblichen Bereiches, aber auch hier wurden das primär/großbetriebliche Segment und der frühere Privatsektor in die marktwirtschaftlichen Verhältnisse ziemlich erfolgreich überführt. Demgegenüber leiden die Aufholregionen an einem Abbau des sekundären Segments, die Zukunft des primär/großbetrieblichen Teilarbeitsmarktes ist als unsicher einzustufen, und die Enfaltung des neuen Unternehmenssektors geht nur in bescheidenem Tempo voran. Es gibt aber immer mehr Anzeichen dafür - wie z.B. das Aufsteigen einiger Kleingebiete innerhalb der Rangliste der Regionen bezüglich der Arbeitslosenquote -, daß die ehemaligen Aufholregionen Mitte der 90er Jahre die Talsohle der Umstrukturierungskrise bereits hinter sich haben. Schließlich waren jene Regionen, die sich seit der Jahrhundertwende fortlaufend in einer peripheren Lage befanden, durch den Abbau des sekundären Bereichs der Ökonomie am stärksten betroffen. Es läßt sich bereits prophezeien, daß diese peripheren Regionen die Transformation vom Plan zum Markt nur mit einer hohen Sockelarbeitslosigkeit verlassen werden.

Abbildung 9. Modell zur Regionalstruktur in den Ländern Ostmitteleuropas während der Transformation vom Plan zum Markt

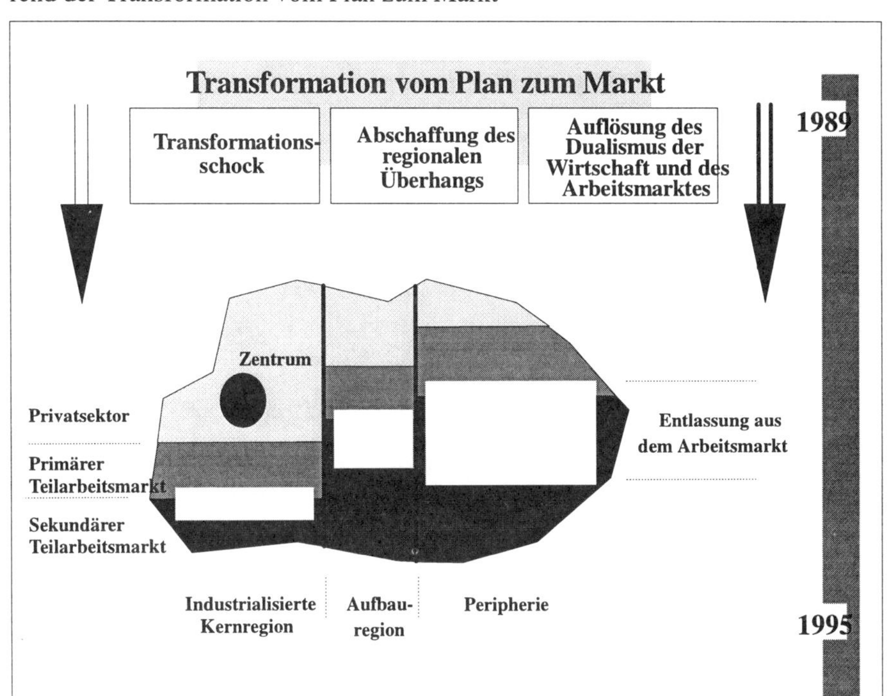

Wie diese kurze systematische Darstellung bezüglich der historischen Entwicklung des Arbeitsmarktes und der Regionalstruktur belegt, stellt die Einführung einer funktionsfähigen Marktwirtschaft an die Stelle der Planwirtschaft einen durchaus komplexen Prozeß dar. So ist dem Motto dieses Kapitels wohl zuzustimmen: „Es ist nicht möglich, mittels der Freisetzung von Preisen, durch Privatisierung, Freigabe der Wechselkurse etc. schnell (durch einen „big bang“) eine marktwirtschaftliche Ordnung herzustellen“. In ähnlicher Weise ist in den Transformationsländern nicht möglich, mittels eines „big bangs“ eine Regionalstruktur, die für die entwickelten Industrieländer mit Marktwirtschaften charakteristisch ist, herzustellen. Eher im Gegenteil: der umfassende Prozeß des Wandels von der Planwirtschaft in eine Marktwirtschaft wurde durch eine Verschärfung der großräumigen Unterschiede geprägt. Sie waren aber - und dies ist das Fazit dieser Studie - größtenteils durch die Entwicklung des Arbeitsmarktes während des Sozialismus bestimmt und durch die feste zeitliche Persistenz der vorsozialistischen regionalen Disparitäten vorprogrammiert.

Statistische Quellen

BUNDESFORSCHUNGSANSTALT FÜR LANDESKUNDE UND RAUMORDNUNG 1992. Aktuelle Daten zur Entwicklung der Städte, Kreise und Gemeinden 1989/90. Materialien zur Raumentwicklung 47, BfLR, Bonn.

BUNDESFORSCHUNGSANSTALT FÜR LANDESKUNDE UND RAUMORDNUNG 1995a. Aktuelle Daten zur Entwicklung der Städte, Kreise und Gemeinden 1992/93. Materialien zur Raumentwicklung 67, BfLR, Bonn.

BUNDESFORSCHUNGSANSTALT FÜR LANDESKUNDE UND RAUMORDNUNG 1995b. Regionalbarometer neue Länder. Zweiter zusammenfassender Bericht. Materialien zur Raumentwicklung 69, BfLR, Bonn.

BUNDESFORSCHUNGSANSTALT FÜR LANDESKUNDE UND RAUMORDNUNG 1995c. Regionalisierung raumwirksamer Mittel. Bericht über die langfristig und großräumig raumbedeutsamen Planungen und Maßnahmen des Bundes 1991 bis 1993, BfLR, Bonn.

EUROPÄISCHE KOMMISSION 1994. Wettbewerbsfähigkeit und Kohäsion: Tendenzen in den Regionen. Fünfter Periodischer Bericht über die sozioökonomische Lage und Entwicklung der Regionen der Gemeinschaft. Amt für amtliche Veröffentlichungen der Europäischen Gemeinschaft, Luxemburg.

EUROPÄISCHE KOMMISSION 1995. Beschäftigungsobservatorium Ostdeutschland. Arbeitsmarktentwicklung und Arbeitsmarktpolitik in den neuen Bundesländern. Nr. 16-17, Institut für Angewandte Sozial- und Wirtschaftswissenschaften, Berlin.

KAISERLICHES STATISTISCHES AMT 1899. Die berufliche und soziale Gliederung des Deutschen Volkes. Statistik des Deutschen Reichs Band 111, Verlag von Puttkamer & Mühlbrecht, Berlin.

KÖZPONTI STATISZTIKAI HIVATAL 1981. Az 1980. évi népszámlálás 22. Foglalkoztatási adatok I. (Volkszählung vom Jahr 1980, Beschäftigungsdaten), Központi Statisztikai Hivatal, Budapest.

KÖZPONTI STATISZTIKAI HIVATAL 1987. A gazdaságilag elmaradott térségek társadalmigazdasági jellemzõi 1985. (Sozioökonomische Merkmale der ökonomisch unterentwickelten Regionen im Jahr 1985), Központi Statisztikai Hivatal, Budapest.

KÖZPONTI STATISZTIKAI HIVATAL 1989. Statisztikai Évkönyv 1988. (Statistisches Jahrbuch 1988), Központi Statisztikai Hivatal, Budapest.

KÖZPONTI STATISZTIKAI HIVATAL 1994. Magyar statisztikai zsebkönyv 1993. (Ungarisches Statistisches Taschenbuch 1993), Központi Statisztikai Hivatal, Budapest.

KÖZPONTI STATISZTIKAI HIVATAL 1995a. Magyar statisztikai zsebkönyv 1994. (Ungarisches Statistisches Taschenbuch 1994), Központi Statisztikai Hivatal, Budapest.

KÖZPONTI STATISZTIKAI HIVATAL 1995b. Kistérségi vonzáskörzetek. A regionális térszerkezet jellemzõi az átmenet éveiben. (Kleinregionen. Merkmale der Regionalstruktur während der Transformation), Központi Statisztikai Hivatal, Budapest.

NATIONAL BANK OF HUNGARY 1995. Annual Report 1994. Magyar Nemzeti Bank, Budapest.

NATIONAL BANK OF HUNGARY 1996. Monthly Report 7, Magyar Nemzeti Bank, Budapest.

STATISTISCHES BUNDESAMT 1991. Statistisches Jahrbuch 1991 für das vereinte Deutschland. Metzler/Poeschel, Statistisches Bundesamt, Wiesbaden.

STATISTISCHES BUNDESAMT 1994. Sonderreihe mit Beiträgen für das Gebiet der ehemaligen DDR. Heft 15, Ausgewählte Zahlen der Volks- und Berufszählungen und Gebäude- und Wohnungszählungen 1950 bis 1981. Statistisches Bundesamt, Wiesbaden.

STATISTISCHES BUNDESAMT 1995. Statistisches Jahrbuch 1995 für die Bundesrepublik Deutschland. Metzler/Poeschel, Statistisches Bundesamt, Wiesbaden.

SOZIALWISSENSCHAFTLICHES FORSCHUNGSZENTRUM 1995. Sozialreport, II Quartal.

Literatur

ALTVATER, E. - MAHNKOPF, B. 1996. Grenzen der Globalisierung. Ökonomie, Ökologie und Politik in der Weltgesellschaft. Westfälisches Dampfboot, Münster.

AMIN, A. (Ed.) 1994. Post-Fordism. A Reader. Blackwell Publishers, Cambridge, Mass.

AMIN, A. - TOMANEY, J. (Eds.) 1995. Behind the Myth of European Union. Prospects for cohesion. Routledge, London.

ARNOLD, H. 1995. Disparitäten in Europa: Die Regionalpolitik der Europäischen Union: Analyse, Kritik, Alternativen. Stadtforschung aktuell 52, Birkhäuser Verlag, Basel.

ÁRVA, L. 1994. Direct foreign investment: some theoretical and practical issues. NBH Workshop Studies 1, National Bank of Hungary, Budapest.

ÁRVAY, J. - VÉRTES, A. 1994. A magángazdaság (Der Privatsektor). In: ANDORKA, R. - KOLOSI, T. -VUKOVICH, Gy. (Eds.): Társadalmi riport 1994 (Sozialreport 1994). Társadalomtudományi Informatikai Egyesülés (TÁRKI), Budapest, 218-247.

ASCHAUER, W. 1995. Auswirkungen der wirtschaftlichen und politischen Veränderungen in Osteuropa auf den ungarisch-österreichischen und den ungarisch-rumänischen Grenzraum. Potsdamer Geographische Forschungen 10, Selbstverlag des Institutes für Geographie und Geoökologie der Universität Potsdam, Potsdam.

ASH, T. G. 1990. Ein Jahrhundert wird abgewählt. Aus den Zentren Mitteleuropas 1980-1990. Carl Hanser Verlag, München/Wien.

ASH, T. G. 1993. Im Namen Europas. Deutschland und der geteilte Kontinent. Carl Hanser Verlag, München/Wien.

AVERITT, R. T. 1968. The Dual Economy. The Dynamic of American Industry Structure. Norton and Co., New York.

BARTA Gy. 1987. A termelés térbeli szétterjedése és a szervezeti centralizáció a magyar iparban. (Die räumliche Diffusion der Produktion und die Zentralisierung in der ungarischen Industrie), Tér és Társadalom 2, 5-19.

BARTA Gy. 1991. Az ipar szerepe a „szocialista“ gazdaság- és területfejlesztési politikában. (Die Rolle der Industrie in der „sozialistischen“ Wirtschafts- und Regionalpolitik), Tér és Társadalom 4, 37-51.

BARTA, Gy. - DINGSDALE, A. 1988. Impact of changes in industrial company organisation on peripheral regions: a comparison of Hungary and the United Kingdom. In: LINGE. G. J. R. (Ed.): Peripheralization and industrial change. Impacts on Nations, Regions, Firms and People. Croom Helm, London, 165-183.

BARTKE, I. 1991. A városodási folyamat jellege és néhány tényezője Magyarországon. (Merkmale und einige ausgewählte Faktoren der Urbanisierung in Ungarn), GTI-Közlemények 3, Pénzügyminiszérium Gazdaságpolitikai és Tervezési Intézete, Budapest.

BAUMHOFF, R. - BAUNACH, M. - DUCATI, D. - SCHMUDE, J. 1994. Regionale Disparitäten beim Aufbau eines neuen Unternehmensbestandes in den neuen Bundesländern unter besonderer Berücksichtigung des Privatisierungsprozesses (beantragtes Forschungsprojekt). In: SCHMUDE, J. (Hrsg.): Neue Unternehmen. Interdisziplinäre Beiträge zur Gründungsforschung. Wirtschaftswissenschaftliche Beiträge 108, Physica-Verlag, Heidelberg, 293-299.

BECKER, G. 1964. Human Capital: A Theoretical and Empirical Analysis, with Special Reference to Education. National Bureau of Economic Research, General Series 80, New York.

BELL, D. 1985. Die nachindustrielle Gesellschaft. Campus, Frankfurt am Main.

BEREND, T. I. - RÁNKI, Gy. 1972. A magyar gazdaság száz éve. (Hundert Jahre ungarische Wirtschaft), Kossuth, Budapest.

BEREND, T. I. - RÁNKI, Gy. 1976. Közép-Kelet-Európa gazdasági fejlődése (Wirtschaftsentwicklung in Ostmitteleuropa). Közgazdasági és Jogi Könyvkiadó, Budapest.

BERÉNYI, I. 1992. The Socio-Economic Transformation and the Consequences of the Liberalisation of Borders in Hungary. In: KERTÉSZ, Á. - KOVÁCS, Z. (Eds.): New Perspectives in Hungarian Geography. Studies in Geography in Hungary 27, Akadémiai Kiadó, Budapest, 143-157.

BERG, van den L. 1987. Urban Systems in a Dynamic Society. Gower Publishing Company Ltd, Aldershot.

BERG, van den L. - BURNS, L. S. - KLAASSEN, L. H. 1987. Spatial Cycles. Gower Publishing Company Ltd, Aldershot.

BERRY, B. J. L. (Ed.) 1976. Urbanization und Counterurbanization. Sage Publications, Beverly Hills.

BERTRAM, H. - HRADIL, S. - KLEINHEINZ, G. (Hg.) 1995. Sozialer und demographischer Wandel in den neuen Bundesländern. KSPW: Transformationsprozesse, Schriftenreihe der Kommission für die Erforschung des sozialen und politischen Wandels in den neuen Bundesländern e.V., Akademie Verlag, Berlin.

BEYME, K. von 1988. Regionalpolitik in der DDR. In: GLAEßNER, G.-J. (Hrsg.): Die DDR in der Ära Honecker. Schriften des Zentralinstituts für sozialwissenschaftliche Forschung der Freien Universität Berlin, Westdeutscher Verlag, Opladen, 434-449.

BEYME, K. von 1991. Das politische System der Bundesrepublik Deutschland nach der Vereinigung. Pieper, München/Zürich.

BEYME, K. von 1994. Ansätze zu einer Theorie der Transformation der ex-sozialistischen Länder Osteuropas. In: MERKEL, W. (Hrsg.): Systemwandel 1. Theorien, Ansätze und Konzeptionen. Opladen, München, 141-171.

BIBÓ, I. 1992. Die Misere der osteuropäischen Kleinstaaterei. Verlag Neue Kritik, Frankfurt am Main.

BLASIUS, J. - DANGSCHAT, J. S. (Hrsg.) 1990. Gentrification. Die Aufwertung innenstadtnaher Wohnviertel. Beiträge zur empirischen Sozialforschung, Campus, Frankfurt am Main.

BLIEN, U. 1994. Konvergenz oder dauerhafter Entwicklungsrückstand? Einige theoretische Überlegungen zur empirischen Regionalentwicklung in den neuen Bundesländern. Informationen zur Raumentwicklung 4, 273-285.

BLIEN, U. - HIRSCHENAUER, F. 1994. Die Entwicklung regionaler Disparitäten in Ostdeutschland. Mitteilungen aus der Arbeitsmarktforschung 4, 232-337.

BLOTEVOGEL, H.-H. 1996. Auf dem Wege zu einer „Theorie der Regionalität“. Die Region als Forschungsobjekt der Geographie. In: BRUNN, G. (Hrsg.): Regionen und Regionsbildung in Europa. Konzeptionen der Forschung und empirische Befunde. Wissenschaftliche Konferenz, Siegen, 10.11. Oktober 1995, Schriftenreihe des Instituts für Europäische Regionalforschungen Band 1, Nomos Verlagsgesellschaft, Baden-Baden, 44-68.

BORA, Gy. 1976. Changes in the spatial structure of Hungarian industry and the determinants of industrial location. In: COMPTON, P. A. - PÉCSI. M. (Hrsg.): Regional developments and planning. British and Hungarian case studies. Akadémiai Kiadó, Budapest, 117-127.

BUTTLER, F. - GERLACH, K. - LIEPMANN, P. 1977. Grundlagen der Regionalökonomie. Rowohlt, Reinbek bei Hamburg.

BÜRKNER, H.-J. 1996. Dynamik des sozioökonomischen Umbruchs in Ostmitteleuropa. Das Beispiel Nordwestböhmen. Urbs et Regio Band 64, Kasseler Schriften zur Geographie und Planung. Kassel.

BRAUDEL, F. 1990. Sozialgeschichte des 15.-18. Jahrhunderts. Aufbruch zur Weltwirtschaft. Kindler Verlag, München.

CACCIA, F. 1994. The Role of Frontier Regions in the Europe of the Future. Council of Europe, Parliamentary Assembly Standing Conference of Local and Regional Authorities of Europe. 5th European Conference of Frontier Regions. Rovaniemi (Finnland), 18-21 June 1991, 39-49.

CASTELLS, M. 1989. The Informational City. Information, Technology, Economic Restructuring, and the Urban-Regional Process. Basil Blackwell Ltd., Oxford.

CASTELLS, M. 1994. Space of Flows - Raum der Ströme. Eine Theorie des Raumes in der Informationsgesellschaft. In: NOLLER, P. - PRIGGE, W. - RONNEBERGER, K. (Hrsg.): Stadt-Welt. Über die Globalisierung städtischer Milieus. Die Zukunft des Städtischen Frankfurter Beiträge Band 6, Campus Verlag, Frankfurt, 120-134.
CASTELLS, M. 1996. The Informational Mode of Development and the Restructuring of Capitalisms. In: FAINSTEIN, S. S. - CAMPBELL, S. (Eds.): Readings in Urban Theory. Blackwell Publishers, Cambridge, Mass, 72-101.
CASTELLS, M. - HALL, P. 1994. Technopoles of the World. The making of twenty-first-century industrial complexes. Routlegde, London.
CSÉFALVAY, Z. 1993. Die Transition des Arbeitsmarktes in Ungarn - Konsequenzen für die sozialräumliche Entwicklung. Petermanns Geographische Mitteilungen 1, 33-44.
CSÉFALVAY, Z. 1994. The Regional Differentiation of the Hungarian Economy in Transition. GeoJournal 4, 351-362.
CSÉFALVAY, Z. 1995a. Fünf Jahre Transformation des ungarischen Arbeits- und Wohnungsmarktes. In: FASSMANN, H. (Hrsg.): Immobilien-, Wohnungs- und Kapitalmärkte in Ostmitteleuropa. Beiträge zur regionalen Transformationsforschung. ISR-Forschungsberichte 14, Institut für Stadt- und Regionalforschung d. Öst. Akad. d. Wiss, Wien, 87-103.
CSÉFALVAY, Z. 1995b. Mit und ohne Förderung - Finanzielle, sektorale, soziale und regionale Probleme der Mittelstandsforderung in Ungarn. In: SCHMUDE, J. (Hrsg.): Neue Unternehmen. Interdisziplinäre Beiträge zur Gründungsforschung. Wirtschaftswissenschaftliche Beiträge 108, Physica-Verlag, Heidelberg, 230-241.
CSÉFALVAY, Z. 1995c. Modernisierung durch Auslandskapital - Beispiel Ungarn. In: Forschungsnetze als Beitrag zum kreativen Milieu von Regionen in einem Europa im Umbruch. Arbeitsmaterialien zur Raumordnung und Raumplanung Heft 139, Lehrstuhl Wirtschaftsgeographie und Regionalplanung, Universität Bayreuth, 209- 227.
CSÉFALVAY, Z. 1995d. Raum und Gesellschaft Ungarns in der Übergangsphase zur Marktwirtschaft. In: MEUSBURGER, P. - KLINGER, A. (Hrsg.): Vom Plan zum Markt. Eine Untersuchung am Beispiel Ungarns. Physica-Verlag, Heidelberg, 80-98.
CSÉFALVAY, Z. - NIKODÉMUS A. 1991. Két századvég Magyarországon. Gyorsjelentés a gazdaság regionális átrendezõdésérõl (Zwei Jahrhundertwende in Ungarn. Schnellbericht zur regionalen Umwandlung in Ungarn). Tér és Társadalom 4, 69-88.
CSÉFALVAY, Z. - ROHN, W. 1991. Der Weg des ungarischen Arbeitsmarktes in die duale Ökonomie. ISR-Forschungsberichte 1, Institut für Stadt- und Regionalforschung der Öst. Akad. d. Wiss., Wien.
CSÉFALVAY Z. - ROHN, W. 1992. Die Transition des ungarischen und Budapester Wohnungsmarktes. ISR-Forschungsberichte 6, Institut für Stadt- und Regionalforschung der Öst. Akad. d. Wiss., Wien.
CSÉFALVAY, Z. - FASSMANN, H. - ROHN, W. 1993. Regionalstruktur im Wandel. Beispiel Ungarn. ISR-Forschungsberichte 11, Institut für Stadt- und Regionalforschung der Öst. Akad. d. Wiss, Wien.
CHAMPION, A. G. (Ed.) 1989. Counterurbanization. The changing space and nature of population deconcentration. Edward Arnold, London.
CHRISTALLER, W. 1933. Die zentralen Orte in Süddeutschland. Gustav Fischer Verlag, Jena.
DAHRENDORF, R. 1990. Betrachtungen über die Revolution in Europa in einem Brief, der an einem Herrn in Warschau gerichtet ist. Deutsche Verlags-Anstalt, Stuttgart.
DAWSON, A. H. 1993. A Geography of European Integration. Belhaven Press, London.
DEUTSCHLANDSARCHIV 1992. Schürer Krisen-Analyse. 11, 1112-1120.
DETTLING, W. 1996. Fach ohne Boden. Die Zeit, 5. Januar, 23.
DICKEN, P. 1992. Global Shift. The Internationalization of Economic Activity. Paul Chapman Publishing Ltd., London.
DOCTOROW, E. L. 1985. Ragtime. Pan Books Ltd., London.
DOERINGER, P. M. - PIORE, M. J. 1971. Internal Labor Markets and Manpower Analysis. Heath, Lexington, Mass.

DOGAN, M. - KASARDA, D. J. (eds.) 1988. The Metropolis Era. Vol.1. A World of Giant Cities. Sage Publications, Beverly Hills, California.

DOSTAL, P. - HAMPL, M. 1992. Urbanization, Administration and Economies: Future Geopolitical and Geo-Economic Changes. In: DOSTAL, P. - ILLNER, M. - KARA, J. - BARLOW, M. (Eds.): Changing Territorial Administration in Czechoslovakia: International Viewpoints. Department of Human Geography, Faculty of Environmental Sciences, University of Amsterdam, Amsterdam, 191-215.

DOSTAL, P. - HAMPL; M. 1994. Development of urban system: general conception and specific features in the Czech republik. In: BARLOW, M. - DOSTAL, P. - HAMPL, M. (Eds.): Territory, Society and Administration. The Czech Republic and the Industrial Region of Liberec. Department of Human Geography Faculty of Environmental Sciences University of Amsterdam, Amsterdam, 191-224.

DOSTAL P. - HAMPL, M. 1996. Transformation of East-Central Europe: General Principles under Differentiating Conditions. In: CARTER, F. W. - JORDAN, P. - REY, V. (Eds): Central Europe after the Fall of the Iron Curtains. Geopolitical Perspectives, Spatial Patterns and Trends. Wiener Osteuropastudien 4, Peter Lang, Frankfurt am Main, 113-128.

DUFFY, H. 1995. Competitive Cities. Succeeding in the Global Economy. E & FN SPON, London.

DRUCKER, P. F. 1985. Innovation und Entrepreneurship - Practice and Principles. Heinemann, London.

DRUCKER, P. F. 1993. Die postkapitalistische Gesellschaft. Econ Verlag, Düsseldorf.

DUIJN, van J. J. 1983. The long wave in economic life. Allen & Unwin, London.

ECKART, K. 1981. DDR. Klett Länderprofile - Geographische Daten, Strukturen, Entwicklungen. Ernst Klett, Stuttgart.

ECKEY, H.-F. 1991. Zur künftigen Wettbewerbsfähigkeit der Regionen in der ehemaligen DDR. In: Informationen zur Raumentwicklung 9/10, 631-640.

ÉKES I. 1986. A jövedelemszerzési lehetöségek egyenlötlenségei és a munkaeröpiac megosztottsága. (Die Ungleichheiten der Verdienstmöglichkeiten und die Segmentierung des Arbeitsmarktes), Közgazdasági Szemle 4, 415-421.

ENYEDI, Gy. 1988. A városnövekedés szakaszai. (Die Stadien des Städtewachstums), Akadémiai Kiadó, Budapest.

ENYEDI, Gy. (Hrsg.) 1993. Társadalmi területi egyenlötlenségek Magyarországon. (Sozialräumliche Ungleichheiten in Ungarn), Közgazdasági és Jogi Könyvkiadó, Budapest.

ENYEDI, Gy. 1996. New Regional Processes in Post-Socialist Central Europe. In: CARTER, F. W. - JORDAN, P. - REY, V. (Eds): Central Europe after the Fall of the Iron Curtains. Geopolitical Perspectives, Spatial Patterns and Trends. Wiener Osteuropastudien 4, Peter Lang, Frankfurt am Main, 129-136.

ESSER, J. - HIRSCH, J. 1987. Stadtsoziologie und Gesellschaftstheorie. Von der Fordismus-Krise zur „postfordistischen" Regional- und Stadtstruktur. In: PRIGGE, W. (Hrsg.) 1987. Die Materialität des Städtischen. Stadtentwicklung und Urbanität im gesellschaftlichen Umbruch. Stadtforschung aktuell Band 17, Birkhäuser Verlag, Basel, 31- 58.

FÁBIÁN, Z. 1994. A középrétegek: Adalékok a posztkommunista átmenet társadalmi és társadalomlélektani hatásaihoz. (Die Mittelschichten: Beiträge zur sozialen und sozialpsychologischen Auswirkungen der post-kommunistischen Transformation), In: ANDORKA, R. - KOLOSI, T. - VUKOVICH, Gy. (Eds.): Társadalmi riport 1994. (Sozialreport 1994), Társadalomtudományi Informatikai Egyesülés (TÁRKI), Budapest, 351-377.

FAINSTEIN, S. S. - GORDON, I.- HARLOE, M. (Eds.) 1992. Devided Cities. New York & London in the Contemporary World. Blackwell Publishers, Cambridge, Mass.

FALUSNÉ SZIKRA K. 1986. Az elsõ és a második gazdaság közötti bér illetve jövedelemdiszparitás. (Die Einkommensdisparitäten zwischen der ersten und der zweiten Wirtschaft), Közgazdasági Szemle 3, 269-277.

FASSMANN, H. 1993. Arbeitsmarktsegmentation und Berufslaufbahnen. Ein Beitrag zur Arbeitsmarktgeographie Österreichs. Beiträge zur Stadt- und Regionalforschung 11, Öst. Akad. d. Wiss, Wien.

FASSMANN, H. 1995. Massenarbeitslosigkeit in Ostmitteleuropa. In: FASSMANN, H. - LICHTENBERGER, E. (Hrsg.): Märkte in Bewegung. Metropolen und Regionen in Ostmitteleuropa. Böhlau Verlag, Wien, 105-112.

FASSMANN, H. 1997. Regionale Transformationsforschung. Theoretische Begründung und empirische Beispiele. Manuskript, Europa Regional (in Druck).

FASSMANN, H. - LICHTENBERGER, E. (Hrsg.) 1995. Märkte in Bewegung. Metropolen und Regionen in Ostmitteleuropa. Böhlau Verlag, Wien.

FAZEKAS, K. 1993. A munkanélküliség regionális különbségeinek okairól. (Die Ursachen der regionalen Unterschiede der Arbeitslosigkeit), Közgazdasági Szemle 7-8, 694-712.

FOURASTIE, J. 1979. Les Trente Glorieuses ou la Revolution invisible de 1946 a 1975. Fayard, Paris.

FRANKFURTER ALLGEMEINE ZEITUNG 1996. Die Einheit hat bisher eine Billion DM an Transfer gekostet. 12. November.

FRANZ,W. 1992. Das Jahr danach: Bestandsaufnahme und Analyse der Arbeitsmarktentwicklung in Ostdeutschland. In: GAHLEN, B. - HESSE, H. - RAMSER, H. J. (Hrsg.): Von der Plan- zur Marktwirtschaft. J.C. B. Mohr, Tübingen, 245-274.

FRANZ, W. 1993. Aus der Kälte in die Arbeitslosigkeit. ZEW-Wirtschaftsanalysen 1, Zentrum für Europäische Wirtschaftsforschung, Mannheim.

FREEMAN, Ch. - CLARK, J. - SOETE, L. 1982. Unemployment and technical innovation - a study of long waves and economic development. Pinter, London.

FRIEDMANN, J. 1966. Regional Development Policy: A Case Study of Venezuela. The M.I.T. Press, Cambridge, Mass.

FRIEDMANN, J. 1995a. Where we stand: A decade of world city research. In: KNOX, P. - TAYLOR, P. (Eds.): World Cities in a World-System. Cambridge University Press, Cambridge, Mass, 21-47.

FRIEDMANN, J. 1995b. The world city hypothesis. In: KNOX, P. - TAYLOR, P. (Eds.): World Cities in a World-System. Cambridge University Press, Cambridge, Mass, 317-317.

FRIEDMANN, J. - WOLFF, G. 1982. World city formation. An agenda for research and action. International Journal of Urban and Regional Research 3, 309-344.

GÁBOR, R. I. 1985. Második gazdaság - magyar tapasztalatok. (Zweite Wirtschaft - ungarische Erfahrungen), Valóság 2, 20-37.

GÁBOR, R. I. 1994. Modernity or a New Kind of Duality. Second Thoughts about the „Second Economy". In: KOVÁCS, M. J. (Ed.): Transition to Capitalism? The Communist Legacy in Eastern Europe. Transaction Publishers, New Brunswick, 3-20.

GALBRAITH, J. K. 1968. Die moderne Industriegesellschaft. Knaur, München.

GALASI P. (Ed.) 1982. A munkaerõpiac szerkezete és mûködése Magyarországon. (Die Struktur des Arbeitsmarktes in Ungarn), Közgazdasági és Jogi Kiadó, Budapest.

GALASI, P. - SZIRÁCZKY, Gy. 1985. Labour market and second economy in Hungary. Campus, Frankfurt am Main.

GEB, Th. U. - LECHNER, M. U. - PFEIFFER, E. - SALOMON, S. 1992. Die Struktur der Einkommensunterschiede in Ost- und Westdeutschland ein Jahr nach der Vereinigung. Discussion Paper des ZEW, Nr.92-06, Mannheim.

GERSCHENKRON, A. 1962. Economic Backwardness in Historical Perspective. Harvard Bellkanp Press, Cambridge, Mass.

GLATZ, H. - SCHEER, G. 1981. „Eigenständige Regionalentwicklung" - Ein Weg für strukturell benachteiligte Gebiete in Österreich. Raumplanung für Österreich 8, Bundeskanzleramt, Wien.

GIARRATANI, F. 1992. Economic Change in Emerging Market Economies: Parallels with Pittsburghs Experience. In: VASKO, T. (Ed.): Problems of Economic Transition. Regional Development in Central and Eastern Europe. Avebury, Aldershot, 169-180.

GORING, M. 1992. Ökonomische Perspektiven Ostdeutschlands und mögliche regionale Konsequenzen. In: HÄUßERMANN, H. (Hrsg.): Ökonomie und Politik in alten Industrieregionen Europas. Probleme der Stadt- und Regionalentwicklung in Deutschland, Frankreich, Großbritannien und Italien. Stadtforschung aktuell 36, Birkhäuser Verlag, Basel, 232-250.

GORZELAK, G. 1996. The Regional Dimension of Transformation in Central Europe. Regional Policy and Development 10, Regional Studies Association, Jessica Kingsley, London.

GOTTMANN, J. 1980. Confronting Center and Periphery. In: GOTTMANN, J. (Ed.): Centre and Periphery. Spatial Variations in Politics. Sage Publications, Beverly Hills, London, 11-25.

GÖRMAR, W. - MARETZKE, S. - MÖLLER, O.-F. 1993. Regionale Aspekte des Strukturwandels in den neuen Ländern. In: PFEIFFER, W. (Hrsg.): Regionen unter Anpassungsdruck. Zu den Schwerpunkten des regionalen Handlungsbedarfs. Probleme der Einheit Band 13, Metropolis-Verlag, Marburg, 19-54.

GRABHER, G. 1988. De-Industrialisierung oder Neo-Industrialisierung? Innovationsprozesse und Innovationspolitik in traditionellen Industrieregionen. Wissenschaftszentrum Berlin für Sozialforschung/ Forschungsschwerpunkt Arbeitsmarkt und Beschäftigung. Edition Sigma, Berlin.

GRANSDEN, G. 1996. Not yet tiger. Business Central Europe, June, 11-14.

GRUNDMANN, S. 1993. Wanderungsprozesse in, aus und nach Ostdeutschland und deren Relevanz für den Arbeitsmarkt. In: KAISER, M. - KOLLER, M. - PLATH, H.-E. (Hrsg.): Regionale Arbeitsmärkte und Arbeitsmarktpolitik in den neuen Bundesländern. Beiträge zur Arbeitsmarkt- und Berufsforschung 168, Institut für Arbeitsmarkt- und Berufsforschung der Bundesanstalt für Arbeit, Nürnberg, 115-141.

GRUNDMANN, S. 1995. Die Ost-West-Wanderung in Deutschland (1989-1992). In: BERTRAM, H. - HRADIL, S.- KLEINHEINZ, G. (Hrsg.): Sozialer und demographischer Wandel in den neuen Bundesländern. KSPW: Transformationsprozesse Schriftenreihe der Komission für die Erforschung des sozialen und politischen Wandels in den neuen Bundesländern e.V., Akademie Verlag, Berlin, 3-46.

HABERMAS, J. 1990. Die nachholende Revolution. Kleine Politische Schriften VII. Suhrkamp, Frankfurt am Main.

HAJDÚ, Z. (Ed.) 1993. Hungary: Society, State, Economy and Regional Structure in Transition. Centre for Regional Studies, Pécs.

HALL, P. 1988. Urban Growth and Decline in Western Europe. In: DOGAN, M. - KASARDA, D. J. (eds.): The Metropolis Era. Vol.1. A World of Giant Cities. Sage Publications, Beverly Hills, Calofornia, 111-127.

HALL, P. - PRESTON, P. 1988. The carrier wave. New Information Technology and the Geography of Innovation 1846-2003. Unwin Hyman, London.

HAMILTON, A. 1986. The Financial Revolution. Penguin, Harmondsworth.

HAUGHTON, G. - JOHNSON, S. - MURPHY, L. - THOMA, K. 1993. Local Geographies of Unemployment. Long-term unemployment in areas of local deprivation. Avebury, Aldershot.

HÄUßERMANN, H. 1992. Perspektiven der ökonomischen Erneuerung in den Regionen der ehemaligen DDR. In: HÄUßERMANN, H. (Hrsg.): Ökonomie und Politik in alten Industrieregionen Europas. Probleme der Stadt- und Regionalentwicklung in Deutschland, Frankreich, Großbritannien und Italien. Stadtforschung aktuell 36, Birkhäuser Verlag, Basel, 251-264.

HARDING, A. - DAWSON, J. - EVANS, R. - PARKINSON, M. (Eds.) 1994. European cities towards 2000. Profiles, policies and prospects. Manchester University Press, Manchester/New York.

HARDY, S. - HART, M. - ALBRECHTS, L. - KATOS, A. (eds.) 1995. An Enlarged Europe. Regions in Competition? Regionals Policy and Development 6, Regional Studies Association, Jessica Kingsley, London.

HARVEY, D. 1989. The Condition of Postmodernity. An Enquiry into Origins of Cultural Change. Basil Blackwell, Oxford.

HARVEY, D. 1990. Flexible Akkumulation durch Urbanisierung. Reflexionen über „Postmodernismus“ in amerikanischen Städten. In: BORST, R. - KRÄTKE, S. - MAYER, M. - ROTH, R. - SCHMOLL, F. (Hrsg.): Das neue Gesicht der Städte. Theoretische Ansätze und empirische Befunde aus der internationalen Debatte. Stadtforschung aktuell Band 29, Birkhäuser Verlag, Basel, 39-61.

HEILBRONER, R. 1972. The Economic Problem. Prentice Hall, Englewood Cliffs, New Jersey.

HERMSEN, T. 1995. Existenzgründer in den neuen Bundesländern. Skizze ihrer Herkunftswege, soziokulturellen Charakteristika und Entwicklungschancen. Angewandte Sozialforschung 2, 259-273.

HIRSCH, J. - ROTH, R. 1986. Das neue Gesicht des Kapitalismus. Vom Fordismus zum Post-Fordismus. VSA-Verlag, Hamburg.

HIRSCH, S. 1972. The United States electronic industry in international trade. In: WELLS, L. T. (Ed.): The Product Life Cycle and International Trade. Harvard Business School, Boston, 39-54.

HIRSCHMANN, A. O. 1958. The Strategy of Economic Development. Yale University Press, New Haven.

HYMER, S. 1972. The efficiency (contradictions) of multinational corporations. In: PAQUET, G. (Ed.) The Multinational Firms and the Nation-State. Collier-Macmillan, Don Mills, 49-65.

JOHNSTON, R. J. - TAYLOR, P. J. - WATTS, M. J. (Eds.) 1995. Geographies of Global Change. Remapping the World in the Late Twentieth Century. Blackwell Publishers, Oxford.

JUCHLER, J. 1992. Ende des Sozialismus - Triumph des Kapitalismus? Eine vergleichende Studie moderner Gesellschaftssysteme. Seismo Verlag, Zürich.

JUCHLER, J. 1994. Osteuropa im Umbruch. Politische, wirtschaftliche und gesellschaftliche Entwicklungen 1989-1993. Gesamtblick und Fallstudien. Seismo Verlag, Zürich

JUHÁSZ, P. 1975. Adalékok a háztáji és kisegítő gazdaság elméletéhez. (Beiträge zur Theorie der Nebenerwerbsbetriebe), Szövetketzeti Kutató Intézet Évkönyve, Budapest.

KEEBLE, D. 1991. Core-Periphery Disparities and Regional Restructuring in the European Community of the 1990s. In: BLOTEVOGEL, H.-H. (Hrsg.): Europäische Regionen im Wandel. Strukturelle Erneuerung, Raumordnung und Regionalpolitik im Europa der Regionen. Duisburger Geographische Arbeiten Band 9, Dortmunder Vertrieb für Bau- Und Planungsliteratur, Dortmund, 49-68.

KERR, C. 1954. The Balkanization of Labor Markets. In: WIGHT, B. E. (Ed.): Labor Mobility and Economic Opportunity. MIT-Press, Cambridge, Mass., 92-110.

KAELBLE, R. - HOHLS, R. 1989. Der Wandel der regionalen Disparitäten in der Erwerbsstruktur Deutschlands 1895-1970. In: BERGMANN, J. et al. (Hrsg.): Regionen im historischen Vergleich. Studien zu Deutschland im 19. und 20. Jahrhundert. Schriften des Zentralinstituts für sozialwissenschaftliche Forschung der Freien Universität Berlin 55, Westdeutscher Verlag, Opladen, 288-413.

KAISER, M. - KOLLER, M. - PLATH, H.-E. (Hrsg.) 1993. Regionale Arbeitsmärkte und Arbeitsmarktpolitik in den neuen Bundesländern. Beiträge zur Arbeitsmarkt- und Berufsforschung (BeitrAB) 168, Institut für Arbeitsmarkt- und Berufsforschung der Bundesanstalt für Arbeit, Nürnberg.

KLEMMER, P. - AARTS, F. - CESAR, Ch. 1993. Regionale Aspekte der Privatisierungstätigkeit der Treuhandanstalt. In: FISCHER, W. - HAX, W. - SCHNEIDER, H. K. (Hrsg.): Treuhandanstalt: Das Unmögliche wagen. Forschungsberichte, Akademie Verlag, Berlin, 409-443.

KLÜTER, H. 1995. Wirtschaftsprobleme Ostbrandenburgs. In: PFEIFFER, W. (Hrsg.): Wissenschaftseinrichtungen und Strukturentwicklung in der Grenzregion. Modellfall Europa-Universität Viadrina Frankfurt (Oder). Collegium Polonicum Wissenschaftliche Reihe 1, Wydawnictwo Naukowe Universytetu im. Adama Mickiewicza, Posnan, 91-112.

KLÜTER, H. 1997. Überlegungen zu einer Geographie der Wende. In: EISEL, U. - SCHULTZ, H. D. (Hrsg.): Geographisch Denken. Urbs et regio 65, Kassel, Manuskript im Druck.

KNOX, P. L. 1995a. World cities in a world-system. In: KNOX, P. - TAYLOR, P. (Eds.) 1995. World cities in a world system. Cambridge University Press, Cambridge, Mass, 3-20.

KNOX, P. 1995b. World Cities and the Organization of Global Space. In: JOHNSTON, R.J. - TAYLOR, P.J. - WATTS, M. J. (Eds.): Geographies of Global Change. Blackwell, Cambridge, Mass.

KNOX, P. - TAYLOR, P. (Eds.) 1995. World cities in a world system. Cambridge University Press, Cambridge, Mass.

KOJIMA, K. 1973. Direct Foreign Investment. A Japanese Mode of Multinational Business Operation. London.

KOLLER, M. 1994. Arbeitsplatzabbau und Arbeitsmarktpolitik in den Regionen Ostdeutschlands. In: KÖNIG, H. - STEINER, V. (Hrsg.): Arbeitsmarktdynamik und Unternehmensentwicklung im Ostdeutschland. Erfahrungen und Perspektiven des Transformationsprozesses. Beiträge eines Workshops des Zentrums für Europäische Wirtschaftsforschung am 4. Und 5. März 1993 in Mannheim. Schriftenreihe des Zentrums für Europäische Wirtschaftsforschung Band 1, Nomos Verlagsgesellschaft, Baden-Baden, 67-96.

KOLOSI, T. 1983. Struktúra és egyenlötlenség. (Sozialstruktur und Ungleichheiten), Kossuth Könyvkiadó, Budapest.

KONDRATIEFF, N. D. 1984. The long wave cycle. Richardson and Snyder, New York.

KOZIOLEK, H. 1995. Die DDR war eine Hauswirtschaft. In: PIRKE, Th. - LESPIUS, M. R. - WEINERT, R. - HERTLE, H. H. (Hrsg.): Der Plan als Befehl und Fiktion. Wirtschaftsführung in der DDR. Gespräche und Analysen. Westdeutscher Verlag, Opladen, 255-281.

KOVÁCS, M. J. (Ed.) 1994. Transition to Capitalism? The Communist Legacy in Eastern Europe. Transaction Publishers, New Brunswick.

KÖNIG, H. - STEINER, V. (Hrsg.) 1994. Arbeitsmarktdynamik und Unternehmensentwicklung im Ostdeutschland. Erfahrungen und Perspektiven des Transformationsprozesses. Beiträge eines Workshops des Zentrums für Europäische Wirtschaftsforschung (ZEW) am 4. Und 5. März 1993 in Mannheim. Schriftenreihe des ZEW Band 1, Nomos Verlagsgesellschaft, Baden-Baden.

KRÄTKE, S. 1990. Städte im Umbruch. Städtische Hierarchien und Raumgefüge im Prozeß gesellschaftlicher Restrukturierung. In: BORST, R. - KRÄTKE, S. - MAYER, M. - ROTH, R. - SCHMOLL, F. (Hrsg.): Das neue Gesicht der Städte. Theoretische Ansätze und empirische Befunde aus der internationalen Debatte. Stadtforschung aktuell Band 29, Birkhäuser Verlag, Basel, 7-38.

KRÄTKE, S. 1991. Strukturwandel der Städte. Städtesystem und Grundstücksmarkt in der „postfordistischen“ Ära. Campus Verlag, Frankfurt.

KRÄTKE, S. 1996. Regulationstheoretische Perspektiven in der Wirtschaftsgeographie. Zeitschrift für Wirtschaftsgeographie 1-2, 6-19.

KRUGMAN, P. 1991. Geography and Trade. MIT Press, Cambridge, Mass.

KUKLINSKI, A. 1996. Research Priorities in the Transformation of Central Europe. In: CARTER, F. W. - JORDAN, P. - REY, V. (Eds): Central Europe after the Fall of the Iron Curtains. Geopolitical Perspectives, Spatial Patterns and Trends. Wiener Osteuropastudien 4, Peter Lang, Frankfurt am Main, 99-112.

KÜHL, J. 1994. Regionalstrukturen von Treuhandunternehmen. Stand der Privatisierung und Perspektiven. Informationen zur Raumentwicklung 4, 245-254.

LAKY, T. 1994. A magángazdaság kialakulásának hatásai a foglalkoztatottságra. (Die Auswirkungen des Privatsektors auf die Beschäftigung), Közgazdasági Szemle 6, 530-550.

LÁSZLÓ, E. 1988. Die inneren Grenzen der Menschheit. Horizonte Verlag, Rosenheim.

LÁZÁR, Gy. - SZÉKELY, J. 1993. Helyzetkép a munkanélküliek ellátási rendszeréböl kikerültekröl. (Bericht zur Arbeitslosenversorgung), Munkaügyi Szemle 12, 1-5.

LÄPPLE, D. 1986. Süd-Nord-Gefälle. Metapher für die räumlichen Folgen einer Transformationsphase: Auf dem Weg zu einem post-tayloristischen Entwicklungsmodell? In: FRIEDRICHS, J. - HÄUßERMANN, H. - SIEBEL, W. (Hrsg.): Süd-Nord-Gefälle in der Bundesrepublik. Sozialwissenschaftliche Analysen. Westdeutscher Verlag, Opladen, 97-116.

LÄPPLE, D. 1987. Zur Diskussion über „Langen Wellen“, „Raumzyklen“ und gesellschaftliche Restrukturierung. In: PRIGGE, W. (Hrsg.) 1987. Die Materialität des Städtischen. Stadtentwicklung und Urbanität im gesellschaftlichen Umbruch. Stadtforschung aktuell Band 17, Birkhäuser Verlag, Basel, 59-76.

LEBORGNE, D. - LIPIETZ, A. 1990. Neue Technologien, neue Regulationsweisen: Einige räumliche Implikationen. In: BORST, R. - KRÄTKE, S. - MAYER, M. - ROTH, R. - SCHMOLL, F. (Hrsg.): Das neue Gesicht der Städte. Theoretische Ansätze und empirische Befunde aus der internationalen Debatte. Stadtforschung aktuell Band 29, Birkhäuser Verlag, Basel, 109-129.

LEBORGNE, D. - LIPIETZ, A. 1994. Nach dem Fordismus. Falsche Vorstellungen und offene Fragen. In: NOLLER, P. - PRIGGE, W. - RONNEBERGER, K. (Hrsg.): Stadt-Welt. Über die Globalisierung städtischer Milieus. Die Zukunft des Städtischen Frankfurter Beiträge Band 6, Campus Verlag, Frankfurt, 94-111.

LICHTENBERGER, E. 1991. Vorsozialistische Siedlungsmuster, Effekte der sozialistischen Planwirtschaft und der Segmentierung der Märkte. In: LICHTENGERGER, E. (Hrsg.): Die Zukunft von Ostmitteleuropa. Vom Plan zum Markt. ISR-Forschungsberichte 2, Institut für Stadt- und Regionalforschung der Öst. Akad. d. Wiss., Wien, 37-44.

LICHTENBERGER, E. 1996. Geography of Transition in East-Central Europe: Society and Settlement Systems. In: CARTER, F. W. - JORDAN, P. - REY, V. (Eds): Central Europe after the Fall of the Iron Curtains. Geopolitical Perspectives, Spatial Patterns and Trends. Wiener Osteuropastudien 4, Peter Lang, Frankfurt am Main, 137-152.

LICHTENBERGER, E. - FASSMANN, H. 1988. Österreich: Der Staat zwischen Ost und West. Geographische Rundschau 10, 6-12.

LIPIETZ, A. 1986. New tendencies in the international divison of labor: regimes of accumulation and modes of regulation. In: SCOTT, A. J. - STORPER, M. (Eds.): Production, Work, Territory. The geographical anatomy of industrial capitalism. Allen & Unwin, London, 16-40.

LUTZ, B. - SENGENBERGER, W. 1974. Arbeitsmarktstrukturen und öffentliche Arbeitsmarktpolitik. Schriftenreihe der Kommission für wirtschaftlichen und sozialen Wandel 26, Schwartz, Göttingen.

MAGGI, R. - NIJKAMP, P. 1992. Missing Networks and Regional Development in Europe. In: VASKO, T. (Ed.): Problems of Economic Transition. Regional Develpoment in Central and Eastern Europe. Avebury, Aldershot, 29-50.

MAKÓ, Cs. - GYEKICZKY, T. 1990. A munkanélküliség néhány közgazdasági-szociológiai problémájáról. (Zur ökonomischen und sozialen Problematik der Arbeitslosigkeit), In: GYEKICZKY, T. (Ed.): Munkanélküliség. Megoldások és terápiák. (Arbeitslosigkeit. Lösungswege und Therapien), Kossuth Könyvkiadó, Budapest, 13-35.

MARETZKE, S. 1995. Regionen im Wandel - Das Muster regionaler Disparitäten ändert sich in Deutschland. Berichte zur deutschen Landeskunde, Band 69, Heft 1, 33- 56.

MATZNER, E. 1993. Introductory Statement. In: COUNCIL OF EUROPE: The challenges facing European society with the approach of the year 2000. 31 March - 1 April, Wien, European regional planning 55: 9-10.

MATZNETTER, W. (Hrsg.) 1995. Geographie und Gesellschaftstheorie. Referate im Rahmen des „Anglo-Austrian Seminar on Geography and Social Theory“ in Zell am Moos, Oberösterreich. Beiträge zur Bevölkerungs- und Sozialgeographie 3, Institut für Geographie der Universität Wien, Wien.

MEUSBURGER, P. 1991. Die frühe Alphabetisierung der Bevölkerung als Einflußfaktor für die Industrialisierung Vorarlbergs? Jahrbuch des Vorarlberger Landesmuseumsvereins, Festschrift f. E. von Bank, Bregenz, 99-100.

MEUSBURGER, P. 1995a. Zur Veränderung der Frauenerwerbstätigkeit in Ungarn beim Übergang von der Planwirtschaft zur Marktwirtschaft. In: MEUSBURGER, P. - KLINGER, A. (Hrsg.) Vom Plan zum Markt. Eine Untersuchung am Beispiel Ungarns. Physica-Verlag, Heidelberg, 130-181.

MEUSBURGER, P. 1995b. Spatial Disparities of Labour Market in Central Planned and Free Market Economies - A Comparison between Hungary and Austria in the Early 1980s. In: FLÜCHTER, W. (Ed.) Japan and Central Europe Restructuring. Harrassowitz, Wiesbaden, 67-81.

MEUSBURGER, P. 1995c. Wissenschaftliche Fragestellungen und theoretische Grundlagen der Geographie des Bildungs- und Qualifikationswesens. Münchner Geographische Hefte 72, Beiträge zur regionalen Bildungsforschung. Verlag Michael Laßleben, Kallmünz/Regensburg, 53-95.

MEUSBURGER, P. 1996a. Regionale und soziale Ungleichheit in der Planwirtschaft und beim Übergang zur Marktwirtschaft - Das Beispiel Ungarn. In: GLATZER, W: (Hrsg.): Lebensverhältnisse in Osteuropa. Prekäre Entwicklung und neue Konturen. Campus, Frankfurt am Main, 177-210.

MEUSBURGER, P. 1996b. Zur räumlichen Konzentration von „Wissen und Macht" im realen Sozialismus. In: BARSCH, D. - FRICKE, W. - MEUSBURGER, P. (Hrsg.): 100 Jahre Geographie an der Ruprecht-Karls-Universität Heidelberg (1985-1995). Heidelberger Geographische Arbeiten, Heft 100, Selbsverlag des Geographischen Instituts der Universität Heidelberg, Heidelberg, 216-236.

MEUSBURGER, P. - KLINGER, Á. (Hrsg.) 1995. Vom Plan zum Markt. Eine Untersuchung am Beispiel Ungarns. Physica-Verlag, Heidelberg.

MIKLÓSSY E. 1990a. A területi elmaradottság társadalmi és gazdasági összetevõi. (Die ökonomischen und sozialen Faktoren der regionalen Unterentwicklung), Magyar Tudomány 97, 8: 881-894.

MIKLÓSSY E. 1990b. Magyarország belsõ gyarmatosítása. (Die innere Kolonialisierung Ungarns), Tér és Társadalom 4,2: 1-13.

MOMM, A. - LÖCKENER, R. - DANIELZYK, R. - PREBIS, A. (Hrsg.) 1995. Regionalisierte Entwicklungsstrategien. Beispiele und Perspektiven integrierter Regionalentwicklung in Ost- und Westdeutschland. Materialien zur Angewandten Geographie 30, Verlag Irene Kuron, Bonn.

MOULAERT, F. - SWYNGEDOUW, E. 1990. Regionalentwicklung und die Geographie flexibler Produktionssysteme. Theoretische Auseinandersetzung und empirische Belege aus Westeuropa und den USA. In: BORST, R. - KRÄTKE, S. - MAYER, M. - ROTH, R. - SCHMOLL, F. (Hrsg.): Das neue Gesicht der Städte. Theoretische Ansätze und empirische Befunde aus der internationalen Debatte. Stadtforschung aktuell Band 29, Birkhäuser Verlag, Basel, 89-108.

MUNDELL, R. A. 1957. International Trade and Factor Mobility. American Economic Review, June.

MÜLLER, K. 1995. Der osteuropäische Wandel und die deutsch-deutsche Transformation. Zum Revisionsbedarf modernisierungstheoretischer Erklärung. In: SCHMIDT, R. - LUTZ, B. (Hrsg.): Chancen und Risiken der industriellen Restrukturierung in Ostdeutschland. KSPW Transformationsprozesse, Akademie Verlag, Berlin, 1-42.

MYRDAL, G. 1959. Ökonomische Theorie und unterentwickelte Regionen. Gustav Fischer Verlag, Stuttgart.

MYRDAL, G. 1970. Politisches Manifest über die Armut in der Welt. Suhrkamp, Frankfurt am Main.

NEMES NAGY, J. 1993. Adalékok a térbeliség társadalmi magyarázóerejéhez. (Beiträge zum sozialen Erklärungswert des Räumlichen), In. ENYEDI, Gy. (Hrsg.): Társadalmi-területi egyenlõtlenségek Magyarországon. (Sozialräumliche Ungleichheiten in Ungarn), Közgazdasági és Jogi Könyvkiadó, Budapest, 23-37.

NEMES NAGY, J. 1994. Regional Disparities in Hungary during the Period of Transition to a market Economy. GeoJournal 32, 4: 363-368.

NEMES NAGY, J. 1995. Regional aspects of transition: development, problems and policies. The Vienna Instituts Monthly Report 1: 11-21.

NEMES NAGY J. - RUTTKAY É. 1989. A második gazdaság földrajza. (Die Geographie der zweiten Wirtschaft), Országos Tervhivatal, Budapest.

NOLTE, D. - ZIEGLER, A. 1994. Neue Wege einer regional- und sektoralorientierten Strukturpolitik in den neuen Ländern. Zur Diskussion um den „Erhalt industrieller Kerne". Informationen zur Raumentwicklung 4, 255-265.

OECD 1994. Unemployment in transition countries: transient or persistent? OECD, Paris.

OFFE, C. (Hrsg.) 1977. Opfer des Arbeitsmarktes. Zur Theorie der strukturierten Arbeitslosigkeit. Neuwied, Darmstadt.

OFFE, C. 1994. Der Tunnel am Ende des Lichts. Erkundungen der politischen Transformation im Neuen Osten. Campus, Frankfurt am Main.

OHMAE, K. 1985. Die Macht der Triade. Die neue Form weltweiten Wettbewerbs. Gabler, Wiesbaden.

OROS, I. 1974. Az 1972. évi általános mezőgazdasági összeírás előzetes eredményei II. (Die Vorergebnisse der allgemeinen landwirtschaftlichen Erhebung vom Jahr 1972, Teil 2), Statisztikai Szemle 6, 499-511.

PAÁLNE KOVÁCS, I. 1993. The current problems of local/regional government in Hungary. In. HAJDÚ, Z. (Ed.): Hungary: Society, State, Economy and Regional Structure in Transition. Centre for Regional Studies, Pécs, 55-68.

PERROUX, F. 1964. Nemzeti függetlenség és kölcsönös gazdasági függés. (Nationale Unabhängigkeit und gegenseitige ökonomische Abhängigkeit), Közgazdasági és Jogi Könyvkiadó, Budapest.

PERRY, D. - WATKINS, A. 1977. The Rise of the Sunbelt Cities. Sage Publications, Beverly Hills.

PFEIFFER, W. (Hrsg.)1993. Regionen unter Anpassungsdruck. Zu den Schwerpunkten des regionalen Handlungsbedarfs. Probleme der Einheit Band 13, Metropolis-Verlag, Marburg.

PIORE, M. J. - SABEL, Ch. F. 1985. Das Ende der Massenproduktion. Studie über die Requalifizierung der Arbeit und die Rückkehr der Ökonomie in die Gesellschaft. Verlag Klaus Wagenbach, Berlin.

POLÁNYI, K. 1990. The great transformation: politische und ökonomische Ursprünge von Gesellschaften und Wirtschaftssystemen. Suhrkamp, Frankfurt am Main.

POMÁZI I. 1988. A kisvállalkozások elterjedésének területi egyenlőtlenségei Magyarországon. (Regionale Disparitäten in der Diffusion der Kleinunternehmen in Ungarn), Földrajzi Értesítő 1-4, 179-192.

PRADETTO, A. (Hrsg.) 1994. Die Rekonstruktion Ostmitteleuropas. Politik, Wirtschaft und Gesellschaft im Umbruch. Westdeutscher Verlag, Opladen.

PROGNOS 1992. Entwicklungspotentiale im Osten. Standorte und Märkte. Ein Prognos-Report in Zusammenarbeit mit dem Zukunftsinstitut Verkehr Ost-Berlin. Prognos, Basel.

RECHNITZER, J. 1993a. Innovation and Regional Policy. In: HAJDÚ, Z. (Ed.). Hungary: Society, State, Economy and Regional Structure in Transition. Centre for Regional Studies, Pécs, 221-244.

RECHNITZER, J. 1993b. Szétszakadás vagy felzárkózás. A térszerkezetet alakító innovációk. (Differenzierung oder Aufholen. Die raumwirksamen Innovationen), MTA Regionális Kutatások Központja, Győr.

RICHTER, U. 1994. Geographie der Arbeitslosigkeit in Österreich. Theoretische Grundlagen - Empirische Befunde. Beiträge zur Stadt- und Regionalforschung 13, Öst. Akad. d. Wiss., Wien.

RITTER, W. 1991. Allgemeine Wirtschaftsgeographie. Eine systemtheoretisch orientierte Einführung. R. Oldenburg Verlag, München.

ROSTOW, W. W. 1967. Stadien des wirtschaftlichen Wachstums. Eine Alternative zur marxistischen Entwicklungstheorie. Vandenhoeck & Ruprecht, Göttingen.

ROSTOW, W. W. 1979. Die Phase des Take-off. In: ZAPF, W. (Hrsg.): Theorien des sozialen Wandels. Neue Wissenschaftliche Bibliothek, Band 31, Soziologie, Anton Hain, Meisenheim, 286-311.

RUPP, K. 1983. Entrepreneurs in Red - Structure and Organizational Innovation in the Centrally Planned Economies. State University of New York Press, Albany.

SABEL, Ch. F. 1994. Flexible Specialization and the Re-emergence of Regional Economies. In: AMIN, A. (Ed.): Post-Fordism. A Reader. Blackwell Publishers, Oxford, 101-156.

SASSEN, S. 1991. The Global City. Princeton University Press, Princeton, New Jersey.

SASSEN, S. 1994a. Metropolen des Weltmarkts. Die neue Rolle der Global Cities. Campus, Frankfurt am Main.

SASSEN; S: 1994b. Neue Zentralität. Die Auswirkung von neueren Telekommunikationstechnologien und Globalisierung. In: NOLLER, P. - PRIGGE, W. - RONNEBERGER, K. (Hrsg.): Stadt-Welt. Über die Globalisierung städtischer Milieus. Die Zukunft des Städtischen Frankfurter Beiträge Band 6, Campus Verlag, Frankfurt, 135-146.

SASSEN, S. 1995. On concentration an centrality in the global city. In: KNOX, P. - TAYLOR, P. (Eds.) 1995. World cities in a world system. Cambridge University Press, Cambridge, Mass, 63-78.

SCHÄTZL, L. 1993. Wirtschaftsgeographie der Europäischen Gemeinschaft. Ferdinand Schöningh, Paderborn.

SCHERRER, W. 1988. Dualisierungstendenzen auf dem Arbeitsmarkt. Auswirkungen von Sättigung, neuen Technologien und außenwirtschaftsinduziertem Strukturwandel. Schriftenreihe des Ludwig Boltzmann-Institutes für Wachstumsforschung 11, Orac, Wien.

SCHILLER, K. 1994. Der schwierige Weg in die offene Gesellschaft. Kritische Anmerkungen zur deutschen Vereinigung. Siedler Verlag, Berlin.

SCHMID, A. 1984. Beschäftigung und Arbeitsmarkt. Eine sozio-ökonomische Einführung. Campus Studium 558, Campus Verlag, Frankfurt am Main/New York.

SCHMIDT, R. - LUTZ, B. (Hrsg.) 1995. Chancen und Risiken der industriellen Restrukturierung in Ostdeutschland. KSPW: Transformationsprozesse. Schriftenreihe der Kommission für die Erforschung des sozialen und politischen Wandels in den neuen Bundesländern e.V., Akademie Verlag, Berlin.

SCHMUDE, J. (Hrsg.) 1994. Neue Unternehmen. Interdisziplinäre Beiträge zur Gründungsforschung. Wirtschaftswissenschaftliche Beiträge 108, Physica Verlag, Heidelberg.

SCHULTZ. Th. W. 1986. In Menschen investieren. Die Ökonomik der Bevölkerungsqualität. Einheit der Gesellschaftswissenschaften 45, Mohr, Tübingen.

SCHUMPETER, J. A. 1950. Kapitalismus, Sozialismus und Demokratie. Leo Lehnen Verlag, München.

SCHUMPETER, J. A. 1964. Theorie der wirtschaftlichen Entwicklung. Eine Untersuchung über Unternehmergewinn, Kapital, Kredit, Zins und den Konjunkturzyklus. Duncker & Humblot, Berlin.

SCHRUMPF, H. 1992. Offene Fragen in der Regionalstatistik der neuen Bundesländer. Allgemeines Statistisches Archiv, Heft 1, 62-69.

SCHWARZE, J: 1991. Ausbildung und Einkommen von Männern. Einkommensfunktionsschätzungen für die ehemalige DDR und die Bundesrepublik Deutschland. In: Mitteilungen aus der Arbeitsmarkt- und Berufsforschung 24, 63-69.

SCOTT, A. J. - STORPER, M. (Eds.) 1986. Production, Work, Territory. The geographical anatomy of industrial capitalism. Allen & Unwin, London.

SEGER. M. - BELUSZKY, P. 1993. Bruchlinie Eiserner Vorhang. Regionalentwicklung im österreichisch-ungarischen Grenzraum (Südburgenland/Oststeiermark - Westungarn).. Böhlau, Wien.

SENGENBERGER, W. (Hrsg.) 1978. Der gespaltene Arbeitsmarkt. Probleme der Arbeitsmarktsegmentation. Campus, Frankfurt am Main.

SENGHAAS, D. (Hrsg.) 1977. Peripherer Kapitalismus. Analysen über Abhängigkeit und Unterentwicklung. Suhrkamp, Frankfurt am Main.

SESSELMEIER, W. - BLAUERMEL, G. 1990. Arbeitsmarkttheorien. Ein Überblick. Physica-Verlag, Heidelberg.

SIEBERT, H. 1993. Das Wagnis der Einheit. Eine wirtschaftspolitische Therapie. Deutsche Verlags-Anstalt, Stuttgart.

SINN, G. - SINN, H.-W. 1991. Kaltstart. Volkswirtschaftliche Aspekte der deutschen Vereinigung. J. C. B. Mohr (Paul Siebeck), Tübingen.

SOROS, Gy. 1997. Die kapitalistische Bedrohung. Die Zeit, 17. Januar, 25-27.

SPAHN, H. P. 1991. Das erste und das zweite deutsche Wirtschaftswunder. Wirtschaftsdienst, Heft 2.

STADERMANN, H. J. 1995. Arbeitslosigkeit im Wohlfahrtsstaat. Eine Bestimmung ihres Ausmaßes und ihrer Ursachen, illustriert mit Daten aus dem deutschen Arbeitsmarkt. J. C. B. Mohr (Paul Siebeck), Tübingen.

STERNBERG, R. 1994. Technologiepolitik und High-Tech-Regionen: ein internationaler Vergleich. Wirtschaftsgeographie Band 7, Lit, Münster.

STORPER, M. - SCOTT, A. J. 1986. Production, work, territory: contemporary realities and theoretical tasks. In: SCOTT, A. J. - STORPER, M. (Eds.): Production, Work, Territory. The geographical anatomy of industrial capitalism. Allen & Unwin, London, 1-15.

STORPER, M. - SCOTT, A. J. 1989. The geographical foundation and social regulation of flexible production complexes. In: WOLCH, J. - DEAR, M. (Eds.): The Power of Geography. How Territory Shapes Social Life. Unwin Hyman, London, 19-40.

STORPER, M. - SCOTT, A. J. 1990. Geographische Grundlagen und gesellschaftliche Regulation flexibler Produktionskomplexe. In: BORST, R. - KRÄTKE, S. - MAYER, M. - ROTH, R. - SCHMOLL, F. (Hrsg.): Das neue Gesicht der Städte. Theoretische Ansätze und empirische Befunde aus der internationalen Debatte. Stadtforschung aktuell Band 29, Birkhäuser Verlag, Basel, 130-149.

STORPER, M. - WALKER, R. 1989. The Capitalist Imperative. Territory, Technology, and Industrial Growth. Basil Blackwell, New York.

STÖHR, W. B. 1981. Alternative Strategien für die integrierte Entwicklung peripherer Gebiete. Arbeitsmaterialien des ORL-Instituts der ETH Zürich, Zürich.

STÖHR, W. B. (Ed.) 1990. Global Challenge and Local Response. Initiatives for Economic Regeneration in Contemporary Europe. Mansell, London.

STÖHR, W. B. - TAYLOR, D. R. F. (Eds.) 1981. Development from Above or Below? The Dialectics of Regional Planning in Developing Countries. John Wiley and Sons, Chichester.

STRASSOLDO, R. 1980. Centre-Periphery and System-Boundary: Culturological Perspectives. In: GOTTMANN, J. (Ed.): Centre and Periphery. Spatial Variations in Politics. Sage Publications, Beverly Hills, London, 27-62.

STRUBELT, W. 1996. Regionale Disparitäten zwischen Wandel und Persistenz. In: STRUBELT, W. et al. (Hrsg.): Städte und Regionen - Räumliche Folgen des Transformationsprozesses. Leske + Budrich, Opladen, 11-110.

SZELÉNYI, I. 1983. Urban Inequalities under State Socialism. Oxford Unversity Press, New York.

SZELÉNYI, I. 1987. Socialist Entrepreneurs: Embourgeoisment in Rural Hungary. Polity Press, Cambridge.

SZELÉNYI, I. 1990a A családi mezõgazdasági termelés a kollektivizált gazdaságokban: három elmélet. (Die landwirtschaftlichen Familienbetriebe in den sozialistischen Ökonomien: drei Theorien), In: SZELÉNYI, I.: Új osztály, állam, politika. (Neue Klasse, Staat, Politik), Európa, Budapest, 375-400.

SZELÉNYI, I. 1990b. Új osztály, állam, politika. Európa. (Neue Klasse, Staat, Politik), Európa Budapest.

SZÛCS, J. 1990. Die drei historischen Regionen Europas. Verlag Neue Kritik, Frankfurt am Main.

SZYDLIK, M. 1992. Arbeitseinkommen in der Deutschen Demokratischen Republik und der Bundesrepublik Deutschland. In: Kölner Zeitschrift für Soziologie und Sozialpsychologie 44, 292-314.

THRIFT, N. 1995. A Hyperactive World. In: JOHSNTON, R. J. - TAYLOR, P. J. - WATTS, M. J. (Eds.): Geographies of Global Change. Remapping the World in the Late Twentieth Century. Blackwell Publishers, Oxford, 18-35.

THUROW, L. C. 1975. Generating Inequality, Mechanism of Distribution in the US Economy. Basic Books, New York.

THUROW, L. C. 1978. Die Arbeitskräfteschlange und das Modell des Arbeitsplatzwettbewerbs. In: SENGENBERGER, E. (Hrsg.): Der gespaltene Arbeitsmarkt: Probleme der Arbeitsmarktsegmentation. Campus, Frankfurt am Main.

TICHY, G. 1991. The Product-Cycle Revisited: Some Extension and Clarifications. Zeitschrift für Wirtschafts- und Sozialwissenschaften 111, 27-54.

TÖRNQVIST, G. 1968. Flows of information and the location of economic activities. Lund Studies in Geography, Series B, 30, Lund.

TURNER, F. 1920. The Frontier in American History. Holt, New York.

VÁGI, G. 1982. Versengés a fejlesztési forrásokért. (Wettbewerb zu den Entwicklungsressourcen), Közgazdasági és Jogi Könyvkiadó, Budapest.

VASKO, T. 1992. Problems of Economic Transition. Regional Development in Central and Eastern Europe. Avebury, Aldershot.

VERNON, R. 1966. International Investment and International Trade in Product Cycle. Quarterly Journal of Economics, 80, May, 190-207.

VESTER, M. - HOFMANN, M. - ZIERKE, I. (Hrsg.) 1995. Soziale Milieus in Ostdeutschland. Gesellschaftliche Strukturen zwischen Zerfall und Neubildung. Bund-Verlag, Köln.

VOSZKA, É. 1995. Az agyaglábakon álló óriás. (Ein Riese auf Tonstelzen), Pénzügykutató Rt, Budapest.

WALLERSTEIN, I. 1986. Das moderne Weltsystem - Die Anfänge kapitalistischer Landwirtschaft und die europäische Weltökonomie im 16. Jahrhundert. Syndikat, Frankfurt am Main.

WEBER, A. 1909. Über den Standort der Industrien. Erster Teil. Reine Theorie des Standorts. Verlag von J. C. B. Mohr (Paul Siebeck), Tübingen.

WEBER, H. 1986. Geschichte der DDR. Deutscher Taschenbuch Verlag, München.

WELLS, L. T. (Ed.) 1972. The Product Life Cycle and International Trade. Harvard Business School, Boston.

WOLCH, J. - DEAR, M. (Eds.) 1989. The Power of Geography. How Territory Shapes Social Life. Unwin Hyman, London.

WOLLMANN, H. - WIESENTHAL, H. - BÖNKER, F. (Hrsg.) 1995. Transformation sozialistischer Gesellschaften: Am Ende des Anfangs. Leviathan Zeitschrift für Sozialwissenschaften Sonderheft 15, Westdeutscher Verlag, Opladen.

51. **Helmut J. Jusatz,** Hrsg.: **Geomedizin in Forschung und Lehre.** Beiträge zur Geoökologie des Menschen. Vorträge des 3. Geomed. Symposiums auf Schloß Reisensburg vom 16. - 20. Okt. 1977. Hrsg. im Auftrag der Heidelberger Akademie der Wissenschaften. 1979. XV, 122 S. m. 15 Abb. u. 14 Tab., 1 Faltkte., Summaries, kt. **2801 - 3**
52. **Werner Kreuer: Ankole.** Bevölkerung - Siedlung - Wirtschaft eines Entwicklungsraumes in Uganda. 1979. XI, 106 S. m. 11 Abb., 1 Luftbild auf Falttaf., 8 Ktn., 18 Tab., kt. **3063 - 8**
53. **Martin Born: Siedlungsgenese und Kulturlandschaftsentwicklung in Mitteleuropa.** Gesammelte Beiträge. Hrsg. im Auftrag des Zentralausschusses für Deutsche Landeskunde von **Klaus Fehn.** 1980. XL, 528 S. m. 17 Abb., 39 Ktn. kt. 3306 - 8
54. **Ulrich Schweinfurth / Ernst Schmidt-Kraepelin / Hans Jürgen von Lengerke / Heidrun Schweinfurth-Marby / Thomas Gläser / Heinz Bechert: Forschungen auf Ceylon II.** 1981. VI, 216 S. m. 72 Abb., kt. (Bd. I s. Nr. 27) **3372 - 6**
55. **Felix Monheim: Die Entwicklung der peruanischen Agrarreform 1969-1979 und ihre Durchführung im Departement Puno.** 1981. V, 37 S. m. 15 Tab., kt. **3629 - 6**
56. **- / Gerrit Köster: Die wirtschaftliche Erschließung des Departement Santa Cruz (Bolivien) seit der Mitte des 20. Jahrhunderts.** 1982. VIII, 152 S. m. 2 Abb. u. 12 Ktn., kt. **3635 - 0**
57. **Hans Georg Bohle: Bewässerung und Gesellschaft im Cauvery-Delta (Südindien).** Eine geographische Untersuchung über historische Grundlagen und jüngere Ausprägung struktureller Unterentwicklung. 1981. XVI, 266 S. m. 33 Abb., 49 Tab., 8 Kartenbeilagen, kt. **3550 - 8**
58. **Emil Meynen / Ernst Plewe,** Hrsg.: **Forschungsbeiträge zur Landeskunde Süd- und Südostasiens.** Festschrift für **Harald Uhlig** zu seinem 60. Geburtstag, Band 1. 1982. XVI, 253 S. m. 45 Abb. u. 11 Ktn., kt.**3743 - 8**
59. **- / -,** Hrsg.: **Beiträge zur Hochgebirgsforschung und zur Allgemeinen Geographie.** Festschrift für **Harald Uhlig** zu seinem 60. Geburtstag, Band 2. 1982. VI, 313 S. m. 51 Abb. u. 6 Ktn., 1farb. Faltkte., kt. **3744 - 6**
Beide Bände zus. kt. **3779 - 9**
60. **Gottfried Pfeifer: Kulturgeographie in Methode und Lehre.** Das Verhältnis zu Raum und Zeit. Gesammelte Beiträge. 1982. XI, 471 S. m. 3 Taf., 18 Fig., 16 Ktn., 15 Tab. u. 7 Diagr., kt. **3668 - 7**
61. **Walter Sperling: Formen, Typen und Genese des Platzdorfes in den böhmischen Ländern.** Beiträge zur Siedlungsgeographie Ostmitteleuropas. 1982. X, 187 S. m. 39 Abb., kt. **3654 - 7**
62. **Angelika Sievers: Der Tourismus in Sri Lanka (Ceylon).** Ein sozialgeographischer Beitrag zum Tourismusphänomen in tropischen Entwicklungsländern, insbesondere in Südasien. 1983. X, 138 S. m. 25 Abb. u. 19 Tab., kt. **3889 - 2**
63. **Anneliese Krenzlin: Beiträge zur Kulturlandschaftsgenese in Mitteleuropa.** Gesammelte Aufsätze aus vier Jahrzehnten, hrsg. von **H.-J. Nitz** u. **H. Quirin.** 1983. XXXVIII, 366 S. m. 55 Abb., kt. **4035 - 8**
64. **Gerhard Engelmann: Die Hochschulgeographie in Preußen 1810-1914.** 1983. XII, 184 S., 4 Taf., kt. **3984 - 8**
65. **Bruno Fautz: Agrarlandschaften in Queensland.** 1984. 195 S. m. 33 Ktn., kt. **3890 - 6**
66. **Elmar Sabelberg: Regionale Stadttypen in Italien.** Genese und heutige Struktur der toskanischen und sizilianischen Städte an den Beispielen Florenz, Siena, Catania und Agrigent. 1984. XI, 211 S. m. 26 Tab., 4 Abb., 57 Ktn. u. 5 Faltktn., 10 Bilder auf 5 Taf., kt. **4052 - 8**
67. **Wolfhard Symader: Raumzeitliches Verhalten gelöster und suspendierter Schwermetalle.** Eine Untersuchung zum Stofftransport in Gewässern der Nordeifel und niederrheinischen Bucht. 1984. VIII, 174 S. m. 67 Abb., kt. **3909 - 0**
68. **Werner Kreisel: Die ethnischen Gruppen der Hawaii-Inseln.** Ihre Entwicklung und Bedeutung für Wirtschaftsstruktur und Kulturlandschaft. 1984. X, 462 S. m. 177 Abb. u. 81 Tab., 8 Taf. m. 24 Fotos, kt. **3412 - 9**
69. **Eckart Ehlers: Die agraren Siedlungsgrenzen der Erde.** Gedanken zur ihrer Genese und Typologie am Beispiel des kanadischen Waldlandes. 1984. 82 S. m. 15 Abb., 2 Faltktn., kt. **4211 - 3**
70. **Helmut J. Jusatz / Hella Wellmer,** Hrsg.: **Theorie und Praxis der medizinischen Geographie und Geomedizin.** Vorträge der Arbeitskreissitzung Medizinische Geographie und Geomedizin auf dem 44. Deutschen Geographentag in Münster 1983. Hrsg. im Auftrage des Arbeitskreises. 1984. 85 S. m. 20 Abb., 4 Fotos u. 2 Kartenbeilagen, kt. **4092 - 7**
71. **Leo Waibel †: Als Forscher und Planer in Brasilien:** Vier Beiträge aus der Forschungstätigkeit 1947-1950 in Übersetzung. Hrsg. von **Gottfried Pfeiffer** u. **Gerd Kohlhepp.** 1984. 124 S. m. 5 Abb., 1 Taf., kt. **4137 - 0**
72. **Heinz Ellenberg: Bäuerliche Bauweisen in geoökologischer und genetischer Sicht.** 1984. V, 69 S. m. 18 Abb., kt. **4208 - 3**
73. **Herbert Louis: Landeskunde der Türkei.** Vornehmlich aufgrund eigener Reisen. 1985. XIV, 268 S. m. 4 Farbktn. u. 1 Übersichtskärtchen des Verf., kt. **4312 - 8**
74. **Ernst Plewe / Ute Wardenga: Der junge Alfred Hettner.** Studien zur Entwicklung der wissenschaftlichen Persönlichkeit als Geograph, Länderkundler und Forschungsreisender. 1985. 80 S. m. 2 Ktn. u. 1 Abb., kt. **4421 - 3**
75. **Ulrich Ante: Zur Grundlegung des Gegenstandsbereiches der Politischen Geographie.** Über das "Politische" in der Geographie. 1985. 184 S., kt. **4361 - 6**
76. **Günter Heinritz / Elisabeth Lichtenberger,** eds.: **The Take-off of Suburbia and the Crisis of the Central City.** Proceedings of the International Symposium in Munich and Vienna 1984. 1986. X, 300 S. m. 95 Abb., 49 Tab., kt. **4402 - 7**
77. **Klaus Frantz: Die Großstadt Angloamerikas im Wandel des 18. und 19. Jahrhunderts.** Versuch einer sozialgeographischen Strukturanalyse anhand ausgewählter Beispiele der Nordostküste. 1987. 200 S. m. 32 Ktn. u. 12 Abb. kt. **4433 - 7**
78. **Claudia Erdmann: Aachen im Jahre 1812.** Wirtschafts- und sozialräumliche Differenzierung einer frühindustriellen Stadt. 1986. VIII, 257 S. m. 6 Abb., 44 Tab., 19 Fig., 80 Ktn., kt. **4634 - 8**
79. **Josef Schmithüsen †: Die natürliche Lebewelt Mitteleuropas.** Hrsg. von **Emil Meynen.** 1986. 71 S. m. 1 Taf., kt. **4638 - 8**
80. **Ulrich Helmert: Der Jahresgang der Humidität in Hessen und den angrenzenden Gebieten.** 1986. 108 S. m. 11 Abb. u. 37 Ktn. i. Anh., kt. **4630 - 5**
81. **Peter Schöller: Städtepolitik, Stadtumbau und Stadterhaltung in der DDR.** 1986. 55 S., 4 Taf. m. 8 Fotos, 12 Ktn., kt. **4703 - 4**

82. **Hans-Georg Bohle: Südindische Wochenmarktsysteme.** Theoriegeleitete Fallstudien zur Geschichte und Struktur polarisierter Wirtschaftskreisläufe im ländlichen Raum der Dritten Welt. 1986. XIX, 291 S. m. 43 Abb., 12 Taf., kt. **4601 - 1**
83. **Herbert Lehmann: Essays zur Physiognomie der Landschaft.** Mit einer Einleitung von **Renate Müller,** hrsg. von **Anneliese Krenzlin** und **Renate Müller.** 1986. 267 S. m. 25 s/w- und 12 Farbtaf., kt. **4689 - 5**
84. **Günther Glebe / J. O'Loughlin,** eds.: **Foreign Minorities in Continental European Cities.** 1987. 296 S. m. zahlr. Ktn. u. Fig., kt. **4594 - 5**
85. **Ernst Plewe †: Geographie in Vergangenheit und Gegenwart.** Ausgewählte Beiträge zur Geschichte und Methode des Faches. Hrsg. von **Emil Meynen** und **Uwe Wardenga.** 1986. 438 S., kt. **4791 - 3**
86. **Herbert Lehmann †: Beiträge zur Karstmorphologie.** Hrsg. von **F. Fuchs, A. Gerstenhauer, K.-H. Pfeffer.** 1987. 251 S. m. 60 Abb., 2 Ktn., 94 Fotos, kt. **4897 - 9**
87. **Karl Eckart: Die Eisen- und Stahlindustrie in den beiden deutschen Staaten.** 1988. 277 S. m. 167 Abb., 54 Tab., 7 Übers., kt. **4958 - 4**
88. **Helmut Blume / Herbert Wilhelmy,** Hrsg.: **Heinrich Schmitthenner Gedächtnisschrift.** Zu seinem 100. Geburtstag. 1987. 173 S. m. 42 Abb., 8 Taf., kt. **5033 - 7**
89. **Benno Werlen: Gesellschaft, Handlung und Raum** (2., durchges. Aufl 1988 außerhalb der Reihe unter demselben Titel: VIII, 314 S. m. 17 Abb., kt. **5184-8)** **4886-3**
90. **Rüdiger Mäckel / Wolf-Dieter Sick,** Hrsg.: **Natürliche Ressourcen und ländliche Entwicklungsprobleme der Tropen.** Festschrift für **Walther Manshard.** 1988. 334 S. m. zahlr. Abb., kt. **5188-0**
91. **Gerhard Engelmann †: Ferdinand von Richthofen 1833–1905. Albrecht Penck 1858–1945.** Zwei markante Geographen Berlins. Aus dem Nachlaß hrsg. von **Emil Meynen.** 1988. 37 S. m. 2 Abb., kt. **5132-5**
92. **Gerhard Hard: Selbstmord und Wetter – Selbstmord und Gesellschaft.** Studien zur Problemwahrnehmung in der Wissenschaft und zur Geschichte der Geographie. 1988. 356 S., 11 Abb., 13 Tab., kt. **5046-9**
93. **Siegfried Gerlach: Das Warenhaus in Deutschland.** Seine Entwicklung bis zum Ersten Weltkrieg in historisch-geographischer Sicht. 1988. 178 S. m. 33 Abb., kt. **5103-1**
94. **Walter H. Thomi: Struktur und Funktion des produzierenden Kleingewerbes in Klein- und Mittelstädten Ghanas.** Ein empirischer Beitrag zur Theorie der urbanen Reproduktion in Ländern der Dritten Welt. 1989. XVI, 312 S., kt. **5090-6**
95. **Thomas Heymann: Komplexität und Kontextualität des Sozialraumes.** 1989. VIII, 511 S. m. 187 Abb., kt. **5315-8**
96. **Dietrich Denecke / Klaus Fehn,** Hrsg.: **Geographie in der Geschichte.** (Vorträge der Sektion 13 des Deutschen Historikertags, Trier 1986.) 1989. 97 S. m. 3 Abb., kt. DM 36,– **5428-6**
97. **Ulrich Schweinfurth,** Hrsg.: **Forschungen auf Ceylon III.** Mit Beiträgen von C. Preu, W. Werner, W. Erdelen, S. Dicke, H. Wellmer, M. Bührlein u. R. Wagner. 1989. 258 S. m. 76 Abb., kt. **5084-1**
98. **Martin Boesch: Engagierte Geographie.** 1989. XII, 284 S., kt. **5514-2**
99. **Hans Gebhardt: Industrie im Alpenraum.** Alpine Wirtschaftsentwicklung zwischen Außenorientierung und endogenem Potential. 1990. 283 S. m. 68 Abb., kt. **5397-2**
100. **Ute Wardenga: Geographie als Chorologie.** Zur Genese und Struktur von Alfred Hettners Konstrukt der Geographie. 1995. 255 S., kt. **6809-0**
101. **Siegfried Gerlach: Die deutsche Stadt des Absolutismus im Spiegel barocker Veduten und zeitgenössischer Pläne.** Erweiterte Fassung eines Vortrags am 11. November 1986 im Reutlinger Spitalhof. 1990. 80 S. m. 32 Abb., dav. 7 farb., kt. **5600-9**
102. **Peter Weichhart: Raumbezogene Identität.** Bausteine zu einer Theorie räumlich-sozialer Kognition und Identifikation. 1990. 118 S., kt. **5701-3**
103. **Manfred Schneider: Beiträge zur Wirtschaftsstruktur und Wirtschaftsentwicklung Persiens 1850-1900.** Binnenwirtschaft und Exporthandel in Abhängigkeit von Verkehrserschließung, Nachrichtenverbindungen, Wirtschaftsgeist und politischen Verhältnissen anhand britischer Archivquellen. 1990. XII, 381 S. m. 86 Tab., 16 Abb., kt. **5458-8**
104. **Ulrike Sailer-Fliege: Der Wohnungsmarkt der Sozialmietwohnungen.** Angebots- und Nutzerstrukturen dargestellt an Beispielen aus Nordrhein-Westfalen. 1991. XII, 287 S. m. 92 Abb., 30 Tab., 6 Ktn., kt. **5836-2**
105. **Helmut Brückner / Ulrich Radtke,** Hrsg.: **Von der Nordsee bis zum Indischen Ozean/From the North Sea to the Indian Ocean.** Ergebnisse der 8. Jahrestagung des Arbeitskreises „Geographie der Meere und Küsten", 13.-15. Juni 1990, Düsseldorf / Results of the 8th Annual Meeting of the Working group „Marine and Coastal Geography", June 13-15, 1990, Düsseldorf. 1991. 264 S. mit 117 Abbildungen, 25 Tabellen, kt. **5898-2**
106. **Heinrich Pachner: Vermarktung landwirtschaftlicher Erzeugnisse in Baden-Württemberg.** 1992. 238 S. m. 53 Tab., 15 Abb. u. 24 Ktn., kt. **5825-7**
107. **Wolfgang Aschauer: Zur Produktion und Reproduktion einer Nationalität – die Ungarndeutschen.** 1992. 315 S. m. 85 Tab., 8 Ktn., 9 Abb., kt. **6082-0**
108. **Hans-Georg Möller: Tourismus und Regionalentwicklung im mediterranen Südfrankreich.** Sektorale und regionale Entwicklungseffekte des Tourismus - ihre Möglichkeiten und Grenzen am Beispiel von Côte d'Azur, Provence und Languedoc-Roussillon. 1992. XIV, 413 S. m. 60 Abb., kt. **5632-7**
109. **Klaus Frantz: Die Indianerreservationen in den USA.** Aspekte der territorialen Entwicklung und des sozioökonomischen Wandels. 1993. 298 S. m. 20 Taf., kt., **6217-3**
110. **Hans-Jürgen Nitz,** ed.: **The Early Modern World-System in Geographical Perspective.** 1993. XII, 403 S. m. 67 Abb., kt. **6094-4**
111. **Eckart Ehlers/Thomas Krafft,** Hrsg.: **Shâhjahânâbâd/Old Delhi.** Islamic Tradition and Colonial Change. 1993. 106 S. m. 14 Abb., 1 mehrfbg. Faltkt., 1 fbg. Frontispiz, kt. **6218-1**
112. **Ulrich Schweinfurth,** Hrsg.: **Neue Forschungen im Himalaya.** 1993. 293 S. m. 6 Ktn., 50 Abb., 35 Photos u. 1 Diagr., kt. **6263-7**
113. **Rüdiger Mäckel/Dierk Walther: Naturpotential und Landdegradierung in den Trockengebieten Kenias.** 1993. 309 S. m. 49 Tab., 66 Abb. u. 36 Fotos (dav. 4 fbg.), kt. **6197-5**
114. **Jürgen Schmude: Geförderte Unternehmensgründungen in Baden-Württemberg.** Eine Analyse der regionalen Unterschiede des Existenzgründungsgeschehens am Beispiel des Eigenkapitalhilfe-Programms (1979 bis 1989). 1994. XVII, 246 S. m. 13 Abb., 38 Tab. u. 21 Ktn, kt. **6448-6**